海外油田开发方案设计策略与方法

穆龙新　范子菲　王瑞峰　许安著　王　恺　著

石油工业出版社

内 容 提 要

本书基于20多年中石油海外油气田开发方案设计的实践、经验和启示，从海外项目的资源非己性、合同模式多样性、合作方式复杂性、油气田开发时效性、项目运作国际性、项目经营风险性、作业窗口和条件限制性、合同区范围及资料有限性、项目产量权益性、项目追求经济性等海外油气田开发的特殊性出发，系统论述了海外油田开发方案的设计策略与方法，尤其是总结提出了一套具有海外特色的不同开发阶段和不同合同模式下的油田开发方案设计理念、策略与方法。

本书可供从事海外油气开发业务的技术人员及高等院校相关专业师生学习和参考。

图书在版编目（CIP）数据

海外油田开发方案设计策略与方法 / 穆龙新等著 .—北京：石油工业出版社，2021.1

ISBN 978-7-5183-4397-3

Ⅰ. ① 海… Ⅱ. ① 穆… Ⅲ. ① 油田开发 – 方案设计 Ⅳ. ① TE34

中国版本图书馆 CIP 数据核字（2020）第 237912 号

出版发行：石油工业出版社

（北京安定门外安华里 2 区 1 号　100011）

网　址：www.petropub.com

编辑部：（010）64523546　　图书营销中心：（010）64523633

经　　销：全国新华书店

印　　刷：北京中石油彩色印刷有限责任公司

2021 年 1 月第 1 版　2021 年 1 月第 1 次印刷

787×1092 毫米　开本：1/16　印张：20.5

字数：520 千字

定价：200.00 元

（如出现印装质量问题，我社图书营销中心负责调换）

前言 /PREFACE

中国石油公司自 1993 年走出国门进行国际油气合作，已基本建成了中亚、中东、非洲、美洲、亚太“五大海外油气合作区”“四大油气运输通道”和“三大油气运营中心”。目前中国石油公司海外油气业务在全球 48 个国家管理运作着 120 个油气合作项目，拥有剩余可采储量超过 110×10^8t 油当量，年作业油气产量超过 2×10^8t，与国内原油生产能力相当。积累了丰富的在海外从事油气勘探开发的经验和技术。

与国内相比，海外油气勘探开发有着自身独有的特点，这些特点决定了海外油气勘探开发不能照搬国内已有模式，必须开拓创新，走出一条适合海外特点和具有中国石油公司特色的海外油气田勘探开发之路。与中国国内油气田开发相比，海外油气田开发在资源的拥有性、合同模式、合作方式、投资环境、开发时效性、项目经济性、国际惯例等方面都不一样，具有很多特殊性。中国石油公司海外油气项目又多集中在非洲、南美、伊拉克、伊朗等局势动荡、高风险的国家和地区，海外项目运作时刻面临着高政治风险、高安保防恐风险。同时，由于资源国频繁调整油气合作政策和财税政策，使得项目的经济效益面临较大不确定性，经济风险日益突出。项目所在资源国的法律、法规、合同模式不尽相同，中国石油公司海外业务随时面临着政治、经济、法律、环境等多种风险。海外油气开发的风险性、时效性、合同模式的多样性决定了海外油田开发不能照搬国内油田的开发经验和做法，需要综合考虑技术、合同、商务等多方面的因素，来增强应对复杂多变的国际环境和抵御多重风险的能力，提高国际竞争力。

海外开发油田首先要编制油田开发方案，需要对油田的开发方案设计进行系统化、规范化的研究，充分掌握项目潜在开发潜力和未来发展形势，把握未来的不确定性，依据方案进行生产经营调整和效益巩固，进而不断调整开发策略，以取得较好的社会效益和较高的投资回报率。中国石油公司每年都需要编制大量的开发方案，例如，中国石油天然气集团有限公司（简称中石油）海外平均每年需要编制十多个油田的开发方案和调整方案，迫切需要一本指导海外油田开发方案设计的专著。虽然中国石油公司有 20 多年的海外油气开发历史和经验，但迄今还没有一本专门论述海外油田开发方案设计的专著，而国内有关油田开发方案设计和油藏工程方面的书非常多，但不能完全适应海外特殊的开发环境。目前国内从事海外油田开发的专业人员越来越多，许多高校也在开设相应的课程或学习内容，迫切需要一本指导海外油田开发方案设计的专著。因此，我们组织撰写了《海外油田开发方案设计策略与方法》一书。

本书基于笔者 20 多年海外油气田开发技术研究和方案设计的经验与知识积累，尤其是第一作者穆龙新，从 1998 年组建中国石油勘探开发研究院海外研究中心起，就一直从事海外油气田开发方案编制、新项目评价、规划决策和勘探开发技术管理工作。2004 年到 2010 年到中石油委内瑞拉项目现场工作 6 年，2010 年又回中国石油勘探开发研究院海外研究中心工作，不仅有丰富的海外油气田开发方案编制的研究经验，还具有丰富的海外油田开发现场经验。正是基于对海外油气田开发的丰富经验和深刻认识，本书首次系统全面总结了海外油气田开发的特殊性，提出了适应这种特殊性要求的海外油气田开发理念、开发模式，将海外油田划分为五个阶段或五种类型，论述了不同开发阶段的开发方案设计策略和方法，针对三大类合同模式，详细论述了每类合同模式的特点、要求、资源国的规定与相应的开发方案设计策略、方法和特色技术以及经济评价的特殊性和策略、各种经济评价术语等，形成了兼具较强理论性和实践性又突出海外特色的油田开发方案设计策略与方法的一本专著，可以说是从事海外油气开发业务和经济评价专业人员的必备书籍。

本书从 2014 年设立提纲，组织人员编写，到 2019 年初步完成，并作为讲义为中国石油勘探开发研究院研究生授课，然后进一步修改，到 2020 年最终完稿，前后历时 7 年。撰写本书过程中可供参考的书籍和文章极少，是一项开创性的工作，是国内第一本全面系统论述海外油田开发方案设计的专著。全书分为 9 章，第一章由穆龙新、陈亚强撰写，第二章由穆龙新撰写，第三章由穆龙新、许安著撰写，第四章由范子菲撰写，第五章由许安著撰写，第六章由王瑞峰撰写，第七章由王瑞峰、王良善、杨双撰写，第八章由王恺、穆龙新撰写，第九章由范子菲、郭睿、陈和平、赵伦、吴向红撰写。全书由穆龙新设计、制定撰写提纲并对全文进行修订和统稿。

本书的撰写和出版得到了各级领导、专家的大力支持和帮助。它凝结着全体中石油国内外技术人员和管理人员多年的心血和汗水，本文在写作过程中参考了中国石油勘探开发研究院海外技术支持队伍 20 多年来的大量研究成果，同时也参考了大量尤其是有关国际石油合同方面的已公开出版的书籍和文章，可以说本书凝结了许多专家的智慧和辛劳，由于人数众多无法一一罗列，在此一并谨致谢忱！

海外开发工作千头万绪，情况复杂多变，限于笔者水平，书中不妥和疏漏之处在所难免，敬请专家和读者批评指正。

目录 /CONTENTS

第一章　国际油气合作与海外油气田开发概况

1993年，在党中央、国务院“充分利用国内外两种资源、两个市场”和“走出去”战略方针的指引下，中国石油公司走出国门，开始了国际油气合作。中国石油公司首先在欧美石油企业退出或政治经济风险较大的欠发达资源国，借助中国与这些国家长期以来建立的良好关系，通过互利互惠合作，获得油气资源开发权益，取得了一系列引人瞩目的成就。尤其是中石油是海外油气勘探开发的先驱和典范，1993年率先走出去在秘鲁获取了一个有上百年开发历史的老油田小项目，开始了探索海外勘探开发油气资源、国际化经营管理和人才培养之路。1997年，中石油抓住低油价和资源国政策松动时机，获取了以苏丹为代表的一批重要海外油气勘探开发项目，海外业务持续迅速发展。2009年以后，中石油又抓住伊拉克战后重建的有利时机，获取了以鲁迈拉大型油田为代表的一大批海外大型油气田勘探开发项目，海外油气业务迈入了规模化发展阶段，现已进入以质量效益和可持续发展为目标的发展新阶段。经过20多年的不懈努力，中石油海外业务实现了从无到有、从小到大的跨越式发展，为保障国家能源安全做出了应有的贡献。

第一节　国际油气合作的重要性和战略期

广义的国际油气合作是指资源国政府（或国家石油公司为代表）同外国石油公司为合作开采本国油气资源，依法订立的包括油气勘探、开发、生产和销售在内的一种国际合作合同。

狭义的国际油气合作是指中国公司到世界其他资源国合作开采该国油气资源，依法订立的包括油气勘探、开发、生产和销售在内的一种国际合作形式，一般又称为海外油气业务。

一、保障国家油气供应安全的重要途径

我国经济的持续增长，尤其是21世纪以来，我国经济社会经历了一轮高速增长期，已成为世界第二大经济体，促进了油气消费的持续快速增长，油气的供需矛盾越来越突出。这些年我国石油对外依存度持续增高，2019年已突破70%，天然气对外依存度更是快速增长，未来也会达到70%左右。油气供应安全已成为国家的重大战略问题，迫切需要充分利用国外油气资源。国际油气合作尤其是直接参与海外油气勘探开发是保障国家油气供应安全的重要基础。

1. 国家经济快速发展是油气需求总量持续增长的内在动力

以石油为例，统计表明，我国石油消费与经济发展存在很强的正相关性，随经济发展保持稳定增长，经济总量从2000年的10万亿元增长到2017年的82.7万亿元，年均增速达到13.2%；城镇化率由2000年的36.2%提高到2017年的58.5%。同期，人均石油消费量也由2000年的0.18t/（人·年）提高到2017年的0.42t/（人·年）（图1-1）。

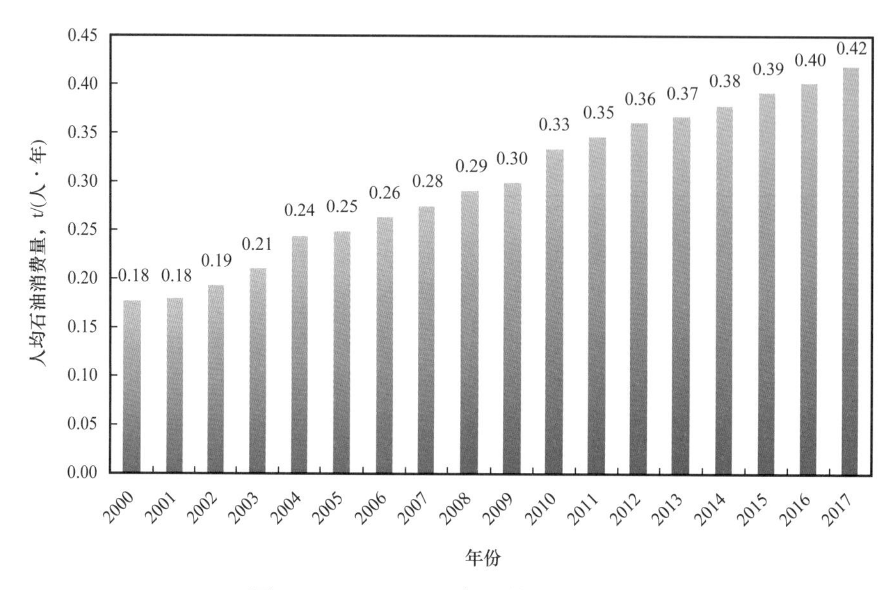

图1-1　2000—2017年人均石油消费量

2. 国内原油产量下降加剧了对外依存度的增长

石油对外依存度是指一个国家石油净进口量与总消费量的比值，体现了一国石油消费对国外石油的依赖程度，是衡量本国石油安全的重要指标。石油行业常用的概念有原油对外依存度和石油对外依存度，计算方法不同：（1）原油对外依存度 = 原油净进口量 / 原油表观消费量；（2）石油对外依存度 =(原油净进口量 + 成品油净进口量)/ 石油表观消费量。

从保障国家安全角度来看，还有一个重要概念是石油安全对外依存度，它是指在战争或者进口受阻情况下，在保证军事、基础工业和基本民生用油量前提下的对外依存度。它是从底线思维出发，体现出在特殊情形下我国在大幅度压缩交通、化工原料、民用等用油的情况下，石油对外依存度的极限值，或者说真正的石油安全对外依存度。石油安全对外依存度 = 石油净进口量 / 表观消费量，其中：表观消费量 = 国内产量 + 净进口量 + 海外可运回权益产量 – 替代量。

以石油为例，统计表明（图1-2），从2000年到2017年石油表观消费量从2.25×10^8t上升到5.88×10^8t，年均增速达6.2%；从国内原油产量看，1978年首次突破1×10^8t，2010年突破2×10^8t，2015年达到历史新高2.13×10^8t。2000—2015年原油产量年均增长1.86%。由于2014年油价断崖式暴跌并持续低迷，石油产量从2016年开始持续下降，2017年降至1.92×10^8t。

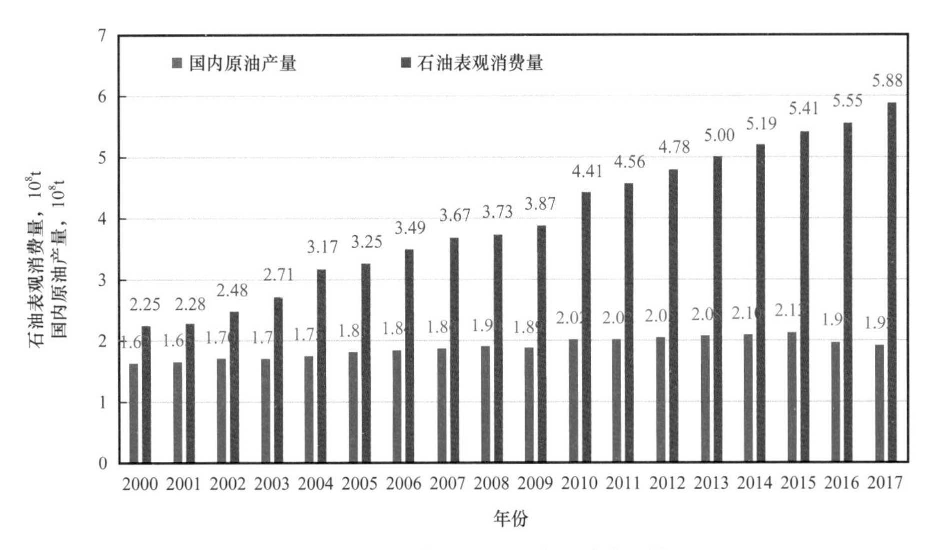

图 1–2　国内原油产量和石油表观消费量情况

产量缓慢增长与消费量强劲增长的严重不匹配，导致石油对外依存度持续快速攀升，从 2000 年的 27.9% 上升至 2014 年的 59.6%，年均增长 2.3 个百分点。到 2015 年以后，由于原油产量的持续下降，石油对外依存度加速上涨，从 2014 年的 59.6% 上涨到 2017 年的 67.4%，年均增长 2.6 个百分点，达到历史新高（图 1–3）。

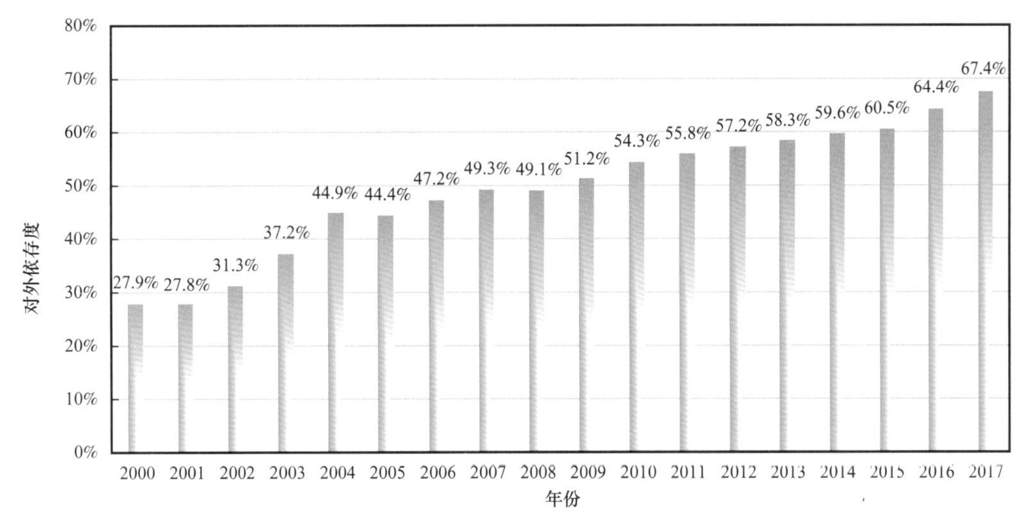

图 1–3　石油对外依存度情况

当然，目前石油对外依存度的计算方法仅笼统计算石油总进口量与国内总表观需求量的比值，是不严谨的，不能真实反映对外依存度的大小。如果考虑扣除原油加工为成品油出口量、石油储备、库存等因素后，石油对外依存度将下降 4% 左右。如果再考虑将海外权益产量部分运回国内，石油对外依存度将再下降 10% 以上。目前我国海外权益油气产量已经超过 1.5×10^8t，是可控资源，是可以在紧急情况下将权益产量部分运回国内的。因此，综合分析各种因素，剔除非正常需求，我国石油对外依存度实际值为 53% 左右。除美国、英国和澳大利亚外，世界上主要发达国家的石油对外依存度均超过 90%。鉴于美国对外依存度始终未突破 70%，作为一个发展中的大国，我国石油对外依存度也不宜超过 71%。

目前，占我国石油消费量 1/4 的进口石油途经霍尔木兹海峡，超过 80% 的进口原油途经马六甲海峡，我国奉行不结盟、不扩张的国防政策，区别于上述国家，在主要的石油通道受制于人，石油进口易受钳制，我国石油对外依存度不宜超过 71%。须多方施策，控制石油对外依存度过快攀升。

3. 未来国内油气供需矛盾会进一步加大，迫切需要加大利用国外油气资源

按照中国石油集团经济技术研究院《2050 年世界与中国能源展望》的研究结果，未来中国国内对石油和天然气的需求均呈现上升趋势，2025 年石油表观需求量将达到 6.8×10^8t，天然气表观需求量将达到 $4500\times10^8\mathrm{m}^3$ 左右。之后，石油和天然气需求出现不同趋势。预计石油需求于 2030 年前后达到 6.9×10^8t 峰值后开始回落，2050 年降至 5.7×10^8t。在城市人口继续增长、天然气管网设施日趋完善、分布式能源系统快速发展以及环境污染治理等背景下，中国天然气消费将处于黄金发展期，2035 年和 2050 年天然气需求将分别达到 $6200\times10^8\mathrm{m}^3$ 和 $6950\times10^8\mathrm{m}^3$。

国内油气供给增长困难，勘探开发业务尚面临一系列困难和挑战。主要体现在：一是我国陆上石油勘探总体已经进入中后期，松辽、渤海湾陆上、鄂尔多斯等大盆地探明率达 50%～70%，获得大发现和优质储量的概率降低。第四次资源评价表明，长庆、大庆、新疆等大油区待探明石油资源中，致密油占比达到 30% 以上，天然气勘探向深层和非常规发展。近两年超过 90% 的新增油气探明储量赋存于低渗透和特低渗透油气藏中，资源品质劣质化趋势加剧。二是新油气田效益开发难度增大，规模上产与效益发展不匹配，原油开发成本持续升高，百万吨产能投资由 2000 年的 21.7 亿元上升到 2017 年的 61.8 亿元，几乎是原来的 3 倍；不达标产能比例高，55 美元 /bbl[❶] 固定油价评价，不达标产能占比达到 33%，制约了原油产能规模效益建产。三是已开发油田原油稳产难度大，气田产量增幅放缓。已开发油田总体处于“高含水、高采出程度”阶段；尾矿储量约占已开发储量的 40%，产量占 30%；老油田产量递减加大，开发成本逐年增加；我国部分已开发主力气田逐步进入开发中后期，老井产量总体年递减率达到 10% 左右。四是受矿权、各类保护区及用海等限制，制约上产步伐。

面对国家油气供应安全和一个数量巨大的资源进口预期，要充分认识立足国内、面向全球以保障国内油气供应安全的战略重要性。应制定国家层面的国内外油气资源统筹协同发展战略，要有在海外建立石油生产基地的战略谋划，而且国家应给予包括外交、财力、税收和审批制度等支持，才有可能在新的历史阶段海外油气业务又有新的更大发展。

❶ $1\mathrm{bbl}=158.987\mathrm{dm}^3$。

二、石油公司生存发展的迫切需要

1. 中国石油公司员工数量为世界之最，国内油气勘探开发空间有限，国际油气合作是中国石油公司发展成为世界级一流综合性能源公司的迫切需要

中国石油公司员工数量为世界之最，大约有 600 万人，而我国资源有限，2015 年底我国石油剩余经济可采储量为 25×10^8t，居世界第 14 位，2015 年石油产量为 2.15×10^8t，居世界第 5 位。2015 年底我国天然气剩余经济可采储量为 3.8×10^{12}m^3，居世界第 13 位，2015 年天然气产量为 1350×10^8m^3，居世界第 6 位。人均油气资源严重不足，石油储量仅为世界人均值的 5.1%，天然气储量仅为世界人均值的 11.5%。国内油气勘探开发空间有限，产量难以大规模扩张，只有将整个世界作为活动舞台，才有可能实现规模扩张。因此，建设世界水平综合性国际能源公司就成了中国石油公司的必然战略目标。

从中国的石油勘探情况看，总体进入中后期，新增储量劣质化严重，勘探开发难度加大。截至 2017 年底，全国累计探明石油地质储量达 390×10^8t，探明程度为 32.3%，总体处于勘探中后期。松辽、渤海湾等东部盆地石油资源探明率已超过 60%，鄂尔多斯、塔里木、准噶尔等西部盆地探明程度在 50% 左右，进入勘探中后期。因此，除海域勘探尚有重大发现外，陆上盆地获重大发现的难度日益增加。探明油气储量中低品位比例持续增长：新增探明石油中特低渗透比例超过 70%，新增探明天然气中特低渗透比例超过 70%，低丰度—特低丰度占比为 70%，小型油气田占比为 60%。特低渗—致密油储量占比由"九五"的 23% 增长到"十三五"的 85%，动用率、采收率明显下降，新增探明储量动用率不到 60%，新增动用储量采收率下降到 20% 左右。

从中国的油田开发看，已开发油田总体进入中后期，处于高含水、高采出程度开发阶段，尤其是大庆、胜利等国内主力油田含水率已经超过 92%，可采储量采出程度超过 85%，处于特高含水和特高采出程度的"双特高"阶段，接近于经济极限含水率 95%，相当于"水中捞油"，处于尾矿开发。油田资源接替矛盾突出，储采失衡严重，稳产难度加大。随着大庆油田进入产量递减阶段，年递减 200×10^4t 左右，国内油田总体自然递减率在 12% 左右，按照 2017 年原油产量 1.92×10^8t 计算，每年产量自然递减在 2300×10^4t 左右，新建产能难以弥补产量递减，全国原油产量从 2016 年开始持续下降，2017 年降至 1.92×10^8t，比 2015 年的历史峰值 2.15×10^8t 减少了 0.23×10^8t，加剧了石油对外依存度增长。

从中国石油公司的油气资源分布看，基本都在国内，而在国内扩展的范围有限。国际石油公司油气资源却遍布世界各地，其拥有的储量一半以上在国外，这是我们与国际石油公司在资源方面最大的差距。扩大资源的地域分布和空间范围，才有可能找到低成本的优质储量，才能使中国石油公司跻身于世界大石油公司的前列。通过国际油气合作可以带动中国石油公司的设备、技术和劳务的出口，同时还可以接触到世界先进的勘探开发技术，深入了解国际石油公司的经营理念和管理模式。

2. 国际油气合作是石油公司自身利润最大化的迫切需要

石油公司要追求成本的最小化、利润的最大化，这就要求资源围绕提高利润而进行合理配置。同时，公司要充分考虑投入产出比率，对投资结构和数量进行通盘考虑，要求石油公司在全球范围内寻找有利勘探开发区块，提高国内石油公司的竞争力，尽快缩小与大石油公司的差距，是一个具有长期性和导向性的战略目标。国际油气合作可以提高上游的竞争力，彻底从目前的体制和经营机制上转换到适应市场经济要求的公司化运行模式上来，以制度创新促进管理和技术创新，从而实现资源接替、降低成本和技术进步，从而实现利润的最大化。而且技术、设备、作业队伍、过剩力量和冗员在跨国经营中也可找到出路和发展的机会。

中国石油公司与竞争对手在成本水平上有很大的差距。由于成本比国外公司高出近一倍，盈利能力受到严重限制。如何通过成本控制和实施低成本战略，改变成本竞争的劣势，是当前石油公司急需解决的难题。提高公司的竞争力主要表现在两个方面：一个是市场的收入，另一个就是成本。收入取决于市场，而公司所能做的，就是持续地降低成本，降低成本是公司管理永恒的主题。产品低成本是企业竞争力的重要标志，是一个公司价值的试金石。实施低成本战略是参与国际石油行业竞争的需要。中国石油公司已有的海外勘探开发项目的人均产值和利润都接近国际石油公司的水平，以中石油为例，截至 2015 年底，海外油气总资产达到 784 亿美元，海外累计投入 1174 亿美元，累计回收 802.5 亿美元。在产项目大多已进入投资回收的黄金期。总体看，“十二五”期间，平均投资回报率达 10.3%，平均单位操作费为 7.41 美元 /bbl。证明海外勘探开发在降低成本、提高利润中的作用巨大，而且还带动设备、技术和劳务出口，降低了石油劳务市场的压力，因此国际油气合作带来的整体经济效益十分显著。

三、国际油气合作仍处于最佳发展黄金期

中国石油公司在政治、经济、市场以及上下游一体化方面的比较优势，使其过去能够在复杂多变的国际环境下在国际油气合作中取得了巨大的成功。但国家能源需求持续快速增长和公司发展战略的需要对国际油气合作提出了更高要求，在新形势下需进一步充分发挥中国政治经济和中国石油公司的比较优势，加大在低风险国家油气资产的获取，平衡海外油气资源结构的中国石油公司海外油气资源新战略。中国政府的能源外交和与许多资源国的传统友谊，是中国获取海外油气资源的重要保障，“一带一路”倡议和中国能源发展规划为海外油气资源进一步发展创造了新机遇。中国经济的持续健康发展和巨大的能源消费市场，是推动中国石油公司走出去的巨大动力，中国国有石油公司既是石油公司又是专业技术服务公司的一体化运作模式，已成为我们在全球油气资源市场激烈竞争的独特优势。因此，中国石油公司的国际油气合作仍处于最佳发展黄金期。

1. 全球油气资源丰富，尤其是非常规资源，勘探开发潜力巨大，而且分布极其不均衡，为我们在海外进一步获取油气资源奠定了丰富的物质基础

对全球油气资源系统评价结果表明，全球常规与非常规油气资源总量约为 5×10^{12}t

油当量，二者比例约为 2∶8，全球油气资源丰富，勘探开发潜力巨大。虽然经过 150 余年的勘探开发，但是常规油气仅采出 1/4，非常规油气采出更少。全球油气剩余可采储量仍保持约 1% 的年增长速度，目前全球石油剩余可采储量超过 2416×10^8t，天然气剩余可采储量超过 $190 \times 10^{12}m^3$，油气产量也保持稳步增长。同时，全球油气资源分布极不均衡：常规资源以中东地区为主，石油占全球的 40%，天然气占全球的 31%；非常规资源以美洲为主，占全球的 40%。世界石油供求总体平衡并趋于宽松，但地区间差异很大：2015 年全球原油产量约为 42.8×10^8t，年增长 2.8%，储采比为 53；全球天然气产量 $3.67 \times 10^{12}m^3$，年增长约 2.4%，储采比为 54，基本持平。世界石油产量和消费量总体平衡，但地区间差异很大，亚洲、欧洲消费远超过供给，而中东、非洲供给远大于需求。

2.“一带一路”倡议和中国能源发展规划，为海外油气资源深度合作创造了新机遇

2013 年 9 月和 10 月，习近平总书记分别提出建设“新丝绸之路经济带”（简称“一带”）和“21 世纪海上丝绸之路”（简称“一路”）的发展合作倡议，强调相关各国要打造互利共赢的“利益共同体”和共同发展繁荣的“命运共同体”，开启了我国政治、经济和人文等对外合作的新篇章。“一带一路”涉及国家和地区至少有 66 个，人口达 45 亿，占全球的 62%，GDP 达 42.4 万亿美元，占全球的 37.3%，2015 年出口贸易额累计达 6.16 万亿美元，占全球的 26.4%，进口贸易额累计达 5.32 万亿美元，占全球的 21.9%。“一带一路”沿线国家油气资源丰富，尤其是陆上丝绸之路经济带的油气资源十分富集，是世界主要油气供给区，也是海外油气资源合作的主要地区和方向。统计表明，“一带一路”沿线国家油气剩余探明储量分别占全球的 55% 和 76%，油气待发现资源量分别占全球的 47% 和 68%，油气产量分别占全球的 51% 和 49%，主要分布在中东、中亚、俄罗斯地区。从油气剩余可采储量主要分布国家看（图 1–4），原油集中分布在 21 个国家中，累计原油剩余探明储量达 131.51×10^8t、占全球的 55%，其中“一带”沿线国家占 54%，“一路”沿线国家占 1%；天然气集中分布在 28 个国家中，累计天然气剩余探明储量达 $142.16 \times 10^{12}m^3$，占全球的 76%，其中“一带”沿线国家占 71%，“一路”沿线国家占 5%。从油气产量主要分布国家看（图 1–5），原油集中分布在 21 个国家中，2014 年累计原油产量达 21.59×10^8t，占全球的 51%，其中“一带”沿线国家占 47%，“一路”沿线国家占 4%；天然气集中分布在 28 个国家中，2014 年累计产量达 $1.69 \times 10^{12}m^3$，占全球的 49%，其中“一带”沿线国家占 43%、“一路”沿线国家占 6%。“一带一路”沿线国家原油供应、需求分别约占全球的 1/2 和 1/3，重点资源国普遍实施“资源立国”战略，部分国家油气产业产值占 GDP 的 30%～60%，油气出口收入占国家出口总收入的 70%～90%。这种油气的供需错位，使得区内既有激烈的供需矛盾，又有强烈的合作需求，为油气资源合作提供了良机。

积极抓住“一带一路”倡议的新机遇，大力实施油气资源全产业链协同共赢战略。以中石油为代表，经过 20 多年的发展，已在“一带一路”区域内建成三大油气合作区、四大油气战略通道、2.5×10^8t 当量产能、3000×10^4t/a 炼油能力的全产业链合作格局，油气合作是“一带一路”倡议的重要支撑。截至 2018 年底，中石油在“一带一路”沿线 19 个

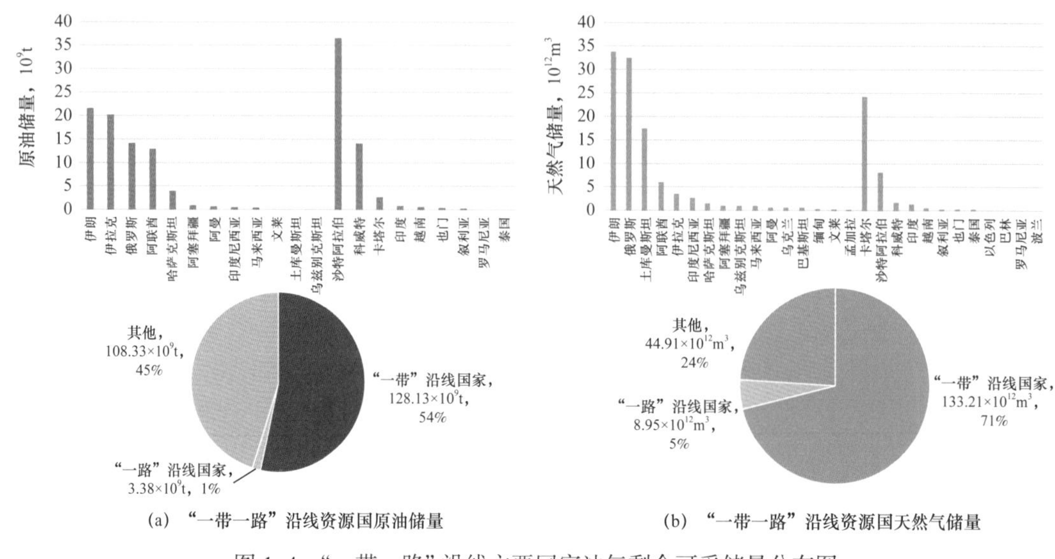

(a) “一带一路”沿线资源国原油储量　　(b) “一带一路”沿线资源国天然气储量

图 1-4 “一带一路”沿线主要国家油气剩余可采储量分布图

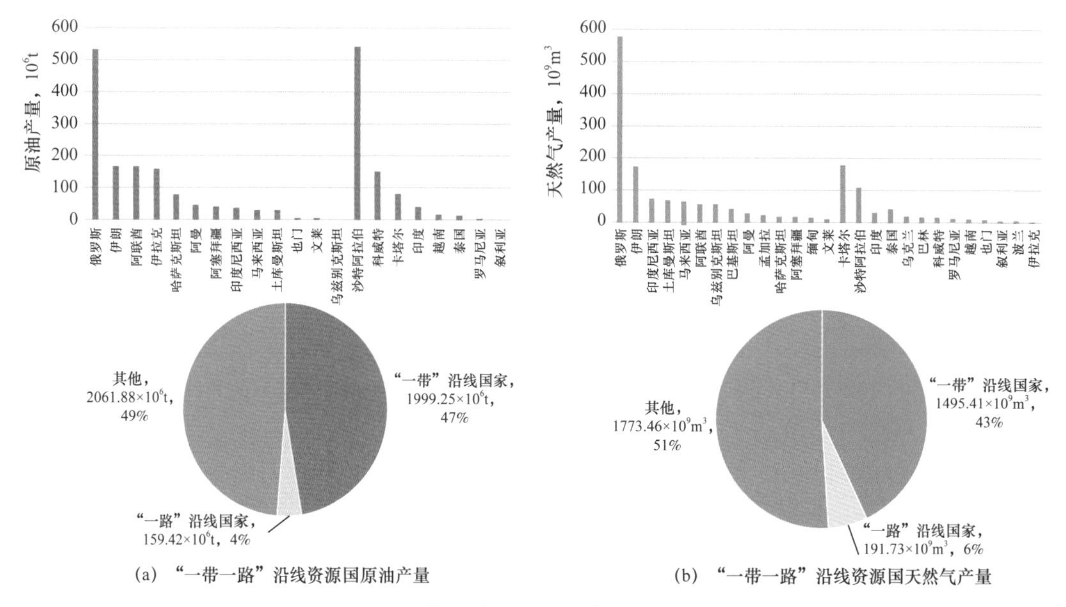

(a) “一带一路”沿线资源国原油产量　　(b) “一带一路”沿线资源国天然气产量

图 1-5 “一带一路”主要国家油气产量分布图

国家执行着 51 个油气合作项目，累计投资超 500 亿美元，权益油气产量超 5000×10^4t/a，是中石油海外上游业务的主战场，是油气战略通道的重要资源保障区，是优势产能合作的主要市场。中石油海外千万吨级大型油气生产项目 80% 位于“一带一路”沿线，是海外油气产量和经济效益的主要来源；同时也向沿线各国累计上缴税费超 600 亿美元，创造了超过 8 万个长期就业机会。中石油油气资源及相关产业合作已成为“一带一路”“走出去”的领头羊。

未来油气资源的合作应实施油气全产业链协同共赢战略。在中国能源发展规划中对海外油气合作也有明确要求：巩固重点国家和资源地区油气产能合作，积极参与国际油气基础设施建设，促进与“一带一路”沿线国家油气管网互联互通；推进中俄东线天然气管道建设，确保按计划建成，务实推动中俄西线天然气合作项目；稳妥推进天然气进口；加强与资源国炼化合作，多元保障石油资源进口。因此，在现有合作基础上，未来继续将以“五通”作为实践指南和核心内容，持续发挥引领和骨干作用，尤其在“一带一路”油气资源合作方面向深层次、高水平的全产业链融合发展，充分考虑“一带一路”相关国家的合作需求和我国的比较优势，通过“资源与市场共享、通道与产业共建”，建设开放型油气合作网络，培育自由开放、竞争有序、平等协商、安全共保的伙伴关系，以资金、技术、标准、管理联合合作，打造新的价值链，以利益共同体构建命运共同体，为实现我国“两个一百年”奋斗目标奠定坚实的油气资源基础。

3. 世界形势动荡不安，海外投资环境复杂多变，但在中低油价期，资源国改善对外合作政策，为石油公司获取海外油气资源创造了新机会

分析表明，资源丰富的阿拉伯国家局势持续动荡；非洲一些国家种族冲突严重，使中国石油公司海外资产始终处于高风险状态；中亚地区各国领导人长期执政，政权更迭的潜在风险持续攀升；拉美地区社会与安全风险评级持续高企，同时，各资源国国内民族主义抬头，对外合作政策总体趋紧。但长期的中低油价，也迫使资源国放宽合作政策，寻求吸引外国投资。例如，伊朗经济受制裁遭受严重打击，出台新合同模式取代苛刻的回购合同；墨西哥和巴西也被迫进行能源政策改革，允许外国资本投资上游和深水盐下油田；许多经济遇到困难的国家修改财税合同条款以吸引外国投资。

不断创新海外油气合作方式，积极购并低风险地区的油气资源，平衡海外资产安全风险。这些年，虽然我们利用中国整体优势，到欠发达国家参与了大量油气资源开发项目并取得巨大成功，但参与运营的风险巨大，人身安全受到威胁，经济效益也大打折扣。因此，在低油价时期，在国家“一带一路”倡议指引下，面对新形势和油气资源深化合作的要求，要不断创新海外油气合作方式，积极购并低风险地区如北美、阿联酋、阿曼等国家的油气资源，平衡海外资产安全风险，使海外油气资源分布和结构更趋合理。

4. 在中低油价下，资源国改善对外合作政策，全球油气资产交易构成发生深刻变化，出现大量待售资产，为海外获取油气资源提供了新选择

在中低油价下，大型国际石油公司积极调整发展战略。以埃克森美孚、雪佛龙、壳牌、BP、道达尔五大巨头为代表的国际石油公司，进一步进行资产优化、强化优质和优势资源占有，大幅放缓非常规资源的投资力度，不断剥离非战略核心资产，以出售低油价期效益较好的中下游资产为主，除壳牌巨资收购 BG 集团以外，五大巨头在收并购市场上几乎完全充当卖方角色，出售资产总额达 123 亿美元，创近 8 年来新高。低油价下，非常规油气资产并购潮已过，出现大量待售资产；小型油气或服务产公司大量剥离不良资产或整体出售。而以中国为代表的新兴经济体的国家石油公司，海外油气并购活动由前几年极其活跃转入现在的基本停滞状态；金融投资者在油气收并购市场上日益活跃，积极寻找机会。

2017年第一季度，全球完成收并购交易金额达653亿美元，以资产交易为主，以剥离油砂和深水等高成本资产为主；康菲、壳牌等公司出售加拿大油砂资产，交易金额为240.4亿美元，占交易总额的37%。2016年下半年，随着原油价格回升，全球上游资产交易市场开始复苏，北美非常规交易创历史新高，成为全球并购最大的增长点。美国上游收并购主要集中在二叠盆地致密油区块，交易金额为250亿美元，占全美交易金额的40%。2016年国际石油巨头收并购金额为94亿美元，同比2015年32亿美元上升194%；国家石油公司收并购在2016年反弹，卡塔尔投资局以235亿美元收购俄罗斯石油公司19.5%的股权，亚洲国家石油公司收并购交易连续三年下滑。

收并购的发起者主要为国际石油公司、国家石油公司、独立石油公司、主权财富基金以及金融投资者。在过去5年间，国家主权基金、私募公司等金融投资机构在全球上游市场中支出超过3000亿美元，占全球交易金额的1/3。基于勘探开发成本和收购价格之间的差距，吸引更多的投资者进行投机交易，金融投资者已发展成为收并购市场的重要力量。未来的收并购区域主要集中在中东大型油气项目、拉美、非洲深水油气项目及北美非常规资源项目。未来2～3年可供出售资产数量近1100个，资产金额超过2300亿美元。美国致密油较低盈亏平衡价格是促进交易的催化剂，卖家通过股票进行融资，而高交易价格将会刺激私人勘探开发商通过出售或首次公开募股来进行套现。

积极抓住低油价期创造的新机会，用全球视野大力获取海外油气资源。纵观全球能源发展史，每一次油价波动及技术变革都伴随着一波油气公司的兼并收购浪潮，也是全球油气资源重新分配的最佳战略期。2014年以来，原油价格大幅下降并长期处于低迷状态，全球油气资源交易价格处于低谷，优质资产交易处于窗口期；许多公司迫于财务压力出售优质核心资产，市场上待售油气资产丰富，数量众多，类型广泛，新一轮并购浪潮逐渐显现，要充分利用这次难得的全球油气资产交易窗口期，大力获取海外油气资源。

5. 中国石油公司走出去20多年，积累了丰富经验，培养了大量国际化人才，为今后发展提供了新保障

中国石油公司走出去20多年，积累了丰富经验，最重要的是培育了一支忠于祖国和石油事业、具有较强业务能力、拥有顽强作风与传承弘扬大庆精神铁人精神的国际化经营管理人才队伍。以中石油为例，目前从事海外油气投资业务的人数超过6万人，其中中石油员工近5000人，副高级及以上职称占47%，构建了一套以“选、育、用、留、轮”五大环节为核心的，体现中国文化特色的国际化人力资源管理体系；形成了具有竞争力的技术支持体系，基本建成以中国石油勘探开发研究院为主体、14个专业技术中心提供专业支持、多个国内油气田对口支持海外项目的“1+*N*”开放式的海外业务技术支持体系；特别重视海外科技的理论技术集成创新，成功地将中国陆相石油地质理论和勘探开发理念与海外实际相结合，形成了海外适用的勘探开发特色技术，集成完善先进实用的开发工程配套技术系列，使海外常规陆上勘探开发技术达到国际先进水平；积极探索煤层气、超重油、油砂等特殊类型油气藏勘探开发技术和LNG、海洋工程技术，进一步缩短了与国外先进技术的差距。针对滨里海盆地和阿姆河项目，集成了盐下复杂构造勘探开发系列配套

技术，攻关形成了被动裂谷和含盐盆地油气勘探综合配套技术、海外超重油及高凝油油藏高效开发技术以及海外大型碳酸盐岩、砂岩油气田开发等关键技术，有力支撑了海外勘探开发业务持续健康发展。

第二节　海外油气勘探开发合作历程与现状

20 世纪 90 年代以来，中国石油公司大力开拓国外市场，采取“走出去”的发展道路，积极对外投资，寻求国际合作。海外油气合作从秘鲁项目起步，到早期获取苏丹、哈萨克斯坦和委内瑞拉的一批规模项目，经过不断探索、发展和推进，合作范围不断扩大，合作规模不断拓展，业务范围遍布中东、中亚、非洲、美洲、亚太等地区的 30 多个国家。

一、发展历程

1993 年，中石油率先走出去并购了秘鲁 6/7 区项目，开始了探索海外勘探开发油气资源、国际化经营管理和人才培养之路。1997 年，中石油抓住低油价和资源国政策松动时机，进入了以苏丹项目为代表的一批重要海外油气勘探开发项目，使其海外业务持续迅速发展。2009 年以后，中石油又抓住伊拉克战后重建的有利时机，获取了以鲁迈拉大型油田为代表的一大批海外大型油气田勘探开发项目，使海外油气业务迈入了规模化发展阶段。可以看出，海外油气投资业务经过 20 多年的艰苦努力，经历了探索起步、基础发展、快速发展和规模发展 4 个阶段，现已进入以质量效益和可持续发展为目标的发展新阶段。实现了海外油气业务从无到有、从小到大的跨越式发展（图 1–6）。

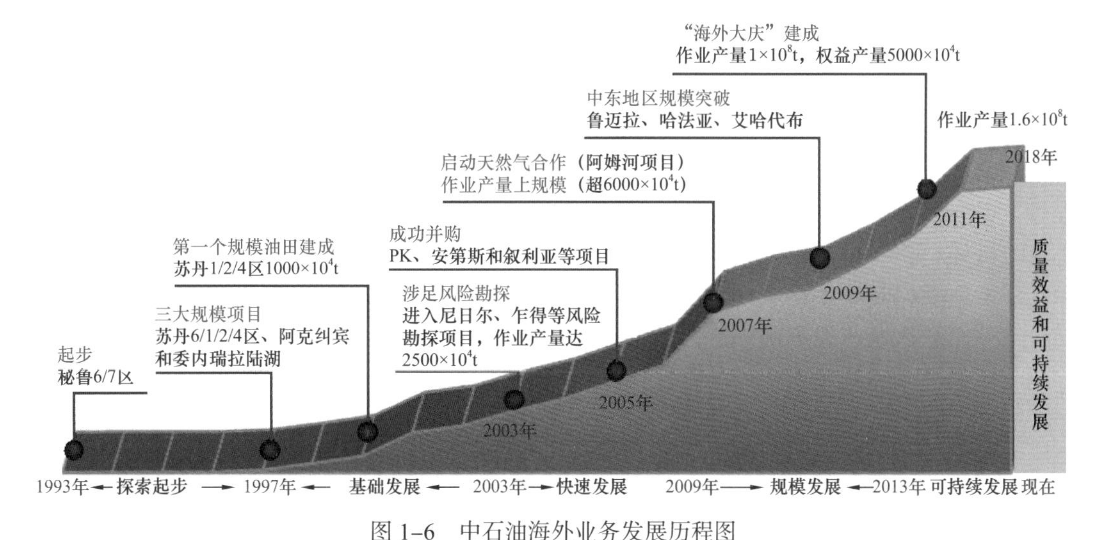

图 1–6　中石油海外业务发展历程图

1. 1993—1996 年，探索起步阶段

中石油海外勘探开发业务的发展是以小项目开始起步的，即以 1992 年签订巴布亚新几内亚的勘探区块项目为起点，1993—1996 年又分别获得了秘鲁 6/7 区和加拿大阿奇森等

老油田开发项目及苏丹区块勘探项目。此阶段由于海外业务刚起步，还没有跨国生产经营管理经验，海外油气开发主要集中在常规砂岩老油田综合挖潜领域，秘鲁 6/7 区塔拉拉、加拿大阿奇森和委内瑞拉卡拉高莱斯等老油田成功应用了国内砂岩油田成熟开发技术，实现了海外油田开发生产零的突破，并初步实现了积累经验、锻炼队伍、培养人才和熟悉国际环境的目标。

2. 1997—2002 年，基础发展阶段

经过初期摸索起步，1997 年起海外勘探开发进入大发展时期，相继签订了苏丹 1/2/4 区块勘探开发项目、哈萨克斯坦阿克纠宾油气股份公司购股协议、委内瑞拉英特甘布尔项目和卡拉高莱斯项目，从此，奠定了非洲、中亚和南美洲三大油气合作区的基础。此阶段随着苏丹 1/2/4 区、苏丹 6 区、苏丹 3/7 区、哈萨克斯坦阿克纠宾等一批代表性项目陆续投入开发，海外开发技术在集成应用国内成熟技术的基础上，大搞集成创新，形成了一系列适应海外特点的油气开发技术，如海外砂岩油田天然能量高速开发技术、异常高压特低渗透碳酸盐岩油藏开发技术、带凝析气顶碳酸盐岩油田注水开发技术、薄层碳酸盐岩油田水平井注水开发技术、大型高凝油油藏高效开发技术等。海外油气作业产量超过 2000×10^4t，自主勘探取得突破，勘探开发业务进入良性发展，国际化经营管理和人才培养取得明显成效，这些为以后的全面快速发展奠定了坚实的基础。

3. 2003—2008 年，快速发展阶段

该阶段中石油海外勘探开发业务进入了“风险勘探与滚动勘探开发并举，加大自主勘探、增强发展基础”的快速发展阶段。通过将国内成熟油气田开发技术与海外特点相结合，创新形成了适应海外特点的系列特色勘探开发技术，如被动裂谷盆地石油地质理论及勘探技术、海外砂岩油田天然能量高速开发技术、超重油整体水平井泡沫油冷采开发技术等特色技术。2003 年，中石油海外作业产量达到 2500×10^4t，开始涉足风险勘探，同时加强了已有在产在建项目的滚动勘探开发力度，实现了年新增油气可采储量超过年油气产量的目标；2004 年，作业产量超过 3000×10^4t，我国第一条外国原油管道——中哈原油管道开工建设；2005 年，成功并购 PK 公司，首次实现海外公司并购的突破；2006 年，中石油海外原油作业产量突破 5000×10^4t；2007 年，突破 6000×10^4t，中亚天然气合作全面启动。从此，中石油海外业务初步形成了非洲、中亚、中东、南美和东南亚五大油气合作区。

4. 2009—2013 年，规模发展阶段

2009 年以来，海外新项目开发工作在中东、中亚和美洲等合作大区连续取得重大战略性突破，海外油气业务全球战略布点基本完成。伊拉克战后重建，率先重启了艾哈代布项目，与国际合作伙伴共同中标鲁迈拉和哈法亚项目，开创了大型国际石油公司与国家石油公司合作的新模式。适应海外特点的油气勘探开发理论和技术进一步发展和创新，形成

了以含盐盆地石油地质理论及勘探技术、全球油气地质与资源评价技术、前陆盆地石油地质理论与勘探配套技术、大型碳酸盐岩油藏整体开发部署优化技术、边底水碳酸盐岩气田群高效开发技术、页岩气水平井分段体积压裂技术、煤层气有利储层预测与 SIS 水平井等为代表的海外特色开发技术等。

2011 年，面对复杂多变的国内外宏观经济形势，中石油平稳组织生产经营，海外战略成效显著，海外油气作业产量突破 1×10^{8}t 当量，权益产量超过 5000×10^{4}t，成为公司海外油气业务发展历史上的重要里程碑，成功建成“海外大庆”。

2013 年，中石油在海外油气项目获取方面又取得多个重大突破，这些油气项目不仅资源规模巨大，而且资产类型和合作方式多样：莫桑比克 4 区天然气和 LNG 一体化项目与巴西 Libra 油田均属深海特大型勘探开发项目、俄罗斯亚马尔为北极大型天然气项目，里海卡萨甘属特大型碳酸盐岩油气田开发项目、伊拉克又获得与鲁迈拉相当的西古尔纳特大型油田。仅这 5 个项目新增权益石油储量超过 55×10^{8}bbl、天然气 24×10^{12}ft^{3}，预计高峰年产规模达到 2×10^{8}t 以上。

5. 2014 年至今，质量效益和可持续发展的新阶段

2014 年以来，随着国际油价的迅速下跌，暴露出海外业务这些年规模快速发展出现的一系列问题，中石油海外油气业务进行了重大战略调整，提出了以质量效益和可持续发展为目标的新阶段。海外油气作业产量逐年平稳上升，年产量超过 1.3×10^{8}t，年复合增长率超过 7%。

二、发展现状

中石油海外上游业务经过 20 多年的发展，业务领域不断扩展、自主勘探成果显著、油气开发规模持续上台阶，基本实现海外“五大油气合作区”的布局。

20 多年来，中国石油公司海外油气业务基本完成了五大油气合作区的战略布局，海外的油气资产分布于 50 个国家 100 多个盆地，有 120 多个油气勘探开发项目，合同区总面积约为 130×10^{4}km^{2}，共拥有油气剩余可采储量 125×10^{8}t 油当量，作业产量约 2×10^{8}t 油当量，权益产量近 1×10^{8}t 油当量。

以中石油海外油气业务为例，截至“十二五”末，中石油海外油气业务已在全球 35 个国家管理运作着 91 个油气项目，油气权益剩余可采储量达 40.6×10^{8}t，其中石油 33.1×10^{8}t，天然气 9422×10^{8}m^{3}；原油年生产能力达 1.35×10^{8}t，天然气年生产能力达 290×10^{8}m^{3}；输油（气）管线总里程达到 14508km，年输油能力达 8550×10^{4}t，输气能力达 604×10^{12}m^{3}；运营或在建炼化项目有 6 个，原油加工能力达 1300×10^{4}t/a；海外油气总资产增长到 784 亿美元，资产价值超过 302 亿美元。在产项目大多已进入投资回收的黄金期。海外业务始终坚持“以人为本，安全第一，预防为主”的 HSE 理念，坚持追求“零事故、零伤害、零污染”的目标，连续多年未发生一般 A 级及以上工业生产安全事故和较大及以上交通事故。海外投资业务形成了一支忠于祖国和石油事业、具有较强业务能

力、拥有顽强作风和奉献精神的海外员工队伍，目前海外油气投资业务的中外方人数达6万多人。构建了一套以“选、育、用、留、轮”五大环节为核心、体现中国文化特色的国际化人力资源管理体系。基本建成以中国石油勘探开发研究院为主体、12个专业技术中心提供专业支持、国内多个油气田对口支持海外项目的“1+12”开放式的海外业务技术支持体系，建立了中石油国内油田“对口支持”海外重点地区或项目的特色模式。集成创新了涵盖地质勘探、油气田开发和新项目评价等的十大特色技术系列。

目前，油气投资业务与工程技术等服务保障业务“一体化协调发展”格局业已形成，基本形成了集油气勘探开发、管道运营、炼油化工、油品销售于一体的油气产业链，海外业务进入“质量效益和可持续发展”的新阶段。

20多年来，中石油从秘鲁项目起步，培养队伍、积累经验、探索路子，相继在苏丹、哈萨克斯坦和委内瑞拉取得突破，奠定了海外业务发展基础。目前，中石油基本建成了中亚、中东、非洲、美洲和亚太“五大海外油气合作区”，以及横跨我国西北、东北、西南和东部海上的“四大油气运输通道”，以及亚太、欧洲和美洲“三大油气运营中心”，工程技术、建设和装备制造等业务也大规模走出去，与国际大石油公司同台共舞。

20余年海外油气上游合作积累了大量的经验，探索并创新形成了一系列适应海外油气业务发展的管理理念、方法和特色技术等，但目前海外油气勘探开发形势发生了深刻变化，面临着一系列巨大挑战，包括现有上游项目大面积到期、资产结构单一、新拓展领域经营效益不理想、老油田开发难度越来越大、投资环境不断恶化、投资风险持续加大、国际油价巨变化无常等。

第三节 海外油气资源分布特点

中国石油公司在海外已经建成中亚、中东、非洲、美洲和亚太五大油气合作区，其资源分布各具特点。中东是海外石油资源最多的地区，石油占99%；在中亚地区，油气资源并举，其中石油占48%，天然气占52%；在美洲，以重油油砂等非常规油气资源为主，占比超过90%；在非洲，以常规油气资源为主，且海陆兼顾基本平衡，陆上占60%，海上占40%；在亚太地区，以天然气为主，占比高达90%。

一、海外资源以陆上常规油气资源为主

在中国石油公司拥有的海外油气资源中，石油和天然气占比分别为78%和22%，油远大于气。常规油气资源占80%，非常规油气资源占20%，非常规油气资源主要分布在委内瑞拉、加拿大和澳大利亚。陆上和海上油气资源占比分别为80%和20%，陆上资源重点分布于中东、中亚和非洲等地区，海上资源多分布于西非、澳大利亚和巴西等海域。

二、海外油气作业产量和权益产量持续增加

经过20多年的发展，中国石油公司的海外油气作业产量和权益产量从最初的几百桶

到现在总的作业产量约 2×10^8t 油当量，权益产量近 1×10^8t 油当量。海外油气勘探开发走出了一条油田开发与自主勘探相结合的道路，海外油气产量 2/3 靠已有油田开发获得，1/3 来自自主勘探发现。

三、海外油气资源分布多集中于高风险国家

在中国石油公司拥有的海外油气资源项目中，约 65% 分布于风险较高的国家，这类油气资源占总储量、总产量的比例超过 65%；分布于中等风险国家的项目占 25%，油气储量和产量的占比大致均为 25%；分布于低风险国家的项目仅占 10%，油气储量和产量的占比约为 10%。如中石油在伊拉克、南苏丹、苏丹、乍得、尼日尔、哈萨克斯坦、委内瑞拉 7 个风险较高国家的油气储量和产量占比已超过其全部海外油气资源的 70%，而在土库曼斯坦阿姆河右岸项目的天然气产量占其海外天然气总产量的 80% 以上，油气主产区十分集中。

四、海外油气资源项目面临合同到期的严峻形势

海外油气资源项目勘探开发期短、时限性强。勘探项目的勘探期一般为 3～5 年，最多可延长 1～2 次，而开发项目的开发期限为 25～35 年。如中国石油公司每年都有海外项目到期须退还资源国，到 2022 年，海外陆续到期的项目（区块）有 7 个，影响海外原油作业产量的 25%，到 2030 年，海外绝大多数项目合同到期。由于海外油气资源归资源国所有，外国公司只是一定期限内的油气勘探开发经营者，未来中国石油公司将面临海外油气资源大幅减少甚至空缺的巨大挑战。

五、合同模式与合作方式复杂多样，投资风险大

中国石油公司海外油气勘探开发项目有不同的合同模式：产品分成合同占 36%，矿税制合同占 51%，服务合同占 13%，每种合同规定了投资者不同的权益和义务，对投资者的要求极其苛刻。海外项目有独资经营、联合作业、控股主导和参股等多种经营管理方式。海外油气资源投资风险巨大。例如，原苏丹分裂成苏丹和南苏丹两个国家以及两个国家的战争对中国石油公司的“苏丹模式”产生了重大影响，导致千万吨级油田停产，投资不可回收等；叙利亚内战从 2011 年至今，中国石油公司在叙利亚的项目全面停产。此外，一些资源国随时调整财税条款、汇率大幅变化、更改合同内容的情况更是十分普遍，中国石油公司海外油气资源投资项目大多处于较高风险状态。

第四节 海外油田开发历程与现状

中国石油公司海外油气业务是从中石油 1993 年中标秘鲁 6/7 区塔拉拉油田项目开始的。以中石油为例，到现在经历了起步发展、快速上产、规模建产和持续稳产上产四个阶段（图 1-7）。

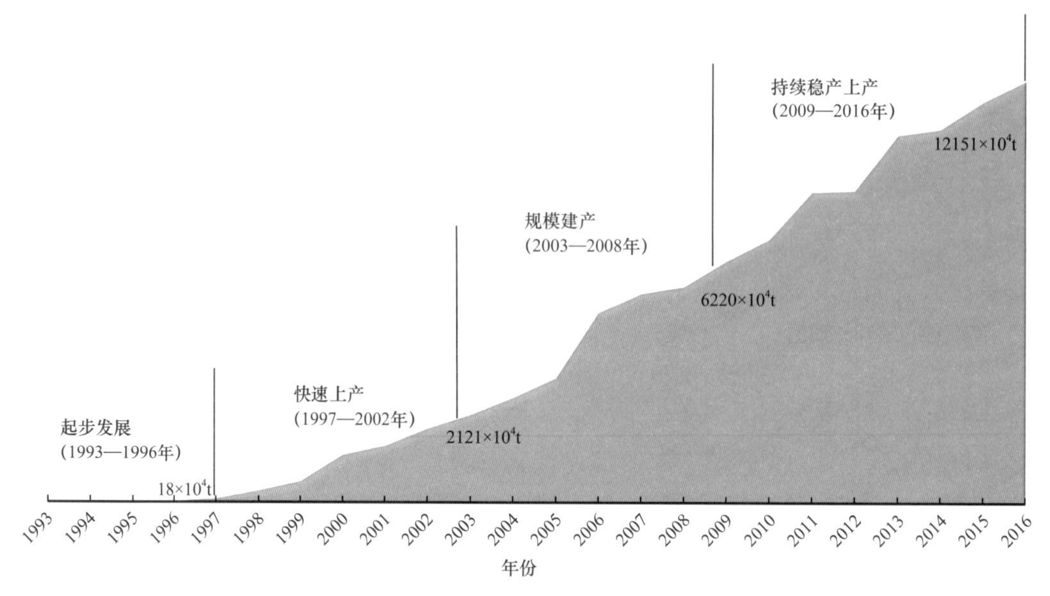

图 1-7　海外油田开发历程

一、起步发展阶段

1993 年，中石油首先中标南美地区的秘鲁 6/7 区塔拉拉油田项目，从此开始走出国门，参与国际合作开发，拉开了海外油田开发历程的序幕。塔拉拉油田是已开发百年的老油田，地质条件极其复杂，滚动勘探开发的难度很大。中方接管后通过深化地质综合研究，应用中石油断块油田开发理论，同时强化管理和实施保障措施，使这个濒临停产的老油田恢复了活力。1994 年，6/7 区项目开始投产，当年产油 4×10^4t，标志着中石油海外原油产量实现了零的突破。之后三年通过义务工作量的完成，原油产量大幅度提高，日产油水平由接管时的 1750bbl/d 上升到 1997 年的 5375bbl/d，为历年最高峰，以较小的投入完成了较大的工作量，取得了良好的经济效益。秘鲁 6/7 区项目是中石油在海外第一个油田开发项目，该项目的成功收购及开发为中石油海外业务起步发展阶段积累了宝贵的经验，从此 CNPC 这个品牌开始在国际油气合作开发舞台崭露头角。

二、快速上产阶段

从 1997 开始，中石油海外油田开发业务迅速成长发展，继美洲之后，在非洲、中亚、中东、亚太等地区都实现了零的突破。1997—2002 年，海外签订并投产的油田项目包括苏丹 1/2/4 区、哈萨克斯坦阿克纠宾、阿曼 5 区、委内瑞拉陆湖等一批大油田项目以及泰国邦亚、阿塞拜疆 K&K 等小项目。海外原油作业产量也从 1997 年的 97×10^4t 迅速增长到 2002 年的 2121×10^4t，为我国海外原油生产历史画上了浓重的一笔。

苏丹 1/2/4 区项目是中石油在非洲的第一个原油开发项目，在 1999 年正式投产后不到两年时间就实现年产原油 939×10^4t，成为中石油海外第一个千万吨级规模的大型油田开发项目，也是我国海外油田开发历程中的一个重要里程碑。该项目投产后采用“有油快流，好油先投，高速开发，快速回收”的开发策略，从联合作业公司成立到千万吨级油田投产，用了不到两年时间；从投产到全部投资回收，仅仅用了三年半时间，成为中石油海外油田高速高效开发的典范。

在快速上产阶段，除了苏丹 1/2/4 区项目这个新投产油田项目外，中石油也陆续开始参与包括阿克纠宾、陆湖、阿曼等项目在内的一批老油田的合作开发，并且在接管后油田年产量快速增加，使老油田焕发了新青春。哈萨克斯坦阿克纠宾项目作为中石油在中亚地区的第一个油气开发项目，在 1997 年中方接管后，年产油量从 262×10^4t 迅速增长到 2002 年的 437×10^4t。委内瑞拉陆湖项目在 1998 年接管后用了不到三年时间年产油量由 22×10^4t 迅速上升到 100×10^4t 以上。

三、规模建产阶段

从 2003 年开始，海外油田开发进入规模建产阶段。2003—2008 年，海外先后签订并投产的大小油田开发项目共有 15 个，无论数量还是产量规模都达到了一个前所未有的高度。

在中亚地区，先后投产了哈萨克斯坦 PK、北布扎奇、KAM、ADM 4 个项目，再加上之前的阿克纠宾项目和 K&K 项目，中亚地区油田开发项目达到 6 个，整个中亚地区的年产油量由 2003 年的 500×10^4t 水平增长到 2008 年的 1800×10^4t 水平。PK 项目 2005 年由中方接管时主力油田处于高含水开发后期，油田年产量仅 364×10^4t，接管后通过深入挖潜，产量创造历史新高，2006 年达到年产油 1000×10^4t 以上并稳产 2 年。北布扎奇项目是海外第一个普通重油油田开发项目，中方于 2003 年进入该项目，通过开展地质开发综合研究，加快油田产能建设步伐，油田年产量由接管前的 33×10^4t 上升到 200×10^4t。

在非洲地区，共有苏丹 3/7 区、苏丹 6 区、阿尔及利亚 ADRAR 3 个油田项目投产，整个非洲地区的投产项目达到 4 个，年产油量由 2003 年的 1400×10^4t 水平上升到 2008 年的 2500×10^4t 水平。苏丹 3/7 区项目 2006 年投产，在投产第二年便迅速实现了年产 1000×10^4t 的产量目标，成为继苏丹 1/2/4 区项目后又一个千万吨级的油田开发项目。作为苏丹三大项目之一的苏丹 6 区也于 2004 年正式投产，当年实现一期 60×10^4t/a 规模商业生产，2006 年实现二期上中下游 200×10^4t/a 产能规模一体化生产。

在美洲地区，先后接管并投产了秘鲁 1–AB/8 区、厄瓜多尔安第斯、委内瑞拉 MPE3 以及 ZUMANO 等项目，加上早期接管的秘鲁 6/7 区项目和委内瑞拉陆湖项目，整个美洲地区的投产项目达到 6 个，原油产量从 2003 年的 300×10^4t 水平上升到 2008 年的 1000×10^4t 水平。秘鲁 1–AB/8 区项目也是一个老油田项目，中方接管后积极探索小股东参股下的项目运作模式，年产油量由 2003 年接管时的 156×10^4t 迅速上升到第二年的 290×10^4t。安第斯特高含水油田开发项目于 2006 年正式接管，中方通过加强低幅度构造特征及成藏规律研究，进行老油田高含水后期剩余油挖潜和油田综合治理工作，成功实现了油田高速高效开采，油田产量连续四年保持在 300×10^4t 生产规模。MPE3 项目是海外第一个超重油开发项目，位于世界著名的委内瑞拉奥里诺科重油带，该超重油项目于

2007 年正式投产，采用特殊的泡沫油丛式水平井冷采开发方式，产量逐年上升至目前的年产 900×10^4t 规模。

在中东地区，中石油又陆续投产了叙利亚幼发拉底和 Gbeibe 两个油田项目，加上之前投产的阿曼 5 区项目，这 3 个项目使中东地区的年产油量由 2003 年的 60×10^4t 迅速增加到 2008 年的 371×10^4t。

在亚太地区，中方参与合作的印度尼西亚油气开发项目在接管前原油产量逐年降低，在接管后年产油量由之前的 220×10^4t 增长到 2008 年的 374×10^4t。

在 2003—2008 年规模建产阶段，海外油田规模不断扩大，原油作业产量和权益产量屡创新高。2006 年，海外原油作业产量首次突破 5000×10^4t 大关，2007 年达到 6000×10^4t。

四、持续稳产上产阶段

进入 2009 年以后，海外相继投产一批大中型油田项目，包括中东地区伊拉克鲁迈拉、哈法亚、艾哈代布、西古尔纳 4 个大型油田以及伊朗 MIS、北阿项目，非洲地区尼日尔、乍得一体化项目，中亚地区哈萨克斯坦 MMG 项目，另外还有新加坡 SPC 项目以及秘鲁珍珠等项目。这一批大中型项目的投产，尤其是 2011 年之后连续在中东伊拉克、伊朗两伊地区实现了重大突破，使得海外油气业务战略布点基本完成，进入了持续稳产上产的新阶段。

2011 年，中石油海外油气生产获得历史性突破，油气作业当量首次突破 1×10^8t，油气权益当量超过 5000×10^4t，圆满建成“海外大庆”。其中原油作业产量接近 9000×10^4t，为“海外大庆”的顺利建成奠定了坚实的基础。2012 年，在国际政治形势急剧变化而导致南苏丹停产、叙利亚限产的不利局面下，通过克服种种困难，海外油气作业当量仍完成了 1.04×10^8t，油气权益当量达到 5243×10^4t，从而确保了“海外大庆”的成果。2013 年，在南苏丹项目复产滞后、叙利亚政局动荡、伊拉克鲁迈拉项目上产难度加大等严峻形势下，海外原油作业产量仍然首次超过 1×10^8t。从 2014 年开始，国际原油价格一路暴跌，世界油气行业风云突变，海外油田开发经营面临的内外部形势日益复杂，但海外油田开发生产仍然逆势稳产上产，屡创历史新高，原油作业产量连续四年在 1×10^8t 以上并保持小幅上涨的态势。

在此期间，中东地区随着伊拉克、伊朗等大项目的开拓和快速规模发展，有力支撑了海外油田的持续稳产上产。伊拉克鲁迈拉油田项目既是中石油海外第一个特大型油田开发项目，又是海外第一个技术服务合同项目。在 2010 年接管该油田后，同年底便提前实现合同规定的前三年内将油田产量水平提高到初始产量 110% 的目标，从而开始投资成本回收。2011 年至今，鲁迈拉项目克服了生产设施老化、施工力量不足、材料供应短缺和安保形势日益严峻等诸多不利因素影响，油田产量稳步提高，设施处理能力逐渐稳定，投资回收进展顺利。2011 年，实现原油作业产量 1548×10^4t，之后连续 5 年产量稳步提升，2016 年实现原油作业产量 3889×10^4t。西古尔纳油田项目在 2013 年底接管后通过优化油井生产以及实施全区规模注水等大量工作，原油作业产量由接管前的 528×10^4t/a 迅速增加到

2016年的1420×10^4t/a。

哈法亚项目是中方为作业者主导的新投产油田开发项目，2010年接管后迅速开展产能建设，2012年实现了一期10×10^4bbl/d产能规模，2014年二期投产后累计产能达到20×10^4bbl/d，油田年产量在投产三年即达到了1000×10^4t/a规模。艾哈代布项目于2008年底签订合同后迅速开展产能建设，一期600×10^4t/a产能于2011年6月投产，比合同规定提前两年实现产量目标，也提前进入了回收期，截至2016年底，年产原油量保持在700×10^4t的水平。

在持续稳产上产阶段，海外上游新项目开发及合资合作亮点频现。2014年初，俄罗斯亚马尔液化天然气（LNG）项目顺利完成交割，实现了中石油进入俄罗斯上游成熟油气项目的重要突破；2014年底，巴西国家石油公司全资子公司巴西能源秘鲁公司股权收购项目完成交割。在此阶段，海外重点项目建设也取得重大突破，乍得二期一阶段产能建设项目、阿克纠宾三厂油气处理工程、哈法亚二期产能建设项目等纷纷投产。中石油海外油田规模化发展已取得显著成效，正朝着健康可持续发展的道路迈进。

第五节　海外油田地质油藏特点

总体来看，海外主要油田盆地类型多样、构造类型简单、沉积环境复杂、储层类型多且发育时期集中、储层物性好、油藏埋深适中、油田规模较大、油品性质多样等特点。对海外主要油藏的圈闭类型、储层形态、储层岩性、储层空间、天然驱动能量、油藏埋深和油品性质等进行了统计，结果表明：

从盆地类型看，海外主力油田约50%发现于被动陆缘盆地，30%发现于前陆盆地，20%发现于裂谷盆地；从构造类型看，海外主力油田约85%为构造油藏，11%为岩性油藏，4%为构造—岩性油藏；从储层类型和物性看，海外油田储层主要为砂岩（包含疏松砂岩储层）和碳酸盐岩两大类，其储量和产量占比接近，约50%储层物性为高孔高渗透，40%为中孔中高渗透，10%为低孔低渗透；从储层分布时代看，海外主力油田约64%发现于白垩系，36%发现于古近—新近系；从埋深看，海外主力油田约42%为浅层油藏，46%为中深层油藏，12%为深层油。储层埋深从1500m到4600m，主要集中于2000～3500m的深度范围。从沉积环境来看，碳酸盐岩台地礁滩相占50%，河流相占40%，三角洲相储层占10%。从油藏特点看，海外主力油田约76%为层状油藏，24%为块状油藏；约98%为孔隙性油藏，2%为裂缝孔隙双重介质油藏；约70%为边水驱动，23%为底水驱动，2%为气顶驱，5%为溶解气驱；约70%油品性质为常规油，30%为非常规油。

一、盆地特征

海外油田分布在劳亚、特提斯、冈瓦纳三大油气构造域，涉及全球30个含油气盆地，可归为六大盆地类型，分别为被动裂谷盆地、含盐盆地、大陆边缘盆地、前陆盆地、弧后盆地和克拉通盆地。中东地区主要为扎格罗斯前陆盆地；非洲地区主要为苏丹Muglad、

Melut，乍得 Bongor，尼日尔 Termit 等裂谷盆地；中亚地区为南图尔盖裂谷盆地，滨里海和阿姆河等含盐盆地；亚太地区主要为印度尼西亚苏门答腊弧后盆地、缅甸孟加拉湾被动陆缘盆地；美洲地区为西加拿大、东委内瑞拉、奥连特等前陆盆地和巴西桑托斯被动大陆边缘盆地。表 1–1 列出了海外主力油田所处的盆地类型，总体来看，在海外油气田中，大型碳酸盐岩油气田主要分布在被动陆缘盆地，约占 43%，常规砂岩油气田主要分布在被动裂谷盆地，约占 14%，超重油和油砂及非常规气田主要分布在前陆盆地，约占 36%，煤层气主要分布在克拉通盆地，约占 7%。海外油气田所在盆地主要发育于中—新生代，其次为晚古生代。

表 1–1　海外主力油田所处的盆地类型

主要油田名称	类型	盆地类型	所属地区
鲁迈拉	碳酸盐岩油气田	被动陆缘盆地	中东
哈法亚			
艾哈代布			
阿扎德甘			
阿曼 5 区块			
苏丹 1/2/4 区	常规砂岩油气田	断陷裂谷盆地	非洲
苏丹 3/7 区			
加拿大油砂	疏松砂岩油田	前陆盆地	美洲
MPE–3			
胡宁 4			
澳大利亚箭牌煤层气	非常规储层	克拉通、前陆盆地	亚太
白桦地致密气		前陆盆地	美洲
加拿大都沃内页岩气		前陆盆地	美洲

二、储层特征

根据海外油田储层类型特点，可将其划分为四大类：碳酸盐岩储层、常规砂岩储层、疏松砂岩储层和非常规储层。其中，碳酸盐岩和疏松砂岩储层储量规模巨大，是未来开发的主力储层。储层年代以白垩纪和古近—新近纪为主，埋深大多小于 3000m（表 1–2）。从沉积相看，碳酸盐岩台地边缘礁滩沉积相占 38%，主要集中在中东和中亚地区；河流相占 28%，以非洲和南美地区砂岩储层为主；浅海—三角洲河相沉积占 18%，主要以加拿大油砂为主；深海泥岩相占 15%，主要是澳大利亚煤层气和加拿大非常规储层。

表 1–2　海外油气田主要储层特征表

主要油田名称	类型	地质年代	埋深，m
鲁迈拉	碳酸盐岩油气田	中白垩世	2300～3500
哈法亚		古近—新近纪、白垩纪	1900～4600
艾哈代布		晚白垩世	2600～3100
阿扎德甘		中白垩世	2600～4000
阿曼 5 区块		白垩纪	1500～1700
苏丹 1/2/4 区	常规砂岩油气田	白垩纪	1220～3025
苏丹 3/7 区		古近—新近纪	1200～1400
加拿大油砂	疏松砂岩油田	白垩纪	160～300
重油 MPE–3		古近—新近纪	600～1100
胡宁 4		古近—新近纪	350～530
白桦地致密气	非常规气田	三叠纪	2200～3500
澳大利亚箭牌煤层气		侏罗纪、二叠纪	150～650
加拿大都沃内页岩气		泥盆纪	2500～4000

1. 碳酸盐岩储层

以中石油中东地区拥有的碳酸盐岩油田为代表，剩余石油可采储量超过 40×10^8t，占海外剩余储量的 50%，产量占 50%；主要包括伊拉克、伊朗、阿曼、哈萨克斯坦、叙利亚等国家的项目，单个油田规模大，以大型平缓背斜为主，含油面积为 165～653km^2，油柱高度为 30～238m，石油地质储量为 3×10^8～34×10^8t。主要油田和主力储层有哈法亚油田的 Mishrif 产层、艾哈代布油田的 Khasib 产层、阿扎德甘油田的 Savark 产层、鲁迈拉油田的 Mishrif 产层（表 1–3），这些主力油层集中发育在白垩系，埋深差别大，从 518～4600m 都有，以层状背斜构造边水油气藏为主，部分为块状底水油藏。储层主要为浅海生物碎屑礁滩和生物碎屑滩沉积环境，厚度较大，达几十到几百米，岩性主要为石灰岩和白云岩化石灰岩，即以生物碎屑灰岩为主，物性以具有中高孔低渗特征，孔隙类型以原生粒间孔为主，部分次生粒间孔、粒内溶孔，一般平均孔隙度为 13%～24%，平均渗透率为 10～32mD；总体上裂缝不太发育，局部发育微裂缝。储层类型主要为孔隙型碳酸盐岩和裂缝孔隙型碳酸盐岩两类。孔隙型碳酸盐岩主要形成于厚壳蛤礁滩、礁间浅滩、生物碎屑礁滩复合体等浅海沉积环境，具有较高孔隙度和相对低的渗透率，平均孔隙度为 13%～28%，平均渗透率为 9～32mD；裂缝型碳酸盐岩主要形成于局限台地相、蒸发岩台地相和浅海台地边缘斜坡及陆棚沉积环境。裂缝孔隙型碳酸盐岩基质孔隙度和渗透性较低，一般孔隙度及 5%～12%，渗透率为 0.1～1.32mD，由于构造或成岩后生等改造，裂缝比较发育，因此具有较好渗透性。

表 1–3 中东地区四大油田主力储层主要参数统计表

油田	主力层位	圈闭类型	油藏类型	含油面积 km^2	油柱高度 m	地层厚度 m	储层产状	孔隙度 %	渗透率 mD	物性特征
哈法亚	Mishrif	平缓长轴背斜	构造块状底水油藏	239	228	400	厚层块状	8～35（平均19.5）	0.3～2221（平均 26）	中高孔低渗
艾哈代布	Khasib	平缓长轴背斜	构造—岩性层状—边底水油藏	165	30	45	层状	20～26（平均24）	0.1～100（平均 10）	高孔低渗 $K_v>K_h$
阿扎德甘	Savark	长轴背斜	多层状边底水油藏	653	75	403	块状层状	9～15（平均13）	0.8～24	中孔低渗
鲁迈拉	Mishrif	长轴背斜	层状边底水	560	43	134	层状	12～28（平均19.5）	10～100（平均 32）	中高孔低渗，存在高渗带

2. 砂岩油田储层

海外常规砂岩油田储层剩余可采储量占 30%，产量占 43%；主要包括苏丹、乍得、尼日尔、委内瑞拉、厄瓜多尔、秘鲁、哈萨克斯坦等国家的项目海外砂岩储层，具有发育时期集中，主要发育于中生界白垩系。沉积环境和岩石类型单一，主要为辫状河、曲流河三角洲相沉积。圈闭类型简单，主要为构造圈闭和岩性圈闭。埋藏的深度中等，埋深范围从 160～3000m 均有发育，但大部分分布于 1000～2500m 的深度。储层物性好，孔隙度大部分在 25% 以上，渗透率分布范围较广，从 50～3000mD 不等，最高可达 5000mD。与国内常规砂岩油藏相比，海外常规砂岩油藏储层总体要好于国内（表 1–4）。

表 1–4 国内砂岩油藏与海外常规砂岩油藏对比

特征分类	国内	海外
圈闭类型	复杂构造 + 岩性	构造 + 岩性
沉积环境	河流、湖相三角洲	辫状河、曲流河
埋藏地层	白垩系、古近系、中深层、浅层	白垩系、古近系、浅层
储层类型	孔隙型	孔隙型
原油性质	稀油、稠油、高凝油	稀油、稠油、高凝油
物性特征	低渗透、中渗透、高渗透	高渗透、特高渗透
控制因素	沉积作用 + 成岩作用	沉积作用 + 成岩作用
油藏特征	层状为主	块状、层状

3. 海外疏松砂岩储层特征

在中石油海外项目中还有一大类油田，其储量巨大，投资巨大，是未来开发的主要潜力，那就是委内瑞拉重油和加拿大油砂。目前剩余可采储量占 14%，产量占 5%；它的储层有其特殊性，即都是疏松砂岩储层，砂岩基本没有成岩，埋藏很浅（主要在 200～1000m），物性很好（孔隙度＞25%，渗透率＞1000mD），含油饱和度高（＞80%）。委内瑞拉重油和加拿大油砂均为前陆盆地背景下，盆地充填沉积未固结砂岩储层，以辫状河、潮汐三角洲成因为主，少部分为滨岸、滨浅湖沉积；发育的时代集中于白垩纪和古近—新近纪。与国内稠油油藏储层相比，海外疏松砂岩油藏具有规模巨大、埋深浅、储层胶结疏松、物性好、非均质性强、原油重度大等特点（表 1–5）。

表 1–5　国内稠油油藏与海外疏松砂岩油藏储层特征对比表

特征分类	国内稠油油藏	海外疏松砂岩油藏
圈闭类型	复杂构造 + 岩性	单斜构造 + 岩性
沉积环境	河、湖三角洲	辫状河，潮控河口湾
埋藏地层	古生界、新生界、浅层	白垩系、古近—新近系、浅层、超浅层
储层类型	孔隙型	孔隙型
物性特征	低渗透、中渗透、高渗透；含油率低	高渗透、特高渗透；含油率高
控制因素	沉积作用 + 成岩作用	沉积作用主导
油藏特征	层状为主	块状

4. 非常规储层特征

目前剩余可采储量占 6%，产量占 2%；主要是澳大利亚煤层气、加拿大致密气和页岩气等开发项目。与国内相比，海外以被动大陆边缘“海相”细粒沉积为主，“自生自储”特点显著，储层“厚层块状”少夹层，“纳米”级孔隙粉砂岩渗透率极低，吸附气含量相对高，有利储层分布不均，必须采用多级压裂技术才有经济产量。

海外致密气：地质储量超过 $40 \times 10^{12} ft^3$，未来可建产 $100 \times 10^8 m^3/a$。有效储层厚度为 120～180m，孔隙度为 4%～8%，渗透率为 0.0001～0.002mD，石英含量为 33%，TOC 为 1%～4%，R_o 为 1.2%～1.8%，属超致密气储层。

海外煤层气：可采储量超过 $6000 \times 10^8 m^3$，未来可建产 $150 \times 10^8 m^3/a$。以中煤阶气为主（R_o 为 1.0%～1.9%），埋深浅（150～650m），厚度大于 10m，渗透率为 1～30mD，采用 SIS 水平井开发。已建立一套中煤阶煤储层评价体系，包括有效煤层识别，渗透率、含气量、含气饱和度、割理孔隙度、解吸时间、储层厚度、灰分、湿度等，尤其是找到并刻画出了煤层割理。

海外页岩气：资源量约为 110×10^8bbl 油当量，位于西加盆地上泥盆统，埋深 2500～4000m，厚 30～50m，渗透率为 20～500mD，有效孔隙度为 0.5%～11%，含水饱和度普遍低于 10%，吸附气含量为 0.17～5.95m^3/t。储层为海相极细粒沉积环境，厚度较稳定，渗透率及含水饱和度低，脆性矿物。

三、构造特征

海外油气田构造类型以构造和地层 / 构造—岩性两大类圈闭为主。构造圈闭以背斜、断背斜、单斜和断块为主。统计表明（表 1–6）：海外主力油田约 40% 为背斜构造，40% 为单斜构造，20% 为断背斜构造；构造或地层—岩性圈闭一般规模大，不同油藏类型的构造特征不同。

表 1–6　海外主要油气田构造类型表

主要油田名称	类型	圈闭类型	构造特征
鲁迈拉	碳酸盐岩油气田	构造	长轴背斜
哈法亚		构造	长轴背斜
艾哈代布		构造—岩性	长轴背斜
阿扎德甘		构造	长轴背斜
苏丹 1/2/4 区	常规砂岩油气田	构造	断背斜
苏丹 3/7 区		构造	断背斜
加拿大油砂	疏松砂岩油气田	地层—岩性	单斜
重油 MPE–3		地层—岩性	单斜
胡宁 4		地层—岩性	单斜
白桦地致密气	非常规气田	非常规	单斜
澳大利亚箭牌煤层气		非常规	向斜
加拿大都沃内页岩气		非常规	单斜

1. 碳酸盐岩油田构造特征

海外碳酸盐岩油田多发现于被动大陆边缘盆地，其圈闭大体可分三大类：构造圈闭、地层圈闭和构造—岩性圈闭。构造圈闭包括断背斜、断块、背斜、盐岩（泥岩）刺穿背斜、披覆背斜、盐枕、龟背斜等。地层圈闭包括地层上倾尖灭、超覆、河道砂、礁、透镜体砂岩等。构造—岩性圈闭指极有构造又有岩性因素的圈闭。断层产生的圈闭比较简单，主要依靠断层—封堵能力形成。岩性圈闭一般存在于深水区。

2. 常规砂岩油田构造特征

海外常规砂岩油气田多发现于裂谷盆地。按发育阶段可划分为前裂谷期断块圈闭为主，包括背斜和古潜山圈闭；同裂谷期多种构造圈闭为主，包括断陷裂谷盆地陡坡带断块圈闭、披覆背斜圈闭和地层超覆圈闭，洼陷带岩性圈闭，缓坡带断块、地层不整合和地层超覆圈闭等；后裂谷期披覆背斜、滚动背斜圈闭或差异压实背斜圈闭以及地层圈闭等。

3. 疏松砂岩油田构造特征

海外疏松砂岩油田发现于前陆盆地，其圈闭类型主要为背斜、断层和地层圈闭三种。靠近冲断带主要是背斜和断层圈闭（逆冲断层相关褶皱）。靠近地台一侧主要发育地层圈闭。地层圈闭则由多期构造升降形成的多个不整合面或前陆盆地地层向克拉通方向逐渐超覆而形成。

4. 非常规气田构造特征

海外非常规油气田主要有加拿大都沃内页岩气、白桦地致密气和澳大利亚箭牌煤层气项目，构造特征以单斜或局部向斜为主。

四、油藏类型

海外油藏类型多样，统计 100 余个主力油气田表明（表 1–7）：主力油田 40% 为块状底水油藏，30% 为层状边水油藏，20% 为层状超重油油藏，其余 10% 为层状油砂。油藏类型还可细分为 10 类：中高渗透块状砂岩油藏、中高渗透层状砂岩油藏、低渗透层状砂岩油藏、巨厚孔隙型碳酸盐岩油藏、薄层孔隙型碳酸盐岩油藏、复杂碳酸盐岩油藏、普通重油油藏、超重油油藏、高凝油油藏、复杂断块油藏。

表 1–7 海外主要油田油藏类型表

碳酸盐岩油气田	鲁迈拉	块状底水油藏
	哈法亚	块状底水油藏
	艾哈代布	层状边水油藏
	阿扎德甘	块状底水油藏
	阿曼 5 区块	层状边水油藏
常规砂岩油气田	苏丹 1/2/4 区	块状底水油藏
	苏丹 3/7 区	层状边水油藏
疏松砂岩油田	加拿大油砂	层状油砂
	重油 MPE–3	层状超重油油藏
	胡宁 4	层状超重油油藏

五、油藏埋深和地层压力

1. 油藏埋深

海外广泛分布的油藏埋深以浅层、中深层为主，少量的深层油藏分布相对集中。其中油藏埋深为浅层的油田占海外油田总数的 42%，油藏埋深为中深层的油田占海外油田总数的 46%，油藏埋深为深层的油田占海外油田总数的 12%。

2. 油藏地层压力

海外油藏地层压力以正常地层压力为主，异常高压和异常低压油藏规模较小。其中异常低压油田有 21 个，原油剩余可采储量达 1.2×10^8t，2016 年产油量为 500×10^4t，占比分别为 2% 和 3%；异常高压油田仅有阿克纠宾肯基亚克盐下油田，原油剩余可采储量达 1636×10^4t，2016 年产油量为 90×10^4t，占比分别为 0.3% 和 0.6%。其余大部分油藏均为正常地层压力。

六、流体特征

海外油田分布范围广，油藏流体性质多样，从原油重度、原油黏度、凝固特性、硫化氢含量、地层水类型及矿化度等方面表现出不同特征。

1. 原油重度

油品性质较好，主要以常规原油为主。已开发油田中，常规原油剩余可采储量占 82%，年产量占 83%，是目前油田开发的主体对象；普通重油油藏剩余可采储量占 10%，年产量占 12%；超重油油藏剩余可采储量占 9%，年产量仅占 6%。

2. 原油黏度

原油黏度总体偏低，以中低黏度原油为主。低黏度原油剩余可采储量占比为 82%，年产量占比为 76%；中黏度原油剩余可采储量占比为 5%，年产量占比为 11%；高黏度原油剩余可采储量和年产量占比均为 13%。

3. 凝固特性

含蜡量和凝固点低，以中低凝原油为主。凝固点在 40℃以上的高凝油剩余可采储量占比仅为 2%，年产油占比为 4%。

4. 硫化氢含量

海外大部分砂岩油田含硫低，中高含硫油田主要分布在中东及中亚的碳酸盐岩油田。高含硫油田主要包括伊拉克鲁迈拉、艾哈代布和哈法亚项目、阿克纠宾让纳若尔、盐下等碳酸盐岩油田。这些油田原油中含硫量在 2% 以上，例如委内瑞拉 MPE3 油田含硫量高达 3%～5%。

5. 地层水类型及矿化度

海外已开发油田地层水类型主要为 $NaHCO_3$ 和 $CaCl_2$ 型，仅个别油田是 KCl 和 $NaHSO_4$ 型。从地层水的矿化度来看，64% 以上的油田矿化度属于中低水平，另外 36% 的油田矿化度比较高，其中部分油田属于特高矿化度水平。从项目分布来看，特高矿化度油田主要分布在中东地区大型碳酸盐岩油田，地层水矿化度都在 180000mg/L 以上。

七、开发特征

海外油气田开发不同于国内，受合同模式、合作伙伴及资源国政策制约，需高速高效开发、快速回收投资，因此，大多数油气田采用“稀井高产、大压差生产、延迟加密和注水”的充分利用天然能量大段合采的衰竭式高速开发模式，许多油气田的采油速度超过 5%。疏松砂岩重油油藏采用泡沫油冷采和 SAGD 热采开发。海外油气田大部分处于开发后期阶段，增储上产难度大。中石油海外 40 多个油气开发项目中，25% 处于开发早期阶段，25% 处于开发中期阶段，50% 处于开发后期阶段。大部分主力生产项目普遍迈入高含水、高采出程度的“双高”阶段，地层压力保持水平低，仅为 50%～80%，水驱储量控制程度和动用程度总体偏低。虽然综合含水整体平稳，但主力油田含水上升快，平均单井日产油水平逐年下降（不含伊拉克），油田递减水平总体偏高，年综合递减率为 10%，油田稳产面临严峻挑战。

总体来看，随着海外业务内外部形势的不断变化，海外油气开发也面临一系列的问题与挑战：（1）大部分砂岩油田高速开发后进入开发中后期，面临“双高”（含水率大于 80%，采出程度超过 60%）挑战，需要研究海外高含水砂岩油田开发调整策略和二次开发技术系列；（2）大型碳酸盐岩油田注水开发矛盾突出，持续稳产面临挑战，亟须攻关大型碳酸盐岩油气藏高效注水注气提高采收率技术；（3）海外在建、待建项目主要是油砂、页岩气、深水、极地和 LNG 等项目，属于非常规和新业务领域，技术难度大、要求高，又缺少国内可借鉴的成熟经验和技术，需要创新研发非常规及深水油气藏经济高效开发技术。因此，创新研发一批适合海外特点和开发阶段的油气开发技术是目前急需开展的工作。

第二章　海外油田开发方案设计要求

油田开发方案是石油公司发展战略的重要组成部分，是油田开发工作的纲领和指南。如何制订油田开发方案，使其既符合油田开发规律，又符合公司经营策略和资源国合同法规，是海外油田开发方案设计需考虑的重点问题，也是油田开发方案设计的前提。为了适应国际投资环境和市场的变化，准确把握油田发展方向和目标，科学设计油田开发方案是提高决策效率和增强石油公司综合竞争力的基础。

随着大型石油公司国际化进程不断加深，为了增强应对复杂多变的国际环境和抵御多重风险的能力，提升国际竞争力，需要对油田的开发方案设计进行系统化、规范化的研究，从而获得较好的外部经营环境，可以取得较好的经济效益、社会效益和较高的资本回报率。对于境外的油气生产企业来说，最重要的是充分掌握项目潜在资源和未来发展形势，把握未来的不确定性，依据方案进行生产经营调整和效益巩固，进而不断调整投资策略和开发规模，实现公司的健康和可持续发展。

编制好油田开发方案是实现油田高产稳产、合理开发的关键，也是油田开发管理规范化和科学化的前提。海外油田开发方案设计是一个庞大的系统工程，需要勘探、开发、工程、经济评价、法律、商务多个专业的通力协作。具体内容包括：方案前期的调查研究，需要熟悉项目概况、资源国投资环境、合同要求及相关规定、投资方及被收购对象情况、投资必要性及合作方案；方案的主体设计工作，包括进行勘探潜力分析及勘探部署、地质油藏方案、钻井工程方案、采油工程方案、地面工程方案、经济评价、环境与安全保护；在方案编制完成之后还需要进行方案执行及风险分析，包括投资估算与资金筹措、管控方式及人员、产品市场分析、项目潜力与风险分析。

第一节　油田开发方案及主要内容

油田勘探开发是个连续的过程。总体上看，可以将整个油气田勘探开发过程划分为三大阶段，即区域勘探（预探）阶段、工业勘探（详探）阶段和油田开发阶段。所谓合理的开发程序，就是把从油田勘探到投入开发的过程分成几个阶段，把油藏描述研究、油藏工程研究以及其他技术学科有机地结合起来，合理安排钻井、开发次序和对油藏的研究工作，尽可能用较少的井、较快的速度来取得对油田（藏）的全面认识，以及有关基础资料的获取，编制油田开发方案，指导油田逐步投入开发。

一、油田勘探开发程序

1. 区域勘探

区域勘探是在一个地区（指盆地或凹陷）开展的油气田勘探工作。其主要任务是从区域出发，进行盆地（或凹陷）的整体调查，指出油气聚集的有利地带和有利的含油气构造，进行油气地质资源量和储量评价。

在区域勘探阶段内的工作可分为普查和详查。普查是区域勘探的主体，具有战略性。详查是在普查评价所指出的有利地区内进一步开展的调查工作。

2. 工业勘探

工业勘探是在区域勘探所选择的有利含油构造上进行的钻探工作。其主要任务是寻找油气田，计算探明储量，为油气田开发做好准备，工业勘探过程可以分为构造预探和油田详探两个阶段。

构造预探简称预探。它是在详查所指出的有利含油构造上进行地震详查和钻探井。其主要任务是发现油气田及其工业价值，初步圈定出含油边界，为油田详探提供含油气面积。

油田详探简称详探。它是在预探提供的有利区域上，加密钻探，并加密地震测网密度或部署三维地震。其主要任务是查明油气藏的特征及含油气边界，圈定含油气面积，提高探明储量，并为油藏工程设计提供全部地质基础资料，其中包括：油气田构造的圈闭类型、大小和形态，含油层的有效厚度，流体物性参数及油层压力系统、油井生产能力等油藏参数资料。

油田详探是油田勘探开发整个程序中一个独立的重要阶段。它是保证油田能够科学合理地开发所必经的阶段，但是又必须考虑各阶段之间的衔接和交替。

要完成油田详探阶段的任务，必须运用各种方法进行多方面的综合研究，把勘探和开发的工作很好地结合起来，分阶段、有部署地使油田全面投入开发，为此，在油田详探阶段，要有次序、有步骤地开展各项工作。包括地震细测工作、打详探资料井、油井的试油和试采等，如有需要，也可开辟生产试验区。

3. 油田开发

油田从第一口预探井获高产油气流后，到全面投入开发，以至中、后期的开发调整，在全生命周期中存在明显的阶段性。总体是一个系统工程，存在着不断实践、不断认识的过程，上一步的结果决定了下一步的方向。因此，在油田开发中必须按时间先后，依次遵守一定的工作步骤，即油田开发程序。目的是用较少的探井和评价井数，充分利用高新技术，加强专业间衔接，减少重复，以较短的时间对油藏取得基本的认识，并做出对油田地质特征适应性较强的油田开发部署，最大限度地采出地下油气资源，实现高效开发。

油田开发主要通过以油田开发地质为基础的油藏工程、钻井工程、采油工程、地面工程、经济评价等多种专业多学科的综合研究，依靠科学管理，合理配置各种资源，优化投资结构，控制生产成本，实现油田科学、有效地开发，使油田开发效益最大化。

油田开发必须贯彻全面、协调、可持续发展的方针。坚持以经济效益为中心，强化油藏评价，加快新油田开发上产，搞好老油田调整和综合治理，不断提高油田采收率，实现原油生产稳定增长和石油资源接替的良性循环。

油田开发要把油藏地质研究贯穿始终，及时掌握油藏动态，根据油藏特点及所处的开发阶段，制定合理的调控措施，改善开发效果，使油田达到较高的经济采收率。

油田开发要加大油田开发中重大核心技术的攻关和成熟技术的集成与推广应用，注重引进先进技术和装备，搞好信息化建设。

油田开发要重视队伍建设，注重人才培养，加强岗位培训，努力造就一批高素质的专业队伍与管理队伍，为全面完成开发任务提供保障。

油田开发要牢固树立以人为本的理念，坚持“安全第一、预防为主”的方针，强化安全生产工作。油田开发建设和生产过程中的各项活动，都要有安全生产和环境保护措施，符合健康、安全、环境（HSE）体系的有关规定，积极创造能源与自然的和谐。

二、油田开发方案

1. 开发方案的概念

广义上，油田开发方案是在勘探发现和生产试验（production test）的基础上，经过充分研究后，使油田投入正式长期开发生产的一个总体部署和设计，是指导油田开发工作的重要技术文件。油田投入开发必须有正式批准的开发方案设计报告，它贯穿于从探井评价→油藏评价→开发规划→油田投产→一次 / 二次采油→动态监测与分析→开发调整→EOR →废弃整个油田开发的全过程。其特点是一门高度综合的技术学科，综合了油藏地质、地球物理、渗流力学、采油工程、钻井工程、地面工程、经济和环境评价等方面研究成果，对油藏地下情况和开发过程中可能发生的各种变化，从开采的角度进行评价、做出预测，并提出相应的技术措施，是油田开发决策、经营、管理的依据，具有整体性、系统性、连续性、长期性。

根据油田开发理论与实践的认识，油田开发过程大致可分为油田开发准备、主体开发和深度开发三个大的阶段，每个大阶段还可划分几个小阶段，对应的开发方案设计和开发工作的要求和重点都不同。从油田开发早期到晚期，资料不断丰富，复杂度、难度也不断增加。

油藏管理则是指油田开发全过程的技术、经济商务的管理工作。虽然从世界上有油气田开发以来就有了油藏管理工作，但真正的现代油藏经营管理则是 20 世纪 80 年代国外提出的。它不仅意味着油田开发观念的改变，也标志着油田开发水平的提高和进步。油藏管理的核心是使用各种有效方法和手段使油田开发获取尽可能好的经济效益和比较高的采收率。其经营管理包含了从勘探发现后早期评价开始，历经开发、调整、监控，直至最终废弃的全过程，具有管理方式向多学科协同的集约化发展、管理软件向集成化方向发展、管理知识向可视化方向发展、应用新技术新方法的节奏迅速加快等特点，强调经济效益、多学科协同和资源共享的工作思想和组织方式。

2. 开发方案的主要内容

油田开发方案，就是油田投入开发及建设的蓝图，是油田筹集开发资金、投入人力物力的依据。开发方案必须贯彻执行持续稳定发展的方针，坚持“少投入、多产出，提高经济效益”的原则。严格按照先探明储量、再建设产能，然后安排原油生产的科学程序进行工作部署。油田生产达到设计指标后，必须保持一定的高产稳产期，并争取达到较高的经济极限采收率。

油田开发方案编制应重点考虑的因素有：科学的开发方式、合理的开发井网、适度的采油速度，有效的油田地下能量的利用和补充、最大的采收率、合理油田稳产年限、适用的各类工艺技术、友好的环境保护、最佳的开发经济效益。

油田开发方案是指导油田开发工作的重要技术文件，开发方案设计报告至少应包括以下八大方面的内容：油田概况、油藏描述、油藏工程设计、钻井、采油、地面工程设计、经济评价、方案实施要求等。

在编制一个油田的开发方案时，必须依照国家对石油生产的方针和市场的需求，针对所开发油田的情况和现有的工艺技术水平与地面建设能力制定具体的开发原则与技术政策界限。这些原则从以下几方面做出了具体的规定：

（1）规定采油速度和稳产年限：采油速度是指油田（藏）年产油量与其地质储量的比值。采油速度问题是一个生产规模问题，一个油田必须以较高的采油速度生产，但同时又必须立足于油田的地质开发条件和采油工艺技术水平以及开发的经济效果。因此油田不同，其规定也不同。一般统一标准是应使大部分可采储量在稳产期内采出。

（2）规定开采方式和注水方式：在开发方案中必须对开采方式做出明确规定，利用什么驱动方式采油，开发方式如何转化（弹性驱转溶解气驱，再注水、注气等）。假如决定注水，应确定是早期注水还是后期注水以及注水方式。

（3）确定开发层系：开发层系是由一些独立的，上下有良好隔层，油层性质相近、驱动方式相近，具备一定储量和生产能力的油层组合而成的。它用独立的一套井网开发，是一个最基本的开发单元。当开发一个多油层油田时，必须正确地划分和组合开发层系。一个油田用几套层系开发，是一个开发方案中的重大决策，涉及油田基本建设的重大技术问题，也是决定油田开发效果好坏的重要因素，因此必须慎重加以解决。

（4）确定开发步骤：开发步骤是指从部署基础井网开始，一直到完成注采系统，全面注水和采油的整个过程中所必经的阶段和每一步具体做法。合理科学的油田开发步骤使得对油田的认识逐步提高，同时又是开发措施不断落实的保证。任何对合理开发步骤的偏离，都会导致对油田认识的错误和开发决策的失误。合理的步骤要根据实际情况具体制订，通常应包含基础井网的部署、确定生产井网和射孔方案、编制注采工艺方案等。

（5）确定合理的布井原则：合理布井要求在保证采油速度的前提下，采用最少井数的井网，并最大限度地控制住地下储量，以减少储量损失。对于注水开发油田，还必须使绝大部分储量处于水驱范围内，保证水驱控制储量最大。由于井网问题是涉及油田基本建设的中心问题，也是涉及油田今后生产效果的根本问题，因此除了要进行地质研究外，还应用渗流力学方法，进行动态指标的计算和经济指标分析，最后做出开发方案的综合评价并选出最佳方案。

（6）确定合理的采油工艺技术和增注措施：在方案中必须根据油田的具体地质开发特

点，提出应采用的采油工艺手段，尽量采用先进的工艺技术，使地面建设符合地下实际，使增注措施能充分发挥作用。

此外，在开发方案中，还必须对其他有关问题做出规定，如层间、平面接替问题，稳产措施问题以及必须进行的重大开发试验等。

第二节　海外油田开发方案类型及特点

一、油田开发的阶段划分及开发方案类型

1. 油田开发的阶段划分

油田开发的阶段性早已被人们认识，而且已形成一些基本做法，国内外大同小异。一般来说，一个油田发现后大致可分为评价和概念设计阶段→方案设计阶段→实施阶段→调整阶段→改善水驱→三次采油阶段等开发程序，最后到油田废弃。每一阶段都反映了人们对油藏认识的深化，也反映了油田早、中、晚的整体开发过程。总体来看，可归为油田开发准备、主体开发和深度开发这三大开发阶段（图 2-1）。油田开发是一个渐进推移的过程，因此，油田开发阶段的划分是相对的，不同人有不同的划分和命名习惯。

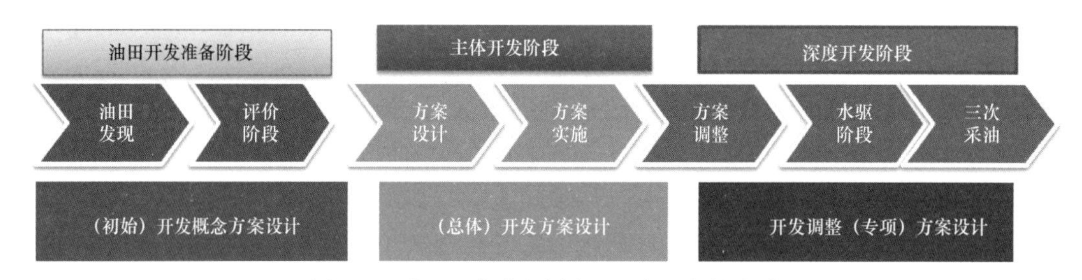

图 2-1　油田开发阶段划分和开发方案的关系

由于不同开发阶段可用的资料信息的质量、数量以及对油气藏所能控制的程度不同，因此不同开发阶段开发决策的内容和目标不同，所采用的技术和方法也不同。

2. 海外油田开发方案类型

油田从勘探发现工业油气流以后，要对油藏按照开发程序进行开发，对应的油田开发划分为三大阶段：开发准备阶段、主体开发阶段和深度开发阶段，油田开发方案相应可分为（初始）开发概念设计方案、（总体）开发设计方案和开发调整（专项）设计方案三大类，每类开发方案设计的要求和重点都不同。

海外油田开发阶段和方案类型分类从纯技术的角度看，与国内油田是类似的，但由于海外油田都是通过购买获得的，而且都有合同期限制，因此，海外油田开发方案编制与国内不同，国内每个油田发现后都经历从油田开发概念方案设计到总体设计再到开发调整方案设计阶段，而海外油田开发阶段与中方获取后的开发方案编制阶段并不一致，如中方购

买的是一个老油田，那么我们一进入首先就要编制油田调整方案。

从海外油田开发合同期限执行阶段来看，签署合同前要编制开发可行性研究方案，合同执行中可能编制的是油田开发概念方案或油田开发总体方案，也可能是开发调整方案，取决于中方获取的油田本身处于什么样的开发阶段。到合同执行后期需要决定是否延期，还需要编制油田 / 区块开发延期方案。这样从海外油田开发合同期限执行阶段来看，海外油田开发方案还可分为开发可行性方案、合同执行中油田（总体）开发方案和油田开发延期方案三大类（图 2–2）。

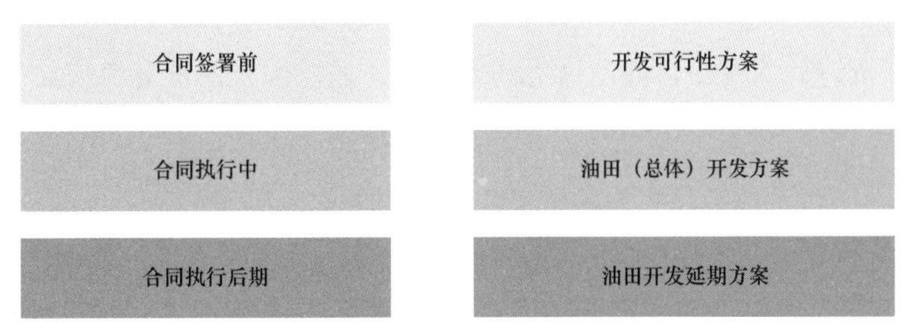

图 2–2　按合同执行期划分的海外油田开发方案类型

因此，按照油田开发的阶段性和海外油田开发的合同期限性综合分类来看，海外油田开发方案类型比国内多，总体可分为开发可行性方案、开发概念设计方案、总体开发设计方案和开发调整设计方案及开发延期设计方案五大类（图 2–3）。

合同签署前	开发可行性方案
油田开发准备阶段	开发概念设计方案
油田主体开发和合同执行中	总体开发设计方案
深度开发阶段	开发调整设计方案
合同执行后期	开发延期设计方案

图 2–3　海外油田开发方案类型划分

二、油田开发可行性方案设计特点

1. 概念

海外油田开发可行性方案是指中国石油公司在并购海外油田开发项目股权或资产的投资决策之前，委托有资质的研究单位，开展油田勘探开发潜力分析，确定油田生产和投资规模，评价项目投资环境，论证项目投资的技术经济可行性。可行性研究方案内容包括资源国投资环境、勘探潜力分析及勘探部署、油藏工程、钻井工程、采油工程和地面工程方案、投资估算、资金筹措、经济评价和风险分析等。海外油田开发可行性方案是中国石油公司决策和主管机关部门审批的依据。

2. 特点和任务

这一阶段油田动静态资料有限，评价的核心是储量和产量，尤其是可采储量和剩余可采储量，确定合理的单井产量和递减，优化开发部署，明确合理产量规模。充分分析地质、技术和商务风险。

在客观评价海外油气项目开发潜力的基础上，还需综合评价资源国油气合作的开放性、合同条款、竞争性、政治稳定性、市场和运输条件、作业环境、经济技术水平、地缘政治以及和资源国关系等因素。

3. 评价重点

可采储量和剩余可采储量的评价是油田开发可行性方案的基础。系统分析影响可采储量的各种技术经济因素，是可采储量评价的前提。以购买的资料包、公开发表的数据和一些全球咨询公司的数据为基础，利用地震资料，核实油田构造，明确储层分布，根据区域地质特征，相邻区块的勘探开发资料进行综合分析和评价，估算一个风险后的资源量。把评价项目的储量区分为未开发新油田储量和已开发老油田储量。

油田开发技术政策的确定是油田开发可行性方案的核心。对于新油田，重点是确定油田采用的开发方式、井网、井型、产能和采收率等重要开发指标。对于老油田，重点是分析油田开发特征，评价油田开发效果，分析油藏开发状况和存在的主要问题，明确油藏动用情况、水驱储量控制程度和剩余油分布规律，搞清油田开发调整潜力，明确开发调整技术对策，制定调整开发方案的优化部署，预测各方案开发指标和经济指标，优选抗风险能力强和经济效益好的方案。

资源国投资环境和合同条款评价是油田开发可行性方案的关键。重点包括资源国政治稳定性评价、与资源国政府关系评价、财税条款评价、与资源国油气合作有关法律的稳定性评价、安全环保和社区组织工会等环境评价。

项目作业环境评价是油田开发可行性方案的条件。作业环境对地面工程建设、作业成本和作业进展有很大影响。作业环境因素大致包括地面条件、交通条件、气候、基础设施和物资供应等。

三、油田开发概念方案设计特点

1. 概念

开发概念方案设计属于开发的准备阶段，是油藏勘探与开发相衔接的一个阶段。在油藏详探结束，提交探明储量以后，只是建立了对油藏的总体概念，这时对油藏的认识是很粗略的。要将油藏投入开发，还需要进一步了解油层连通展布的详细情况、油藏试采与试验性开发的特征、准确可靠的油气地质储量与可采储量、井网、井距及注采技术工艺的试验等。这些问题都需要在开发概念设计中得到解决。从含油气圈闭预探井获工业油气及开发早期介入至开发概念方案设计方案完成，称为概念设计阶段，是在早期评价的基础上开展的，为油田的整体开发奠定基础。在油气圈闭构造上第一口探井见到工业油流后，油田开发人员就应参与早期油藏评价，统筹各项开发准备工作，着手编制油田开发概念设计。

2. 特点和任务

总体特点：油田动静态资料较少，只有少量探井及评价井资料，动态资料缺乏，地震资料以二维为主，三维资料很少或没有。

设计策略：开发提前介入，做好油藏早期评价，减少不确定性和投资风险，制定正确的开发决策；采用先肥后瘦、先易后难，优先选择富集且技术难度小的资源进行开发；以最小的投资、最短的时间实现最高产量，使项目获得最好的经济效益。

总体任务：初步认识油藏地质特征，确定油藏类型，总体评价储量及产能规模，确定开发方式，选择合适的钻采工艺和地面部署，为编制正式方案提出必须补充录取的资料和各种准备工作，结合合同条款相关规定，确定总体开发技术政策和开发节奏。主要工作有如下两个方面：

（1）部署实施开发资料井。通过开发资料井对油层部位进行系统取心，掌握油层较为准确的连通展布情况和物性特征及非均质性变化；通过开发资料井试油，了解不同部位、不同层段油层的产能特征。

（2）开辟生产试验区。通过先导性生产试验，了解油藏开发特征、注采适应性、产能变化情况，进行开发层系划分、井网、井距、注采强度与速度的优化及技术工艺的适应性研究。特别是大型油田，为了保证开发决策的科学性和合理性，往往需要一个较长的开发准备时间。

3. 研究重点

（1）早期油藏描述：油田发现后到投入全面开发前的这一阶段可称为开发准备阶段，这一阶段所进行的油藏描述统称为早期油藏描述。该阶段的主要任务是对油藏进行可行性评价，进而进行概念设计和制订总体开发方案。这时钻井资料较少，动态资料缺乏，地震资料以二维为主，或虽有三维地震资料，但往往不能及时获得。开发评价和设计要求确定评价区的探明地质储量和预测可采储量，提出规划性的开发部署，确定开发方式和井网部署，对采油工程设施提出建议，估算可能达到的生产规模，并做经济效益评价，以保证开发可行性和方案研究不犯原则性错误。油藏描述的任务是确定油藏的基本骨架（包括构造、地层、沉积等），搞清主力储层的储集特征及三维空间展布特征，明确油藏类型和油气水系统的分布。因此，这个阶段的油藏描述以建立地质概念模型为重点，把握大的框架和原则，而不过多追求细节，所以称油田开发准备阶段的油藏描述为早期油藏描述。

（2）油藏工程研究与方案设计：确定总体开发原则、开发层系、开发方式、井网井距及单井产能，利用油藏数值模拟进行开发指标预测，制定开发技术政策，提出规划性的开发部署。

（3）钻井、采油及地面工程：对钻井、采油及地面工程进行轮廓设计，规划可能采用的主体工艺技术。

（4）产品市场预测：初步预测和评价油气产品结构、市场需求及销售。

（5）经济评价：结合合同条款对开发方案进行总体经济评价，择优推荐采用方案。

（6）HSE 评估与设计：大致了解资源国当地环保法律法规，对油田开发可能带来的环保问题进行总体评估。

（7）风险分析：提出项目运行及油田开发存在的主要问题和风险。

（8）提出编制正式开发方案所需的资料及工作：为计算储量提出应补做的地震、评价井、测试、分析化验等工作。

四、总体开发方案设计特点

1. 概念

总体开发方案设计是油田已进入主体开发阶段，由于油田开发投入巨大，不确定因素较多，风险极大，稍有不慎便可导致巨额亏损或资源严重浪费，因此，对于计划投入开发的油藏，必须进行开发设计。所谓开发设计，就是在详细的油藏地质与油藏工程研究的基础上，对开发方法、开采方式、开发层系、井网井距、注采速度与技术工艺等油田开发的重大问题做出选择并具体化为实施意见，形成正式的开发方案。

总体开发方案是指在油田开发的前期研究阶段结束时提交的方案，包括油田开发的地质与油藏工程、钻完井与采油工艺、地面 / 海洋石油工程、健康安全环境保护、油气市场、开发费用估算和经济评价等各个方面的已优化的研究成果。

在详探工作基本结束、开发准备程度比较成熟的条件下（包括地震、钻井、取心、测井、测试、试油试采、储量计算），进行油田开发总体方案设计。总体方案设计的目的是充分利用天然资源，保证油田的采收率最高，具有最好的经济效果。也就是说，用最少的人力、物力、财力耗费，采出所需要的石油。油田稳定生产时间长，即长期高产稳产。

2. 特点和任务

总体开发方案的编制是依据详探成果和必要的生产性开发试验，在综合研究的基础上，对具有工业价值的油田制订的符合油田实际情况的合理的开发方案。总体方案的主要任务是确定合理的开发层系划分、合理的井网部署、合理的油井工作制度、合理的注水方式和注水强度以及合理的储量接替。开发设计的结果是应提交几个较好的方案，以供决策者选择最佳开发方案。主要任务有：

（1）以岩心观察和岩心分析试验研究为主的油层认识工作。

（2）以岩心、测井、试油资料为主的岩、电、物、油“四性”研究工作。

（3）以测井资料为主的油层对比，构造、断层和沉积微相研究工作。

（4）油层有效厚度划分与油气储量计算工作。

（5）开发层系划分、开发方法与开采方式选择、井网、注采速度设计。

3. 研究重点

在油田开发总体方案设计阶段，所能获取的数据偏重于静态数据，一般有地质、地震、测井、岩心（包括常规的、特殊的）、RFT、DST及流体数据，动态数据一般有试井、试油试采的数据。总体方案设计阶段获得的数据信息量相对较多，尤其是测井，大量的动态数据，如油水井的分层压力、流量、含水、气油比及其他特殊的数据。经过开发概念方案中基础井网的有选择的部分的实施，油气田的井数增加，岩心、测井、试油、试采资料增加，开发先导试验区一般也有了进一步的试验结果，这时就有可能完成对油气田的比较详细深入的描述认识，从而建立油气田储层可靠的地质模型，并据此设计出具体的开发井网，进行油气田开发数值模拟分析，完成油气田开发工程设计。

这一阶段地质研究的重点是中期油藏描述，即从地质模式的不确定性及新增资料，对储量可信度及风险、储量品质及其分布、储量潜力等方面进行储量评价，并建立油田三维地质模型。油藏描述以全面进行小层划分和对比、进一步落实在早期油藏描述中没有确定的各种构造、建立静态地质模型为重点。斯伦贝谢公司最早提出的油藏描述概念及国内外所做的大部分油藏描述都是针对这一阶段而言的，即以测井研究为主体，从关键井出发，进行测井资料数据标准化及多井处理、评价和对比研究，建立各种油藏参数数据库及关系，最后建立油藏三维静态模型，因此称这一阶段的油藏描述为油田主体开发阶段的常规油藏描述或中期油藏描述。

这一阶段开发研究的重点是确定油田开发原则，论证油田开发方式、合理采油速度和稳产年限、层系井网井型等。充分吸收类似油田的开发经验，确保油田开发有较好的经济效益。根据储量、储层非均质性、油层压力系统、油气水性质及分布、储量规模及隔层特点、分层测试成果等划分和组合开发层系、不同开发层系的井型、井网、井距、开发井投产初期的合理生产能力和注入能力、水源井的产水指数、水体规模及类似水层生产资料等。应利用多种方法（常用的有类比法、经验公式、驱油试验法和油藏数值模拟计算等）综合确定油田采收率、动用地质储量及可采储量。描述油藏数值模拟模型采用网格大小、纵向分层依据、静态参数及流动参数赋值依据。应对相渗透率曲线、流体黏度、垂直/水平渗透率比值（K_v/K_h）、水体大小、隔夹层分布等油田地质和开发中的不确定因素进行敏感性分析。根据研究结果，提出方案应采用的参数数值。应用油藏数值模拟模型，对开发层系、开发方式、注入方式、井型、井网、井距、井位、采油速度等方案做优化研究。评价推荐方案的主要开发潜力和主要开发风险（如未动用地质储量的开发潜力，地质上的不确定性带来的开发风险等）。最后提出开发井的钻探和油田投产阶段工作的实施要求，包括：对钻完井的要求（包括钻井顺序、钻完井质量和投产井顺序、储层保护、防砂层段、射孔和套管尺寸等）；对资料录取和动态监测的要求（包括取心、PVT取样、地面流体取样、测井、测试和系统试井、产量计量等方面），提出监测井的比例或位置和监测方式建议（例如井下压力计数量和井位）；对后续研究工作的要求（包括对随钻跟踪、钻后评价和开发生产动态研究的要求、工作量和费用估算）。

五、开发调整方案设计特点

1. 概念

开发调整方案是油田已进入深度开发阶段。此阶段的工作主要集中于对新钻开发井资料的分析对比研究认识，当对油田的地质认识及开发指标与原开发方案出现较大偏差时，必须及时研究修正油藏描述认识并提出开发调整对策意见或修改原开发方案。

油田开发过程中，地下情况始终处在不断变化之中，因此在不同开发阶段，都要对油田开发方式进行调整，以适应地下情况的变化，改善开发效果，这种为适应油田开发变化的方案叫作油田开发调整方案。

油田全面投入开发以后，随着时间的推延，通过油田动态分析，对油藏的地质认识深化以后，应该对原先的方案设计与油田开采过程中暴露的各种矛盾加以调整。

油田综合调整方案设计以地质特征再认识和开发效果评价两个方面为基础。地质特征描述的重点是对储层的沉积微相进行再认识，分析不同沉积微相在开发过程中的油水分布特点，各种微细界面对开发效果的影响。开发效果评价的重点是分析各类储层的储量动用状况及影响储量动用的原因，从而对原井网、层系、注采关系、压力系统、钻加密井和相应的开采工艺措施提出综合调整意见，其目标还是改善油田开发效果和提高管理水平，提高油田可采储量和最终采收率。开发调整的目的是使更多的油层都充分地动用起来，其方法有注水方式的变化、层系的细分、井网加密、开采方式的改变以及各种分层开采工艺的应用和增产、增注措施等。通过开发调整，可以使油田产量增加（或减少产量递减），提高储量动用程度，以获得良好的经济效果。

2. 特点和任务

实际油气田比较复杂，人们对它的认识往往难以一次完成，随着开发过程中油气田情况的不断变化及认识程度的加深，将原开发方案设计不符合油气田实际状况的部分进行调整。开发调整方案内容包括：调整原因、调整基础、调整依据的论证及调整内容、调整方法、调整结果的阐述。其中，开发层系细分调整是针对开发初期油藏认识程度低、开发层系粗、井网对储量控制程度低、层间干扰严重而开展的分层开采调整。

井网加密调整是针对低渗透油藏井距过大、注采连通状况差、水驱效果差、采取整体加密、改善油田开发效果而开展的综合调整。

注采系统调整是针对油田开发中后期，由于种种原因，初期的注采井网会出现注采比例失调的矛盾，为减缓产量递减，需钻新的油、水井或采取油井转注等方式，完善注采关系而进行的综合调整。

转换开发方式是根据生产需要，需转换驱动方式而编制的综合调整方案，如水驱转热采、蒸汽驱等。

3. 研究重点

研究重点内容为开发调整区块地质特征再认识和精细油藏描述、开发效果评价、剩余油分布研究、开发调整原则和方法、开发调整方案部署 5 个方面。

（1）开发调整区块地质特征再认识和精细油藏描述：油田开发进入高含水后直到最后废弃前这一阶段，称为挖潜、提高采收率阶段。这一阶段由于高含水、高采出程度而引起地下油水分布发生了巨大变化，开采挖潜的主要对象转向高度分散而又局部相对富集的、不再大片连续的剩余油，甚至转向提高微观的驱油效率上来。早、中期的那种油藏描述方法和精度已远远不能满足这个阶段的开发要求，它要求更精细、准确、定量地预测出井间各种砂体，尤其大砂体内部非均质性和小砂体的三维空间分布规律，揭示出微小断层、微构造的分布面貌。油藏描述的重点是建立精细的三维预测模型，进而揭示剩余油的空间分布，增加油田采收率。因此，把这个阶段的油藏描述称为油田挖潜提高采收率或高含水阶段的精细油藏描述。通过对油田构造、沉积储层和非均质性等进行再认识，分析对开发效果的影响。对平面上、纵向上油、气、水性质和分布状况进行再认识，进一步搞清其在开发过程中的变化特点。对油藏天然能量进行评价，分析开发过程中油藏压力的变化情况，搞清其对开发效果的影响，根据调整区的地质再认识结果，重新建立地质模型。对地质储量参数进行再认识，按新参数复算地质储量，分析地质储量变化的原因。

（2）开发效果评价：对注水量、产液量、产油量、综合含水率、注水压力、油层压力、流动压力、注采比、采油速度、递减率等指标进行分析，与原方案设计指标和国内外同类油田对比，根据油田开发水平分类标准评价开发水平。分析各类油层的储层动用状况和储量动用程度，进一步标定油田可采储量，预测采收率，并与原开发方案对比，分析变化的原因。以单砂体为单元分析注采关系的完善程度，统计原井网对各类油层水驱控制程度，分析影响水驱控制程度的原因。分析套管损坏状况，搞清套管损坏原因及对开采效果的影响。对储层能量的保持情况和注入剂的利用率进行评价。对于稠油油藏还要对地面、井筒和油藏整个系统的热能利用状况进行分析和评价；分析各开采时期不同井距下、不同吞吐阶段的周期产量、平均单井日产油、油汽比、回采水率、采注比、油层压力、综合含水率等变化规律，同时分析目前油层压力场、温度场分布状况。对油田开发经济效益进行评价。

（3）剩余油分布研究：应用测井等资料研究油层原始、剩余、残余油饱和度，应用精细油藏描述和数值模拟方法确定各类油层剩余油的分布。总结各油层平面、纵向剩余油分布规律，编绘出单层及叠加剩余油分布图。

（4）开发调整原则和方法：以尽可能少的投入获得最佳的经济效益，内部收益率要达到行业标准；要提高储量动用程度，增加可采储量，提高最终采收率；有利于改善油田开发效果和提高开发管理水平；调整部署要协调好新老井网的关系。

（5）开发调整方案部署：层系划分和组合、井网、井距、注采系统调整、油水井更新调整、方案开发指标预测调整、方案经济评价调整、方案的优选调整等。

六、海外油田开发合同延期方案设计特点

1. 概念

海外油田开发合同延期方案是指中国石油公司在海外的油田开发项目合同到期之前，需要决定合同到期后是退出还是合同延期，需开展油田勘探开发潜力分析，部署和优化油田开发延期方案，确定油田生产规模，评价项目投资环境，论证油田开发合同延期的技术经济可行性。海外油田开发合同延期方案内容与海外油田开发可行性方案相同。海外油田开发合同延期方案是中国石油公司决策和主管机关部门审批合同延期的依据。

2. 特点和任务

这一阶段中方已经开发该油田多年，积累了大量的动静态资料，对油田的地质油藏特征已基本搞清，储量和产量风险较小，合同延期方案的重要任务是评价油田开发潜力、合同延期后是否具有经济效益。

3. 研究重点

深化地质油藏认识，准确评价油田剩余可采储量。应用动态分析和数值模拟手段，明确剩余油分布和剩余油富集区分布规律，优化新钻井和增产措施井位。利用周围老井产量和历年已投产新井初始产量和递减规律，确定未来新钻井初始产量和递减；根据历年每种措施类型单井增产情况，确定油田措施产量和递减率，从而比较准确地预测延期合同期限内油田的新井产量、措施产量及老井产量。

评价合同延期后的商务条款变化情况及其影响。针对不确定因素发生增减变化时，对延期方案经济指标开展敏感性分析和中方的投资效益情况与抗风险能力。评价弃置费成本及其影响。

第三节　海外油田开发方案技术要求

海外油田开发方案总体可分为开发可行性设计方案、开发概念设计方案、总体开发设计方案和开发调整设计方案及开发延期方案五大类。每种类型的开发方案研究的重点都有所不同，但不管是哪种类型的油田开发方案设计，都必须适应海外油田开发特点和资源国政府的商务、法律、符合合同条款、技术等多方面的限制。其内容除了国内开发方案都包含的油藏、钻井、采油、地面工程方案外，还需要增加资源国投资环境、合同要求及相关规定、产品市场分析、环保与安全、项目管控方式及人员、投资估算及资金筹措、经济评价、风险分析及对策等。总体来看，海外油田五大类开发方案设计有其共同的方案设计要求，共有 14 个部分，需要指出的是，每种类型的开发方案对这 14 部分具体的重点和细节要求是不同的，这在后面各种方案编写的章节中会具体论述。

一、总论

开发方案报告是整个方案设计工作的主要成果表现形式，其中报告总论是对整个方案设计成果的综合。在总论中，除对项目部署方案进行总体描述外，还要概述项目背景和意义、方案报告编制的依据和原则，以及实施推荐方案存在的主要问题与风险。

1. 项目背景和投资必要性

每一个需要投资的开发项目都有其特定的背景和理由，特别是国家不同、所处地理位置不同及所处开发阶段不同的项目更是具有特别的目的和意义。

（1）项目背景：由于地面地理条件和地下地质条件的多样性，使得项目之间可能不完全相同，甚至差异很大。每一个项目的具体背景影响项目的方案实施，甚至决定了项目方案设计全过程。因此，在项目的研究背景中，应有项目的起因、研究历程、地质条件、开发现状、地理环境的描述，尤其要说明对方案部署有影响的特殊背景、条件和国家核准（备案）情况、接管后项目运行情况。

（2）投资必要性：从保障国家能源安全、实施中石油海外业务发展战略、带动国内技术服务队伍和装备出口、学习国际化大油气公司先进技术及经济效益等方面，分析项目投资的必要性。

2. 项目概况

项目概况是指在对开发的项目进行方案设计时，首先需要综合性地简要描述项目的基本情况。

（1）投资及合作方情况：具体内容包括各投资方及合作方在本项目中的权益比例、股权变更情况及背景等，还包括各投资方及合作方的公司名称、注册地、注册资本、股权结构、资产负债状况、主要股东等基本情况。介绍各投资方及合作方主营业务、实力和优势，近 3 年主要业务规模和生产经营情况。

（2）合同模式及管控方式：海外油田开发合同是开发方案设计的重要依据，需要说明项目的合同模式及其特点，包括合同期、义务工作量和投资要求、回收方式、利润及油气分配、税收收缴方式等主要条款。说明项目采用的运行架构、组织机构和人员情况。

（3）生产经营现状：分析项目目前资产基本情况，包括项目所属国、所属区域、合同区块名称、地理位置、面积、相关机构或资源国国家油气公司关于储量、资源量的评估情况。摸清接管前后项目勘探开发生产状况，包括勘探开发工作量、油气生产总量、加工量、投资、销售收入及净利润、分红等，评价投资回收情况以及主要生产经营指标的变化情况、勘探开发效果等。统计接管前后中下游建设与生产经营情况，以及天然气外输、销售等方面的情况。

3. 编制依据和范围

（1）依据的文件：投资主体（委托方）对方案设计报告编制单位的委托书和编制开发方案报告的合同等文件。其他文件名称、编制或批准单位、文号和日期，包括各类相关请示、预可行性研究报告（或项目建议书），资源国政府提供的储量批复文件和第三方提交的储量评估报告，资源国政府、合资公司已批准的商业投资计划、开发方案等，项目前期上报国家发展和改革委员会的申请报告、核准（备案）请示文件、核准（备案）批复文件等。签署的项目建设所必需的外部条件意向性协议等。

（2）遵循的法规及标准：开发方案设计需要遵循资源国相关法规和标准，列出应需要遵循的国家和地方法规名称，国家、行业和企业的主要标准、规范名称。

（3）依据的基础资料：主要包括但不限于早期勘探开发配套的物探、钻井、地质综合研究资料及成果报告；申报的油田储量报告、资源评估报告等；周边其他可借用油田勘探开发的主要技术论证资料；各类图表，包括油田地理位置及油藏构造位置图、已钻井井位图及油（气）边界、油田资源量或探明储量有关图表、周边油气田开采、地面工程已建规模及原油流向等有关图表、油田区域及矿区交通现状图；合作各方已编制或批复的方案；其他辅助资料。

（4）开发方案目标范围：指出所研究油藏名称、含油面积、地质年代、界定区域、工程边界条件。对方案实施过程中需分摊投资的外部工程，应对其规模、分摊投资比例和数额等内容予以说明。

4. 开发方案要点

开发方案要点应阐述油田和区块的资源量、储量等数据，推荐方案部署的勘探开发工作量、产能规模、高峰期年产量、稳产期、累计产油量；整个项目和中石油的投资估算及效益情况，包括投资、销售收入、净利润、投资回收期、累计现金流、财务净现值、财务内部收益率等。如果涉及上中下游一体化的项目，评价项目一体化后中国石油公司效益结果。最后说明项目开发的主要风险和降低风险的对策建议。

二、资源国投资环境

1. 资源国概况

（1）地理环境及气候条件：描述资源国所在地理区划、接壤的国家及地区、国土面积、地形地貌等（附资源国地理位置图）。描述资源国气候类型及特征、四季及昼夜温度变化、降水等。

（2）行政区划及主要城市：概述资源国行政区划，首都及主要城市的地理位置、人口等。

（3）政治、工业及经济状况：分析资源国政治制度与政体、政府效率、政治稳定性、人口及种族、语言、宗教信仰、习俗、社会稳定性、文化教育水平、国际地位、国际关系、地缘政治情况。统计资源国主要资源、支柱产业、交通状况、经济运行机制及效率、汇率形成机制及稳定性、对外贸易、人均国民生产总值、国内生产总值增长速度等。

（4）资源国与我国合作情况：阐述资源国与我国外交关系发展情况、经济合作与经贸往来历史、现状及发展趋势等。

2. 石油工业概况

描述资源国油气储量、年产量、开采情况、勘探开发潜力、在世界石油工业中的地位、石油工业在国民经济中的地位等。

（1）油气储量：梳理资源国含油气盆地分布、油气地质储量、可采储量、剩余可采储量以及主要油气田的地理位置、原始油气地质储量、可采储量、剩余可采储量等。

（2）石油工业发展状况：弄清资源国石油工业政府主管部门及职能、主要石油公司控制人职能及技术实力、石油工业发展历程、油气年产量及变化情况、油气生产相关产业完善程度与技术实力、从事油气生产人员规模及技术素质、油气加工能力等。

（3）油气消费及进出口：阐明资源国油气消费能力及发展趋势、油气进出口规模及变化情况。

（4）原油运输体系：了解资源国主要油气管道路线、长度、设计输油气能力、实际输油气量、运营股东、原油铁路运输线路及能力、油气外输港口吞吐能力及运营公司等。

3. 对外油气合作历史及现状

研究资源国对外油气合作历史、进入合作项目的方式、合作模式和对外合作的油气合同数量及主要合作区块的基本情况，包括合同模式、合作的外国石油公司、合作区块名称、合同区面积、储量规模、油气生产能力等。

4. 对外油气合作相关法规及条款

了解并说明资源国关于外资及政府持股方式及比例、油气及石油产品形成机制、油气生产、油气运输、油气及石油产品销售、矿产资源保护及利用、环境保护、税费、外汇管制、劳工等影响油气合作的政策法规及其修订情况。

阐述资源国对外油气合作的合同模式以及不同合同模式关于财税、利润分配及成本回收的条款。

5. 投资环境对本项目的影响

根据项目具体情况，从以下几个方面分析资源国环境对项目的影响。

分析资源国气候条件、地形地貌、水资源状况对油田开发施工进度、开发成本的影响。从政治环境、宗教与种族矛盾、党派斗争、资源国与中国的双边关系稳定性、政府效率、经济运行稳定性的角度，分析资源国政治环境对项目并购、经营可能造成的影响。

分析资源国油气生产配套产业完善程度及技术实力、从事油气生产人员技术水平对钻井、采油、地面工程建设施工可能造成的影响。

分析资源国原油生产能力、运输能力、加工能力以及消费能力间差异及发展趋势可能对油气生产、油气外输、油气销售及出口的影响。

分析资源国在油气合作方面关于外资持股比例、涉及外国投资者的股权转让等的政策法规对项目的影响。分析资源国矿产资源保护与利用、环境保护政策法规及其修订对油气田建设进度与成本、开发方式选择的影响。

分析资源国针对本项目合同模式关于油气勘探开发投资回收、税率、外汇管理政策法规及其修订对外国投资者成本回收、投资回报、利润回返国内便利性的影响。

三、合同要求及相关规定

1. 商务条款

明确所签署的合同属于哪种合同类型，包括：（1）矿费税收制合同；（2）产品分成合同；（3）风险服务合同（包括回购合同）；（4）混合型或联合型合同。

列举项目合同主要商务条款的内容。分析合同所涉及的法律文件及主要条款，研究项目适用的优惠政策及条件，对本项目的其他要求和规定。了解资源国对勘探部署和开发方案的编制要求、技术规范、报批程序等方面的相关规定。

分析合同条款、有关规定对项目的影响，提出实现中国石油公司效益最大化的生产经营策略。

矿税制合同的主要商务条款包括：矿区使用费、所得税及其他税收、义务工作量、贡金、政府参股、国内销售义务等。

产品分成合同的主要商务条款包括：矿区使用费、成本回收、利润油气分割、税收、资源国政府参股、国内市场义务、“篱笆圈”规定等。

风险服务合同的主要商务条款包括（以伊拉克为例）：政府参股权益、签字费、有关合同区域退地、初始商业生产、高峰产量、报酬费、惩罚因子、成本和报酬费用回收、所得税等。

回购合同的主要商务条款包括：资源国政府参股、签字费、合同期、早期生产、有关投资和成本的规定、银行利息、报酬费用、成本和报酬费用回收、回收上限、合同者收益率上限规定等。

混合型或联合型合同根据合同所属类型进行论述。

2. 主要法律条款及优惠政策

说明合同所涉及的法律文件及主要条款。

说明项目适用的优惠政策及使用条件，对本项目的其他要求和规定。

具体合同的法律条款及优惠政策内容参照第六章、第七章和第八章内容。

3. 方案报批及作业相关要求

说明资源国对开发方案的编制要求、技术规范、报批程序等方面的相关规定。

四、勘探潜力分析及勘探部署

勘探潜力分析就是在已有地质资料和勘探研究成果基础上，对境外投资油田开发项目所属区块开展油气资源潜力评价，即通过对区域地质背景、构造沉积特征、生储盖特征和成藏条件分析，预测区块有利的潜力区带，估算区块圈闭和远景资源量，为油田开发项目的投资决策提供依据。勘探部署是在勘探潜力分析的基础上，对境外投资油田开发项目的勘探工作进行规划，提出明确的部署思路和原则，分阶段部署勘探工作量及储量目标。针对已实施项目，要将实施结果与总体部署方案进行对比分析，提出项目下一步工作策略。

1. 勘探现状

根据项目实际情况，详细指出所在州、市等地理位置等信息，可以采用图件辅助说明。

指出项目区块的范围和面积，可以采用表格、图件辅助说明。

收集项目区块所在区域的气候条件数据，包括气候类型、气温、降水、风力、日照等以及与气候有关的自然灾害。气温特征一般包括全年平均温度、最高温度及其月份、最低温度及其月份、主要分布地区等，可以采用表格、图件辅助进行说明。降水特征一般包括全年平均降水量、降水集中月份及降水量大小、最大和最小降水量分布地区。

说明项目区块所在区域的地表条件，包括地表形态、主要山脉和水系名称及分布特征等。地表形态主要指项目区块范围内的地形地貌类型、特征、分布、海拔等。

针对海上项目，根据实际情况指出项目区块所在海域名称、水深范围、离岸距离、海底地形、海水温度、盐度、风速、洋流、潮汐等信息。

厘清项目区块的勘探历程，说明前作业者已完成的主要勘探工作量，包括已完成的地震工作总量、非地震物化探工作总量、已钻探井总数、已钻评价井总数、探井成功率等信息。如果有多个前作业者，应按照时间顺序简述每个作业者的勘探历程和勘探成果。

分别说明资源国及各资评机构对项目所在盆地和区块资源潜力评价的方法、依据及主要结论和认识，并指出评价时间。

2. 区块和圈闭评价

（1）区域地质特征：依据项目资料的实际情况对区域构造背景、构造单元划分、沉积演化、生储盖组合特征等内容进行论述，可以根据需要编制各类相关图件。

（2）圈闭评价：依据探区勘探发现及研究成果分析指出区块有利成藏条件并预测探区主要的成藏组合。明确探区内主要圈闭类型，在构造和沉积等研究成果的基础上，根据各类圈闭形成条件、发育及落实程度，并进行圈闭排队。

（3）资源和潜力分析：考虑探区油气成藏方面可能存在的主要地质风险，估算风险后圈闭资源量，编制圈闭要素表并根据圈闭资源量大小进行排序，确定各圈闭潜力大小。针对非常规项目，根据探区勘探程度采用容积法或蒙特卡洛法估算区块资源量，结合地质风险分析，估算风险后资源量，并根据有利区带油气富集程度进行排序。

3. 勘探部署

（1）部署思路：依据项目勘探期、勘探义务工作量及资源潜力论证的结果，论述项目总体勘探部署思路和策略。明确主要勘探目标，包括主要目的层位、主要目标圈闭等。依据总体勘探部署思路和部署原则，对勘探期各阶段进行划分、指出各阶段主要勘探任务和目标。

（2）工作量安排：依据勘探部署思路提出总体工作目标，分阶段或按年度说明具体勘探工作量安排情况，包括各阶段 / 年度完成的二维地震、三维地震、非地震物化探、探井、评价井、测井、录井、试油、样品分析化验及配套技术攻关和综合地质研究等内容。

（3）储量规划及效果分析：在地质资源潜力论证的基础上，根据石油地质条件和资源潜力情况，结合总体勘探部署，针对勘探阶段及总体工作目标，提出项目各部署阶段的储量规划目标，为开发提供储量基础。依据项目勘探程度，结合项目储量规划及效果分析的实际情况，提出可转开发时机或退地方案。

五、油藏工程方案

1. 油田地质特征

（1）地层特征：在油田开发地质特征研究中，优先开展地层层序及小层对比研究。报告要附上油田钻遇地层简表及小层划分对比表和地层对比剖面图。

（2）构造特征：明确项目的主要构造类型与特征，构造对油藏的圈闭作用等。列出构造要素表，附上油田重点层组顶面构造图（给出数字及线段比例尺）。说明主要断层条数、断层名称、断层级别；描述主要断层的分布状态、密封程度、延伸距离及断层要素（走向、倾向、倾角及变化、断层落差及平面上的变化）。报告附上主要断层要素统计表和主要断层的地震剖面。对纯开发项目应补充区域地质背景资料。

（3）储层特征：明确油田开发的储层沉积背景、沉积物源、沉积相、岩石相组合，砂体类型。储层岩石组成及成岩作用，各油田储层物性特征，报告附上单井柱状图、测井相图、沉积微相平面图及沉积模式图；分层计算储层孔隙度、渗透率、含油饱和度，列表、图示说明主力油田平面和纵向上储层物性变化。

（4）流体特征：简述原油、溶解气、天然气的组成以及高压物性特征，列表说明主力油田油气组成和高压物性特征。说明地层水总矿化度、相对密度及水型，列表说明主力油田地层水特征。

（5）油藏类型：确定各油藏的地层温压系统，报告附上主力油田或者代表性油田地层压力和地层温度相关参数表，或地层压力—地层深度关系图、地层温度—地层深度的关系图。确定各油藏的油气水分布，报告附上油田各层位及区块的油藏剖面图和油气水界面数据表。报告附上油气水界面平面分布图。确定油藏类型，并附上主力油田油藏剖面图。

（6）开发储量评价：针对确认的开发区域进行储量计算与复核，说明储量计算的方法和计算结果，列表说明主力油田储量计算参数和结果。与政府批复储量对比，变化大的要说明变化原因。列表说明原政府批复储量的计算参数和计算结果。

（7）可采储量评价：说明采收率计算方法及结果，可采储量计算结果。与政府批复和第三方计算可采储量对比，说明储量不同的原因。根据估算地质储量以及一次采收率和二次采收率，估算一次可采储量和二次可增加的可采储量，并对可采储量级别、可靠程度进行评价。

2. 开发现状及特征

（1）开发历程：简述油田投入开发后，从基础井网开发到目前所进行的历次井网加密、开发方式转换等调整，一般根据调整将开发历程划分为几个阶段。如弹性能量开发阶段、注水初期开发阶段、井网加密调整阶段、综合挖潜阶段等。

（2）开发现状：项目总体开发指标，包括总井数（油、注水、注气、报废、遗留等），油、气、水井开井数，生产方式；平均日产油，平均单井日产油；月产油、水、气，累计产油、水、气；综合含水率，气油比，采油速度，采出程度；注入井开井数，月注入量，日注入量，累计注入量，累计注采比，并列表和图示说明。

（3）开发特征：分析近年来项目年产油、含水率、自然递减率及综合递减率变化，对多主力油田应进行分述；简述开发生产主要参数变化特征，说明措施种类，并对实施效果评价，主要包括油田生产能力分析、地层压力分析、油田含水分析、注入能力分析、新井产能分析、措施增产效果分析等。

3. 开发技术政策

（1）储量动用状况：描述老油田剩余可采储量情况及分布，目前开发井网储量动用状况和控制程度，论证新增动用储量的依据。论证勘探新发现储量转开发的技术经济可行性。主要包括已开发油田储量动用状况、勘探新发现储量转开发可行性。

（2）开发方式：论证新油田合理开发方式和老油田现有开发方式适应性及转换开发方式潜力。

（3）开发层系及井网井距：论证新油田开发层系划分以及井型、井网井距确定；论证老油田开发层系适应性以及层系调整潜力，老油田井型、井网井距适应性以及调整潜力。

（4）油井产能：论证新油田合理生产压差，确定单井产能；论证老油田新井产能变化特征，确定新井合理产能。

（5）采油速度：结合油田开发现状和形势，确定新油田合理采油速度和评价老油田采油速度合理性。

（6）注采参数：论证新油田合理压力保持水平、合理注采比、单井合理注入量、合理注入方式；论证老油田注采参数适应性，明确注采参数优化潜力，提出油田合理压力保持水平、合理注采比、单井合理注入量和注入方式。

（7）增产措施：结合新油田地质油藏特征，提出适应性增产措施；评价老油田现有措施实施效果及措施增油潜力，提出下一步增产措施优化。

4. 开发方案设计

（1）开发方案设计原则：根据技术、资源及市场条件提出油田开发的原则和目标。

（2）开发方案设计与部署：在油田开发层系的划分与组合、开发方式优选、合理开采速度以及井网部署等有关内容研究的基础上，对油田开发提出若干个候选方案（不少于3个）。对各方案列表排序，并分别说明不同方案的特点与区别，并给出各方案的井位部署图。

（3）开发指标预测：以年为时间步长，对不同方案开发指标进行预测，并给出各方案到开发合同期末的主要开发指标。

（4）开发方案优选和推荐：在开发指标预测的基础上，采用指标评判或经济分析等比选方法进行方案优选，分析技术上存在的风险和地质上不确定因素，并对方案进行优选排队。在综合评价各开发方案的技术、经济指标后，筛选出最优的开发方案，并给出该方案到合同期末阶段开发指标，作为推荐方案。

六、钻井工程方案

1. 钻井工程现状及适应性评价

（1）已钻井现状：根据合同规定的作业范围，简要说明已钻井总井数，包括不同井别、井型和井深的探井、生产井、注水（气）井等；根据油田已钻井现状列出油田已钻井的基本数据，如为新开发区块，已钻井数少，可以用表列出已钻井基本数据，如目标区块已钻大量井，则可根据已钻井的情况设计相应的表格进行已钻井规模的统计；说明已钻井采用的钻井方式，如为丛式井钻井，应说明丛式井场的类型与平台钻井的井数。

（2）钻井工程适应性评价：简要评价油田现有各项钻井工艺技术的适应性及存在的主要问题。对于各项钻井工艺技术评价，主要包括已钻井效率分析、已钻井井身结构情况、定向井、水平井钻井情况、钻头使用分析、已钻井钻井液分析、已钻井固井分析、已钻井事故与复杂分析，可根据油田钻井情况或资料收集情况进行相应评价。总结已钻井中发生频率高、损失时间长的主要复杂与事故类型，如喷、塌、漏、卡等；分析已钻井复杂、事故发生的原因、现象及处理方法，提示该油田钻井可能发生的钻井复杂。

2. 钻井工程方案设计

（1）油藏工程对钻井工作量要求：根据油田开发钻井部署和油田建产要求，测算合同期内钻井工作量。说明钻井总体规模，明确不同井型（直井、定向井、水平井、分支井等）、不同储层（不同深度）、不同井别（探井、评价井、生产井、注入井、观察井等）的钻井数量和总进尺。说明项目的钻井方式。根据油田所在地区的地理环境、自然条件和环保要求，说明钻井的方式为单井场钻井或丛式平台钻井。对于海上钻井，应根据水深选择不同类型的平台（如自升式或半潜式）进行钻探作业。

（2）采油工程对钻井工程的要求：明确采油工程对不同类型井的完井要求、不同井型的完井方式，如裸眼完井、打孔管或割缝衬管完井、固井射孔完井、裸眼防砂筛管或砾石充填完井、管内砾石充填完井等；明确采油工程对不同类型井的完井设计要求，如油管及生产套管的尺寸、固井水泥浆返深等；对定向井及水平井轨迹设计要求，如提出的电泵下放位置、稳斜段长度及井斜要求以及造斜率要求等；有关储层保护的要求及其他要求等。

（2）钻遇地层特点及地层压力预测：描述钻遇地层的岩性特点，预测地层三压力剖面，钻遇地层温度系统，并根据已钻井情况及钻完井要求，分析油田钻井难点及可能存在的钻井风险。

（3）井身结构及套管程序：井身结构设计、套管选型及强度校核。

（4）定向井和（或）水平井设计：根据合同期内油藏的井位部署及井型要求，对不同类型的定向井、水平井或分支井分别进行合理的井身剖面设计，给出相应的定向井和水平井井眼轨迹设计图。区块采用丛式井钻井的，应根据油田丛式井的部署，进行相应的丛式井（包括定向井、水平井和分支井）井身剖面设计。

（5）钻头及钻具组合：根据井身结构和套管程序选择适应的钻头尺寸、类型以及典型的钻具组合。钻头与钻具组合直接决定了钻井施工效益与速度。选择钻头时首先应对地层的可钻性进行分析，结合已钻井钻头使用情况，推荐出全井各层段钻头组合的设计方案。钻具组合的设计应在保证井身质量、利于提高钻速的原则下，结合地层造斜特性和钻井对井斜、方位的要求以及已钻井钻具组合的使用情况进行设计。

（6）钻井液：钻井液技术是钻井技术的重要组成部分，钻井液最基本的功用为携带和悬浮岩屑、稳定井壁、平衡地层压力、冷却和润滑钻头、传递水动力等。钻井液方案主要包括钻井液体系的选择、钻井液性能要求、储层保护以及环境保护要求和钻井液的维护等方面。

（7）测录井：油气勘探阶段，测井、录井的主要任务是寻找和发现油气层、了解地层的地质特征。因此，对于探井，应针对勘探油气藏的具体特点、井别、完井方式、测井的目的以及钻井环境等，选择适合本地区的测井系列、测井项目和测井仪器，录井系列及录井项目。

裸眼井测井系列包括常规测井系列和特殊测井系列，根据勘探的地质要求，说明哪些测井项目为必测项目，哪些为选测项目。根据测井项目选择相应的测井设备。套管井测井（完井测井）系列包括自然伽马、声幅（CBL）、声波变密度（VDL）、磁性定位项目。完井测井一般为必测项目。录井项目包括岩屑录井、气测录井和工程录井，根据勘探的地质要求，可以作为必录或者选录项目。根据录井项目选择相应的录井仪器设备。

（8）固井：固井工程是钻井工程的关键环节，固井方案的设计应根据井身结构及钻遇地层特点，论证各层套管的固井方式、前置液、水泥浆体系及性能要求；对固井过程中可能出现的复杂提出相应的措施及固井质量要求。

（9）钻机及井控设备：根据不同井型的井身结构，选择合适的钻机类型；根据地层压力，确定合适的防喷器压力等级。

（10）钻井周期：结合前期和周边地区钻井周期，进行钻井周期预测。根据油藏年度钻井工作量要求，钻井工程应配合开发部署进行合同期内合理的年钻井工作量、年钻机动员计划安排，通常开发对钻井工作量的安排为投产井数，为保证投产所需钻井工作量及时完成及合理的钻机安排，应对年钻井工作量进行适当的调整。

七、采油工程方案

1. 采油工程现状及适应性评价

（1）采油工程现状：分析油田现有采油工艺技术，包括油水井井型、完井方式与完井工艺、自喷、人工举升、注入、措施工艺、油层保护、防腐防垢、生产动态监测等技术的状况、水平及效果。

（2）适应性评价：评价油田现有各项采油工艺技术的适应性，分析存在的问题，包括完井工艺适应性分析、油井开采工艺适应性分析、注入工艺适应性分析、措施工艺技术适应性分析、配套工艺适应性分析等。

2. 采油工程方案设计

（1）完井：根据地质、油藏特点和开发方案设计结果，提出完井工程设计的原则和依据，优化设计完井工艺参数，包括完井方式选择、生产管柱及套管尺寸选择、射孔参数与工艺设计、投产措施设计等内容。

（2）增产措施：分析油田地质油藏特点，结合开发方案要求，研究储层改造措施的必要性和可行性，提出初步的酸化、酸压、压裂等措施改造工艺技术方案要求。

（3）自喷和人工举升：应根据油井生产能力选择最佳采油方式——自喷采油方式或人工举升采油方式。尤其是要依据油田开发方式、采油井井型、产液量范围、流体性质等因素，结合油田现有举升工艺技术应用状况，论证各种人工举升方式的适应性，推荐合理的举升方式，优化设计人工举升工艺参数及配套工艺，预测用电负荷，包括抽油机有杆泵采油设计、潜油电泵采油设计、螺杆泵采油设计、气举采油设计、其他采油方式工艺设计。

（4）注入：注水工艺方案的基础分析、注水系统压力分析、注水管柱设计、注水井井口装置、注水井增注与调剖、注水井投（转）注及管理要求和措施。

（5）配套工艺：油层保护：统计分析油田储层污染现状，结合储层岩性特征分析、岩心分析、入井流体的敏感性试验，分析确定储层伤害主要因素，确定储层保护措施。优选入井流体，优化作业工艺。堵水工艺：分析油井生产状况，分析油井含水变化规律，提出找堵水工艺技术措施，包括：油井找水工艺，堵水时机选择，初步选择堵水方式，制订堵水方案。防腐：分析油水井腐蚀因素，研究确定腐蚀类型及危害，开展油水井管柱、工具、井口等设备的选材及防腐工艺设计。降黏工艺：分析降黏工艺需求，选择降黏方法，提出降黏工艺方案。沉积物防治工艺：分析油水井井筒沉积物形成的因素，研究油水井结垢、油井结蜡、沥青沉积规律，设计井筒沉积物防治工艺技术。

（6）老井利用与修井作业：老井利用：分析老井的生产历史，研究井筒状况，结合油藏方案，研究老井利用的可行性，提出老井修复措施工作量；修井作业。根据同类油田开发经验，按常规维护性作业、增产增注措施性作业、油水井大修作业等项目预测修井内容、频率和修井工作量。

（7）生产动态监测：依据油田动态监测的需要，提出适合油田开发特点及要求的生产动态监测总体方案，包括监测内容、监测方法和工作量大小；生产动态监测方案实施要求与建议。

八、地面工程方案

1. 地面工程现状及评价

（1）自然条件和社会依托条件：概述油田所在地区的地理位置、地形地貌、当地与地面工程建设相关的气候及季节特点、气象数据及环境特点、水文和工程地质情况。指出油田所在地的社会人文现状、油田工程建设对当地社会人文条件的要求及满足程度。考虑当地水源、供配电系统、交通（公路、水运、铁路、航空等）、通信、油气输送管网等油田基础条件等及可依托情况。分析资源国当地的特殊要求和问题。

（2）已建油田地面工程现状：当有已建油田时，说明地面工程建设现状，主要包括已建油田的总体布局、建设规模，井场、单井管线、集油管线、计量站、接转站、处理厂的数量及规模等；注水管线、配水间、注水站的数量及规模；绘制地面工程现状图，应包括区块范围、已建主要站场、管线、道路、营地等。

（3）可利用性评价：对油田及周边已有的生产设施能力和相关配套基础设施等的状况进行评估，并确定其可利用性。

（4）适应性评价：已建油田适应性评价：对于依托已建油田建设的情况，应评价可依托生产设施的主体工艺和能力以及相关配套基础设施等对开发预测的适应性，分析存在的问题，提出对策。可依托社会条件适应性评价：对于周边可依托的社会条件，应说明供应协议（或意向性协议）的落实程度，评价社会条件对油田开发需求满足的程度，分析存在的问题，提出对策。

2. 设计规模及总体布局

（1）油藏、钻井采油工程要点：简要介绍油藏含油面积、油藏类型、井网部署及开发指标预测等。给出井流物性质。说明推荐的钻井方案的新钻各类井数、井型及钻井方式和井场位置图（水平井、丛式井）。对于海洋项目，还应说明海工开发模式。说明与地面工程有关的采油工艺方案、主要工程技术参数。如生产井的采油方式、单井配电功率、井口回压、井口产液温度、井口注水压力和注水水质要求等。

（2）建设规模：根据开发预测数据，确定地面工程建设规模，包括油气集输和原油处理总规模、伴生气处理总规模、采出水处理规模、原油外输总规模、伴生气外输总规模、注入工程（注水、注聚合物或注蒸汽）总规模。如工程分期实施，应列出分期实施安排。

（3）总体布局：总体布局原则：根据当地政策和油田周边情况、合同模式和约定、开发方式等，说明油田总体布局遵循的原则。总体布局方案：① 说明产品种类、产品流向以及外运方式，说明拟依托和利用设施的位置；② 描述转油站、注入站、中心处理站、油库和外输首站等主要站场的不同布站方案，必要时可进行主要站场布局方案比选；③ 油、气、水管道，电力线、道路等系统布局和走向方案；④ 综述推荐总体布局方案特点；⑤ 绘制油田总体布局图，图中应标明井站分布、管网布置、产品流向等情况，还应标明生产管理设施以及水、电、信、路等系统布局情况等；⑥ 对于海洋项目，应结合海工开发模式，说明海洋工程的布局，包括油气生产处理平台的分布、水下生产系统、海底油气输送管道流向等。

3. 主体工程方案

（1）油气集输工艺：根据油田原油和伴生气物性、自然环境和气候条件以及依据的相关标准、规定，给出集油系统方案所采用的主要技术参数和界限。说明采用的集油工艺流程及选择理由，必要时需进行两个以上方案比选，并给出集油工艺流程图。根据油田地理位置、自然环境和油井分布情况，结合所选择的集输工艺流程，给出布站及系统关系示意图或附上井站布局关系图（或表）。说明油井计量方式，给出布站种类（选井阀组、计量站、转油站、转油放水站等）及数量。说明采用的计算模型软件，结合介质性质、工艺参数和计算结果，论证并择优推荐主要设备，给出规格参数。论证并择优推荐各类管道的材料、壁厚、防腐保温方式和敷设方式。绘制油气集输系统推荐方案的工艺流程图。

（2）油气净化处理：设计规模、油气分离工艺、原油脱硫工艺、原油稳定工艺、伴生气处理工艺、主要设备选择。

（3）油田注入工程：注入工程包括注水、注蒸汽、注气、注聚合物等工程。以注水为例，主要包括设计参数（注水井数量、注水量、注水水质指标和注水井口压力），注水站布局方案和每座注水站的设计规模，说明油田注水工程总建设规模及分期实施安排。注水方案：注水水源、水量平衡、注水工艺、主要设备选择、主要工程量。

4. 配套工程方案

（1）自控工程与通信：自控工程：自控水平、自控系统方案、监测与过程控制方案、计量、主要仪表选型及工程量。通信：业务需求预测、系统方案等。

（2）给排水工程、消防与污水处理：明确油田内各场、站、井场及辅助生产管理设施生产和生活用水量，说明给水水质要求，确定推荐水源方案，确定生活污水的排水量、排水工程的推荐方案、生活污水处理工艺。明确油田消防特点，确定并推荐消防方案。

（3）供配电工程：用电负荷和用电量、电源方案。

（4）总图运输：站址选择、站场总平面布置、运输、道路设计方案。

（5）防腐与保温：防护范围、主要腐蚀因素分析、防护方案。

（6）其他辅助工程：建（构）筑物方案、供热与暖通方案、生产维修方案。

5. 外围配套工程及要求

（1）产品外输工程：管道工程、储存工程方案。

（2）外部公用工程：根据项目合同规定，说明油田所在资源国政府承诺提供或建设的用水、用电、通信、道路、特殊加工装置等工程的规划，包括建设时间、规模、可提供的能力、签订的意向性协议等。根据外部公用工程的运作情况，预测并分析存在的问题。对于影响油田开发实施进度的关键问题，要提出应对策略。

（3）外部环境要求：根据项目合同规定，说明已开发油田所在资源国政府规定的油气产品特殊标准及指定交接地点，许可的特有污水处理方式及环境保护政策等情况，探讨有关对策，如资源所在国对原油含水和含盐指标要求非常苛刻，则应提前向所在国提出，并争取在合同中得以放宽或争取有利的条件。

根据项目合同规定，说明油田所在资源国政府规定或许诺的油气副产品（如伴生气、特种气、硫黄等）回收利用或销售等要求，提出应对措施。

九、产品市场分析

1. 市场现状

从市场需求、销售渠道、销售量、销售价格（含资源国价格管控）等几个方面说明项目所在地区的油气产品在资源国或国际市场上的销售现状。

2. 目标市场

说明合同规定的项目销售方式、中石油的销售义务。

根据全球或区域油气资源供需平衡情况，对销售渠道、销售量、运输方式及相关费用、资源国油气产品进出口法律规定、税收规定等进行分析，筛选本项目及中石油份额产品的目标市场。

说明原油与销售终端之间的运输方式、运输费用，各种销售渠道下项目净回价分析，确定合理销售流向及目标市场。

3. 市场竞争力分析

对目标市场同类产品或可替代能源的供应能力、价格、经济性等进行分析。

对油气产品的分年销售价格进行预测，并说明预测的依据。

测算本项目产品在目标市场的可承受价格，分析项目产品的竞争能力。

十、环保与安全

1. 环境保护

（1）环境现状：评估境外油田开发项目所处地区的自然环境、社会环境和生态环境情况。对自然环境的描述包括或者部分包括这几个方面的内容：项目所在地区的地质、地貌、气象、气候、水文、水文地质、土壤类型与植被分布、野生动物分布、周围自然遗迹、自然保护区的分布情况等。

对社会环境的描述包括或者部分包括这几个方面的内容：地区经济发展状况、社区部落、工农业生产及人口分布、土地利用状况、相关文物保护遗址分布等。生态环境方面主要描述项目所在地区生态系统的总体概况。

（2）法律法规与污染控制方案：识别资源国和所在地区相关强制性法律法规、环境质量标准和污染物排放标准等要求，说明针对各污染源的监测方案，提出环境污染控制方案、主要工程内容等。简要说明上述措施和方案在环境保护方面是否符合有关方面的要求。

（3）保护措施：针对项目建设和运行过程中对环境造成的影响，根据项目所在地区的社会依托条件（特别是食品安全、饮水卫生、医疗资源等）、气象条件、传染病及地方病概况，采取一定的环境保护措施，降低或减缓不良环境影响。环境保护措施遵循合法、经济可行、技术合理原则，环境保护措施包括或者部分包括以下内容：污染防治措施、生态保护措施、环境风险应急措施、环保投资费用估算。

2. 工程安全

（1）危害因素识别：根据境外油田开发项目作业的特点，对油田开发过程中可能发生的工程安全事故进行辨识并简要描述，主要包括井喷、火灾爆炸、H_2S 泄漏、危险化学品泄漏、油气管线泄漏、放射性污染等。

（2）安全措施：针对危害因素辨识结果，提出针对性的安全措施。主要包括对工程安全风险进行风险分级，制定风险防控措施等。在制定风险防控措施时，应考虑其可行性、安全性和可靠性，风险防控措施应包括：① 工程技术措施；② 管理措施；③ 培训教育措施；④ 个体防护措施。

（3）应急：境外油田开发项目应根据项目的实际情况，按照中国石油天然气集团有限公司突发事故灾难事件类应急预案建立专项应急预案，专项应急预案一般包括：总则、机构与职责、预测和预警、分级响应、信息报送、应急准备、应急响应、应急保障、附则和附件等方面的内容。

3. 社会安全

（1）项目资源国 / 地区社会安全现状分析：项目资源国的安全形势、重要势力的社会安全影响分析。

（2）社会安全风险评估：项目面临的主要社会安全威胁和风险评估、项目现有安保资源分析。

（3）社会安全风险防范措施：根据识别的社会安全主要威胁，通过风险评估，结合中石油社会安全管理体系要求，在营地、生活作业场所、路途等重点防护区域的“三防”措施、专职管理机构与安保力量配置、拟采用的安保管理标准、突发事件应对等方面提出社会安全管理方案（防范措施、资源投入和工作进度计划等）和各类应急预案。

4. 社区适应性

（1）项目周边社区概况：考察项目周边社区基本情况，包括社区主要利益方和重要势力、当地劳工概况等。

（2）项目面临的主要社区安全威胁和风险评估：识别项目可能面临的主要社区安全和劳工问题，并进行风险评估，对于项目运行过程中可能需要的政府、社会和企业自身的应急资源进行识别和描述。

（3）社区安全风险防范措施：根据识别的社区安全和劳工问题，结合现有资源，提出社区安全和劳工问题的解决方案和风险防范措施。

十一、管控方式及人员

1. 项目运行构架

根据签署的各项协议、合同以及资源国要求等，描述项目采用的运行构架，说明中石油在运行中的地位和作用。

2. 组织机构

简要说明项目的组织机构情况，包括设立的项目部门、下属机构、子公司等。

3. 中石油人员构成及配置

根据项目组织机构设置和投资合作协议对中石油的人员要求，提出项目的中石油人员构成和配置建议。

十二、投资估算与资金筹措

1. 投资估算

投资估算的内容和深度除了需遵循企业对海外项目开发投资估算相关文件，还应包括以下内容：

（1）项目概况：叙述项目概况，包括说明油田所处的地理位置、社会依托条件、已建公用工程情况；勘探开发的概况、勘探程度、开发前资料的录取情况、已钻勘探、开发井数等。

① 油藏工程概述：根据油藏工程设计提供的各种技术上可行的油藏工程设计方案，列出项目经济评价需要油藏工程提供的基础数据，包括：油田开发建设规模、地质储量、可采储量、动用储量；开发方式、开发层系、布井方式、井距、生产井、备用井、观察井；预测评价年的各项开发指标：各年产油量、伴生气产量、产液量、平均单井日产油量、平均单井产液、各年注水量、计算期累计平均单井产油量；各年采油速度、稳产年限、综合含水，稳产期末采出程度、最终采收率。

② 钻井工程概述：根据钻井工程设计提供各种技术上可行的钻井工程，列出主要基础数据，包括钻井总体规模、各年不同类型的生产井、观察井、备用井、注水井数量及总进尺、平均井深等；钻前工程所需占地面积、新修道路数量；完井方式、测井内容及工作量、井口装置及射孔等。

③ 采油工程概述：根据采油工程设计提供各种技术上可行的采油工艺，列出主要基础数据，包括采油方式（自喷、机械）投产前试油工程内容；增产措施（各年产量接替方案的工作量，包括压裂、酸化、防砂、井下作业等的平均作业周期、井次）。

④ 地面建设工程概述：列出根据油藏流体物理化学性质、油藏工程设计、钻采工程设计、油田地貌提供推荐各种技术上可行的地面建设方案的实物工程量。油田地面建设工程包括原油集输工程、注水工程、含油污水处理工程、供电工程、给排水及消防工程、通信工程、供热及暖通工程、自控工程、建筑工程、道路工程等。

（2）投资估算的范围：说明项目投资估算所包括的工程范围和主要工程内容。勘探投资主要包括物化探工程、钻探工程投资等；开发投资包括钻井工程、采油工程、地面工程；其他投资包括环保费用、安保费用、弃置费等。对项目需要而未包括在投资估算范围内的工程内容要特别加以说明。

油田开发项目投资包括开发井工程投资和地面工程投资等。开发井工程投资由工程费和其他费组成，地面工程投资由工程费、其他费和预备费组成。

（3）投资估算编制方法：说明投资估算的编制方法。方案投资估算原则上应采用工程量法。部分确实无法提供工程量的项目或单项工程，也可结合项目和资源国实际情况，根据类似项目投资统计资料，考虑工艺技术变化和物价上涨等因素，采用指数法、系数法进行估算。主要方法有：

① 工程量法：根据设计专业人员提供的工程量，按照现行的指标、定额以及设备材料价格对项目投资进行估算的方法。设备购置费和主要材料费估算、安装费估算、单位建筑工程投资估算按单位实物工程量投资估算法和概算指标投资估算法进行估算。

② 工程类比法：根据已完成的同类型项目中某项工程实际发生费用为基数进行投资类比估算。在项目前期阶段，这种方法行之有效，不但能使估算编制变得简易可行，而且还能大大提高估算的合理性和可靠性，有时能接近或达到可行性研究阶段的估算精度。在单项工程相关参数与相邻区块已完成项目基本相似的前提下，准备实施的开发项目投资估算可参考已完成的项目成本，针对新上项目的实际情况，附加或减除一定的系数。在新区开发项目，没有相邻区块作为参考，可类比国内已施工项目编制投资估算，针对新上项目的实际情况，附加或减除一定的系数。

③ 指标法：在无法提供建设项目的工程量时，利用建设工程投资参考指标、工程所在地的建构筑物综合指标进行投资估算的方法。

④ 系数法：作为一种辅助的估算方法，在工程量等资料不全的情况下，主要依据大量的统计调查资料和参数，利用系数进行单项工程以及项目工程投资估算，包括单位生产能力估算法、生产能力指数法、系数估算法、综合系数和因子指数进行投资估算。

⑤ 实际成本法：实际成本法是指以上年度同类别工程项目实际发生额为基数进行测算的方法。拟新上项目在同一地区或区块施工，施工参数及技术标准、设备类型等项目内容基本相似时，可参考上年度同类别工程项目实际发生费用编制投资估算。如施工参数、技术标准及施工难易程度等项目内容与上年度实际施工项目有差别时，在原工程项目实际发生费用的基础上做相应调整，附加或减少一定的系数或数额。

（4）投资估算编制依据主要包括：

① 公司关于海外投资的有关规定。

② 项目所在国家、地区的有关政策、法规和规定。

③ 方案中工程技术论证结果等资料及专业人员提供的工程量。

④ 项目所在国家的有关估算指标、定额和费用标准及其他费用取费规定。

⑤ 采用的设备、材料的价格依据，进口设备、材料的报价或参考价格的依据以及相关税费计算依据，专业设计人员提供的主要工程量等。

⑥ 各项费用标准及税率。

⑦ 现场踏勘调查资料（包括自然条件、运输条件、当地材料价格、人工费用等）。

⑧ 利率、汇率和资源国进关税费等政策性参数和数据。

⑨ 参照项目的工程费用及主要参数资料。

⑩ 估算编制时所参考的其他资料。

（5）投资估算主要参数。列出投资估算的主要参数，包括投资指标、主要设备及材料价格、取费标准、汇率等。若采用中石油的相关定额和指标，要说明地区价格及费用的调整方法。

（6）投资估算结果。对项目投资进行估算，并说明投资估算结果。对总投资的结构进行分析，并计算开发成本等相关投资指标，编制项目总投资估算表。编制以下附表：勘探投资估算表、钻采工程投资估算表、钻井工程单井投资估算表、地面建设工程投资估算表、地面建设工程工程费估算表、地面建设工程其他费用及预备费计算表、地面建设工程主要设备和材料价格及工程量表。

（7）投资水平对比分析。简要对比分析估算投资水平与近期资源国类似项目投资水平或第三国可类比区域投资水平高低和原因。对比指标主要有：百万吨原油产能建设投资、开发成本、单位钻井成本等。

（8）投资计划。按照拟定的项目实施进度，列出分年工作量及投资计划表。

2. 资金来源与融资方案

根据已签署的项目有关协议，陈述交易架构设计、融资安排等方面的内容，包括最优交易架构设计、资金安排意见等。并将最优交易架构设计方案及批示文件、交易资金渠道设计方案及批示文件等作为附件。

（1）融资环境分析：描述目标公司或目标资产所在国和中国在投资、利息、税收等方面的规定。描述目标公司或目标资产所在国、中国和中转国的外汇管制及资金使用限制等情况。

（2）融资方案：项目的资金来源主要由投资方出资（作为项目的自有资金）和以项目公司的名义从金融机构借款两部分组成。

结合项目合同条款给出融资方案，说明获取项目及实施项目所需各类资金的安排情况。包括每项资金的借款人、贷款人、资金来源、金额币种、利率、期限、提款计划、还本付息资金来源、还本付息约定、提前还款条款、提款前提、担保、融资文件等内容。说明项目与银行签订的贷款协议、融资担保协议及主要条款等内容。

利息成本一般按复利计算，其计算方法主要由合同条款决定，一般采用“LIBOR+加息率”确定借款利率。

境外油田开发项目的融资方式主要取决于合同模式，融资本方式比较灵活，主要有以下几种类型：

资源国政府承认项目公司的贷款额度及利率，实际发生的利息可以进入成本。

资源国政府认可项目公司的贷款额度，但对贷款利率进行规定。这种情况下利息成本主要根据合同规定的利率进行计算，与实际的贷款利率无关。

资源国政府认可项目公司的贷款利率，但对贷款比例的上限进行限制。这种情况下利息成本主要依据项目公司实际的贷款利率和合同规定的贷款比例进行计算，与实际的贷款比例无关。

资源国政府不承认项目公司的贷款额度及利率，但对未回收的投资可按贷款处理，并规定未回收投资的利率。

资源国要求合同者给其垫资，并规定垫资的利率。

（3）融资风险分析：在确定资金来源的基础上，对可能存在的资金供应风险和汇率风险等进行分析，并提出应对措施。

十三、经济评价

1. 经济评价的范围、依据和基础数据

（1）评价范围：说明经济评价包括的主要工程范围。

（2）评价依据：说明经济评价所依据的合同、协议、相关法规、文件规定等。

（3）评价参数和基础数据：说明所采用的主要参数及取值方法，包括评价期、原油及轻烃价格、原油及轻烃商品率、运输及销售费用、缴纳税收税率、基准收益率、折现率、汇率等及取值依据。

2. 生产成本和费用估算

（1）成本构成：生产总成本指原油生产过程中发生的全部费用，包括操作成本、折旧、管理费用、销售费用、财务费用和其他费用。在总成本中扣除折旧、财务费用后的成本为经营成本。

操作成本是指用于石油采出、处理、集输、储存等活动发生的费用支出，包括油田现场运行发生的所有费用。

折旧指建设投资形成的资产按合同或资源国财税制度规定的计算方法提取的折旧。

管理费用指分摊作业方的上级管理部门的费用。

销售费用指将生产的合格原油运输至销售地点发生的费用。

财务费用主要是可进入生产成本的借款利息。

其他费用是指生产过程中发生的其他成本，包括生产定金、社会捐献、培训费、弃置费等。

（2）成本估算方法。

操作成本：粗估法、详细估算法。

折旧：常用的折旧方法有直线法、年数总和法、余额递减法、双倍余额递减法、成果法（单位产量法）。

管理费用：管理费用主要根据合同的有关规定进行预测，一般按当年实际发生投资或经营成本的一定百分比提取。

销售费用：销售费用的计算应与原油销售收入对应的地点相一致。如果采用的销售价格为净回价（油田的出厂价格），则不需要计算销售费用，否则应计算油田至销售地点之间发生的销售费用。销售费用的计算应根据运输方式确定。

财务费用：利息成本一般按复利计算，其计算方法主要由合同条款决定，一般采用“LIBOR+加息率”确定借款利率。

其他费用：其他费用的计算主要依据合同条款确定，合同中一般都规定每年社会捐献、培训费的最低数额。生产定金一般按日产量或累计产量进行计算。

3. 盈利能力分析

（1）计算产品销售收入及收入分配：按矿费税收制合同、产品分成合同、技术服务合同和回购合同模式及要求收入与分配。

（2）盈利能力分析：盈利能力主要从项目、资源国、合同者（合资公司）、资本金、中石油等几个角度，全面分析项目的盈利能力，为项目谈判及投资决策提供依据。盈利能力分析通过计算财务内部收益率、财务净现值、投资回收期、净现金流量、累计净现金流量、合同者与资源国收入比等指标，从不同的角度分析项目的可行性。

（3）偿债能力分析：偿债能力分析主要通过计算利息备付率和偿债备付率等指标，判断项目的偿还能力，为项目融资方案的设计提供依据。

4. 不确定性分析

进行不确定性分析，分析不确定因素发生增减变化时对中石油财务指标（内部收益率或净现值）的影响，并计算盈亏平衡点，分析敏感因素，编制敏感性分析图、表。通过敏感性分析结果对项目面临的风险进行分析论证，开展定性或定量的风险分析对策研究。

5. 经济评价结论及建议

（1）评价指标：根据经济评价结果编制主要技术经济指标汇总表，主要技术经济指标汇总表可根据合同模式选择相关指标，一般包括投资、成本、产量、收入（收入分配）及利润、中石油效益（包括内部收益率、财务净现值、投资回收期、累计净现金流量、最大累计负现金流量等）等指标。

（2）经济评价结论：根据财务结果，阐明确切的评价结论。具体内容应包括：以国家、行业或企业的各种基准指标，衡量项目财务评价的各项指标，判断项目是否可行；综述不确定性诸因素对项目经济效益的影响，说明项目抗风险能力；综述多方案及同类项目评价指标比较分析的结果，以及推荐方案的特点和可行性；综述项目评价中存在的问题及其在实施过程中所应采取的必要措施。

（3）建议：给出经济评价的结论，并根据合同条款结合项目开发方案，在定量分析的基础上，提出提高中石油投资效益的经营对策建议。

十四、风险分析及对策

风险是指由于一些不确定性因素的存在，导致项目实施后偏离预期结果而造成损失的可能性。风险因素的识别是风险分析的第一步，只有先把风险因素全面揭示出来，才能进一步通过风险评估确定风险发生的可能性，判别风险程度，进而找出关键风险因素，提出规避风险的对策，降低风险损失。

海外油田项目的风险分析是项目风险管理研究中很重要的一环，它包括对各种类型风险进行描述，为风险对策研究提供依据。

1. 外部风险分析

风险是指由于一些不确定性因素的存在，导致项目实施后偏离预期结果而造成损失的可能性。风险因素的识别是风险分析的第一步，只有先把风险因素全面揭示出来，才能进一步通过风险评估确定风险发生的可能性，判别风险程度，进而找出关键风险因素，提出规避风险对策，降低风险损失。

海外油田项目的风险分析是项目风险管理研究中很重要的一环，它包括对各种类型的风险进行描述，为风险对策研究提供依据。

（1）政治和社会风险：海外油田开发项目中的政治风险指未能预见到的政治因素变化给项目带来经济损失的风险。战争风险、国有化风险、资金移动风险和政策变动风险，是政治风险的四种主要形式。战争风险是指由于资源国国内政府领导层变动、社会各阶层利益冲突、宗教矛盾、民族纠纷等情况，导致东道国境内爆发战争，外国投资者由此遭受经济损失的风险。国有化风险指的是，资源国政府对外国资本实行国有化、征用或没收，外国投资者由此遭受经济损失的风险。在政治不稳定和政策易变的国家和地区可能会发生此类风险。资金移动风险是指，由于受资源国政府的外汇管制政策或歧视性行为影响，导致外国投资者在跨国经济往来中所获得的经济收益没有办法汇回投资国，进而遭受经济损失的风险。在对资源国的政治和社会风险进行分析后，简要说明项目可能遇到的潜在风险。

（2）经济风险：海外油田开发项目的经济风险是指，在项目运营的过程中与项目相关的经济因素产生变化而带来的风险。经济因素发生的变化有全球性的，也有地区性的。油价波动带来的风险、汇率变化导致的风险以及资源国通货膨胀带来的风险都属于经济风险。在对资源国的经济风险分析后，简要说明项目可能遇到的潜在风险。

（3）市场风险：市场风险是指由于市场上各种不确定性因素的影响，导致油气勘探开发投资项目预测的投资收益与实际收益存在差距的可能性。市场风险一般来自三个方面：一是市场竞争状况，市场竞争状况是指市场竞争的性质及其程度；二是市场需求前景的不确定性；三是市场价格的不确定性。针对油气开发项目，主要是分析油气生产成本和销售价格可能发生的变化。

（4）合同风险：合同风险主要包括两个方面，一方面是指由于合同签订双方的信息不对称导致合同订立时出现合同双方的权利和义务不对等的现象；另一方面的合同风险指由于合同一方违约，使另一方遭受经济损失的风险。海外油田勘探项目中的合同风险也是不容忽视的，因为这类项目的合同涉及面广，不确定性因素也比较多。在对合同风险分析后，简要说明项目可能遇到的潜在合同风险。

（5）人员安全风险：中石油海外项目基本都在一些较小国家，或是一些经济不发达甚至很落后的国家。当地经常会发生一些地区冲突或恐怖活动，一些恐怖主义者为了扩大事端，制造声势，达到某种政治目的，不惜袭击在其境内工作和生活的外国人，或者进行绑架勒索。同时当今世界，不少国家都存在民族分裂势力，比如巴基斯坦部落地区、阿富汗、埃塞俄比亚等都存在处于割据状态的地方民族分裂势力，他们会把在当地从事工程承包活动的外国承包商视为袭击目标，用以威胁政府，作为与政府讨价还价的筹码。所有这些因素，都严重影响中石油海外项目人员的人身安全。在对资源国的人员安全风险分析后，简要说明项目可能遇到的潜在风险。

2. 项目风险分析

项目风险是指项目本身由于一些不确定性因素的存在，导致项目实施后偏离预期结果而造成损失的可能性。石油天然气的地质模糊性和流动复杂性，带来了油气项目在开采上的高风险性。说明项目风险地质、储量、资源潜力和生产能力预测等方面风险；项目采用技术的成熟性、适用性等方面的风险；项目潜在的运作、经营和管控等方面风险。

3. 对策分析

分析项目所面临的主要风险，提出相应的对策建议。对于上述风险，基本可以采用如下几种对策控制。

（1）实行全方位的政治风险评估与规避：对于政治风险通常可以采取回避、保险、谈判特许三种措施。① 回避是指除非投资前东道国或地区已经发生战争、暴乱、征用财产、国有化等极端状况，一般不轻易停止投资计划的实施。② 保险是对处于有政治风险的地区的资产保险。当风险发生并给投资者造成经济损失后，保险机构按合同支付保险赔偿金。③ 谈判特许是在实施海外油气勘探开发项目之前，应设法与资源国政府谈判，并达成协议，获得某种法律保障，尽量减少政治风险发生的可能。对于法律风险，在项目实施前要详细了解资源国对外资的立法形式和立法内容，对相关法律文件深入分析和研究，以便在法律的允许范围内从事海外油气勘探开发投资。同时，通过有效合理的途径保护自身权益，尽量做到防患于未然。

（2）搞好项目工程技术论证：根据勘探开发对象的地质、地面条件，勘探开发阶段和所要解决的地质问题，合理地选择和配置各项勘探开发技术是项目管理者的重要任务之一。工程技术的论证一般分为三个阶段：第一个阶段，根据项目的地质任务，确定拟采用的工程技术种类；第二个阶段，通过资料收集和评估，提出单项工程技术框架方案；第三个阶段，完善工程技术方案，编写论证报告。

（3）建立科学投资决策方法：减少海外勘探项目市场风险的方法有两种，一是通过有效的谈判或影响力获得特殊的有利条款；二是为降低一定比例的前期投入而自愿放弃一些项目股份。这些方法都要求合法地转移风险。在具体的实施过程中要坚持“两增强、两掌握”：增强技术评价的可靠性，把握项目的发展前景；增强经济评估的实效性，把握经济风险要点；掌握风险分割原理，合理分摊风险，有效地减轻企业的过分负担；掌握石油企业财务策略，实现风险转移，充分运用资本经营，选择好资本经营杠杆的支撑点，使有限的资本发挥更佳的作用。

（4）提高项目管理水平：国际项目的项目经理应该选取懂技术、懂商务、认真、负责的人员，能够与其他部门负责人形成一个团队对整个项目进行管理。项目经理的选择对于整个项目能否顺利完成非常重要，在选择时，可以通过对竞聘者的工作经验、工作能力、沟通能力、语言能力等各方面进行综合评定，选择适合项目的优秀的管理者。

项目各部门之间的沟通。如勘探项目在实施过程中的主要部门有：物化探部门、钻井部门、录井部门、测井部门、供水部门、供电部门等。每个部门都很重要，只有各个部门之间在项目实施过程中有效的沟通、配合，才能使项目正常运作。项目经理要善于组织各部门进行沟通、协调，这将关系到整个项目能否顺利完工的风险。

培养和引进国际化经营管理人才。通过在企业内部着力培养高素质复合型人才，担当公司的管理者和业务骨干，通过内部员工国外培训、高薪聘请等多种渠道吸引人才并采取有效的激励措施。

第三章　海外油气田开发的特殊性及开发理念

第一节　海外油气勘探开发业务的特殊性

中国石油公司 20 多年来的海外油气勘探开发实践之所以取得如此巨大的成绩，与不断探索、认识和适应海外油气勘探开发的特殊性密不可分。与国内相比，海外油气勘探开发在资源的拥有性、合同模式、合作方式、投资环境、开发时效性、项目经济性、国际惯例等方面都不一样，海外油气勘探开发有着自身独有的特点，这些特点决定了海外油气勘探开发不能照搬国内已有模式，必须开拓创新，这些年我们走出了一条适合海外特点和具有中国石油公司特色的海外油气田勘探开发之路。

一、合同模式的多样性

在海外开展石油勘探开发合作，首先需要签署国际石油合同。国际石油合同模式多种多样，主要有矿税制、产品分成、服务合同（包括回购合同）三种模式，另外还有在以上合同基础上形成的合资经营以及各种混合合同模式。以中石油海外项目为例，产品分成合同占 36%，矿税制合同占 51%，服务合同占 13%。因此，首先需要弄清楚国际石油合同的概念和特点。

1. 国际石油合同的概念

国际石油合同是指资源国政府（或国家石油公司为代表）同外国石油公司为合作开采本国油气资源，依法订立的包括油气勘探、开发、生产和销售在内的一种国际合作合同。

国际石油合同既具有合同的一般法律特征，又具有经济合同的一般经济特征，但又具有特殊性，如现代国际石油合同一般被认为是国际公法和各资源国私法的混合体，私法成分是合同协议和商业属性的必然结果；公法成分，如政府控制、国内市场供应义务、政府参股与健康、安全和环保（HSE）等，则是社会进步和政府拥有自然资源而由国外石油公司开发特征引入的。

国际石油合同是资源国政府与合同者之间实施石油资源勘探和开发的纽带，是资源国政府合理开发和利用其石油资源、实现石油资源开发战略规划的法律保证。国际石油合同是规范和约束资源国政府与国际石油合同者之间经济权利义务的法律文件，它是国际石油合同者进行石油资源勘探和开发投资与实施生产作业的法定依据。通过国际石油合同，可以有效保障和调节油气资源生产总收益在资源国政府和国际石油合同者之间的合理分配，保障石油合同者的投资收益，有效降低石油合同者油气勘探开发风险。

2. 合同类型及特点

所有国际石油合同内容本质上都包含风险分配、管理控制与利润分成三个方面，这也是所有类型合同模式的三种基本功能。这些功能既是一种合同模式区别于另一种合同模式的差异所在，也是各种合同模式之间对比研究的构成要素。目前国际石油合同模式主要有矿费税收制［即矿费税收制（租让制）合同］、产品分成合同、服务合同（包括回购合同）和混合型合同四大类。

在矿费税收制（租让制）合同下，资源国政府允许私人获得矿产资源的所有权，矿产所有者将矿产权转让给石油公司，而石油公司向矿产所有者支付矿区使用费。矿费税收制（租让制）合同的法律特征可概述为：承担风险和全部油气的所有权。

在产品分成合同下，合同者除回收成本外还可获得产品分成。产品分成合同模式的法律特征可概述为：承担风险与获取一定份额油气产量的权利。

在服务合同下，勘探开发成果归政府所有，合同者只能根据合同约定以现金形式回收成本并获得一定报酬。服务合同又分为风险服务合同和单纯服务合同，二者的区别在于是否承担风险。在风险服务合同下，合同者可根据风险收费，而在单纯服务合同下，合同者则按既定标准收费。由于单纯服务合同只在个别国家采用，因此，通常分类中用风险服务合同来取代服务合同。风险服务合同模式的法律特征可概述为：承担风险但无油气产品的所有权。

除了上述常见的三种合同模式外，还有一大类可统称为混合型合同的模式。根据资源国政府的特定期望或特殊需求，它组合了矿费税收制、产品分成和风险服务合同（包括回购合同）中对其有益部分，在承担风险、分享管理权和油气产品的分配权等方面随着国家要求的不同而不同，所以很难对混合型合同进行一般化概括并与其他类型合同相比较。确切地说，这种合同类型的基本特点是由于复合了现存合同类型中的各种基本要素而更趋灵活，同时也更为综合和复杂。混合型合同模式中最典型的是联合经营合同，于 1957 年首先在埃及和伊朗出现。联合经营合同产生的背景与服务合同有点相似，也是为了吸引外资、引进国外先进技术。与风险服务合同相比，合同者可以按出资比例获得利润或产品分成，投资风险有所降低。联合经营合同是资源国（或国家石油公司）和外国石油公司各按一定比例出资组建一个新公司，双方共同承担相关风险和纳税责任，并按合同规定比例分享利润而签订的合同。油气勘探开发的联合经营合同中政府（一般通过国家石油公司）以资源、设备、资本和人员入股，外国投资者以资本和技术入股。联合经营往往与其他合同模式相结合。按合同公司承担的风险大小，可以进一步分为：（1）单纯联合经营。合同公司和资源国公平承担成本和风险，这种情况很少见。（2）毛里塔尼亚型联合经营。勘探有商业发现后政府参股，合同公司可回收勘探成本，还可以获得相当于政府分成 50% 的额外回收，这种情况也较少见。（3）哥伦比亚型联合经营。在勘探和评价后政府参股。（4）典型的联合经营。勘探费用和风险由外国石油公司承担，政府在勘探发现后获得参股权，合同公司可以回收勘探成本，这种类型最常见。（5）独联体的联合经营模式：独联体各国存在大量待开发和需要重新开发的老油田，政府和国家石油公司以已探明的储量和已有的基础设施作为投资，外国公司提供开发的资金和技术，组建联合经营公司。

目前，联合经营合同是国际上广泛推广和使用的一种合作手段，借助于联合经营既可以在一定程度上降低合同者所承受的高风险，又可以在合理开发和利用资源国政府油气资源的同时，保证资源国政府获得油气经营方面的专业技能和管理经验。为达到这一目的，可以让国家石油公司参加联合企业的经营活动，并让本国人员在监督经营作业的联合管理委员会中供职。有些联合经营合同规定，外国石油公司一旦完成回收资本投资，国家石油公司就可充当作业者。也有的在合同中规定，国家石油公司可以派人参加培训和在各级部门（包括技术和监督部门）中与作业者的管理和技术人员一起工作，有助于实现学习经验、掌握技术、锻炼队伍、培养人才的目的。联合经营合同的弊病在于合同者有时会负担较高的资金风险，由于资源国政府通常以资源、设备和人员等非现金资产入股，而合同者通常要以资本和技术入股，使得合同者承受较大的资金和技术压力，因为合同者有时不仅负担勘探阶段的全部费用，甚至还要包括开发阶段的投资。同时较高的国家参股也会降低联合经营对合同者的吸引力。

除上述传统合同类型外，近期国际石油合作实践中还出现了被统称为非传统类型的石油合同。采用这些合同形式的主要是那些原来没有对外开放，全部上游作业都由本国家石油公司经营的国家、地区和（或）项目。这类合同主要有以下几种：

（1）石油生产合同，即资源国与外国石油公司签订合同，将一个油气田（或其一部分）交给外国石油公司来进行生产（阿根廷、阿尔及利亚）。

（2）石油开发合同，即资源国与外国石油公司签订合同，由外国石油公司来开发那些国家石油公司发现的但尚未开发的油气田（印度、土库曼斯坦）。

（3）恢复开发生产合同，即资源国与外国石油公司签订合同，由外国石油公司对那些已经开发但又停产的油气田进行重新开发生产（委内瑞拉、缅甸）。尽管到目前为止这类合同的数量还很少，但随着石油工业的高速发展和市场化，非传统类型石油合同必然在石油工业获得更为广泛的采用。此外，通常还有所谓的合作（合资）经营合同、收益率合同，这些合同可应用于上述多种类型的石油合同，之所以被称作合同只是为了更突出所独有的合作（合资）经营以及收益率等典型特征而已。

总体上看，每种合同模式都有其自身的特点。在现代矿税制合同模式下，外国石油公司拥有较大的经营自主权，相对其他类型的合同而言，现代矿税制合同模式是对合同者最为有利的。同时，资源国政府经济风险较小，管理上也比较简便，主要关注矿区使用费和所得税，如果采用竞争性招标，资源国还可以获得数额可观的定金或较多的矿区使用费以及较高的所得税。在产品分成合同模式下，外国石油公司只是一个合同者，管理权属于资源国。外国石油公司承担了较大的风险，同时资源国也通过优先成本回收、政府参股、基于总收入和利润的税收、总产量分成等形式分担了部分油气开发作业风险。对于服务合同，外国公司在开发服务区域获得的权利比产品分成合同更少。合同者只是按照资源国的要求通过提供资金、技术等服务完成既定的作业目标，并借此获取报酬。资源国享有对其油气资源的完全所有权、开采的直接控制权和全部油气产品的占有权，尽管服务合同条款有时也规定合同者可以回购一定数量的油气产量，服务合同以现金支付合同者固定的投资报酬，而产品分成合同一般是以利润油支付合同者收益。从承担的风险和收益获取潜力大小看，风险服务合同对合同者来说是一种潜在风险与收益报酬不对等的合同，是体现合同谈判力由公司转向资源国政府的最明显例证，代表了国际石油合同模式的另一个极端，即政府具有极强的谈判权和潜力油气产品的所有权。在纯服务合同下，资源国雇佣外国石油公司作为合同者提供技术服务，并向合同者支付服务费，合同者不承担任何风险，风险全部由资源国政府（往往通过国家石油公司）承担。由于合同者不承担任何风险，因此获得的报酬率更低。在产品分成合同模式下，合同者能够分享潜在的油气收益，当油气产量增多时，合作双方的收益都在增加。

3. 国际石油合同模式的演变

石油合同已经有近百年的历史，国际上最早的石油合同是 1901 年在波斯（现在的伊朗）签订的，属于传统的矿费税收制（租让制）合同。在早期矿费税收制（租让制）合同下，资源国政府与跨国石油公司处于一种不平等的地位，跨国石油公司掌握着资源国的石油开采权和销售权。随着 20 世纪五六十年代殖民制度的瓦解，传统的矿费税收制（租让制）合同被认为是不公平的。到七十年代中期，传统的矿费税收制（租让制）合同基本不再签订，并逐渐演变为现代矿费税收制（租让制）合同。同时，还出现了产品分成、风险服务、联合经营等多种合同模式。

20 世纪中期以后，随着世界各国石油工业的快速发展，国际石油合同从形式、内容和类型等各方面都有了实质性的演进。20 世纪 50 年代末，阿根廷政府最早与外商签订了涉及钻井、开发和风险勘探等一批服务合同；1966 年，伊朗与法国埃尔夫—阿奎坦公司也签订了服务合同；1957 年，合资经营合同首先在埃及和伊朗出现，而且随着发展中国家的对外开放，许多国家开始采用合资经营合同；1968 年，印度尼西亚国家石油公司（现帕塔米纳公司）与 IIAPCO 公司签订了世界上第一个产品分成合同。之后，产品分成合同得到了世界各石油生产国的广泛推广和使用，尤其在发展中国家实行石油资源国有化和对外开放后，越来越多的国家用产品分成合同代替了矿费税收制（租让制）合同。另外，还先后产生了收益率合同、回购合同、各种混合合同等多种合同模式。

近年来石油合同呈现出控制性、限制性等特点，合同条款越来越苛刻，服务合同渐成主流，矿税、暴利税和红利税不断提高。同一国家可能具有不同的合同类型，同一项目不同区块具有不同的“篱笆圈”，投资回收和分成比例具有较大差异，投资风险大小各异。

4. 国际石油合同基本条款

不论哪种合同模式，除了在分配模式和对产品的所有权有所不同以外，在合同条款的设计上已经趋于一致，很多合同概念都是相同的，比如合同生效日期、商业发现、生产期、初探井、勘探井及评价井、签字定金和生产定金、合同期限、合同区的撤销和归还、最低义务工作量、面积退还、合同财税条款、国家石油公司的权利、合同者的权利和义务、工作计划和预算的编制与报批程序、商业性发现的批准程序、资产和资料的所有权等。

国际石油合同一般由主合同和附件构成，附件是对主合同有关条款和内容的进一步规范和说明，是合同内容不可分割的部分。附件内容主要包括与石油勘探开发活动有关的而在合同中难以简单陈述和规范的内容与规定，如大型勘探开发项目合同签订的联合作业协议、会计程序和会计核算协议以及油气计量、运输与销售协议等。

（1）合同基本条款：该部分条款反映了石油勘探开发合同的目的和宗旨，确定了合同的基本概念和合作的基本方式，规定了合同区面积、合同期限、义务工作量或最低限度投资费用等内容。一般包括前言和合同的前几项条款，如定义、合同宗旨、合同区、合同期限、合同区面积的撤销以及最低限度勘探工作义务或最低限度勘探费用等条款。主要条款包括合同签约者、术语定义、购买资料、合同期限、合同区的撤销和归还、工作计划和预算、生产区面积、签字定金和生产定金等。

（2）管理条款：合同的管理条款规定了执行合同的代表机构——联合管理委员会和作业者的机构及职权，规定了对年度工作计划和预算的审查、批准。这些条款规定了合同者、作业者和国家石油公司之间的合作与制约、执行与监督、权利与义务的关系，建立了执行合同的管理机制。主要条款包括国家石油公司的权利、合同者的权利和义务等。

（3）合同财税条款：本部分合同内容包括资金的筹措及成本费用的回收、税费的确定和征缴，油气田商业价值的确定、油气产品的生产和分配以及产品的定价与流向等，合同财税条款涉及合同各方的关键利益，是合同中的核心部分。一般地，国际勘探开发合同类型的划分主要是由合同中财税条款所涉及的财税制度的不同而确定的。主要条款包括原油定价、支付货币选择、成本回收和利润油分配等

（4）资源国享有的优惠条款：这些条款是根据资源国主权所派生的，是国家石油公司作为资源国代表所享有的权利，是国家资源效益的间接体现，也是石油合作合同签订的目的之一，它包括优先使用本国人员、物资和服务，对本国人员的培训和技术转让，资产和资料的所有权等。主要条款包括资源国人员的雇佣和培训、设备所有权、权利转让、账本和账户、采购、合作经营协议等。

（5）法律条款：主要条款包括不可抗力、争议解决、保险、合同终止、合同及其补充内容的完整性等。

（6）附件：主要条款包括合同区介绍、合同区地图、会计程序、管理程序、原油计量、运输与销售协议等。

（7）其他内容规定：主要条款包括废弃、经济稳定性、平衡性条款、再谈判条款、关税豁免、货币兑换控制、合同语言等。

二、合作方式的复杂性

海外油气田勘探开发在签订合同后都要在资源国成立公司经营项目，合作方式复杂多样，有独资经营、联合作业、控股主导和参股等。独资经营和控股项目具有主导作业权，但权限受资源国政府和合作伙伴制约；联合作业为多家伙伴组成联合作业公司，共同实施生产作业，任何一方均不具有独立决策权，如中石油苏丹项目，中石油（CNPC）占股40%，马来西亚国家石油公司（Petronas）占股30%，加拿大SPC公司占股25%，苏丹国

家石油公司（Sudapet）占 5% 的干股（图 3–1）。而参股项目没有决策权，只在股东会上具有建议权。

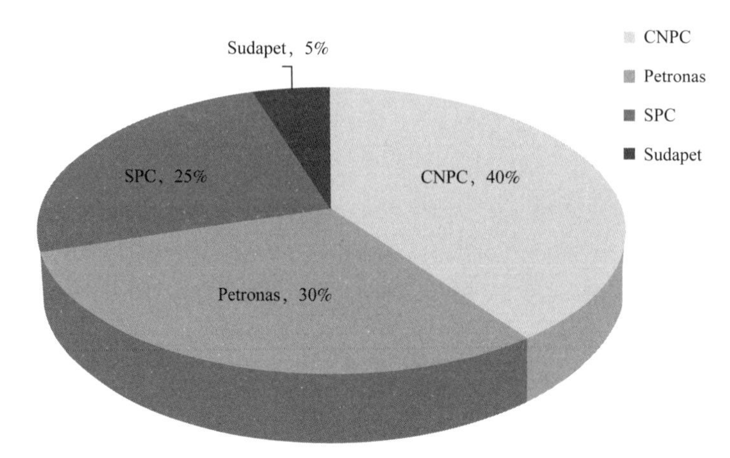

图 3–1　苏丹项目各石油公司股份占比

三、项目资源的非己性

海外勘探开发项目是履行与资源国签署的合同完成的，因此地下的油气资源并不属于外国石油公司，即所谓项目资源的非己性主要是指海外油气业务所勘探开发的资源都是他国资源，油气资源归资源国所有，外国公司只是一定期限内的油气勘探开发的经营者，并不真正拥有地下油气资源。而国内石油公司的勘探开发既是资源开发者，也是资源拥有者，可以无限期地拥有和开发地下资源。

地下油气地质储量和可采储量等油气资源归资源国管理，虽然外国公司可以评价储量，但最终必须获得资源国的认可。为了对海外油气资源进行有效管理，建立了一套完整的海外油气储量管理规范，把海外储量分为油田技术储量、项目商业储量（份额储量）和 SEC 储量三大类。油田技术储量即通常所指的储量，主要为编制开发方案服务，而 SEC 储量主要为资本市场服务。对于制定公司战略规划具有重要参考意义的是份额储量，它的计算要综合考虑合同模式、合同期、权益比以及影响储量经济极限的各类经济参数。如产品分成合同模式下的份额储量 =（评价期分成成本油 + 利润油）/ 原油净回价（销售价扣除管输费）；矿税制合同模式下的份额储量 = 评价期内的总储量 × 工作权益；技术服务合同模式下的份额储量 = 中方在有效经济评价期内获得的收入（包含回收的石油成本和补充服务成本、银行利息及报酬费）/ 油价。

总之，不同合同模式（合同条款）的项目份额储量比例是不同的。对于产品分成合同，份额储量比例与工作权益、分成比例和产量规模密切相关。对于矿税制合同，总的来说，份额储量比例比较明确，区别仅在于矿税以实物形式缴纳还是以现金形式缴纳：如果以实物形式缴纳，则份额储量需要扣除矿税对应的石油储量；如果以现金形式缴纳，则份额储量不需要扣除矿税对应的石油储量。技术服务合同的份额储量比例受投资、报酬和油价等因素影响。

四、勘探开发项目的时效性

勘探开发项目合同期限短、时限性强。勘探期一般为3～5年，最多可延长1～2次。每个勘探阶段结束后，要求退还一部分勘探面积。延长期结束后必须退还除已申请开发油气田区的所有剩余勘探面积。这种勘探期限制，要求石油公司必须在现有的技术条件下，在有限的时间内用最快的速度发现区块内的规模油气藏，才能进入开发期，实现投资回收，否则全部投资将沉没。

开发项目一般为25～35年，油气开发技术的应用受项目效益和时间的制约。由于合同期有限，往往无法按照国内常规程序开展开发工作。为了在合同期内尽快回收投资，实现效益最大化，必须提高采油速度，实现油田高速开发。在这种情况下，因高速开发造成边水指进、底水锥进、气顶气窜、油藏内剩余油分布复杂，压力传导很不平衡，给油藏开发中后期或高含水期调整带来很大困难。

总之，海外油气作业合同期限具有明显的时效性，合同到期后，需要和资源国重新谈判，商定合同延期条款和期限。因此，海外油气勘探开发往往无法按照国内早已规范的程序开展工作。海外勘探开发的部署策略和工作节奏要充分考虑项目合同的时效性，“有油快流”、实现投资快速回收已成为海外项目的重要经营策略之一。

五、项目管理者要求的多元性

海外项目的管理者很多，而且每个管理者的目的和要求也不同，给海外项目经营管理带来巨大挑战，与国内油气田开发经营管理完全不同，海外投资活动从新项目开发、新（扩）建项目方案论证、项目招标实施等各个关键环节均受到资源国政府法律法规、中国政府法律法规、石油合同、联合公司章程及合作伙伴的约束和制衡。海外运营管理需要遵守法律法规和国际惯例，按照国际规范来运作项目。总体来看，管理者大致可归为三大类：第一类是资源国政府管理。合同签订后，勘探开发活动必须符合资源国的相关规定，遵循资源国政策，遵从资源国行业规定，尊重资源国的风俗习惯，以及合同中的各种相关条法约束。资源国为了实现自身利益最大化，从开发方案研究内容源头进行把控，将管理要求贯穿开发方案从研究、检查、验收、实施的各个阶段，实现从开发方案研究到油气田开发全生命周期管理，目的就是满足资源政府管理要求，实现自身利益最大化。第二类是联合公司管理。海外项目经营是一种国际化经营，通常由两家或两家以上的公司按股份制形式开展合作经营，合作伙伴来自不同国家，任何勘探部署、开发方案、开发调整方案、油水井作业措施以及地面工程建设都需要得到联合公司和合作伙伴的批准。一般来说，联合公司是开发方案的具体执行者，在严格执行资源国对开发方案要求的基础上，它要求开发方案采用的技术和产品有利于发挥各股东的比较优势，开发方案要满足SEC储量评估等披露需求，开发方案要满足区块合资合作的需要，其目的就是尽快实现投资回收，达到自身利益最大化。第三类是中方管理者。中方作为国有企业，要实现国有资产的保值升值，还要体现国家的政治外交思想，实现中方利益最大化。任何勘探部署、开发方案、开发调整方案以及地面工程建设等都需要得到中方国内批准，满足国内报批程序的要求。

由于海外项目的管理主体多，每一方的要求都不一样。因此，油气田现场作业者或联合公司尤其是在联合公司的中方人员，在进行任何一项较大决定时，都需要反复与资源国、中方国内管理者和联合公司外方人员进行大量沟通协调，应该说，程序复杂、协调困难，这也是海外油气田开发的一个显著特点。

六、项目经营的风险性

石油产业价值链包括勘探开发、管道运输、炼油化工及终端产品销售，在整个产业链中隐含着各种各样的风险。海外油气田开发作为一个非常复杂而又烦琐的过程，从国际石油信息的收集开始，到开发区块的可行性评价、投标以及开发方案的编制、前期工作的准备，再到项目在资源国的整个实施过程，最后到合同期满撤离项目等一系列环节，每一个环节都面临各种风险。海外业务常常受到西方势力、媒体和国际同行的特别关注，一些正常的投资活动常常被解读为“威胁”“掠夺”和“殖民”；资源国政府对外国油气投资者怀有很强的戒备心理，特别对来自社会主义国家、带有意识形态的活动常采取限制和禁止措施。

国内外的研究结果表明，可将海外油气投资业务面临的风险归纳为政治风险、投资环境风险、经济风险和技术风险四大类，政治风险的权重最大，占 40%，其他三类风险的权重分别占 20%。因此，海外油气开发面临比国内油气开发更大的风险，具有高投入、高风险的特点，决策正确可以获得丰厚的回报，相反则会带来较大损失。

政治风险是指突发性政治事件或政府行为对国际合作项目带来的风险。它是海外油气合作面临的最大风险。作为国家的重要战略物资，石油往往与政治紧密联系。如资源国受到其他国家威胁或与其他国家发生战争，资源国国内发生民族、宗教和社会冲突等突发事件，资源国政权不稳定而导致政府的频繁更迭，资源国对石油工业实行国有化或征用、没收合同者区块，不同利益集团为争夺石油资源带来的利润产生的矛盾和战争等，都会对海外油气业务造成巨大威胁。

投资环境风险包括很多方面，如资源国经济政策、石油行业政策、货币政策、税收政策、投资管理、法律法规、债务债权、汇率、融资等，也包括安全、环保和社区、工会组织等。如外国金融体系、汇率变化、合同条款变更、环保条件严苛等都会导致投资难以回收。在石油合同中一般都规定了资源国的权利：

（1）有权得到合同者所获得的资料；

（2）有权帮助和推动合同者执行工作计划；

（3）有权派代表参与合同和合作经营项目的管理；

（4）如果合同者的雇员因政治或社会原因而使国家石油公司不满意或不能接受，国家石油公司有权在合同者受到损失的情况下使其免职；

（5）在不妨碍合同作业的情况下，国家石油公司可以使用合同者的设备；

（6）资源国人员的雇佣和培训；

（7）采购和设备所有权，政府对采购额度权限控制、政府审批程序以及对本国资源和服务的优先使用等规定，采购的设备最终属于资源国家石油公司；

（8）关税和货币兑换控制等。

经济风险主要是油价风险，如国际油价的不可预测性对油气田开发经营效益的巨大影响。

技术风险是指专家根据现有资料对项目做的技术商务评价结果的可靠性风险。评价结果是决策的依据，评价结果的可靠性直接影响项目的成败及公司的利润。技术风险主要表现在两个方面：一是地质风险，错误地评价勘探开发区块的资源潜力；二是商务风险，错误地评价勘探开发区块所必需的资金投入。

目前我国海外油气田开发项目大多聚集在欠发达国家，由于这些国家的经济不够发达，国内动荡不安，甚至有些国家战乱频频，这都在无形当中为顺利实施油气田开发项目带来了重重阻碍，使得在这些国家和地区投资的政治风险大大增加。如中石油重点发展的中东、非洲和中亚地区不同程度存在民族、宗教和社会冲突，恐怖活动频发，社会治安混乱等不安全因素。2011 年，哈萨克斯坦肯基亚克恐怖袭击造成油田停产，曼格什套州发生动乱、示威游行和罢工给在哈中资企业项目增添了新的不确定性；伊拉克在美军撤军后局势长期处于失控状态，恐怖袭击事件频繁发生，特别是针对油田设施和管道的破坏活动对石油生产造成重大影响，可能影响项目的顺利实施；独立后的南苏丹各部族势力割据局面难以从根本上改变，地方势力与部族武装干扰油田正常运行和威胁员工人身安全的事件有可能增加；尼日利亚国内三角洲反政府武装和乍得国内反政府武装组织将是这两个国家长期的安全隐患，这些武装组织通过破坏石油设施，绑架石油工人等来扩大事件影响力，冲击现政权稳定，给项目的运行造成较大不稳定性。

因此，在海外投资油气勘探开发项目时，肩负着更多的社会责任，需要更严谨的态度，更科学的操作规程，更严格的安全监控，确保油气开发业务安全运行，以捍卫中国石油公司自身的投资形象。重大事故的发生不仅会干扰项目的正常经营，还会引起当地政府和人民的不满，从而造成更严重的后果，如经济上的重大损失、投资形象的严重损坏、更多潜在合作机会的丧失，将会对我国国际形象造成严重影响。

七、作业窗口和条件的限制性

许多国家的油气作业窗口期很短，如乍得地区旱季可作业期仅半年；作业环境差，如尼日尔撒哈拉沙漠腹地、安第斯热带丛林、苏丹疾病肆虐；后勤条件差，如苏丹、乍得、尼日尔都是世界上贫穷落后的国家，地处内陆，无石油工业基础；运输难度大，如尼日尔项目，需要通过 3 个月海陆联运才到达多哥洛美港或贝宁科图努港，再经过跨越三个国家 2400 多千米陆路运输至迪法，然后换成沙漠运输车辆在沙漠行驶 400km 才能最后到达作业区。由于每年都有雨季，虽然初始勘探期有 5 年，但有效作业时间只有 30 个月，还要开展修路、修桥、扫雷等其他工作。因此，海外许多国家的自然条件恶劣，安全恐怖事件频发，当地居民和工人围困、偷盗油田等事件频发，使得海外勘探开发有效作业时间大大缩短。

八、合同区范围及资料的有限性

海外勘探开发合同区范围空间有限。外国石油公司获取的合同区范围空间有限，勘探开发合同不仅规定了区块平面面积，而且还规定了纵向上的深度范围，一般是盆地中的一个局部区块，造成油田开发资料有限，难以从区域上开展研究。收集和采集的资料也十分有限，前期往往只有本区块的少量资料，区块投入勘探开发后，由于合作伙伴追求经济效益的最大化，都会尽量减少资料的采集，同时由于资源国对资料的严格管理，通常只能得到合同区内相关资料，相邻区块的地质资料、生产动态资料往往无法获得，但局部的资料无法充分准确地认识整个油田，所以海外油气勘探开发业务获取的资料具有很大的局限性，可能造成对地下认识无法弥补的损失。

如开发合同区范围的限制，一般开发区块在平面上的边界十分明确，纵向上规定了特定层位和深度，一切开发作业只能在规定的空间范围内进行，如果在油田开发过程中发现有油田有扩边或深层开发潜力，需要重新签订开发合同或补充合同，重新规定边界和深度范围。油田投入开发后，需向资源国缴纳矿区使用费，有成本回收比例的限制，剩余部分为利润油，合同规定了分成比。不同开发区块之间存在“篱笆圈”，投资和资金回收以合同区块为单元，不同合同区块的成本油、剩余成本油、分成油和利润油相互之间不能串换，成本的回收及利润的分配都只能限制在本区块进行。对于潜力较大油气藏，外国石油公司可获得该油气田中后期产量所带来的超额利润，相反，若油气藏潜力不佳，外国石油公司将损失较大。

又如资料限制，海外油田通常是两家或者两家以上的公司按照股份形式开展合作经营，由于合作伙伴追求经济效益的最大化，减少前期资料的采集，特别是流体的 PVT 资料、压力测试、产液剖面测试等非常重要的资料严重不足，可能造成对油藏认识无法弥补的损失。如 PVT 资料，必须在油田开发初期获得，错过了这个时期，将无法再直接得到该资料，油藏工程师将很难确定流体的地下黏度、原始气油比、饱和压力。特殊的岩心分析资料不足，束缚水饱和度很难准确确定，导致含油饱和度的不确定性，进一步影响原油地质储量的准确性。相对渗透率资料的不足，很难确定可动油饱和度、残余油饱和度、油水相对渗透率，这将直接影响油藏的采收率及合同期内产量剖面的可靠性，最终可能使经济评价存在较大偏差，影响石油公司的决策和经济效益。

九、项目产量的权益性

由于是与资源国、合作伙伴按股份开展合作经营，因此海外项目的产量具有作业产量、权益产量之分（图 3-2）。产量的权益性是指由于是与资源国、合作伙伴按股份开展合作经营，合同者之间存在不同的投资比例，以及资源国政府各种税费和干股权益的存在，合同者所能获得的实际份额油比例和收入比例要小于实际负担的投资比例。

作业产量一般是指合同者参与生产和经营的所有石油与天然气产量总和。作业产量一般用于项目公司（联合公司）的考核指标，同时也作为项目生产动态分析和规划计划使用的产量指标。但伊拉克等地区部分服务合同项目其作业产量定义较特殊，是指从油气田总产量中扣除掉基础产量后剩余的那部分产量（基础产量是指在合同期内以购入时的初始产量为基础，并以合同约定的递减率进行计算得出）。

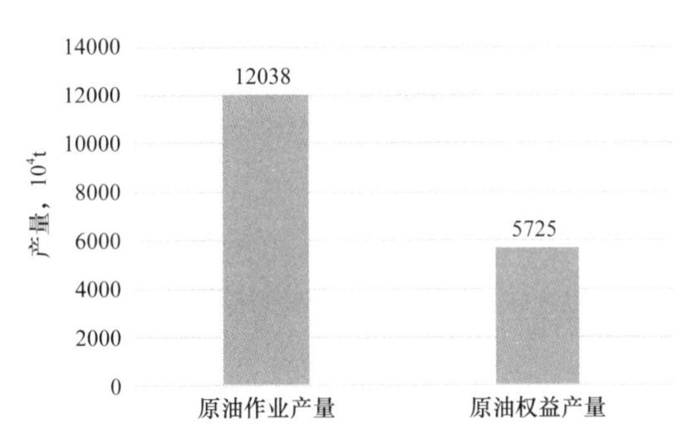

图 3-2　海外原油作业产量和权益产量对比

权益产量一般是指合同者按照工作权益或股权比例所获得的原油或天然气产量。权益产量一般用于合同者的考核指标，反映了合同者在作业产量中所占有的份额。但伊朗、伊拉克等服务合同项目对权益产量内涵有修正，其中伊拉克地区含有基础油的项目权益产量 =（油田产量 – 基础油产量）× 权益比。

净产量一般是指合同者在作业产量中扣除矿费及政府分成比例之后的剩余产量中拥有的净份额。对于服务合同项目，其净产量是指按照服务费折算成相应的产量（净产量 = 服务费 / 油价）。净产量用于上市公司年报的对外披露。

中石油海外项目长期以来一直是采用作业产量、权益产量和净产量三级产量统计与披露方式。2010 年以前，多数海外项目权益比例大，以产品分成合同和矿税制合同为主，作业产量和权益产量大体能够反映出项目效益贡献。但是随着伊朗地区回购合同、伊拉克地区服务合同以及权益小、产量高的项目不断增多，权益产量与作业产量的差距越来越大、作业产量与现金流贡献不匹配、小权益项目作业产量虚高等问题开始出现。2013 年，中石油海外油气作业产量为 1.24×10^8t，权益产量为 5890×10^4t，净产量为 3573×10^4t。

因此，海外项目对于以上三种产量统计和使用方法侧重点不同。作业产量主要用于公司内部开发研究、方案编制；从考核指标层面越来越强调权益产量的考核；净产量主要用于上市公司年报的对外披露。

十、项目追求的经济性

国内油气田勘探开发不受合同期限制约，投资环境稳定，在勘探开发的理念上以长期保障国内经济发展需求为出发点，制订长期的勘探开发计划，持续勘探，坚持稳定高产的开发策略，不断提高油气田采收率，使资源得到最大化利用，实现油气业务可持续发展。海外油气田开发由于受资源的非己性、投资环境的巨大风险性以及勘探开发时间的限制性等因素制约，勘探开发以追求项目经济效益最大化和规避投资风险为原则，以最小投入获取最大利润，实现经济效益最大化。总体遵循“少投入、多产出，提高经济效益”的原则。在勘探上，利用少量的二维地震资料实行快速盆地评价，优选目标，加快钻探，一有油气发现，立刻进行勘探开发一体化部署，尽快宣布商业发现，进入开发阶段。力争在几年的勘探期内有最多的发现。在开发上，海外油气田开发以能够实现快速回收投资、降低风险为前提，优选有利目标区块快速建产、高速开发。海外油气田经营者采取资源“唯我所用”的原则，采用先“肥”后“瘦”、先“易”后“难”做法，优先选择富集且技术难度小的资源进行开发，而对低品位资源可不考虑开发。其次，合同规定了资源国和油气开发经营者的收益分配方式，因此海外油气田开发经营者必须依据合同规定采用一切可行的办法来保证自身的利益，在开发工程建设上需要简化流程，做到安全、可靠、实用。在技术上采用最适用的、成熟的、施工难度小的开发技术，避免新技术应用带来的不确定性产生的经济风险，利用有限的时间和较小的投资实现规模快速建产和经济效益的最大化。

第二节　海外油气田开发理念和模式

海外油气田开发的最大特点就是资源归资源国政府所有，海外公司只是规定时期内的开发经营者，而国内油气田开发，资源拥有者与经营者是同一主体。由于受合同模式、政治、经济、技术等风险限制，与国内相比，海外油气田开发形成了不同的开发理念、开发模式和技术对策，从而制定出不同的经营策略。

一、国内油田开发理念和开发模式

石油是国家重要的战略物资，直接影响国家的能源安全，必须合理开发油气田，满足国家和社会的需求，使资源得到更好的利用，实现油气开发可持续发展。“争取较长时期稳定高产”是我国石油企业 60 多年来形成的油气开发决策、方案、部署的重要方针政策，1988 年颁布的《油田开发管理纲要》重申“油田开发必须贯彻执行持续稳定发展的方针，坚持‘少投入、多产出，提高经济效益’的原则，严格按照先探明储量，再建设产能，然后安排原油生产的科学程序进行工作部署。油田生产达到设计指标后，必须保持一定的高产稳产期，并争取达到较高的经济极限采收率”。大庆油田 50 多年的开发历程和取得的辉煌成就充分体现了这一开发理念。大庆油田高产稳产 5000×10^4t 达 27 年，依靠三元复合驱技术的工业化应用，预计可使长垣主力油层采收率达到 60% 以上，为大庆油田可持续发展奠定了基础，不仅创造了世界油田开发史上的奇迹，而且对保障我国石油供应做出了巨大贡献，在充分开发和利用地下资源方面做出了榜样。

1. 大庆油田开发模式

大庆油田开发是实现较长时期稳产高产的典范（图 3-4）。通过一次、二次、三次加密、三次采油等控水稳油方式实现长期稳定高产，在实现稳产合理开发油田的道路上，走上了以提高油田采收率为核心的高水平、高效益的可持续发展道路。油田投入开发初期，立足于油田地质特征，调查研究国外 20 多个油田开发状况，充分吸取我国玉门、克拉玛依等油田开发经验教训，首先制定了大庆油田开发的总方针，即“以提高油田采收率为核心，在一个较长时期内稳产高产”，确定了“早期内部切割注水，分层开采，多次布井”

等开发措施。随着油田开发进程，对油田动静态资料的认识不断加深，从初期“均衡开采”思想转向符合油层非均质特征和油水运动客观规律的因势利导，实现接替稳产。针对非均质多油层油田开采不均衡性，通过不同井点调控，使其达到一定时期高产稳产；对同一套层系通过不同层的调整，达到一定时期的高产稳产；对整个油田针对不断变化的层内、层间、平面矛盾，运用层间接替、井间接替等调整手段，实现油田较长时期稳产高产。探索了合理开发油田实现较长时期稳产高产的办法，对一个油田，从单一井点适时高产稳产的方法发展到以层系、区块互补接替保持高产稳产的方法，对一个大油区则以油田之间的互补接替来保持整个大区的高产稳产，避免产量大起大落。20 世纪 60 年代后期，受“文化大革命”影响，油田开发管理受到严重干扰，造成了油层压力下降、原油产量下降，油田含水上升的“两降一升”被动局面。70 年代初，根据油田开发的实际，从稳产考虑，确定合理的生产指标，加强油田分层注水工作，使油田开发继续按照开发总方针不断发展。1973 年，喇嘛甸油田投入开发，大庆油田产量大幅度攀升，1976 年达到 5000×10^4t。在对油田地下形势分析、采油工艺技术发展、地面集输流程调整、国内外油田开发资料等多方面进行研究的基础上，制定了油田开发第一个高产 5000×10^4t 稳产 10 年的奋斗目标。通过井网完善和早期注水开发等大量扎实工作，大庆油田高产 5000×10^4t 第一个稳产 10 年的目标到 1985 年圆满完成。10 年间油田年产油从 5030×10^4t 上升到 5528×10^4t，油田综合含水率由 30.65% 上升到 73.28%，新增可采储量 2.915×10^8t。随即大庆油田进一步制定高产稳产 5000×10^4t 再稳产 10 年的奋斗目标，通过细分层系开采和井网加密调整，同时在长垣南部滚动扩边等措施，到 1995 年又圆满完成了高产稳产 5000×10^4t 的第二个稳产 10 年的目标。“九五”期间，根据油田生产实际，提出“高水平、高效益，可持续发展”的油田开发战略，发展稳油控水技术，加快三次采油，深化油藏地质研究，优化规划方案，加强油田管理，提高开发总体效益。通过二次加密调整，加强注水治理和稳油控水措施，开展三次加密和注聚合物等三次采油，到 2002 年在 5000×10^4t 水平又稳产了 7 年。2003 年开始，大庆油田产量开始递减，到 2012 年底原油产量仍保持在 4000×10^4t 以上水平。大庆油田实现了 5000×10^4t 高产稳产达 27 年之久，是开发本土油田坚持充分利用资源、实现长期稳产高产方针的典范。

2. 大港油田开发模式

大港油田是复杂断块油田采用多种开发方式的典型代表。大港油田开发历程经历五个阶段。

首先，在油田开发起步阶段，迅速编制和实施开发方案。油田一经发现就进行迅速勘探评价，并获取油田开发资料，编制油田初步开发方案后实施，根据基础井网（井距 500m 三角形均匀布井）实施情况，及时编制正式开发方案并对基础井网进行调整（改为 300m 三角形井网布井），投入开发自喷生产建成年产油 70×10^4t 的生产能力，并开展早期注水试验。第二，油田开发早期，加快新油田投产，快速上产，形成规模生产。把扩大勘探发现的新油田迅速投产，依靠动用储量的大幅增加和投入好油品、好储层的高产油田，迅速建成 500×10^4t/a 产能规模油田。在此期间，油田稳产基础不牢，一是油田注采井网不完善，注水工作没跟上，注采失衡，注采比严重偏低；二是部分油田采油速度过高，只依靠弹性和溶解气驱，地层压力迅速下降，产量难以稳住。两个因素埋下了油田产量大幅度递减的隐患。第三，加强注水，实施层系、井网调整，完善注采井网和油田挖潜，扭转了油田产量递减，并从 290×10^4t/a 大幅度回升到 360×10^4t/a。第四，“八五”期间，加强勘探和滚动开发，不断发现新油田，增加油田储量，同时依靠油藏精细描述等新技术，加深油田再认识，进行调整和综合治理，改善油田开发效果，开展聚合物驱三次采油先导性实验，使油田产量稳定在 400×10^4t/a 以上。第五，“九五”期间，立足现有油田进行精雕细刻、调整挖潜，实施控水稳油技术，保持油田稳产 400×10^4t/a 以上。“十五”和“十一五”期间，加强综合挖潜措施和提高采收率技术的应用，实现油田持续发展。大港油田复杂断块油藏断层多、储层类型多、油品性质多样，因而形成的油藏类型多，开发上采取相应的多种开发方式和配套的开采工艺技术，如强边底水断块油藏采用天然能量开发，天然能量不足的封闭或半封闭断块采用注水开发，对于断层密集断块难以形成注采井网的以枯竭式开采为主，富含凝析油的凝析气田采用循环注气方式开采，并根据断块油田断层走滑发育的特点发展定向井钻井技术。

大港油田在复杂断块油田开发上坚持滚动勘探开发，取得了丰富的经验与教训。首先，在探井获得工业油流后，开发工作早期介入，使开发工作向勘探阶段延伸，参与详探部署，按开发要求取好资料，编制初步（概念）开发设计。设计实施后对油田进行初评估，对开发方式和前景进行预测，提出试采或先导试验及录取资料要求，在对油田地质和开发特征深入研究的基础上，编制初步开发方案。开发井网实施后，根据断块油藏特点，分别确定其开发方式和射孔方案。其次，注水保持压力开采是断块油田主要开发方法。第三，对边水能量充足的断块油藏，充分利用天然能量，高速、高效开采。具体做法上，在油水边界附近的井严格控制油层射开程度和剩余厚度，一般在油层顶部打开 1/4～1/3 油层厚度，保持剩余厚度不小于 5m，避免油井过早见水；严格控制采液速度，在充分发挥油层生产能力的基础上控制含水上升速度；采用多种工艺技术措施抑制底水锥进。第四，对于复杂断裂构造带不同区块区别对待，使其相对稳产。有条件的区块努力实现注水，在断块内剩余油富集区钻加密井进行产量接替，不断认识油层挖掘油层潜力。第五，稳油控水等综合治理贯穿断块油田开发的始终。第六，滚动勘探开发是老油田增储上产的重要手段。第七，不断认识油藏，重建油藏地质模型，是使老油田综合措施具有充分前瞻性、科学性、实用性的重要技术保证。第八，利用精细油藏描述技术，发展应用油藏监测技术和适用的工艺配套技术，积极推进以聚合物驱为主体的多种三次采油技术，实现油田三次采油，努力提高油田高采收率，实现可持续稳定发展。

3. 辽河油田开发模式

辽河油田油藏类型多样、油品性质复杂，油田不同开发阶段其开发特征千差万别，归纳起来形成了三种典型类型油藏的开发模式：一是立足于天然能量进行蒸汽吞吐的稠油开发方式；二是稀油、高凝油及低黏度稠油的注水开发方式；三是边底水油藏或气顶油藏充分利用边底水和气顶能量的衰竭开发方式。

辽河油田的开发历程和形成的基本认识，为海外油田开发提供了借鉴：首先，加快资源量转化进程，努力实现储采平衡，奠定油田持续稳定发展的物质基础。在加强新区勘探和滚动开发新增探明储量的同时，加强老区调整和综合治理、改善开发效果，提高油田采收率，增加可采储量，为油区产量稳定提供物质基础。通过加强对难动用储量的评价进一步提高储量动用程度，开展提高采收率潜力评价和战略研究，积极实施三次采油先导试验，实现油田可持续发展。其次，采用先进、配套的勘探技术和科学工作程序，坚持整体部署、分批实施、跟踪研究、及时调整、逐步完善的勘探开发原则，坚持在复杂断陷盆地实施老油区滚动勘探开发，实现增储上产。对老区、老井、老资料进行复查和再认识，通过精细研究实现老区扩边和内部找油，充分挖潜油田资源潜力。第三，针对不同类型油藏特征，优选不同开发方式进行开发部署，确保好的开发效果和经济效益。对于天然能量不足的稀油、高凝油油藏，一般采取注水保持能量的开采方式；普通稠油先利用天然能量开采，然后蒸汽吞吐开采，最后转入汽驱后热水驱开采；特稠油和超稠油采用蒸汽吞吐方式开采；边底水能量充足的小断块油藏利用边底水能量开发；大气顶窄油环的气顶油藏利用气顶能量开发，开发过程中注意油气边界均匀推进；具有一定边底水能量的裂缝性潜山油藏先实施边外底部注水，后期转为内部注水开发；低渗透油藏先压裂改造投产，并考虑注水或依靠天然能量开采。第四，坚持老区综合治理，增强油田稳产基础。采用精细油藏描述技术加深地下认识，优化开发部署，提高储量动用程度，同时对钻采工艺和地面集输工艺进行系统配套调整，改善开发效果，提高整体开发水平和最终采收率。第五，发展稠油开发配套技术，采用新工艺、新技术经济有效开采稠油资源，提高蒸汽吞吐和热力采油开发水平。开发了稠油油藏描述技术、注蒸汽开发条件下储层变化表征技术、热采数值模拟及物理模拟技术、稠油注蒸汽开发方案设计和调整技术、深井井筒隔热及保护套管技术、稠油井防砂工艺技术、分层注汽及调剖工艺技术、应用各种化学剂助排—解堵—降黏—提高油井产能技术、稠油热采动态监测技术、稠油热采机械采油技术、丛式定向井及水平井钻采技术、热采油井侧钻井技术，为动用稠油进行资源转化、提高开发效果提供了技术保障。第六，采用先进技术和管理模式，高速度、高水平开发建设高凝油油田。第七，不断创新、不断完善、不断调整，开发适合油区特点的地面建设工艺技术系列，针对稠油、稀油、高凝油采用采、集、输一体化技术，确保年产原油 1500×10^4t 的稳定生产。

我国各个油区都具有自身独特的油田特征，采用与之相适应的开发方式，都取得了很好的效果，形成了很多值得借鉴的经验和教训，在此不再一一阐述。

4. 中国油田开发总体模式

与国外油田开发相比，国内油气田开发不受合同条款限制，强调精雕细刻、可持续发展。开发理念上从长期保障国内经济发展需求出发，制定较长时期稳定高产的开发策略，满足国家和社会的需求，合理开发，不断提高油田采收率，使资源得到更好利用，实现油气可持续发展。总体上的开发模式是：

（1）合理开发，保持长期高产稳产；

（2）开发低品位资源，实现资源最佳利用；

（3）滚动勘探开发，实现产能和储量接替；

（4）早期注水，保持油藏压力生产；

（5）采用聚合物驱油等新技术，不断提高采收率；

（6）老油田“二次开发”，实现可持续发展。

对于不同油区的油田，油藏类型不同，油藏地质特征不同，开发的方式方法和采取的措施有所区别，形成了各具特色的油田开发模式，但始终贯彻油田开发总体方针，实现较长时期稳产的目的是一致的。在海上、沙漠等特殊地区，虽然单独一个油田可以根据情况实现高速高效突出经济效益，但对于一个油区、一个海域或油田群来说，仍然坚持实现长期稳产高产为总体方针。这是因为，一方面我国油气田的开发总方针的制定，必须保障国民经济持续发展与国家石油战略安全，以及实现油田与地域经济共同发展和社会稳定等。另一方面与石油行业本身的特点密不可分，首先，油气工业是上、下游协同发展的统一体，油田产量不稳定、大起大落必然严重影响下游企业；其次，油田开发持续发展是建立在不断增加后备储量、有充足的接替能力的基础上的。而增加新储量是深入地质研究和不断勘探的结果，既有风险也需要时间，油田开发稳产高产时间越长，为找到落实的资源提供的时间越充足。油田开发速度过快，“等米下锅”，对勘探开发造成很大浪费。再次，油田开发过程是一个不断深入认识地下特征的过程，投入开发后油藏动静态发生变化，更增加了认识油层的难度与时间，一定时间的稳产为深入研究和认识储层提供了时间，使进一步开发油田的基础工作做得扎实，更好地实现掌握油田开发的主动权。

二、海外油田开发理念和开发模式

海外油气开发经营者必须遵从资源国政府和行业规定，受不同合同模式限制，合同规定了开发区块开发时间、财税条款和分成比例；国际油价波动对油田开发经营效益产生巨大影响，既要受到油气国际市场竞争威胁，也要经受地域社会环境影响，因此海外石油公司不仅要承担技术经济风险，而且面临政治和投资环境的挑战。海外油气勘探开发所采取的指导思想和开发策略有很大不同，形成了与本国油气开采不同的开发理念和开发模式。首先，由于资源的拥有者与经营者的背离，加上资源利用时间的限定，海外油田开发者总是采取资源“唯我所用”的原则，在对待资源的做法上，是选择性地有效利用，先“肥”后“瘦”、先“易”后“难”，优先选择富集且技术难度小的资源进行开发，对低品位资源甚至弃之不顾。其次，资源拥有者与经营者分享油气田勘探开发经济成果，存在着利益分配关系，合同模式规定了资源国和海外石油公司在油气勘探开发投资中的回收和比例，同时也规定了双方利润分成比例，因此海外石油公司必须在合同模式的规定下采用一切可行的办法来保证自身的利益，获取最大收益。第三，海外油气开发面临比国内更大的风险，除必须承担本行业的技术经济风险外，还要承担资源国政治、经济和社会不确定性带来的风险。油气勘探开发具有高投入、高风险、高回报的特点，因此，在最短时间内快速收回投资是海外油田勘探开发经营的根本。第四，在工程建设上需要简化流程，做到安全、可靠、实用。在技术应用上采用最适用的成熟、安全、可靠、难度小的勘探开发技术，避免新技术应用带来的不确定性产生的经济风险。

1. 海外油气田开发理念

国内油气田开发不受合同期限制约，开发理念上以长期保障国内经济发展需求为出发点，制定较长时期稳定高产的开发策略，精雕细刻，合理开发，不断提高油气田采收率，使资源得到最大化利用，实现油气业务可持续发展。海外油气田开发由于受资源的非己性、投资环境的巨大风险性以及勘探开发时间的限制性等因素制约，需要创新形成不同于国内的油气田开发理念（表 3–1）。这就是以追求合同期内产量和效益最大化为目标，总体采取“有油快流、好油先投，高速开采，快速回收，规避风险”的开发理念，遵循以下三个原则：

优选有利目标区块快速建产、高速开发：海外油气田经营者采取资源“唯我所用”的原则，采用先“肥”后“瘦”、先“易”后“难”做法，优先选择富集且技术难度小的资源进行开发，而对低品位资源可不考虑开发。其次，合同规定了资源国和油气开发经营者的收益分配方式，因此油气田开发经营者必须依据合同规定采用一切可行的办法来保证自身的利益，利用有限的时间和较小的投资实现规模快速建产和经济效益的最大化。

表 3–1　国内外油气田开发理念对比

比较项目	国内油气田开发理念	海外油气田开发理念
资源拥有者与经营者关系	资源拥有者与经营者是同一主体	资源归属资源国政府所有，合同者只是在规定时期内的开发经营者
合同模式	矿税制	矿税制、产品分成、服务合同（技术服务、风险服务、回购合同）
开发时限	较长、可连续	一般 20～30 年，有延期的可能
政治社会风险	很小	很大，受地域和国家影响
技术经济风险	一般	很大
综合风险	小	很大，影响因素多
利润驱使动力	强，但受控制	最强
资源利用	在资源的充分利用基础上获取尽可能多的油气产出和经济效益，倍加珍惜所有资源	选择性地有效利用资源，以追求最大经济效益为核心，对低品位资源暂时搁置或弃之不顾
开采技术	采用各种先进技术手段，最大限度挖掘资源潜力	采用最适合的可靠技术
开采目标	追求油气田最终采收率最大化	追求合同期内采出程度最大化
经营理念	以长期保障国内经济发展需求出发	以经济效益为核心

油气田开发以能够实现快速回收投资、降低风险为前提：海外油气开发面临比国内更大的风险，除承担本行业的技术经济风险外，还要承担资源国政治、经济和安全不确定性带来的风险。油气田经营者可以通过改进技术措施和经营管理有效控制技术经济风

险，而资源国政治、社会和经济变化等不确定性带来的风险是经营管理者难以控制的，而且对项目的影响是致命的，最好的办法就是在较短时间内回收投资，把投资风险降到最低限度。

油气田开发技术要经济、实用、安全、可靠：海外油气开发以追求经济效益为核心，以最小投入获取最大利润，尽可能降低投资是实现快速回收和获取最大利润的根本途径，因此在开发工程建设上需要简化流程，做到安全、可靠、实用。在技术应用上采用最适用的成熟、施工难度小的开发技术，避免新技术应用带来的不确定性产生的经济风险。

2. 海外油气田开发模式

海外油气田开发的特殊性和开发理念决定了其开发模式和开发策略与国内不同。国内油气田开发模式是要保持长期高产稳产，兼顾不同品位资源，实现资源最佳利用；不断深化勘探开发，实现产能和储量接替；早期注水保持油藏压力生产，采用各种新技术（如聚合物驱油），不断挖潜剩余油；老油田实施“二次开发”，实现可持续发展和采收率最大化。海外油气田开发模式是规模建产，快速上产，高速开采，快速回收；优先开发优质资源，对低品位资源暂时搁置；勘探开发一体化，保证合同期内储产量高效接替；先衰竭开采，尽量延迟或推迟注水；坚持使用适用和集成配套技术，尽量不使用高成本的提高采收率等新技术；有条件的油田实施适合海外油田特点的“二次开发”，保证合同期内产量和效益最大化（表 3-2）。

表 3-2 国内外油气田开发模式对比

比较	国内油气开发模式	海外油气开发模式
开发模式	（1）合理开发，保持长期高产稳产； （2）各种品位资源均开发，实现资源最佳利用； （3）滚动勘探开发，实现产能和储量接替； （4）早期注水，保持油藏压力生产； （5）采用聚合物驱油等新技术，不断提高采收率； （6）老油田“二次开发”，实现可持续发展	（1）规模建产，快速上产，迅速达到最大产能； （2）高速开采，快速回收，优先开发优质资源； （3）勘探开发一体化，保证合同期内储产量高效接替； （4）以衰竭开采为主，尽量不注或延迟注水； （5）坚持使用适用和集成配套技术，尽量不用高成本的新技术； （6）与资源国加强合作、共担风险、实现双赢
开发策略	较长时期稳定高产，满足国家和社会的需求，合理开发，不断提高油田采收率，使资源得到更好利用，实现油气可持续发展	高速快采，快速回收，规避风险，实现经济效益最大化

第三节 海外油气田开发方案设计策略

海外油气田开发强调高速度、低投入、快产出、高效益。因此，不能照搬国内以稳产和高采收率为目的的油气田开发方案设计指导思想和方法。海外油气田开发方案设计必须遵循国际石油合同的具体规定，依据不同类型合同商务条款进行分析研究，明确不同合同模式商务条款对投资收益的影响，提出开发策略，实现在有限合同期限内投资收益最大化。

一、规模建产、快速上产、高速开采

海外油气田开发收益最大化是技术和商务综合权衡的结果，开发策略的制定面临着比国内更为复杂的约束条件。开发方案设计应以合同为基础，以合同期内中方收益最大化为目标，优化开发部署，实现规模建产、快速上产、高速开采、快速回收投资的目的。方案优化需要立足于合同的具体类型和相应条款，考虑各种约束条件对项目和合同者经济性的影响，进行综合分析和评价。需要建立考虑产量和经济效益的多目标函数：

$$NPV=\sum_{t=1}^{n}\left(CI-CO\right)_t\times\left(1+i_{\mathrm{c}}\right)^{-t}$$

$$\sum_{t=1}^{n}\left(CI-CO\right)_t\times\left(1+IRR\right)^{-t}=0$$

式中　NPV——项目净现值，百万美元；

CI——总收入，百万美元；

CO——总支出，百万美元；

t——剩余合同期限，a；

IRR——内部收益率；

i_{c}——银行利率。

实现收益最大化的根本途径是快速上产，增加总收入，利用合同财税条款降低税费支出。矿税制合同的出发点是增加产量的同时尽量降低矿费和税，通过优化投资和控制税费实现油气田开发利益最大化。产品分成合同的核心是在一定成本油比例下尽可能地提高成本油数量，快速回收投资，降低风险，需要合同者采用稀井高产策略。技术服务合同项目经济效益主要来源于报酬费，而报酬费与产量紧密相关，因此产量的大小决定了合同者收入，在规定的期限内达到合同要求的产量和稳产期前提下，投资规模控制得越小，投产速度越快，效益越好。

海外油气田方案设计的主体思想是在一定投资规模下建成最大化的产能。以该思想为指导，不同开发阶段油气田应采取不同的开发策略，早期以高产优先为原则，并充分利用天然能量衰竭开发，降低前期投资。中期以稳产优先为原则，基于前期投资利用成本油已回收，应适度增加投资，开展注水补充地层能量，同时增加新井、措施工作量，实现保持稳产和减少被资源国政府分成的剩余成本油。开发后期要谨慎投资，方案设计中工作量部署需要设置经济界限，优选排序，提高合同到期阶段投资效益。

油气田高速开发方案相对于稳产开发方案能较快获得现金流回报，净现值最高，是实现合同者经济效益最大化的最佳开发策略。结合产品分成合同条款对苏丹 1/2/4 区高产和稳产关系进行了经济评价，对比预测到合同期末的低、中、高三个方案结果，低方案上产

1000×10^4t 稳产 11 年；中方案上产 1200×10^4t 稳产 8 年；高方案上产 1500×10^4t 稳产 3 年。油价按照 45 美元 /bbl 的净回价进行预测，高方案（1500×10^4t）在 12% 的贴现率下净现值相对于中方案和低方案增加了 7%～9%，高速开发的经济效益明显优于中速和低速开发（图 3–3）。前期净现金流对合同期内净现值的影响较大，因此，提高合同者经济效益的主要方法是通过增加前期的净现金流实现合同者净现值最大化。

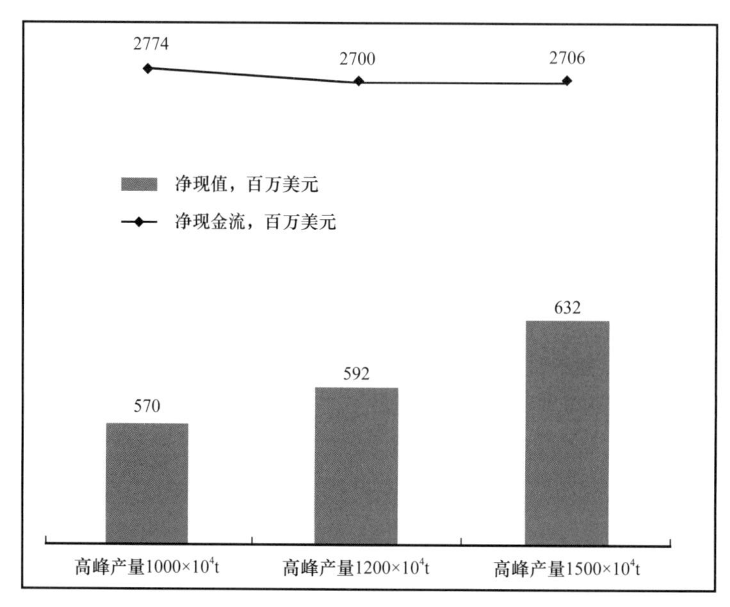

图 3–3　苏丹 1/2/4 区不同方案经济指标计算结果

二、匹配最佳产量目标和合理工作量

矿税制及产品分成合同需充分利用合同规定的不同产量指标下商务条款的变化确定投资进度、上产速度，匹配好产量和工作量，增强开发方案盈利能力。矿税制合同规定矿费费率随每年油气田产量进行滑动变化，产量越高，费率越高。在油气田上产过程中，当油气田产量增加到适用于更高一级的矿费时，会造成油气田矿费费率的增加，如果油气田产量的增加量不足以抵消增加的矿费时，合同者收益会降低，造成产量增加、收益降低的现象。为防止出现增产降效的情况，需要确定增产降效的产量区间，即“上产陷阱”。以哈萨克斯坦矿税制合同为例，按该合同规定，当油田产量为 199×10^4t 时，矿费费率为 9%，上缴的矿费相当于 17.9×10^4t 原油，当上产至 200×10^4t 时，矿费费率增至 10%，上交的矿费相当于 20×10^4t 原油，油田产量增加 1×10^4t，矿费增加了相当于 2.1×10^4t 原油价值，实际收益反而降低了。

设定油田产量为 y_1，适用的费率为 x_1，通过增加投资上产，产量增加 Δy，适用的费率为 x_2，当增加的产量刚好抵消矿费的增加时，Δy 为油田上产跨产量区间的最小上产幅度。可建立方程式：

$$(y_1+\Delta y)\times x_2-y_1\times x_1=\Delta y$$

根据合同规定的矿费费率适用的产量区间，计算出跨产量区间的最小上产幅度，确定效益下降的产量区间（表 3–3），在油气田开发方案设计中，油田产量指标必须跨过效益下降的产量区间。

表 3–3　矿税制合同跨产量区间的最小上产幅度及油田效益下降的产量区间表

油田产量 10^4t	矿费费率 %	跨产量区间的最小上产幅度 Δy 10^4t	效益下降的产量区间 10^4t
＜24	5		
25～50	7	0.54	25～25.5
50～100	8	0.54	50～50.5
100～200	9	1.10	100～101.1
200～300	10	2.22	200～202.2
300～400	11	3.37	300～303.4
400～500	12	4.55	400～404.5
500～700	13	5.75	500～505.8
700～1000	15	16.47	700～716.5
≥1000	18	36.59	1000～1036.6

针对产品分成合同，早期随着油田产量增加，资源国政府分成比例快速增加，产量越高，政府分成比例越高。在油田上产过程中同样存在油田产量增加，合同者分成的原油产量降低的情况。以苏丹产品分成合同为例，该合同规定油田产量从 60000bbl/d 上产至 70000bbl/d，合同者的分成比例由 30% 下降至 25%，合同者的份额油由 18000bbl/d 下降至 17500bbl/d，造成合同者效益变差。

设定油田原油日产量为 m_1，合同者分成比例为 n_1，通过增加投资上产，产量增加 Δm，合同者分成比例变为 n_2，当增加的产量刚好抵消由于合同者分成比例降低造成的分成产量减少时，Δm 即为最小的上产幅度，可建立方程式：

$$\left(m_1+\Delta m\right)\times n_2=m_1\times n_1$$

$$\Delta m=m_1\times\frac{n_1-n_2}{n_2}$$

根据合同规定的分成比例和适用的产量区间，计算出跨产量区间的最小上产幅度，以此确定不同产量区间的最小上产幅度及合同者分成产量下降的区间值（表 3–4），在油气田开发方案设计开展产量规划时，油田产量指标必须避开合同者分成比例下降的产量区间。

表 3-4 产品分成合同跨产量区间的最小上产幅度及合同者分成比例下降的产量区间表

油田产量 bbl/d	合同者分成比例 %	跨产量区间的最小上产幅度 Δm bbl/d	合同者分成产量下降的区间 bbl/d
＜5000	45		
5000～10000	43	233	5000～5233
10000～20000	39	1026	10000～11026
20000～50000	35	2286	20000～22286
50000～70000	30	8333	50000～58333
≥70000	25	14000	70000～84000

三、确保高峰期产量和稳产期达到合同要求

技术服务合同应根据投资回报率确定最佳产量目标和合理工作量，确保高峰期产量和稳产期达到合同要求并与投资规模相匹配。技术服务合同开发方案设计应当遵循“三最”原则，即在最短的时间内，以最小的投资实现最大的初始商业产能，执行服务合同“五大”开发策略。

1. 多期次的产能建设策略

伊拉克技术服务合同一般给予 7 年高峰产能建设期，考虑到初始商业生产周期一般为 2～2.5 年，二期产能建设周期一般为 2 年，因此整个高峰产能建设可以划分为 3 级或 4 级产能建设。根据长期 75 美元 /bbl 的国际油价和年度 50% 的回收池比例，下一级产能建设台阶的规模应该等于前面期次全体产能规模。则多期次产能阶段划分模式可表示如下：

3 级产能建设模式：$PPT_3=M_1+M_2+M_3$

M_1 为初始商业产能，M_2 为第二期产能，M_3 为第三期产能。

4 级产能建设模式：$PPT_4=N_1+N_2+N_3+N_4$

N_1 为初始商业产能，N_2 为第二期产能，N_3 为第三期产能，N_4 为第四期产能。

依据下一级产能建设台阶的规模应该为前面期次全体产能规模，则 $M_2=M_1$，$M_3=(M_1+M_2)=2M_1$，可得到三级产能建设高峰产能：

$PPT_3=M_1+M_2+M_3=4M_1$

3 级产能建设高峰期产能 PPT_3 与初始商业产能 M_1 之间可简化为如下关系：

$M_1=1/4\ PPT_3$

同理对于 4 级产能建设，$N_1=1/8PPT_4$

因此，整个 7 年期内的 3 级或 4 级产能建设模式如图 3-4 所示。

以技术服务合同的哈法亚油田为例，最初的高峰产量由 60×10^4bbl/d 削减至 40×10^4bbl/d，其初始商业产量可按表 3-5 中方案确定。

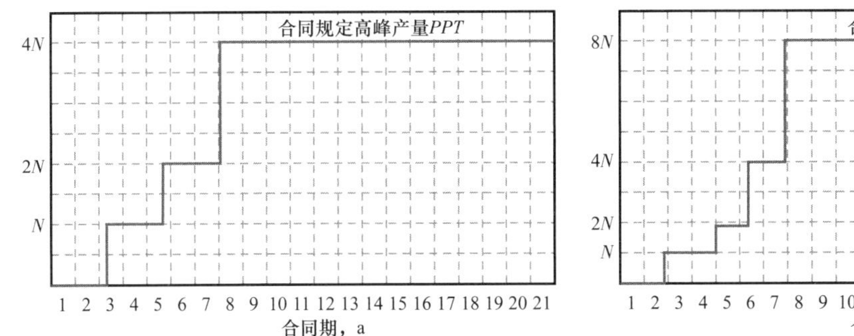

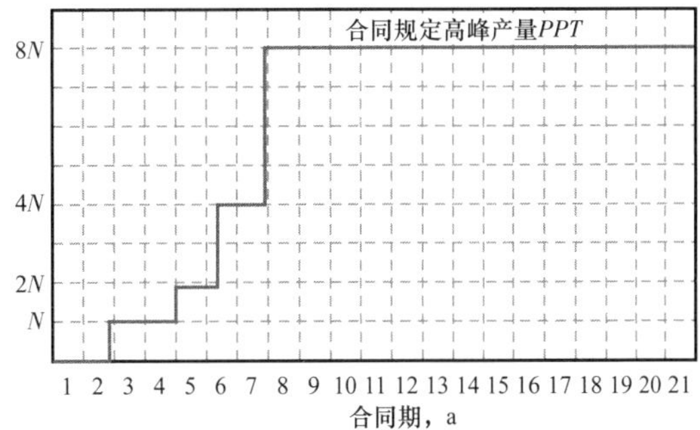

图 3-4 技术服务合同高峰产量建设台阶划分模式

表 3-5 哈法亚油田技术服务合同初始商业产能

产能建设，10^4bbl/d	PPT=60×10^4bbl/d			PPT=40×10^4bbl/d	
	3 级建产	4 级建产	4 级建产	3 级建产	4 级建产
一期（初始商业产能）	15	7.5	10	10	5
二期	15	7.5	10	10	5
三期	30	15	20	20	10
四期		30	20		20

哈法亚油田经过多轮次方案对比，采用三级台阶建产模式，因此，初始商业产能确定为 10×10^4bbl/d。

2. 初始商业投产时间的安排策略

根据投产时间与投资效益的分析，投产时间延后一个季度则经济效益下降 0.75%，因此，商业投产时间应当尽可能早。按照关键时间节点分析，技术服务合同的初始商业产能最快投产时间应该在合同生效日之后的 2～2.5 年。因此，对于技术服务合同的初始产能建设，开发方案规定的工作量应当尽可能小，实现前期投资少、快速回收投资和自身滚动发展。

3. 二期产能建设安排策略

对于多期次产能建设项目而言，合同者通常期望第一期产能建设的全部投资在第二期建设期间回收，同时剩余的回收池也尽可能满足第二期产能建设的投资，因此，第二期产能建设规模和时间控制尤其重要。以伊拉克服务合同规定每年投资回收比例最大 50% 为例，第一期、第二期单位产能建设成本相当。

第二期投资回收总量 = 第一期投资 + 第二期投资，即：

$$N_1 \times P \times 50\% \times Y_2 = \left(N_1 + N_2\right) \times V$$

式中 N_1，N_2——第一、第二期产能，10^6t；

P——油价，美元/t；

Y_2——第二期产能建设周期，a；

V——百万吨产能建设成本，亿美元/10^6t。

假设按照长期油价 75 美元/bbl，吨桶换算系数为 6.8 计算，则：

$$Y_2=\frac{V}{255}\left(1+\frac{N_2}{N_1}\right)$$

假设第一期、第二期建设产能相当，即 Y_2=0.7843V，则第二期产能建设周期的长短就与百万吨产能建设投资相关。伊拉克地区早期的产能建设投资基本可以控制在 2 亿～3 亿美元/10^6t，而后期逐渐上升至 4 亿～5 亿美元/10^6t。结合实际产能建设规划，通常第二期产能建设周期安排为 2 年（表 3-6）。

表 3-6 技术服务合同二期产能建设周期优化

百万吨产能建设投资，亿美元	3	4	5
二期产能建设周期，a	2.3	3.1	3.9

4. 油田平面上分区分块动用策略

对于多期次建设油田，平面上应实行分区分块动用。按照每一期次产能建设的大小与高峰产能之间的比例关系，在平面上按储量集中度划分产能建设的面积。通常初始商业产能的动用面积应当处于油田高部位区域，并尽量以中心处理站为圆点呈圆形或半圆形分布，后期产能建设再逐渐向四周展开。若油田具有多个油藏高点，可从每个高点开始进行产能建设，然后向鞍部之间逐渐展开。

5. 油田纵向多层系优先动用策略

纵向油藏的动用不能简单地以油藏储量或单井产量为依据，应综合油藏储层物性、单井产量、钻完井投资、工程作业风险等进行综合判定。依据对油藏动用优先顺序的主要因素建立纵向动用优先指数 I 函数，按照优先指数的顺序来实施纵向上的油藏动用。油藏物性越好，渗透率 K 越高，油藏应该优先动用；地饱压差（p_i−p_b）越大，油藏越优先动用；单井产量 Q 越高，越优先动用；钻完井投资 U 越低，越优先动用；工程风险指数 F 越大，油藏越应该晚动用。

根据以上优先动用的原则，考虑到 7 年高峰建产期，建产后 2 年投资回收期的要求，纵向动用优先指数 I 可描述如下：

$$I=K\times\frac{p_{\mathrm{i}}-p_{\mathrm{b}}}{7}\times\frac{Q\left(1-a^{24}\right)}{1-a}\times\frac{1}{U}\times\frac{1}{F}$$

式中　I——纵向动用优先指数；

F——工程风险指数；

a——2 年回收期内的产量总递减率。

由于投产前无法确认油藏产量递减，均假设油田产量递减为 10%，则上述公式进一步简化为：

$$I=\frac{K\left(p_{\mathrm{i}}-p_{\mathrm{b}}\right)Q}{63UF}$$

以伊拉克哈法亚油田为例，纵向上各油藏的动用优先指数排序见表 3-7。尽管 NahrUmr 油藏和 Mishrif 油藏埋藏较深，但由于井型不同，产能不同，其动用指数要高于顶部埋藏较浅的 Upper Kirkuk 和 Hartha 储层。在第一期产能建设期，主要以 NahrUmr 和 Mishrif 油藏为主，其他油藏进行试采，第二期产能建设再加入 Upper Kirkuk 油藏，在第二期产能建设完成后，油田纵向上主要动用 NahrUmr，Mishrif 和 Upper Kirkuk 油藏，其他油藏基本不动用，留待后期动用。

表 3-7　哈法亚油田纵向动用优先指数

纵向油藏	渗透率 K mD	地饱压差 （$p_{\mathrm{i}}-p_{\mathrm{b}}$） psi	单井产量 Q bbl/d	钻完井投资 U 万美元 / 井	风险指数 F %	动用优先 指数 I	排序
Upper Kirkuk	1000	1992	1500	655	10	46	3
Hartha	700	46	2000	851	1	8	4
Sadi	2	1721	1500	920	1	0.6	6
Khasib	5	849	1500	920	1	0.7	5
Mishrif	50	2254	5000	800	1	70	2
NahrUmr	900	3261	2000	700	10	84	1
Yamama	15	8781	2000	1050	80	0.3	7

技术服务合同要缩短初始商业产能建设期，尽快实现商业投产。为建成全油田高峰产能规模，仍然要优先高产区带和工程风险小的区块，提高单井产能，减少开发井数，尽可能推迟注水，使投资后移，利用最小的投资获得最大的产量和报酬费。

总之，与国内相比，海外油气田开发具有十大特点：项目资源的非己性、合同模式的多样性、合作方式的复杂性、油气田开发的时效性、项目运作的国际性、项目经营的风险性、作业窗口和条件的限制性、合同区范围及资料的有限性、项目产量的权益性、项目追求的经济性。

以追求合同期内产量和效益最大化为目标，海外油气田开发总体采取“有油快流、好油先投，提高经济效益，规避投资风险”的开发理念。开发模式是早期优先利用天然能量开发，规模建产，快速上产，高速开采，快速回收；优先开发优质资源，对低品位资源暂时搁置；勘探开发一体化，保证合同期内储产量高效接替；先衰竭开采，尽量延迟或推迟注水；坚持使用适用和集成配套技术，尽量不使用高成本的提高采收率等新技术；有条件的油田实施适合海外油田特点的“二次开发”，保证合同期内产量和效益最大化。

海外油气田开发方案设计以合同为基础，以合同期内中方收益最大化为目标，优化开发部署，实现快速回收投资的目的。矿税制合同方案设计策略是采用先“肥”后“瘦”、先“易”后“难”，优先选择富集且技术难度小的资源进行开发，依据合同规定的矿费变化确定早期投资进度和上产速度，统筹安排合同期内开发工作量和产量，增强方案获利能力；产品分成合同方案设计策略是高产优先，稀井高产，高速开发，加快投资回收，根据分成比例的动态变化，确定合理产量剖面和开发工作量，实现工作量与成本油之间的最佳匹配，达到收益最大化；服务合同方案设计策略是根据投资回报率确定方案的合理产量目标和工作量，确保高峰产量和稳产期达到合同要求。这些海外油气田开发理念、开发模式和开发技术对策，助推中国石油公司在 20 多年的全球油气田开发中迅速崛起并创造了辉煌业绩。

在海外油田开发方案设计中要充分体现“充分利用天然能量开采，延迟注水，快速回收投资，适时补充地层能量”的开发策略。天然能量开发主要是利用油藏的边水、底水，以及油气藏自身、储层岩石和束缚水的弹性能采出原油。天然能量开发有三个优点：一是充分利用天然能量；二是可以节省投资；三是地层适应性强。由于天然能量开发是以压力的大幅度下降为代价进行开采的，因此，只要油藏的应力敏感性不是太强，都可以采用衰竭方式开采原油。中石油海外 39 个开发生产项目中，仅有 13 个项目实施了不同程度的注水开发或提高采收率开发，其余 26 个项目主要利用天然能量开发。非洲地区三大项目，投产以来一直坚持以天然能量开发为主。如苏丹 1/2/4 区项目自 1999 年投产以来，仅 UNITY 油田天然能量不足，2001 年开始注水开发，其余油田投产以来一直利用天然能量开发。该项目在 2001 年产量突破 1100×10^4t 并稳产 8 年，其中 2004 年和 2005 年达到高峰产量 1500×10^4t 以上；苏丹 3/7 区项目自 2006 年投产至今，一直利用天然能量开发。投产第 2 年产量即达到 1000×10^4t 并稳产 5 年，其中 2010 年达到高峰产量 1500×10^4t 以上。在海外项目开发初期充分利用天然能量开发，可提早收回投资，降低风险，提高经济效益。

海外油气田开发要综合考虑资源国政治经济风险、项目整体战略部署、项目配套瓶颈问题、分散投资压力的需求及项目实施能力等因素，全面进行项目投资经营策略及总体开发方案研究的论证，重点控制好投资关键节点，努力降低成本，增加效益。通过细化、量化投资控制目标任务，制定控制优化投资的具体方案和措施，加强对投资管理各个关键环节的管控，一是严格方案审批，从源头控制投资规模，加强对各类设计方案的论证审查，严格遵守方案审批程序的要求，从投资控制管理的源头抓起，严格控制投资规模；二是加强招投标管理和合同谈判工作，推进工程建设和技术服务的市场化竞争，降低投资和运营成本，规范化管理和国际化运作；三是实施科学的工程项目管理手段，严格执行建设单位管理费使用审批制度；四是积极推进钻井合同模式转变，降低海外钻井成本；五是推进物资集约化采购，加强重大采办管理，有效降低采购成本；六是充分发挥一体化项目开发技术优势。如在中石油乍得项目实施中就充分体现了这一特点，中石油在短时间内完成了一期 100×10^4t 资源基础的勘探和开发及管道与配套炼厂建设，得到资源国政府的高度评价和认可，2014 年乍得项目率先建成规模外输产能，成为中石油非洲整体战略中的重要增长点。

海外油气田开发要高度重视国内成熟配套技术的应用，同时要针对海外特点集成创新和研发创新一批海外油气田开发特色技术系列。例如，针对以苏丹项目为代表的海外砂岩油田具有天然能量充足、储层物性与油品性质好、投资环境风险极高等而国内成熟砂岩油藏注水开发技术在海外受合同和投资风险的限制但难以应用特点，创新建立了“充分利用天然能量高速开发，延迟注水，快速回收投资，规避投资风险”的海外砂岩油田高效开发模式和“稀井高产、大段合采、大压差生产”的技术政策及充分利用天然能量的井网井距加密技术。海外砂岩油田天然能量高速开发技术的广泛应用不仅有力支撑了苏丹两个主力项目快速建产至 1500×10^4t/a，而且也有力支撑了海外其他砂岩油田的高速高效开发。因此，集成应用国内砂岩油藏开发与调整技术并不断发展创新，形成大型砂岩油田开发与调整配套技术，丰富了陆相油藏注水开发理论；借鉴国内外碳酸盐岩油藏开发的成功经验，形成大型复杂碳酸盐岩油藏开发配套技术和异常高压特低渗透碳酸盐岩油藏开发技术，发展了复杂碳酸盐岩油气藏开发理论。集成创新了稠油注过热蒸汽吞吐和携砂冷采技术、水平井及多分支水平井开发技术，初步形成高凝油、超重油油藏开发配套技术等。尤其是大型碳酸盐岩油藏整体优化开发部署及注水开发技术在伊拉克碳酸盐岩油藏的成功应用，使中东地区的原油作业年产量快速达到中石油海外产量的一半。而边底水碳酸盐岩气田群高效开发技术保障了阿姆河右岸项目建成 $170 \times 10^8 m^3$/a 产能；特高含凝析油页岩气藏开发关键技术指导了加拿大都沃内页岩气藏新增 P1 级可采储量 1700×10^4t 油当量；超重油油藏开发技术支撑了委内瑞拉 MPE3 项目建成年产重油近千万吨。

回顾过去，中石油海外油气业务在 20 多年的发展历程中实现了从无到有、从小到大、由弱变强的跨越式发展，海外油气开发技术也走过了从国内技术集成应用、集成创新、研发创新并形成一系列特色技术的发展历程，形成了以砂岩油田天然能量高速开发、碳酸盐岩油气田整体开发部署优化、超重油油藏水平井泡沫油冷采开发为代表的海外油气田开发特色系列技术，极大地提升了中石油的核心技术竞争力，为海外油气业务实现跨越式发展提供了有力的技术保障。

展望未来，海外油气业务面临的合作环境更加复杂多变，海外业务实现优质高效发展存在更大挑战，因此，需要充分发挥科技进步对海外业务发展的重要支撑作用。未来海外油气开发业务需针对短板和瓶颈技术进行持续科研攻关，在高含水砂岩油田稳油控水及提高采收率技术方面保持国际领先，碳酸盐岩油气藏注水注气提高采收率技术方面达到国际先进，非常规和海域深水油气开发技术方面实现快速追赶，为中石油海外油气业务实现高质量发展提供强有力的技术支撑和保障。

第四章　海外油田不同阶段开发方案设计策略

随着中国石油公司国际化进程不断加深，中国石油公司通过国际竞争和自主勘探获得的资源多为政治安全风险高、油藏条件复杂、技术难度大、开采环境恶劣的油田。为了提高国际竞争力，增强应对复杂多变的国际投资环境和抵御海外油田开发技术经济多重风险的能力，需要对油田的开发方案进行系统化、规范化的研究和设计，把握油田开发的不确定性和未来发展趋势，依据方案不断调整投资策略和开发规模，实现取得较好的经济效益、社会效益和较高投资回报率。

中国石油公司从事海外油田开发，首先要优选油田区块或境外石油公司资产进行评价，即需要编制海外油田开发可行性评价方案，再决定是否购买。油田开发过程可划分为油田产能建设上产期—高产稳产期—递减期—退出或合同延期，相应的油田开发方案分别为油田初始开发方案、油田总体开发方案、油田开发调整方案、油田开发合同延期方案。因此，海外油田不同阶段开发方案设计包括了开发可行性评价方案、概念（初始）开发方案、油田总体开发方案和油田开发调整方案、油田开发合同延期方案五大类。

海外油田开发受国际惯例、资源国法规、合同模式、合作伙伴等多方面制约，必须规避政治、金融、安全等风险，尽可能实施高速高效开采，快速回收投资，实现互利共赢。本章从海外油田开发实践出发，剖析海外油田开发方案设计的基础和海外油田开发特殊性对开发方案的约束，阐述海外油田开发方案设计策略。

第一节　海外油田开发方案设计基础

海外油田开发方案设计与国内油田开发方案相比，除了地质油藏特征是二者的共同基础外，还要考虑海外油田开发特殊性对开发方案编制的制约，包括合同条款和销售市场、投资环境等因素。

一、地质油藏特征和资源国行业规定是开发方案设计的基础

地质油藏特征既是海外油田开发方案设计的基础，又是国内油田开发方案设计的基础，从油田地下情况出发，优选适当的开发方式，部署合理的开发井网，对油田的开发层系进行合理划分和组合。同时，开发方案设计还需要符合资源国的行业规定。

1. 地质油藏特征决定了开发技术政策

一个油田合理的开发技术政策由储层特征、油藏特征、流体特征、开采工艺技术等地质油藏因素综合决定。

采油速度是衡量油田开采速度快慢的指标，确定合理的采油速度对于油田可持续稳定发展至关重要，合理采油速度决定一个油田生产规模和稳产年限，稳产年限与采油速度呈负相关关系，采油速度越高，稳产年限越短。一般天然能量充足、储层较均质、连通程度高、物性好和原油黏度低的油田具有较高采油速度。国内油田开发和海外油田开发存在很大差异，国内油田采油速度更多取决于油田本身的条件，海外油田开发采油速度还受到合同期限、资源国政治经济条件、国际油价等多重因素限制。

能量补充方式在油田开发方案中必须明确。如果油藏本身具有一定水体能量或地饱压差，早期可以天然能量开发方式，适时采取能量补充方式保持地层压力。除了利用天然能量开发外，人工补充能量常规油藏有注水、注气两种方式，采取注水或注气开发方式主要取决于储层的润湿性和驱油效率。对于水湿油藏和水驱油效率大于气驱油效率的油藏，一般采用注水开发方式；对于气驱油效率大于水驱油效率且存在注气气源的油藏，一般采用注气开发方式。

开发层系划分是一个油田开发方案中的重大决策，一套开发层系是一套独立的开发井网，是一个油田开发的最基本单元，由上下具有良好隔层、油层性质和驱动方式相近，且具备一定储量和生产能力的油层组合而成。当开发一个多油层油田时，必须正确地划分和组合开发层系。一个油田用几套层系开发，涉及油田基本建设的重大技术问题，也是决定油田开发效果好坏的重要因素，因此，必须慎重加以解决。

合理开发井网是一个油田开发方案中的核心问题，在保证一定采油速度的条件下，采用最少开发井数最大限度地控制住地下储量，以减少储量损失。由于井网问题是涉及油田基本建设的中心问题，也是涉及油田今后开发效果的根本问题，所以除了开展地质油藏特征研究外，还要应用数值模拟和经济评价手段，优化开发井网和开发指标，最后做出开发方案的综合评价并选出最佳方案。

2. 油田开发方案设计必须符合资源国的行业规定，得到合作伙伴支持

海外油田开发方案设计必须遵从资源国行业规定，每个资源国都有其特殊的规定，因此，海外油田开发方案设计考虑的因素更多。哈萨克斯坦规定油田各开发层系间不能合采，即使合采也要能解决分开计量问题，这要求划分合理开发层系时考虑这一规定，开发方案设计在充分考虑地质油藏特征和层间矛盾情况下，将储层性质、流体性质和天然能量相近层划分在一套开发层系内，在充分兼顾层间差异的条件下开发层系不能划分过细。伊拉克规定油井不能在脱气情况下生产，这要求在开发方案设计时，明确油田合理地层压力保持水平和合理井底流压，确定油田合理注水时机，尽量把井底流压保持在原油饱和压力以上，保障油井在不脱气情况下生产。

海外油田开发合作伙伴包括国际石油公司、国家石油公司和独立石油公司，通常是两家或两家以上的公司按股份制形式组成合资公司开展油田开发，合资公司中作业者所承担编制的开发方案、开发调整方案、油水井作业措施以及地面工程建设方案，首先要和合作伙伴沟通，获得合作伙伴的同意，在此基础上上报资源国政府最终批准，才能开展实际操作或作业。

二、合同条款和销售市场是实现经济效益最大化的关键

国际石油合同逐步形成和发展了一系列相对成熟和固定的石油合作合同模式，各种合同模式的财税条款对开发项目的成功与否影响极大，每个资源国都有独特的财税结构，归根到底是资源国政府和外国石油公司所得比例关系。海外油田开发方案设计必须遵循国际石油合同的具体规定，依据不同类型合同商务条款进行分析研究，明确不同合同模式商务条款对合同者投资收益的影响，探索实现合同者经济效益最大化的途径。

1. 高产开发方案经济效益优于稳产开发方案

高产开发方案相对于稳产开发方案能较快获得现金流回报，净现值最高，是实现中方经济效益最大化的最佳开发策略。前期净现金流对合同期内净现值的影响较大，提高合同者经济效益的主要方法是通过增加前期净现金流，实现合同者在有限合同期内净现值最大化。以中石油作业的哈萨克斯坦某矿税制合同油田为例，初期加大投资力度，实现快速上产（图 4–1）。增加钻井工作量和投资，可以降低超额利润税，保证中方经济效益最大化，高产方案的经济效益明显优于稳产方案，在 12% 的贴现率条件下，高产方案比稳产方案净现值提高了 5%（图 4–2）。

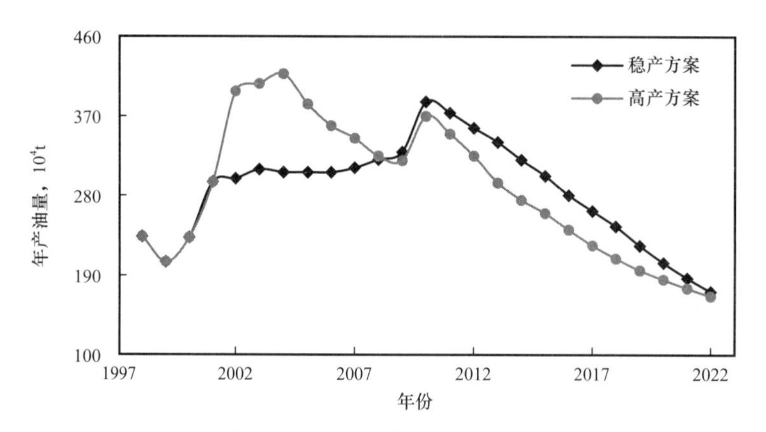

图 4–1　哈萨克斯坦某油田高产方案与稳产方案产量剖面对比

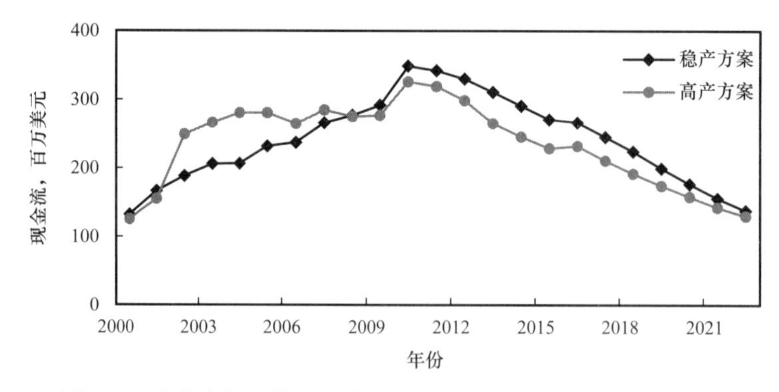

图 4–2　哈萨克斯坦某油田高产方案与稳产方案现金流剖面对比

2. 合理利用合同条款的临界点确定合理产量规模

以哈萨克斯坦矿税制合同为例（表4–1），合同规定了根据不同产量规模对应的出口矿费费率，一般产量越高，矿费费率越高。作业者需根据开采矿费费率台阶，优化油田合理产量规模。在油田开发方案编制过程中，油田产量扩大规模和矿费费率增加台阶存在一个合理匹配关系。对于一个 1000×10^4t/a 左右产量规模的油田，当油田产量规模为 990×10^4t/a 时，原油出口矿费费率为15%，上缴的矿费相当于 148.5×10^4t 原油；当油田产量规模为 1010×10^4t/a 时，原油出口矿费费率增至18%，上缴的矿费相当于 181.8×10^4t 原油，油田产量增加 20×10^4t，矿费增加了相当于 33.3×10^4t 原油价值，合同者实际收益反而降低，因此，合理产量规模是小于 1000×10^4t。

表4–1　哈萨克斯坦石油开采矿费费率表

年产油量，10^4t	出口矿费费率，%	国内销售矿费费率，%
0～25	5	2.5
25～50	7	3.5
50～100	8	4.0
100～200	9	4.5
200～300	10	5.0
300～400	11	5.5
400～500	12	6.0
500～700	13	6.5
700～1000	15	7.5
＞1000	18	9.0

以产品分成合同为例，资源国一般规定了油田不同产量规模对应的利润油分成比例，一般随着油田产量增加，合同者利润油分成比例降低（表4–2）。作业者需要根据利润油台阶，优化油田合理产量规模。以苏丹产品分成合同为例，对于一个年产 250×10^4t 左右原油的油田，当油田产量规模为 240×10^4t/a 时，对应的日产油水平小于 7950m^3/d，合同者利润油分成比例为35%，合同者分得的利润油为 84×10^4t 原油；当油田产量规模为 260×10^4t/a 时，对应的日产油水平大于 7950m^3/d，合同者利润油分成比例为30%，合同者分得的利润油为 78×10^4t 原油；油田产量增加了 20×10^4t，合同者利润份额油从 84×10^4t 减少到 78×10^4t，合同者实际收益反而降低，因此，油田合理产量规模是 240×10^4t/a，而不是 260×10^4t/a。

表 4-2　苏丹产品分成合同模式合同者利润油分成比例表

油田产量，m^3/d（bbl/d）	合同者利润油分成比例，%
＜795（＜5000）	45
795～1590（5000～10000）	43
1590～3180（10000～20000）	39
3180～7950（20000～50000	35
7950～11130（50000～70000）	30
≥11130（≥70000）	25

3. 平衡优化内销和外销市场是实现经济效益最大化的关键

海外油田开发方案设计需考虑原油产品销售市场，不同销售方向和销售市场导致原油净回价价格有所差异，从而影响油田开发经济效益。海外油田开发原油销售市场包括资源国内销市场和国际外销市场，平衡利用好两个市场有利于油田作业者实现较好的经济效益。以哈萨克斯坦为例，一般规定外国石油公司在国内销售一定比例（通常 30%～60%）的原油以满足消费需求，销售价格比国际油价低很多，影响了跨国石油公司的投资效益，同时资源国也会通过出口收益税来调控油田作业者的外销比例，确保内销满足国内市场。

表 4-3 列出了哈萨克斯坦矿税制合同原油出口收益税随油价变化情况，原油出口矿费费率比内销高一倍，国际油价越高，原油出口收益税越高。为了控制出口收益税比例，可以根据不同销售方向的管输费，优化资源国国内销售和国际出口比例，一般高油价尽量提高原油出口比例，低油价可以增加资源国销售比例。

表 4-3　哈萨克斯坦原油出口收益税表

油价，美元 /bbl	税率，%
≤40	0
40～50	7
50～60	11
60～70	14
70～80	16
80～90	17
90～100	19
100～110	21
110～120	22

续表

油价，美元 /bbl	税率，%
120～130	23
130～140	25
140～150	26
150～160	27
160～170	29
170～180	30
180～190	32
＞190	32

三、投资环境是实施开发方案和实现经济效益的重要保障

海外油田开发投资环境是指对海外石油投资者经营活动有重要影响的客观条件或因素。主要包括：（1）政治法律环境，主要包括政治体制、政局的稳定性、政策的连续性、法律法规的完备性、司法实践的公平性等；（2）自然环境，包括地理位置、自然条件、自然资源等；（3）社会文化环境，主要是指公民的文化教育水平、宗教、风俗习惯、社区工会管理等；（4）经济环境，包括宏观经济发展状况、市场、竞争环境、基础设施、财务税收汇率等经济政策等。

投资环境是合同者实现预期技术和经济指标的重要保障。投资环境的横向量化对比分析一直是国内外经济界研究的重要课题，随着海外石油合作的深化和“一带一路”建设的推进，目前主要参考三类投资环境的评价：

一是世界银行等权威机构每年都会发布《全球营商环境报告》，通过问卷调查、综合打分排队方式对全球190个国家和地区的营商环境进行评价，是一个较为客观、可横向对比的营商环境报告。

二是随着我国“一带一路”倡议的推进，商务部和驻外使领馆每年联合发布对外投资合作国（地区）指南，涉及投资国法律法规、投资合作手续、投资注意事项等，是中国企业对外投资的重要参考文件。

三是针对海外油气投资环境评价的专用工具平台，如IHS、Woodmac等。利用这些专业工具平台，可以对拟投资的油气资源国进行综合评价，了解其油气工业投资环境关键参数，如油气产量、油气消费量以及政府强制规定的国内义务油气供应量、油气下游产品补贴政策等，这些关键参数是除合同条款以外重要的经济评价参数。

中国石油公司海外油田开发项目主要集中在政治环境不稳定、法律法规不健全、安全风险较高的国家和地区，不少海外项目具有运营管理难度大、勘探开发风险高等特点，加上国际原油价格大幅波动、国际地缘政治不确定性等因素的影响，始终伴随着极为复杂的

内外部风险环境。因此，海外油田开发活动受资源国投资环境和法规的制约，项目运作难度大，经济门槛高，与国内油气开发活动相比，具有政治、安全、经济等多种风险。因此，客观冷静地分析出开发区块存在的劣势，提出应对这些劣势的预案和策略，明确隐含的风险是否有能力承担，海外油田开发方案设计需尽力规避隐含的不可承担风险，以免造成巨大的经济损失。

总体来看，我们要对投资环境进行风险辨识、风险评估，提出应对措施。并根据资源国未来投资环境发生变化的可能性，提出投资环境变化的应对策略和预案，提高合同者经济效益。在海外油田开发方案设计中主要体现在对项目内部收益率预期值上，对投资环境风险高的国家，项目内部收益率要求就高，一般要超过 12%；对投资环境风险低的国家，项目内部收益率要求就低，可以小于 10%。

第二节　海外油田开发可行性方案评价策略

并购是指一家企业以现金、证券或其他形式购买取得其他企业的部分或全部资产或股权，以取得对该企业控制权或参与该企业经营的一种经济行为。海外油田开发项目并购方式很多，归纳起来大致有 5 类：第一类是资源国政府招标或双边谈判；第二类是国家石油公司资产私有化，购买所出售的股权；第三类是石油公司之间项目权益或公司股权的转让；第四类是购买上市公司股票，进行中小石油公司的收购；第五类是石油公司之间的兼并。无论采用哪种方式获得石油项目都要有一定的代价，掌握合适的时机是用较少的代价获得较好项目的关键。

项目出让是指把那些技术上难度大、经营上困难多、经济效益较差的项目进行售卖，或为了更好地整合优质资产而把一些项目资产价值与其他外国公司进行资产置换，进而优化管理模式和改善经营环境，以规避风险的一种经济行为。

项目并购或出让的主要目的是优化自身资产，增强发展实力，提升行业竞争力。影响海外油田开发资产收并购时机的因素较多，如油价、地质油藏条件、合同条款、宏观投资环境、收购方自身因素、目标资产公司因素等。海外油田开发是一个典型的与油价有关的周期性投资行业，油田开发资产并购时机的选择要与油价变化周期、宏观投资环境紧密结合，分析资产所在资源国投资环境、资产是否符合公司自身的发展战略等。要实现这一目的，首先要对项目进行初步筛选，确定收购或出让的项目是否适应于公司的战略方向、投资目标、技术能力以及初步判断是否具有经济效益，再进行深入评价，包括开发潜力、合同条款及经济效益、投资环境等。

目标公司具有出售油田开发资产动机和资产类型符合并购方公司发展战略是并购行为产生的基础。目标公司在资金紧张或有意愿调整资产结构时，就会产生出售资产的想法；并购方公司首先根据发展战略开展初筛选，确定开展评价的目标公司。充分熟悉目标公司所拥有的资产与生产运营状况，以目标公司作为一个整体，客观地评价目标公司的价值，以及该并购项目对本公司发展的意义。一是调查目标公司的历史情况，充分熟悉目标公司拥有的各项资产及其生产经营状况；二是以上下游资产作为一个整体详细地评估上下游各项资产现状、潜力及其存在的风险；三是假定并购完成后，目标公司与并购方公司的各种资源整合后产生的协同效应，评估新增潜力及其风险；四是利用多种估值方法估算目标公司资产的价值区间，利用敏感性因素分析结果，调整目标公司的估值区间；五是评价并购项目对收购方公司未来经营发展的影响和所具有的战略意义（图 4–3）。

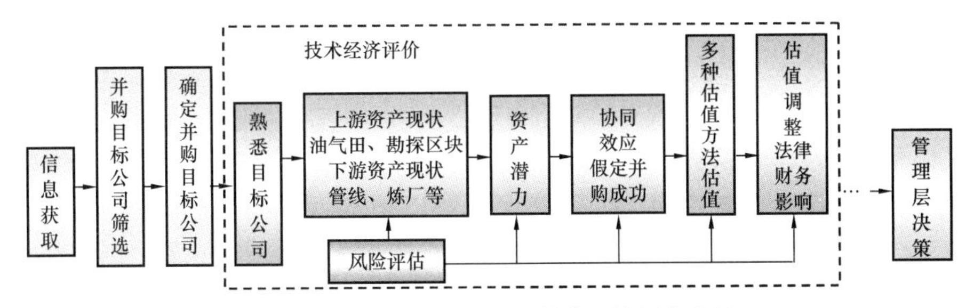

图 4–3 海外油田开发项目技术经济评价流程

因此，海外油田开发可行性方案是指中国石油公司在并购海外油田开发项目股权或资产的决策之前，委托有资质的研究单位，开展油田勘探开发潜力分析，优化开发部署和方案，确定生产规模，评价项目投资环境，论证项目投资的技术经济可行性。可行性研究方案内容包括资源国投资环境、勘探潜力分析及部署、油藏工程、钻井、采油和地面工程方案、投资估算、资金筹措、经济评价和风险分析等。开发可行性方案是中国石油公司决策和主管机关部门审批的依据。

海外油气田开发方案评价结果可靠性直接影响项目的成败及公司利润目标的实现，乃至决定一个公司的成败。过高地评价某个区块的开发潜力有风险，过低地评价某个区块的开发潜力会导致错过中标机会。前者往往导致公司错误地介入该项目，投入大量的人力、财力资源却获利很少甚至亏损，且失去了从另外项目获利的机会；后者经常把可以争取到的好项目奉送给别的公司。

一、油田开发潜力评价策略

海外油田开发项目评价是在现有资料的基础上由专家组根据已有知识和经验做出判断，评价结果可靠性受两个方面影响：一是区块的资料情况，实践中不可能得到所有资料，但是得到一个区块已有的部分关键资料是可能的，有些资源国会根据项目资料的开放程度收费：完全开放，资料购买成本高。二是评价人员自身的因素，包括项目组的专业结构设置是否合理、评价人员是否具有较强的综合分析能力、评价过程中是否掺杂着评价者的主观因素等。

海外油田开发项目评价结果可靠性风险表现在两个方面：一方面是地质风险，即错误地评价区块的勘探开发资源潜力；另一方面是技术和商务风险，即错误地评价区块勘探开发所必需的技术或资金要求，获得区块后才发现不具有勘探开发该区块所必需的技术或资金投入能力。一般来说，在油田钻井成本、地面工程建设投资、合同条款等确定性较强的因素的评价过程中错误概率较小；受资料的限制和地质条件的复杂性，常常在地质综合评价中出现储量减少、产能规模降低等失误。

海外油田开发资产的核心是储量和产量，储量是产量的物质基础，海外油田资产并购更注重对可采储量和剩余可采储量的评价，在确定单井合理产量和递减规律基础上，优化开发部署，明确合理产量规模。

1. 评价油田可采储量是油田开发可行性方案的基础

可采储量等于原始地质储量与采收率的乘积，指在现代工艺技术条件下，能从地下储层中采出的那一部分油气量。剩余可采储量是指油田可采储量和目前累计产油量之差。合同期可采储量是考虑油田从投入开发到合同期结束这一特定评价期，根据经验公式、递减动态法或数值模拟方法计算得到合同期末的累计可采出油（气）量。经济可采储量是指经过经济评价后认定，在一定时期内（评价期）具有商业效益的可采储量，投入开发后具有技术上可行、经济上合理等特点，在评价期内储量收益能满足投资回报的要求，内部收益率大于基准收益率。

可采储量的影响因素很多，不仅与油藏深度、储层物性、流体性质、油藏类型、天然能量驱动类型有关，而且还与开发井网、能量补充方式、采油工艺等技术条件以及油藏管理水平和经济因素有关。系统分析影响可采储量的各种技术经济因素，是可采储量评价的前提。经济可采储量会随着开采技术的进步而不断提高，如短段距 / 密分簇 / 高砂比水平井分段压裂技术、气驱提高采收率技术的应用，会提高经济可采储量。

并购海外油田开发项目，关键要搞清储量家底。已探明剩余可采储量是一个石油公司进行新老油田合作的基础，以购买的资料包、公开发表的数据和一些全球咨询公司的数据为基础，利用井震资料，核实油田构造，明确储层分布，分析油田动用区块开发特征，确定油田剩余可采储量。

2. 明确油田开发技术政策是油田开发可行性方案的核心

新油田开发部署策略。一是合理利用天然能量，即充分利用气顶、边底水能量，适时注水或注气，确保油田具有较高采收率。二是突出主力开发层系划分，即抓住主力、兼顾其他，在分层注水工艺能够满足的条件下，开发层系尽可能少。三是合理部署开发井网，便于后期调整，大面积分布的油藏宜采用规则面积井网，独立含油面积较小的油藏主要采用不规则井网；井网部署以主力油藏为主，兼顾非主力油层的开发；直井与水平井相结合，油层分布纵向多层叠置的层状油藏宜采用直井井网，块状油藏、底水油藏、气顶油藏适合水平井开发。四是采用类比法确定油田开发策略和开发指标，从地质特征、油藏特征和开发特征等多个方面，将目标油田与相似油田进行全方位类比，对比确定目标油田开发方式、注采井网、井型、单井产能、产能规模、采收率等开发策略和开发指标。

老油田开发调整策略。一是分析油田开发特征，包括地层压力保持水平、含水上升变化规律和油田递减规律。二是评价油田开发效果，分析油藏开发状况和主要问题，明确油藏动用情况、水驱储量控制程度和剩余油分布规律。三是搞清油田开发调整潜力，包括开发方式转化（如天然能量转注水开发）、注采井网完善、井网加密、细分开发层系的潜力。四是明确开发调整技术对策，包括合理开发方式、开发层系的重新组合和细分、井网调整的转化方式、合理加密井网。五是优化调整开发方案部署，包括基础方案（现状方案）、井网完善方案、细分开发层系或井网加密方案，预测各方案开发指标和经济指标，优选抗风险能力强和经济效益好的方案。

二、合同条款评价策略

合同条款的具体规定，特别是财税条款对项目的成败影响极大。全球合同类型众多，各国都有独特的财税结构，合同条款规定了资源国和外国石油公司之间所得比例关系。资源国所得主要通过定金、矿区使用费、产品分成（利润分成）、税收和政府参股等获得，外国石油公司所得通过成本回收和利润分成来实现。

世界上油气财税制度的数量比国家的数量还多，在同一个国家不同区块、不同的时间和不同的合同条款可能就有很大差异。同时现在各国推出的标准合同，有的还根据产量台阶，甚至储量台阶，来确定分成比，所以资源国所得和外国油公司所得也只是一个平均的概念。

同一种合同模式在不同国家合同条款差异较大。不同合同模式的合同条款差异更大，矿税制、产品分成和服务合同之间的合同条款内涵差别大。开展不同国家合同条款评价、不同合同模式合同条款评价，在一定程度上可以明确和对比合同模式苛刻程度和优劣目标。为了方便对比，假定一个具体的油田开发项目，在各个资源国的产能建设投资和单位操作费相同，在长期油价 75 美元 /bbl 和贴现率 12.5% 条件下，选取了俄罗斯、哈萨克斯坦、伊朗、伊拉克、阿联酋、乍得、尼日利亚、尼日尔、秘鲁、巴西、委内瑞拉等主要资源国作为研究对象，评价矿税制、产品分成、服务合同在不同资源国财税条款的优劣。

（1）矿税制合同。

从表 4–4 中可以看出，若通过净现值指标来衡量，尼日利亚和俄罗斯为负值，换句话说，其内部收益率达不到 12.5%；其次是委内瑞拉、哈萨克斯坦和阿联酋，项目价值均不超过 5 亿美元；秘鲁、巴西和尼日尔的项目经济效益较好，价值均超过 10 亿美元。表 4–5 表明，内部收益率完全反映了与净现值指标一样的结果，即项目在秘鲁的经济效益最好，其次是巴西和尼日尔，经济效益最差的是尼日利亚、俄罗斯和委内瑞拉。通过这样的比较，能够很直观地反映出项目在不同矿税制资源国的经济效益，从而能够一定程度上衡量其财税制度的优劣，即秘鲁的矿税制模式财税条款优惠，尼日利亚、俄罗斯和委内瑞拉矿税制模式财税条款苛刻。

（2）产品分成合同。

表 4–6 和表 4–7 表明，相同条件的油田在巴西、尼日利亚（2007 年陆上招标合同）和伊拉克库尔德地区产品分成合同的经济效益最差，项目净现值小于 5 亿美元，这反映出其财税条款较为苛刻。而尼日尔、乍得和尼日利亚（2000 年产品分成合同）经济效益最好，项目内部收益率较高。尼日利亚在不同时间段下的财税条款差异较大，导致项目经济效益差异大，表明尼日利亚从 2000 年到 2007 年，财税条款逐步变得更加苛刻。

表 4-4　矿税制合同模式下同一油田在不同资源国的净现值

序号	不同国家矿税制合同	12.5% 贴现率下净现值，亿美元
1	巴西第 15 轮招标水深超过 400m 矿税制合同	18.6
2	巴西第 15 轮招标水深小于 400m 矿税制合同	18.2
3	巴西第 15 轮招标陆上矿税制合同	18.35
4	哈萨克斯坦 2008 年矿税制合同	3.95
5	尼日尔 2007 年矿税制合同	11.8
6	尼日利亚 2000 年陆上及海上水深小于 200m 矿税制合同	−2.1
7	秘鲁 2010 年矿税制合同	21.8
8	俄罗斯 2001 年矿税制合同	−1.1
9	阿联酋阿布扎比矿税制合同	4.65
10	委内瑞拉矿税制合同	2.18

表 4-5　矿税制合同模式下同一油田在不同资源国的内部收益率

序号	不同国家矿税制合同	项目内部收益率，%
1	巴西第 15 轮招标水深超过 400m 矿税制合同	33.6
2	巴西第 15 轮招标水深小于 400m 矿税制合同	32.5
3	巴西第 15 轮招标陆上矿税制合同	34.8
4	哈萨克斯坦 2008 年矿税制合同	24.1
5	尼日尔 2007 年矿税制合同	34.2
6	尼日利亚 2000 年陆上及海上水深小于 200m 矿税制合同	4.8
7	秘鲁 2010 年矿税制合同	42.2
8	俄罗斯 2001 年矿税制合同	41.5
9	阿联酋阿布扎比矿税制合同	10.9
10	委内瑞拉矿税制合同	17.8

表 4-6　产品分成合同模式下同一油田在不同资源国的净现值

序号	不同国家产品分成合同	12.5% 贴现率下净现值，亿美元
1	巴西第 4 轮招标盐上产品分成合同	1.92
2	乍得 2000 年后产品分成合同	14.82

续表

序号	不同国家产品分成合同	12.5% 贴现率下净现值，亿美元
3	印度尼西亚 2012 年产品分成合同	11.4
4	伊拉克库尔德地区 2007 年产品分成合同	4.86
5	尼日尔 2007 年石油产品分成合同	16.9
6	尼日利亚 2000 年产品分成合同	14.25
7	尼日利亚 2007 年海上招标产品分成合同	8.05
8	尼日利亚 2007 年陆上招标产品分成合同	2.38
9	南苏丹产品分成合同	12.69

表 4–7　产品分成合同模式下同一油田在不同资源国的内部收益率

序号	不同国家产品分成合同	项目内部收益率，%
1	巴西第 4 轮招标盐上产品分成合同	17.1
2	乍得 2000 年后产品分成合同	36.8
3	印度尼西亚 2012 年产品分成合同	33.9
4	伊拉克库尔德地区 2007 年产品分成合同	23.8
5	尼日尔 2007 年石油产品分成合同	37.6
6	尼日利亚 2000 年产品分成合同	32.5
7	尼日利亚 2007 年海上招标产品分成合同	25.8
8	尼日利亚 2007 年陆上招标产品分成合同	17.9
9	南苏丹产品分成合同	31.6

（3）服务合同。

由于服务合同在世界范围内的应用相对较少，目前主要在伊朗和伊拉克采用。选取伊朗 2003 年服务合同和伊拉克第 4 轮招标服务合同（2012 年）作为研究对象，表 4–8 表明，随着时间的推移，与伊朗服务合同相比，2012 年伊拉克第 4 轮招标合同条款差了许多。十年以来，随着油价的大幅波动，资源国不断收紧财税政策以防止合同者获取过高的超额利润是大势所趋。

表 4–8　服务合同模式下同一油田在不同资源国的内部收益率

序号	不同国家产品分成合同	项目内部收益率，%
1	伊朗 2003 年服务合同	14.8
2	伊拉克第 4 轮勘探开发招标服务合同	3.5

（4）不同合同模式合同条款评价。

从不同合同模式在不同油价下对现金流贡献比例变化可以看出，服务合同在低油价下具有优势，高油价下创利能力低；产品分成合同和矿税制合同在中高油价下创利能力强，是国际石油公司盈利合同主体（图 4–4）。

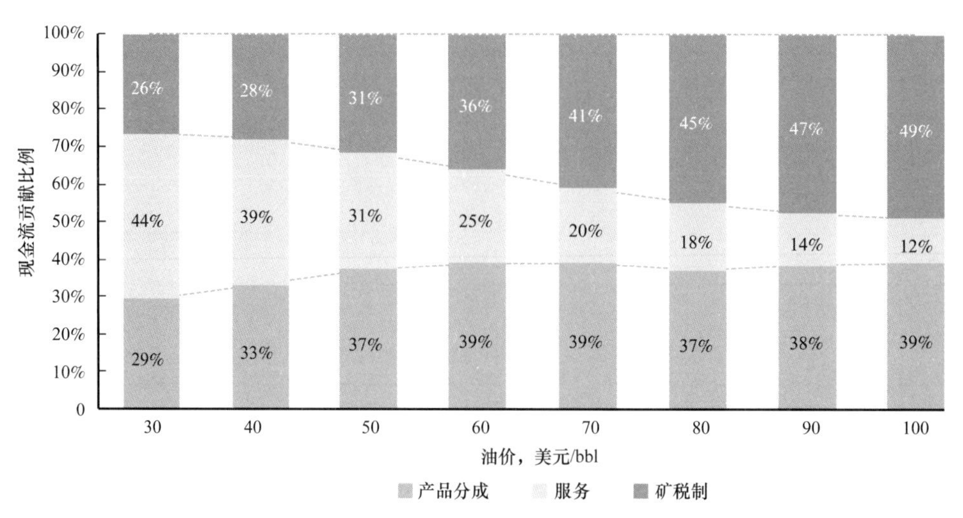

图 4–4　不同合同模式在不同油价下对现金流贡献比例变化

表 4–9 表明，产品分成合同和矿税制合同没有绝对的优劣，但相对来说，服务合同较以上两种合同类型的财税条款要苛刻，就抽取的样本合同来看，伊拉克第 4 轮招标服务合同、尼日利亚和俄罗斯矿税制合同在财税条款上最为苛刻，而秘鲁和巴西的矿税制合同以及乍得和尼日尔的产品分成合同财税条款相对较好。

表 4–9　不同合同模式下同一油田在不同资源国的净现值

序号	不同国家合同模式	12.5% 贴现率下净现值，亿美元
1	巴西第 4 轮招标盐上产品分成合同	1.92
2	巴西第 15 轮招标水深超过 400m 矿税制合同	18.6
3	巴西第 15 轮招标水深小于 400m 矿税制合同	18.2
4	巴西第 15 轮招标陆上矿税制合同	18.35
5	乍得 2000 年后产品分成合同	14.82
6	印度尼西亚 2012 年产品分成合同	11.4
7	伊朗 2003 年服务合同	0.9
8	伊拉克第 4 轮勘探开发招标服务合同	–3.1
9	哈萨克斯坦 2008 年矿税制合同	3.95
10	尼日尔 2007 年石油产品分成合同	16.9

续表

序号	不同国家合同模式	12.5% 贴现率下净现值，亿美元
11	尼日尔 2007 年矿税制合同	11.8
12	尼日利亚 2000 年产品分成合同	14.25
13	尼日利亚 2007 年海上招标产品分成合同	8.05
14	尼日利亚 2007 年陆上招标产品分成合同	2.08
15	秘鲁 2010 年矿税制合同	21.8
16	俄罗斯 2001 年矿税制合同	-1.1
17	南苏丹产品分成合同	12.69
18	阿联酋阿布扎比矿税制合同	4.65
19	委内瑞拉矿税制合同	2.18

从过往十年的经验来看，随着国际油价的大幅波动，很多资源国的油气合作财税政策和法规相应发生变化，有些甚至是合同模式的变更。调整周期与油价变动趋势基本一致，高油价拉动资源国“主动调整”，采取负向调整措施限制国际石油公司收益，低油价推动资源国“被动调整”，采取正向调整措施，出台利好举措，旨在吸引国际石油公司投资。因此，国际石油公司需要对主要资源国的财税体制、法律、法规开展动态跟踪研究，对合同条款变化趋势做好前瞻性预判，减少对油气开发项目盈利水平产生的影响。

三、资源国投资环境评价策略

油气勘探开发市场国际化程度很高，除了极少数国家外，资源主权国都不同程度地对外开放。跨国大石油公司资金雄厚、技术先进、经验丰富、历史悠久，已占有许多有利区块，而且有能力得到新的区块。大批跨国中小石油公司经营灵活，与资源国之间有良好的关系，善于获得新区块。资源国当地私有化的中小公司占有地利、人和的优势，易于获得区块。资源国的国家石油公司得到政府的支持，熟悉本国的石油地质特点和油气分布规律，有的与西方石油公司有长期合作的经验，掌握着最有利的区块。因此，整个油气勘探开发市场的竞争相当激烈，在这种情况下寻找相对竞争性比较弱的国家就比较容易成功。对于政治不稳定或受美国等西方国家制裁的资源国，往往是大石油公司感兴趣的地区，竞争性比较弱。但前一种因素与资源国政治稳定性评价有关，后一种因素与两国关系有关，也可能存在进入的机会。

1. 资源国政治稳定性评价

政治稳定性是开发项目选择的一个重要评价因素。油田开发项目是一种长期投资项目，其投资周期一般在 20～25 年，投资回收期也多在 5～8 年，要求的政治稳定性的时间跨度较长。政治稳定性包括法制是否健全、政策是否稳定、政府的治理是否牢固、社会是否安定。具有健全法制的国家是政治稳定性最好的国家，依法办事，政府的更迭不影响投资环境。法制不健全的国家，政府的更迭，政策可能发生重大变化，投资环境受到很大影响，有的国家虽然政府不更迭，但频繁修改法律或改变政策，也会影响投资环境。资源国内部的民族矛盾和贫富差距矛盾都会造成社会混乱，严重影响投资环境。政治稳定性的评估，不仅要看到现状，还要预测未来，难度比较大。

长期存在的民族、宗教矛盾造成的社会不稳定更是许多发展中国家普遍存在的问题。苏丹是一个典型的例子，雪佛龙公司在已经发现了两个油田的情况下退出苏丹勘探区块，其重要原因是社会动乱，无法正常作业。拉美的许多国家也存在类似问题，如哥伦比亚的库西安纳油田是20世纪90年代世界十大发现之一，但其输油管线不断受到游击队破坏，游击队问题长期得不到解决，西方石油公司只好出让这一大油田的股份。

对于政治不稳定性，包括影响程度和发展趋势要做具体深入的分析。如安哥拉是一个内乱不止的国家，但影响仅在陆地部分，没有涉及海洋，所以有大量外国石油公司进入海洋勘探和开发油气，使安哥拉成为非洲第二大石油输出国。苏丹虽然存在内乱，但中国石油公司比较好地应对了这个问题，因此，成为中国石油公司在海外的主要石油生产基地之一。

政治不稳定和动乱频繁的国家多被评价为投资的高风险地区。21世纪以来，世界发生了巨大变化，不断出现政治动荡。如“阿拉伯之春”运动，自2010年底在北非和西亚的阿拉伯国家和其他地区的一些国家发生的一系列以“民主”和“经济”等为主题的反政府社会运动，先后波及突尼斯、埃及、利比亚、也门、叙利亚等国，多国领导人先后下台，其影响之深、范围之广、爆发之突然、来势之迅猛吸引了全世界的高度关注，使上述国家的政治、法制和社会环境处于不稳定状态，投资具有很大风险，随着政局由乱到治的逐步改善，也将给国际油气勘探开发市场的投资者带来机会。

2. 与资源国政府关系评价

海外油气开发项目投资大、周期长、风险大，大部分项目资源国政府或国家石油公司是合作的主体。不论项目直接来自资源国政府，还是从其他公司转让，海外油气开发项目成功的关键在于能否与资源国政府建立良好的关系。

与资源国良好的关系有助于获得油田开发项目。当今世界的油气开发市场竞争十分激烈，要得到一个潜力大、代价小的项目十分困难。一部分项目仍在政府或国家石油公司手里，通过招标、双边谈判或国家石油公司私有化，使外国石油公司有机会进入，良好的国与国之间的关系，有利于获得这种机会。有些项目政府领导人或重要的政界人士直接出面，或采取政府贷款支持的办法直接获取；有些重大项目甚至首先签订政府间协议，然后再由石油公司运作。

与资源国良好的关系有助于得到比较优惠的合同条款。良好的两国关系必然存在广泛的合作关系，涉及政治、经济甚至军事领域，比较容易互谅互让。合同条款对项目的成功至关重要，主动权掌握在资源国手中，但是国际石油公司的投资与回报可以和资源国通过反复协商确定。与资源国政府良好的关系有利于在合同谈判中不至于提出苛刻的条件，从而达成互惠双赢协议。

与资源国良好的关系有助于油田开发项目的生产经营。不论项目来源于政府、国家石油公司，还是从其他跨国公司获得，在项目经营时必然要与资源国政府、国家石油公司打交道，如油田开发方案的审批、项目许可证延期、物资和油气的进出关、非资源国人员劳务许可、当地劳动力的雇佣等问题。项目作业时会与地方当局和当地居民发生广泛接触，良好的两国关系有利于解决出现的问题。

与资源国关系好坏对投资环境的影响相当大。一些西方石油公司认为投资环境差的国家，并不等于从中国石油公司的角度看也是投资环境不好的国家。与资源国良好的关系有助于改善投资环境，如税收纠纷问题的解决。

3. 作业环境评价

海外油田开发可行性方案需要对项目作业环境开展评价，作业环境对地面工程建设作业成本和作业进展有很大影响。作业环境因素大致包括地面条件、交通条件、气候、基础设施和物资供应等。

地面环境千差万别，沙漠、沼泽、河网、高山、森林、极地、深海都将大大提高作业费用。沙漠、沼泽都要使用特殊的交通工具和施工机械。高山上的地震作业和钻井都要使用直升机支持；森林地区的地震采集作业可能要砍伐森林，造成植被破坏和环保影响；深海的钻井成本将成倍增加，单井低产难以实现经济有效开发。复杂困难的地面条件，将影响油气开发项目的经济效益。

交通条件包括已有的铁路和公路状况，油气区离交通中心的距离，新建铁路和公路的难易程度及成本。一切油田开发的物资设备和人员都要通过运输线进入油田工区，交通设施对开发项目的经济效益有很大影响。

基础设施和物资供应包括作业区是否有能源供给，是否存在电网、通信系统和医疗系统，是否能及时采购到生产物资和生活用品，是否存在作业和生活的社会依托，社会依托程度低，作业成本高。

在一个国家的各个地区作业环境可能存在不同程度的差别，国家越大这种差异可能越大，如俄罗斯的欧洲部分与东、西西伯利亚相比差别就很大，在可能的情况下应首选作业条件好的地区，但不要放弃作业条件困难的地区，许多评价选择标准都是互补的，作业环境不应成为项目的否决因素。

第三节　海外油田开发概念方案设计策略

油田开发概念设计是指一个油田在勘探过程中第一口探井见到工业油流后，油田开发人员开展早期油藏评价，充分应用地球物理资料和发现井地质及试采资料，详细阐述继续详探评价的步骤及转入实施开发的条件，提出需要补充录取的资料及需要开展的开发先导试验，对油藏开发机理着重开展研究和敏感性分析，统筹各项开发准备工作，为油田开发早期科学决策提供依据。

一、做好海外油田开发概念方案设计的重要性

海外油田开发投资面临复杂的国际政治经济环境，在不同的开发阶段有着不同的风险，投标决策阶段的主要风险是矿权取得风险，石油勘探阶段主要风险是地质风险，石油开发阶段主要风险是地质风险、开发生产风险、油价风险及汇率风险。储量风险和开发产量风险在一定程度上可以通过深化研究和技术进步加以控制。但在整个投资过程中始终有政治风险，其中政治风险、汇率和油价变动风险都是项目不可预见风险，石油公司经常在全球范围内收付大量的外汇或拥有以外币表示的债权和债务，汇率发生不利波动，将会给石油公司带来较大损失。海外石油开发投资的期限较长，一般在20～25年，经济效益对原油价格非常敏感，原油价格的波动对整个投资来说是潜在的巨大风险。

海外勘探区块获得石油发现后，进入开发阶段，包括开发井的钻井和地面工程建设等，能否按预想的回收成本及获得利润，容易形成开发投资风险。开发投资风险与地质储量的落实程度、开发方案与地下储层的适应程度、开发技术水平等有关。进入油气生产阶段，能否在预想的期限内达到设计的油气产量，形成产量风险。产量风险与储层物性、储层非均质性、流体特征、开发方式及采油方式有关。油田产量是整个石油勘探开发的最终成果，是所有收入的源泉，所有的石油勘探开发投资和利润都要靠产量来回收和获得。

在上述多种不确定因素条件下，海外油田的早期开发阶段风险控制尤为重要。这个阶段对地下的构造、储层分布、含油面积、储量大小等地质特征及参数还没有完全搞清楚。在油田勘探投入大量投资后，油田开发产能建设才刚刚起步，油田开发还基本处于净投入状态，资金回收的风险大。因此，应做好油藏早期评价，减少不确定性和投资风险，确保合同者及中方效益的最大化。

二、海外油田开发概念方案设计原则

海外油田开发概念方案设计原则是充分合理利用天然能量，以“少投入、多产出，经济效益最大化”为目标，根据地质油藏特征，按照整体部署、分批实施和及时调整原则，论证油藏评价部署的依据和要解决的主要问题，提出油田开发初步部署，确定开发方式和产能规模。

油田开发概念设计首先要搞清油藏类型，包括构造、储层、驱动类型、流体性质等初步认识；二是开展储量评价，初步弄清储量规模；三是论证单井产能、开发方式、开发部署，预测油田的生产规模；四是规划可能采用的主体工艺技术，包括钻完井工艺、油层改造、举升工艺；五是轮廓设计不同集输工艺的地面工程方案；六是初步预测和评价油气产品结构、销售及开发经济效益；七是编制开发方案应继续录取所需的资料及各项准备工作，包括为计算储量提出应补充开展的地震、评价井、测试、分析化验等工作，对于地质情况比较复杂或面积较大的油田，应分批钻评价井或局部钻控制井，必要时可开辟先导试验区，以取得对油藏的正确认识，减少总体方案的风险性；对于比较简单的整装油田，可以根据概念设计进行水、电、路、通信建设的准备工作，抽稀钻基础井网井等。

在油田开发概念设计阶段，往往只有发现井及少数评价井资料，对油藏的认识还存在许多不确定性。不同的油藏类型和获得的各种信息量多少对设计的可信度影响很大。对于构造简单、含油面积大、油层厚度大、储量丰度高、获得较多储层信息的油藏，油田开发概念设计的可信度比较高；对于复杂断块、构造—岩性和岩性油藏，必须采用滚动勘探开发程序，进行滚动评价和滚动开发，复杂类型油田的开发概念设计难度相对较大，可信度也会相对低一些。对这两大类油藏概念设计所提出的开发程序应该有明显的差别，对所提出的开发部署、开发指标、经济指标，都应指明可能波动的幅度和区间。

三、开发概念方案设计实现新油田快速高效开发实例

海外油田开发遇到的新油田一般有两种类型：一种是中方进入勘探区块以后新发现的油田，另一种是资源国政府或前作业者已发现，但由于油藏描述难度大、工程技术难度大导致长期得不到开发的新油田。相对而言，后一种新油田不用承担前期勘探投资，虽然开发难度大，但开发和工程技术一旦取得突破将能支撑快速建产。下面以两个实例分别说明两种新油田开发概念方案设计的主要做法。

1. 勘探发现新油田开发概念方案设计实例

勘探区块在第一口探井获得工业油流以后，油田开发技术人员应提前介入勘探区块研究工作，随时跟踪现场资料，部署评价井位，提前做好油藏早期评价，设计试采方案，制定正确的开发决策，根据最新的油藏动静态资料，开展油田地质油藏特征研究，评价单井产能及油田产能规模，优化开发技术政策，编写油藏开发概念设计方案，为油田的规模上产奠定基础。下面以哈萨克斯坦北特鲁瓦油田开发概念设计方案为例予以说明。

（1）油田概况。

北特鲁瓦油田位于哈萨克斯坦滨里海盆地某区块，2002 年 6 月中石油与哈萨克斯坦能源矿产资源部签署了该区块的勘探合同，勘探期限为 6 年，可延期两次，每次延 2 年。2006 年 8 月，北特鲁瓦构造的第一口探井 CT–1 井完钻，在 KT–Ⅰ层和 KT–Ⅱ层均获得高产油流。截至 2008 年 6 月第一勘探合同期结束，在北特鲁瓦构造上已完钻 10 口探井和评价井。

含油层系 KT–Ⅰ和 KT–Ⅱ位于石炭系，KT–Ⅰ层构造形态和 KT–Ⅱ层相似，为一轴向北北东的断背斜，构造比较平缓。储层类型以孔隙型为主，其次是裂缝—孔隙型和孔缝洞复合型，总体上 KT–Ⅰ储层物性优于 KT–Ⅱ。KT–Ⅰ层储层孔隙度在 7.2%～24%之间，平均为 12.3%，储层渗透率在 0.7～4709.3mD 之间，平均为 121.3mD。KT–Ⅱ层储层孔隙度在 5.7%～16.4%之间，平均为 10.0%；储层渗透率在 0.1～2114.4mD 之间，平均为 85.1mD。

KT–Ⅰ与 KT–Ⅱ均属于高饱和油藏。地层原油表现为“四高二低”特征：气油比、体积系数、收缩率、压缩系数高，原油密度、黏度低。北特鲁瓦油田 KT–Ⅰ含油层系为具有层状特征的带边底水的弱挥发性饱和油藏（图 4–5），KT–Ⅱ含油层系为具有层状特征的带气顶和边底水的弱挥发性饱和油藏（图 4–6）。

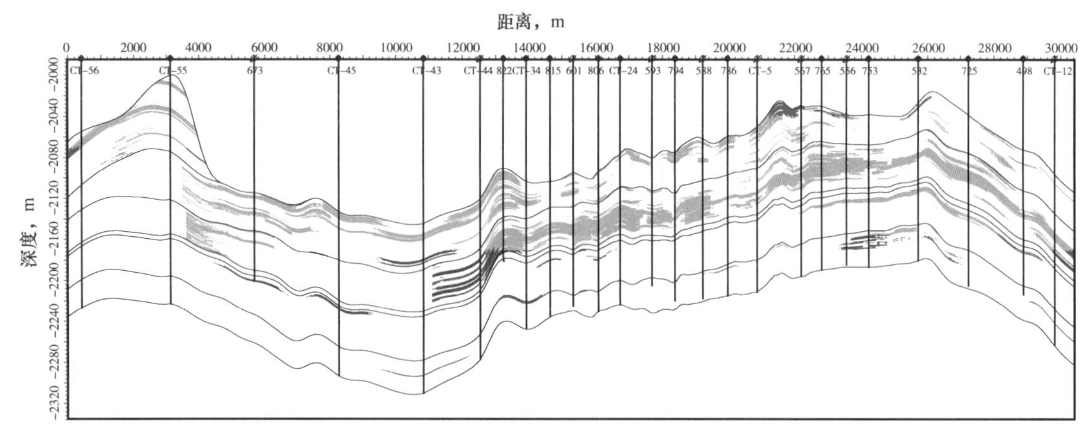

图 4-5　北特鲁瓦油田 KT-Ⅰ层油藏剖面图

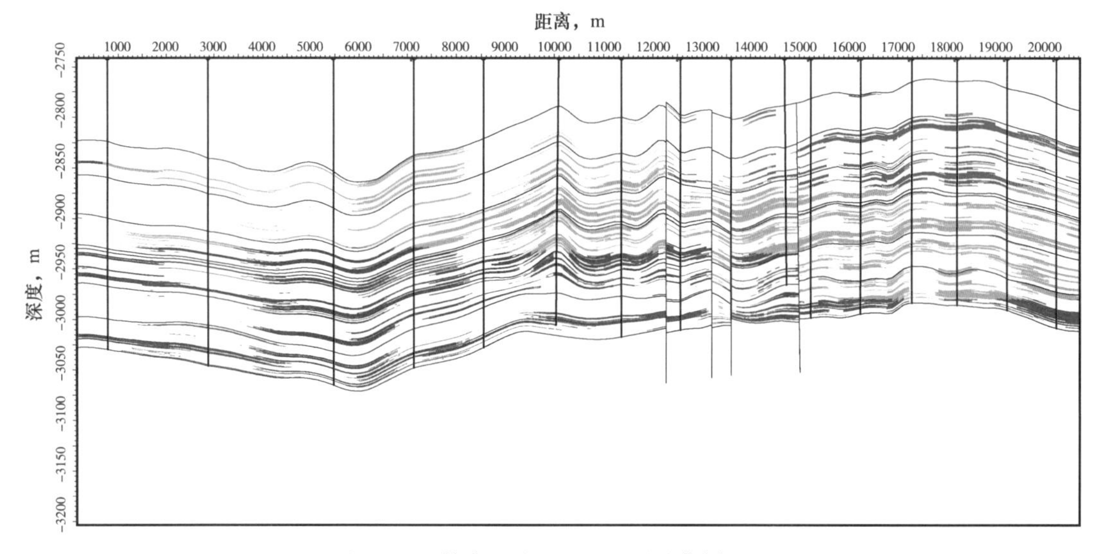

图 4-6　北特鲁瓦油田 KT-Ⅱ层油藏剖面图

（2）开发概念方案设计。

试采期紧密衔接勘探期，发挥了油藏评价和快速回收投资的作用。北特鲁瓦油田经过开发提前介入勘探区块研究，在勘探期就对油藏性质有了一定了解。2008 年第一勘探结束后即转入试采，在早期研究成果指导下，部署的试采井开发效果良好，试采期产量快速上升。在试采过程中及时更新资料，加深对油藏的认识。

合理开发层系。北特鲁瓦油田纵向上有 KT-Ⅰ、KT-Ⅱ两个含油层系，两套油层之间的泥岩隔层厚度达 350m，两个含油层系之间储层跨度达 800m，为了减少油层之间的干扰，合理开发层系采用 KT-Ⅰ层和 KT-Ⅱ层各一套井网。

合理井网和井距。应用苏联学者谢尔卡乔夫的油田最终采收率和井网密度之间的关系式，确定不同井距下单井水驱控制可采储量（图 4-7），KT-Ⅰ层在井距为 700m 的情况下单井控制可采储量最大，KT-Ⅱ层在井距为 500m 的情况下单井控制可采储量最大。考虑到开发初期先部署稀井网以及后期的开发井网调整，将开发初期基础井网设计成 1000m 井距的反九点井网，先钻基础井网作为控制井，进一步落实储量与油层分布，逐步将 KT-Ⅰ层和 KT-Ⅱ层井网分别加密至 700m 和 500m 井距的反九点井网。

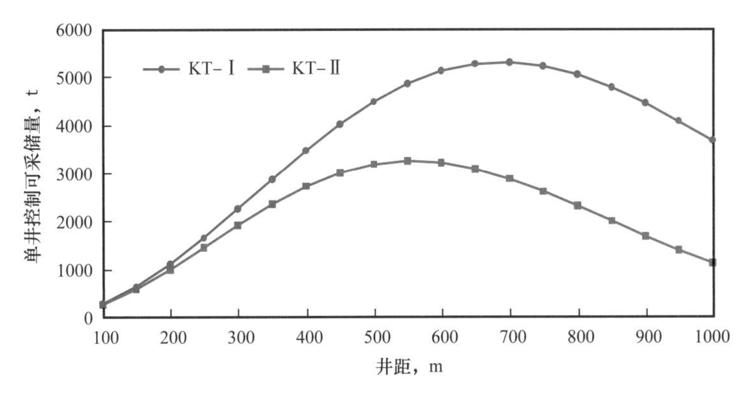

图 4-7　井距与单井控制可采储量的关系

合理开发方式。北特鲁瓦油田为高饱和油藏，地饱压差小，油藏压力下降将会导致溶解气析出，影响油田开发效果，因此，应该在油田开发早期补充地层能量开发。利用井组数值模拟机理模型对比了相同井网条件下注水与注气的开发效果（图 4-8 和图 4-9）。注水开发效果好于注气开发。由于储层存在裂缝，注气易气窜，小井距条件下注气开发效果变差，而注水在小井距条件下见效快，开发效果更好，因此，应采用注水开发。研究显示，随着压力保持水平降低，合同期末采收率逐渐下降，因此，越早注水，开发效果越好（图 4-10）。

合理采油速度。通过调研，与北特鲁瓦油田储层性质相近并且开发效果较好的 4 个碳酸盐岩油藏在注水开采方式下的采油速度在 1.49%～4.08% 之间，平均为 2.25%。通过井组数值模拟研究，北特鲁瓦油田采油速度为 2% 时，采收率最高，因此，油田合理采油速度确定为 2%（图 4-11）。

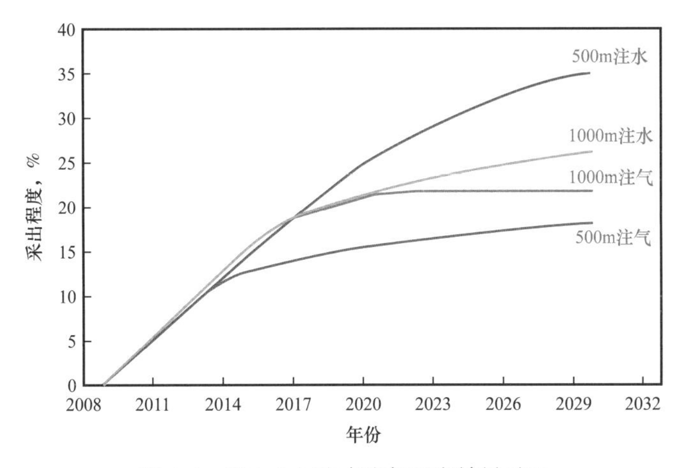

图 4-8　KT-Ⅰ层注水注气开发效果对比

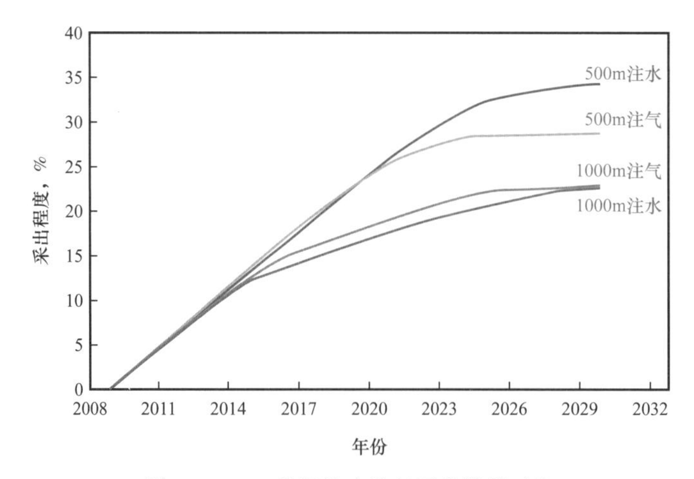

图 4-9　KT-Ⅱ层注水注气开发效果对比

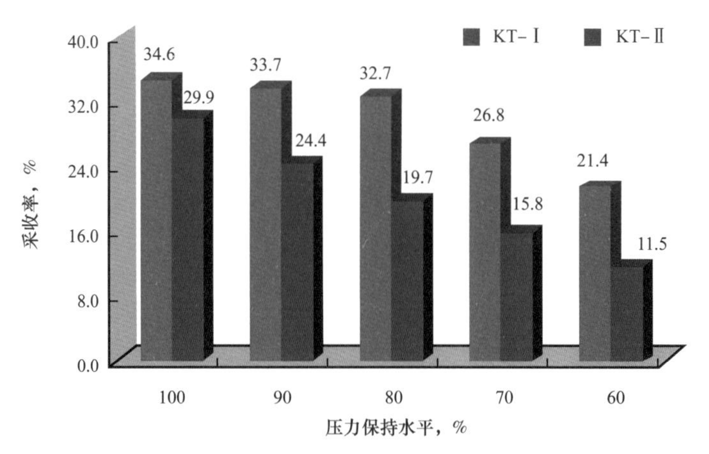

图 4-10　北特鲁瓦油田不同压力保持水平下采收率对比

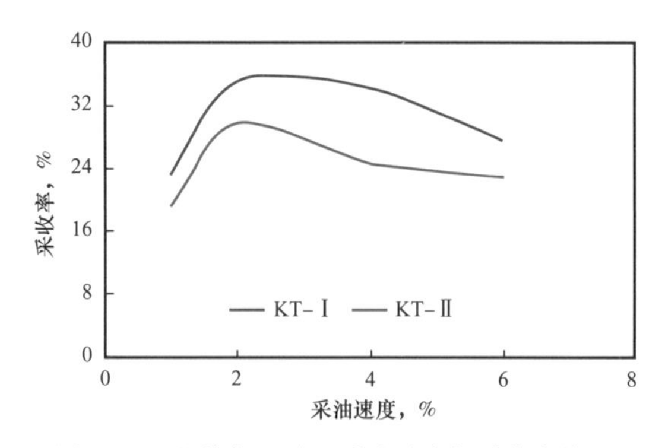

图 4-11　北特鲁瓦油田采油速度与采收率关系

合理生产压差和合理单井产量。利用试油资料，绘制流入动态曲线，确定 KT-Ⅰ层和 KT-Ⅱ层合理生产压差分别为 1.5MPa 和 2MPa，根据合理生产压差及油藏采油指数、平均油层厚度等资料，同时考虑储层动用程度，确定 KT-Ⅰ层和 KT-Ⅱ层合理单井产量分别为 200t/d 和 100t/d。

北特鲁瓦油田勘探及试采期就累计采出原油 492×10^4t，地质储量采出程度为 2.6%，在试采期间内回收了所有勘探投资，支撑了 2011 年编制油田开发方案，2012 年下半年获得开发许可证，油田产量逐年攀升（图 4–12），取得显著的经济效益。

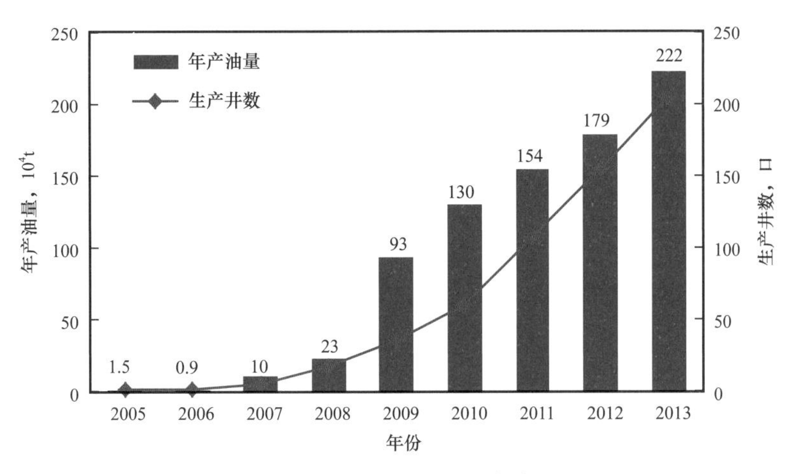

图 4–12　北特鲁瓦油田历年产量

2. 前人发现新油田开发概念方案设计实例

哈萨克斯坦肯基亚克油田盐下油藏构造上位于滨里海盆地东缘肯基亚克构造台阶，盐下的下二叠统和中石炭统是该油田的主要含油层系。盐下二叠系油藏属于异常高压岩性圈闭油藏，盐下石炭系油藏属于异常高压构造油藏。盐下二叠系油藏的储层为陆源碎屑岩，盐下石炭系油藏的储层为碳酸盐岩。

肯基亚克油田盐下油藏是 1971 年 6 月由苏联发现的，1997 年中石油接管之前共钻井 42 口，其中工程报废和地质报废 40 口井，苏联认为该油田是没有开采价值的经济边际油田：盐下油藏单井产能低，单井产量只有 38～69t/d；钻完井技术难度很大，成本高，单井钻井费用高达 600 万美元以上。苏联解体后，西方大石油公司，如埃克森、雪佛龙、BP 等公司也曾多次对该油田进行过技术经济评价，但都由于开发技术难度大、经济风险高而放弃，因此，发现 30 多年来一直未投入开发。中石油进入后，经过多专业综合分析，认为主要是油藏描述难度大和钻完井技术难度大，巨厚盐丘下的碳酸盐岩有利储层发育规律难以预测，致使苏联时期所钻各类探井、评价井产能太低，钻完井成本太高，难以实现油藏的经济有效开发，需针对性开展攻关。因此，编制油田开发概念方案时，需要开展早期油藏描述，在平面上、纵向上寻找高产区带，确定优先开发的优质储量，即高渗区，然后动用低渗区，随后再滚动扩边。结合钻完井技术的进步和降本增效，以实现快速高效开发。

为了解决盐下油藏开发建设中单井产能低的技术难题，围绕主力石炭系油藏“在平面上寻找高产区，纵向上寻找高产带，稀井高产”这一思路，充分利用盐下油藏 $365km^2$ 的三维地震资料，开展油藏精细描述研究，完成了三维地震资料的叠后时间偏移处理、解释和高产区带预测，对构造及储层有了新的认识，实现了在平面上找到了高产区，纵向上找到了高产带，盐下碳酸盐岩储层高产区分布主要受岩相和裂缝分布控制，在平面上具有分区性，即高产区（Ⅰ类区）、中产区（Ⅱ类、Ⅲ类区）和低产区（Ⅳ类区），高产带分布主要受控于岩溶作用，纵向上具有分带性，优质储层主要位于岩溶斜坡带、台地边缘相和断裂系统附近（图 4–13、图 4–14）。

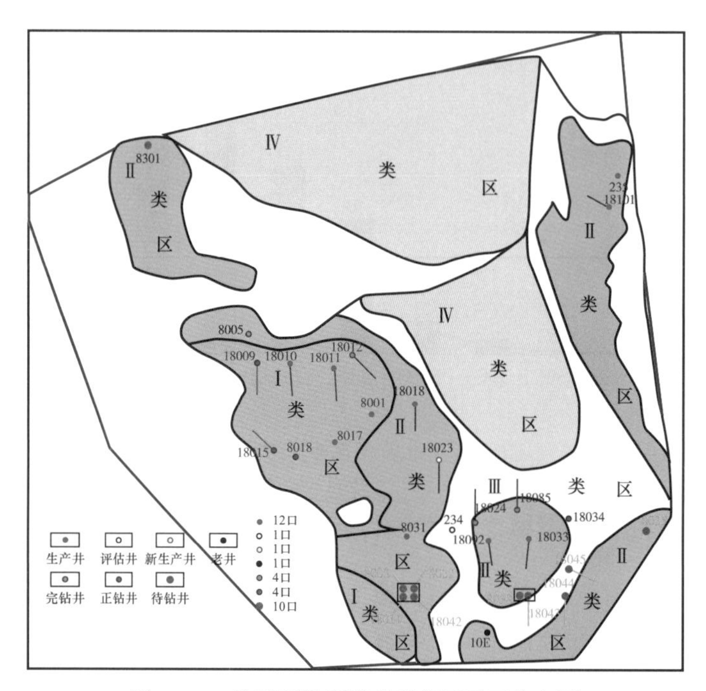

图 4–13　盐下石炭系油藏高产区平面分布图

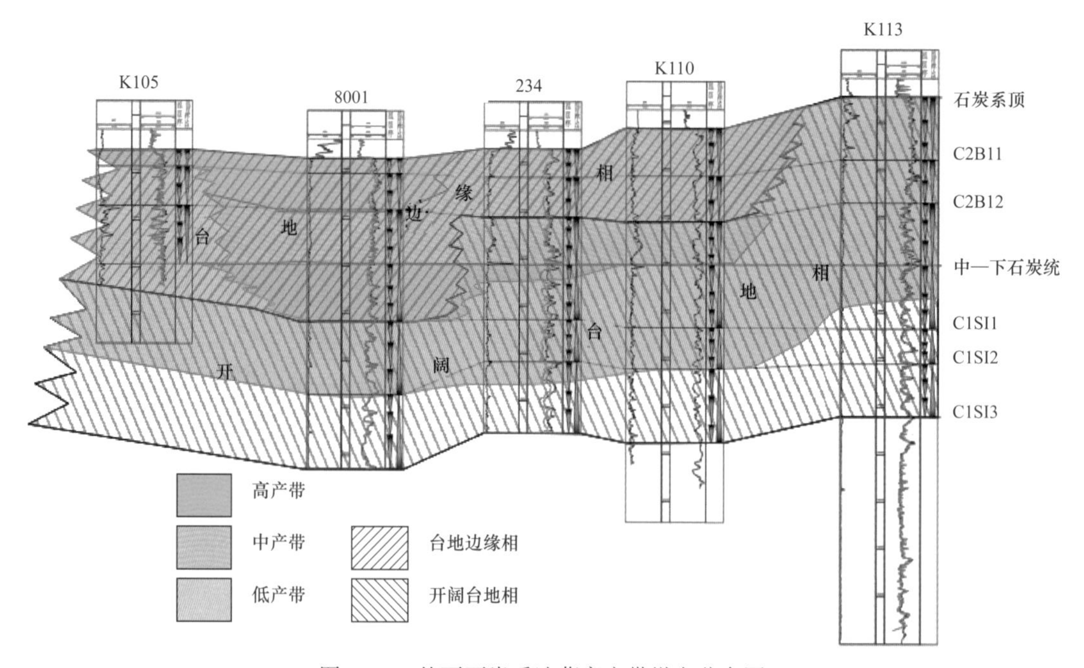

图 4–14　盐下石炭系油藏高产带纵向分布图

采取资源先“肥”后“瘦”、先“易”后“难”做法，优先选择富集且技术难度小的资源先开发，而对低品位资源考虑后开发。因此，提出石炭系油藏布井原则为：不考虑整个油藏动用开发，选择高产区块，非均匀布井，提高油田开发经济效益；选择裂缝发育带布井，提高单井产能；充分应用大斜度井和水平井技术，提高储量动用程度和单井产能；提高钻井速度和固井质量，减轻钻井过程中对油层的伤害，同时应用酸化技术清除井底污染，提高单井产能。同时纵向上考虑石炭系生产井无经济效益时，上返低品位的二叠系开采，不单独部署新井。

在高产带预测与井位优选的基础上，确定盐下石炭系一次采油阶段开发策略是稀井高产，充分利用天然能量开发，利用大斜度井、筛管完井、油井酸化等措施提高单井产能。石炭系开发概念设计的推荐方案为井距900m，注水时机为地层压力由原始的80MPa下降到45MPa时开始注水，设计新钻采油井26口，注水井17口。

方案实施后平均单井产量比苏联时期提高了5倍以上，其中2口井单井产量达到了日产1000t以上。钻井成功率达100%，单井平均钻井周期为209天，比苏联时期单井缩短钻井周期263天。通过开发概念方案和后续的开发方案实施，将发现30年未能投入开发的油田在3年时间内建成年产200×10^4t的生产能力，将原认为不可动用亿吨级地质储量转变为优质储量，将苏联和西方石油公司普遍认为的边际油田变成高效开发的油田，用3年时间收回全部投资。

第四节　海外油田总体开发方案设计策略

油田总体开发方案是在详探和试采的基础上，经过充分综合研究后，对油田开发方式、开发层系、井网井距、产能规模、开发部署及经济效益等因素进行充分论证，编制油田正式投入长期开发生产的总体部署和设计，是指导油田开发工作的重要技术文件，是油田开发建设和开发管理的依据。油田投入开发必须有正式批准的开发方案设计报告。

一、总体开发方案设计原则

油田总体开发方案设计原则是确保油田开发取得好的经济效益和较高的采收率。海外油田总体开发方案设计在前期开发概念设计的基础上，还要有机结合地质油藏条件的深化认识和合同条款以及投资环境，把握以下三个原则：

（1）总体开发方案设计要充分利用开发概念方案设计阶段和实施的经验。开发概念方案设计限于资料和认识程度有限，经过试采阶段和实施后油藏的动态特征一般与概念方案设计指标有所偏差。因此，在总体开发方案设计时需要认真总结开发概念方案设计阶段的经验和认识，利用实施后新增的动静态资料深化油藏认识，从而优化关键开发技术政策设计，实现实施后取得较好开发效果和经济效益。

（2）总体开发方案设计要和合同模式紧密结合，设计区块总体建产规模和期次。不同于具体油田的开发概念设计。总体开发方案设计一般要在地质油藏特征认识的基础上，在区块或“篱笆圈”层次上设计总体建产规模，优化建产期次，并在设计中做好与合同条款的结合，优化技术经济指标。

（3）总体开发方案设计要考虑全生命周期开发策略。总体开发方案设计决定了总体产能规模、开发技术政策等。如采用高速开发模式的区块往往会较快暴露开发矛盾，高速开发造成边水指进，底水锥进，气顶气窜，油藏内剩余油分布复杂，压力传导很不平衡，给油藏开发中后期或高含水期调整带来困难。与国内同类油田开采特征相比，在同样采出程度下，其含水率远高于国内油田。海外油田的这种高速开发方式给技术人员提出了更高的要求，要密切跟踪生产动态，快速诊断生产存在的问题，缩短调整周期。这就要求要及时衔接开发调整方案设计，做到及时调整、优化调整，从而确保高速开发后油田能够继续在一定产能台阶上继续稳产一段时间，有利于资源国和合同者。采用中低速开发的区块对衔接开发调整方案设计没有那么紧迫，可以在总体开发方案设计过程中滚动优化，确保稳产。

二、总体开发方案设计策略

1. 利用试采资料深化地质油藏认识，制定总体开发策略

油田开发初期主要任务是上产，也就是使油田产量迅速达到要求的最高水平，其特点是产油量和生产井数迅速增长。这个阶段主要取决于储量的大小、技术发展水平、油藏的地理位置、产层埋藏深度以及原油的商品质量和市场需求等。

油田初期阶段要尽量搞清油藏的构造特征，充分研究试采阶段各种动静态第一手资料，检查分析这些资料是否与开发方案中所用的基础资料相符合，不符合时开发方案就要及时修正，因为这关系到今后的油田开发进程。

油田上产阶段追求的目标是经济效益好、一次采油采出程度高。开发原则是“有油快流、好油先投”，把地质条件好、能量充足的主力油田优先投入开发，把优质主力油层投入开采，争取在开发初期采出尽量多的原油，实现一次采油效益最大化。同时，继续不断投入新油田进行开发，实现产量不断上升。

苏丹 1/2/4 区 1996—1999 年对 Greater Heglig 等油田进行试采。该油田主要储层为 Bentiu1 和 Bentiu3，油藏类型为强底水油藏，储层平均有效厚度为 20～30m。油藏厚度大，储量丰度高（330×10^4～630×10^4t/km^2），底水活跃，储层物性好，平均孔隙度为 23%，渗透率范围为 500～5000mD，地饱压差大，稀油地下原油黏度小于 20mPa·s。试采共投入生产井 11 口，平均单井产量在 318t/d 以上。主要任务是跟踪和分析油井采油指数、射孔原则、井网密度、天然能量等关键开发因素的影响和变化。通过试采总结了以下有利于稀井高产的地质油藏因素：

（1）构造相对简单。

以断鼻、断块、断背斜构造为主，每个油田由主力断块和数个小断块油藏组成，除了主控断层外，每个断块内部发育一条或几条小断层。油层埋深在 1500～2500m 之间。

（2）砂岩储层分布稳定。

大多数主力层可在区域内追踪对比，油田范围内油层钻遇率达90%～100%。苏丹1/2/4区项目的Bentiu油藏各油组，在各个油田均有稳定发育。

（3）储层物性好。

储层岩性以细—中粗砂岩为主，岩石主要成分为石英及长石。胶结物含量不超过14%，黏土矿物以亲水性比较强的高岭石为主，基本无蒙脱石。储层物性非常好，平均孔隙度为15.0%～24.2%，渗透率平均为160～36000mD，中高孔高渗透，含油饱和度平均为50.0%～72.5%。储层孔隙类型以原生粒间孔隙为主，孔喉半径大，微观孔隙连通性好。Bentiu储层具有双孔喉分布特征。

（4）原油性质好。

这些油田的原油基本上属于密度小、黏度低、凝固点高、气油比低的低含蜡原油。地面原油密度为0.83～0.89g/cm^3，地层原油黏度为4.8～25.7mPa·s。油水黏度比较小，一般为10～30，原油凝固点高（12～40℃）。

（5）单井产能高。

由于油层孔隙度和渗透率属于中—高水平，原油黏度又较低，因此，产层的流度比高，一般在60～1000mD/（mPa·s），最高达2000mD/（mPa·s）以上，如Toma South油田的Bentiu1油组A小层，21口油井中曾经有6口井单井日产10000bbl（1590m^3）以上。

（6）有活跃的边底水能量。

这些由断鼻、断块、断背斜构造油藏组成的油田，大多数储层与广阔水体相连，有活跃而充足的水体能量补给，足以支持油田的高速开发。

在充分分析试采资料基础上，苏丹1/2/4区制定的开发策略有以下几个方面：

（1）在试采基础上超前进行油田开发方案研究和编制，提前订购实施油田开发方案所需的各种管材和设备；

（2）简化地面工艺流程，加快油田产能建设，分阶段推进地面工程建设；

（3）优先开发优质储量，制定优化投产策略，实现早日投产，提前回收投资；

（4）采用稀井网高产，高速开发，规模建产，单井见水后提液保持稳产；

（5）实施先衰竭开采后补充能量的开发模式，充分发挥一次采油潜力，推迟或延迟注水。

2. 设计区块合理产量规模和建产期次，实施“好油先投”策略

海外油田开发经营必须处理好投资与回收、规模与效益的辩证关系。投资是保证回收的前提，必要的投资是形成规模产能的基础，促进项目资金回收，才能产生效益；回收是投资的根本，一切投资都是在能够保障回收的前提下进行的，盲目扩大投资必然为油田开发项目带来巨大风险；效益是投资的目的，追求最大经济效益是海外油田开发经营的核心；规模产量产生显著经济效益，是加快回收的保证，海外油田开发只有在一定规模产量条件下才有较大经济效益。

对一个油区要考虑一定的稳产期、高产期；单个油藏及有接替储量的区块，稳产期长短不作为方案选择的标准；具备高速开采条件的油藏，应根据油藏条件、市场状况确定开采速度；在油藏开发初期利用天然能量开采的油藏，初期可预留地面注水设施位置，但不建地面注水工程，尽量推迟注水开发时间。

高速建产模式在于大油田的支撑，要充分发挥主力油藏作用，分阶段部署井网，一次井网采用稀井网高产，先开发投入少、产能高、技术难度小、容易开发的主力油藏。大油田建产中产量贡献往往大于其储量比例，如苏丹 1/2/4 区 Greater Heglig、Unity 等 3 个主力油田储量占全区储量的 51%，南苏丹 3/7 区 Paloch 油田为特大型油田，储量占全区储量的 52%。这些油田都是建产过程中优先开发的主力油田，并且占据了较高产量比例。

此外，还需要有机结合合同模式，如苏丹的产品分成合同投资一般分 4 年回收，因此，在建产规模和阶段上一般采用"两步法"建成高峰产量，苏丹 1/2/4 区和南苏丹 3/7 区均属于"两步法"快速建产达到高峰产量模式，建产初期依靠主力油田达到 750×10^4～1000×10^4t/a 规模，初期投资开始启动回收，发挥循环投资作用，考虑到工程进度的协调和匹配，经过 4 年左右达到 1500×10^4t/a 高峰规模，实现了地质油藏条件、建产进度和合同条款的有机结合，取得了较好经济效益。

南苏丹 3/7 区在"两步法"建成高峰产量规模过程中，还根据地质油藏条件，实施"好油先投"策略，优化不同油品油田投产顺序，实现了高凝油油藏快速、安全、优质投产。南苏丹 3/7 区拥有世界上最大规模的高凝油田，面临着高凝油大规模开发和外输的难题和巨大风险。为了油田尽快投产，开展了南苏丹 3/7 区资源状况与产能结构配置分析，对各油田油品及资源构成进行分类，结合投产准备情况，研究不同凝固点原油投产的优化配置和产能结构，降低生产原油凝固点以达到外输要求，待外输温度场形成后实现全面投产，提出"早期优先投产相对低凝固点原油，再把凝固点大于 35℃的原油投入开发"的投产策略，实现"有油快流、好油先投"开发策略。初期把油品性质较好的两个规模较小油田全力进行生产，同时选择性投产主力油田油质较好的油藏，把 3 个油田生产的原油按照不同产量进行混合外输，达到降低原油凝固点和黏度的要求，2006 年 7 月，成功实现近千万吨级大规模高凝油田的早日开发和安全外输。

3. 确定油田合理采油速度，提高合同期采出程度

高速开发的油田其采油速度往往大于 2%。虽然从理论上讲，无论采用何种井网开发，都能采出所有的可流动油，只是在油田生产期内原油产量的分布不同而已。从同一油田的不同开发方案来看，油田开发项目采用较高采油速度，与采用较低采油速度的开发方案相比，开发初期油田原油产量高，而开发后期由于产量递减速度较快，原油产量反而低。为了降低海外油田开发过程中的风险，应在开发初期尽可能提高采油速度，尽快收回投资。另外，油田采油速度越高，储量的消耗就越快。因此，在勘探上没有更大突破的条件下，确定合理的采油速度对于油田可持续稳定发展也至关重要。

油田自身必须具有很好地质油藏条件，才能满足稀井高产、高速开发的要求。一是油藏构造简单，具有较大含油范围和较大的油柱高度；二是储层物性好，高孔高渗透，油

层厚度较大，分布稳定，连通性好；三是原油性质较好，流动性强，以低黏度的轻质油为主，低饱和压力和较低油气比；四是天然能量相对充足，很多主力油田衰竭式开采 5 年以上，油层压力依然保持在原始压力的 70% 以上；五是单井产能高，产量稳定，供液充足，产液指数较高。

经济效益最大化和可持续发展，是石油公司追求的生产经营重要目标，它能够促使经营管理者注重长期效益，避免短期行为，促进企业长期稳定发展。开发过程中存在一个经济上合理的采油速度，在此速度下既可得到较高的原油产量和采收率，又可实现相对较低的原油开发成本。对于已开发油田，提高原油开采速度往往是通过打加密调整井或提高各种措施工作量等方式进行的。如果采取改善油水关系、提高储量动用程度的调整井和措施，在提高采油速度的同时往往也提高了原油采收率，有时甚至还会降低原油含水率，一般不会明显增加原油开采成本。但若采取过度的强注强采等方式来提高原油开采速度，则会在一定程度上破坏地下油水关系，造成边水、底水突进或油层水淹等现象，导致原油含水急剧上升，产量递减速度加快，含水率升高必然使油田注水费、动力费、污水处理费、材料费、井下作业费等操作成本相应增加，导致原油开采成本迅速上升。

在进行油田开发生产时，对于不同采油速度的开发生产方式，国内外采用的原则一般是在一定的稳产期或保持一定采收率前提下，以较高的采油生产速度来满足国家或市场的需要。但油田投产初期，如果采油速度定得过高，在稳产期后原油生产的递减速度就会大大加快，项目的利润水平递减也就更加显著，反而造成总体经济效益减少。这种状况即使在一定程度上加快了项目投资回收，但势必会缩短油田的有效生产期和经济寿命期，甚至造成储采比失调，制约油田的持续稳定发展。确定合理的采油速度，以使合同期内油田开发获得整体最佳的经济效果，才能对海外油田开发的持续稳定发展有利。

苏丹 1/2/4 区 Toma South 油田是高速高效开发的典型实例。该油田于 1995 年发现，1997 年钻了 1 口评价井（TS–3 井），基本上落实了油田构造及含油范围。开发评价认为储层物性好，高孔高渗透，油层分布稳定；原油性质好，地层原油黏度为 5mPa·s，油水黏度比小；总体开发方案指标是部署 10 口油井，井距为 1000m，采用一次采油方式，设计高峰日产油 2.1×10^4bbl（$3339m^3$），稳产 2.5 年。

该油田于 1999 年 10 月正式投产，按 1 套层系利用天然能量开发。在初期开发过程中发现边底水能量十分充足：9 口油井依靠自喷开采 7 个月，日均产油 3.9×10^4bbl（$6201m^3$），是方案设计高峰日产油的近 2 倍；下泵转抽后连续 3 年平均日产油 4.7×10^4bbl（$7473m^3$），年采油速度为 4.7%，单井日产油水平为 4229bbl（$672.4m^3$）。充分利用边底水能量，采用稀井高产策略，仅用两年多的时间就收回了全部投资。后续监测资料显示，Toma South 油田开发 7 年多时，地层压力仍保持在原始地层压力的 78%，油井生产能力仍然非常旺盛，单井日产液量达 8000bbl（$1272m^3$）以上。2013 年后由于战争等原因停产，经过多年压力恢复和油水重力分异，2018 年重新开井生产，部分主力井仍有日产油 1000bbl（$143m^3$）的生产能力，截至目前采出程度已达到 36.7%，合同期有望实现 45% 以上采出程度，实现 50% 以上最终采收率（图 4–15）。

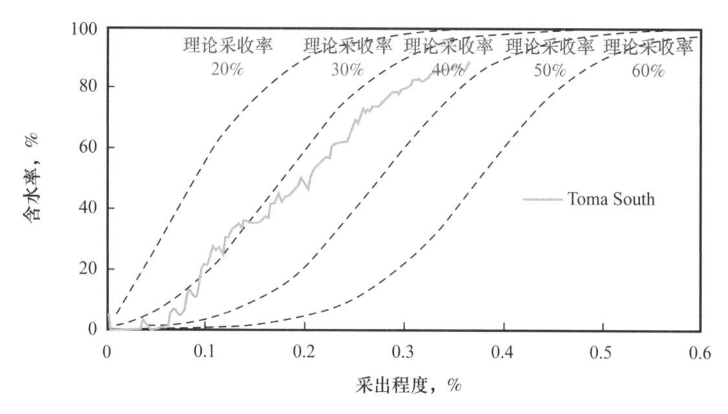

图 4–15　Toma South 油田含水率与采出程度曲线

4. 井网井型设计为开发调整留有空间，根据天然能量合理安排注水进度

井网井型设计是总体开发方案中重要的开发技术政策。稀井高产、快速开发的策略决定了开发井网不是一次完成，而是需要逐步加密调整。总体开发方案中要根据流度比、有限的开发期和单井经济极限，按照加密 2～3 次来考虑全生命周期井网，以此来确定稀井高产的初始井网，从而为后续调整留有余地。以苏丹 1/2/4 区油田为例，往往存在 2～3 个以上的油层，采用稀井高产策略，一般采用 700～1000m 初始井距开发。该区 2001 年建成 1000×10^4t/a 大油田后，在开采过程中逐渐完善初始井网，纵向油水界面多的主力油田开发层系逐渐细分为 2～4 套。随着老油田初始井网的逐步完善和新油田的陆续投产，苏丹 1/2/4 区产能规模逐年上升，逐步上升到 1500×10^4t/a 规模，并保持稳产 3 年。

初期开发以直井为主，有利于适应地质油藏条件和工程配套能力。国内外开发底水油田的经验证明，底水油田最好使用水平井开发，可以减少生产压差，延缓底水锥进速度。苏丹已发现的油田大部分由 2 套以上的储层组成，大部分为底水块状油藏，隔夹层比较发育。苏丹 1/2/4 区总体开发方案分析了已发现油田的储层流体条件，认为在油藏评价尚不充分的情况下，直接采用水平井开发油层钻遇率低，风险较大；另外，考虑到该地区石油工业技术基本为零，所有设备必须进口，更无相应的技术支持、配件，如果过分强调使用水平井开发油田，必然会延迟投产时间，增大海外投资的风险。经过认真研究后认为，如果全部采用配套技术非常成熟的直井开发，能满足高产的较大液量要求，大部分油田的开发效果，尤其是初期开发效果，与采用水平井开发效果相比，差异不是很大，因此，直井开发也实现了最大经济效益。初期采用直井开发还可以避免水平井在苏丹地区应用技术不成熟而导致的技术风险，充分利用隔夹层延缓底水锥进速度，有利于措施作业、换层生产。因此，在总体开发方案设计中，初期全部使用直井高速开发底水油田。

开发中后期可利用水平井挖潜，改善开发效果。初期采用直井提液高速开发强底水油田，中后期采用水平井挖潜开发进一步提高底水油田开发效果。随着对油藏特征的认识不断加深，水平井是开发底水油藏最有效方法之一。水平井井底流压小，不仅有效抑制了底水锥进，而且可以起到降低出砂甚至防砂的作用，水平井开采薄油层和底水油藏剩余油挖潜优势更明显。因此，在底水油藏开发的中后期，采用水平井进一步提高底水油田开发效果。

针对饱和压力较低、天然能量较为充足的油田，可以适当推迟注水进度，有效改善油田初期开发经济效益。实施全面注水开发，必须大规模建设地面注水工程，投资较大，回收压力大。因此，需要在总体开发方案设计和实施过程中密切跟踪天然能量强弱，从而做出科学合理的注水进度安排。以南苏丹 3/7 区油田为例，以多层状油藏为主，油田总体开发方案编制时认为边水能量有限，需要注水补充能量开发，并且合理注水时机为油藏压力降低到原始地层压力的 70%，时间上为油藏投入开发后 1.5～2 年就需要进行注水开发，才能实现较长时间高产稳产。总体开发方案进入实施阶段过程中，分两个层次研究合理的注水进度安排：一是投产 1 年后即开始在两个油田分别开展了一个井组的注水先导试验，评价注水开发效果，为全面注水开发打下基础；二是认真分析油田开发两年来的生产动态，认为天然能量比方案预计要乐观得多，可以进一步延迟注水，通过细分层系开采和井网加密调整，实现在更长时间内一次采油采出更多原油。因此，南苏丹 3/7 区油田注水实施时间推迟到投产 5 年后进行，避免注水开发的大规模投资风险，尽快实现了前期投资的回收，规避当时当地政局不确定性带来的投资风险，为实现全生命周期较好经济效益打下坚实基础。

第五节　海外油田开发调整方案设计策略

油田开发调整方案是指在分析油田开发动态或评价阶段开发效果时，发现与原开发方案设计相比出现了不符合油藏实际的情况，油田开发系统已经不适应开发阶段的变化，导致开发井网对储量控制程度低，注采系统不协调，开发指标明显与原开发方案设计指标存在较大差距，需要编制油田开发调整的总体部署和设计，是对油田开发系统进行调整和管理的依据。

砂岩油田是中石油海外油田开发的主体对象，主要分布在中亚、非洲、南美地区，主要是矿税制、产品分成合同，是海外品质最好的油气资源，也是前期生产经营效益的主要来源。海外砂岩油田自中方收并购后，为了快速回收投资，普遍采用高速开采方式。开发方式以天然能量和注水开发为主。主力砂岩油田高速开发后迈入高含水、高采出程度的“双高”开发后期阶段，可采储量采出程度达 60%，综合含水率达 80% 以上，面临含水上升快、综合含水率高、采出程度高、递减大、油藏压力保持水平低等生产问题，稳产形势严峻，开发面临严峻挑战。海外砂岩项目平均单井日产油水平呈逐年下降趋势，单井日产油 13.5m^3。地层压力保持水平总体较低，主力油田地层压力保持水平在 40%～60%，平面上注采井网不完善，纵向上采用笼统注水方式，水驱储量控制程度和动用程度均小于 60%。

因此，海外砂岩油田基本都进入开发中后期，面临着稳油控水和提高采收率的难题，需要编制各种类型的油田调整方案。海外油田开发调整指导思想是井网完善、局部加密井网和分层注水开发相结合，改善油田开发效果，充分开发未动用储量，实现较长时间高产稳产和经济效益最大化。下面以海外砂岩油田二次开发为例说明海外油田开发调整方案设计的特殊性和策略。

一、海外砂岩油田开发调整的特殊性

1. 国内砂岩油田二次开发特点

针对砂岩老油田在“双高”阶段中所暴露的开发矛盾，国内从2007年起实施了老油田二次开发工程。二次开发是指具有较大资源潜力的老油田，在现有开发条件下已处于低速低效开采阶段，采用全新的理念，重构地下认识体系、重建井网结构、重组地面工艺流程的“三重”技术路线，立足当前最新技术，重新构建新的开发体系，大幅度提高油田最终采收率，实现安全、环保、节能、高效开发的战略性系统工程。国内老油田实施二次开发的条件是油田服役年限大于20年，可采储量采出程度大于70%，综合含水率大于80%。

国内砂岩油田二次开发在技术创新和现场应用方面取得显著效果。在技术创新方面，典型油藏地质认识单元精细到单砂体，剩余油认识进入单砂体内部，层系井网对开发单元控制能力的目标提高到单砂体，深部调驱技术效果初显，工程技术配套有较大发展。在现场应用方面，先后有大庆、辽河、新疆、吉林、大港、冀东、吐哈、塔里木、玉门和青海10个油田进入二次开发现场实施，共有采油井16000口，注水井6700口，年产油达到800×10^4t以上，原油采收率将提高7.2%，为稳定老油田产量做出了贡献。

2. 海外砂岩油田开发调整的特殊性

由于海外项目受合同模式、合同期限、油藏特点、合作伙伴利益等多种因素的影响，海外砂岩油田既有与国内油田相似的共性，又有不同于国内油田的特殊性。直接借鉴国内二次开发技术，开展海外砂岩油田开发调整尚存在以下挑战：

一是以钻新井为重要手段的细分开发层系、井网重组难以实现海外老油田开发调整有经济效益。国内以密井网强化储量整体控制（图4–16），实现细分开发层系和井网重组，2007年至2013年底二次开发累计钻加密井10155口，新建产能1025×10^4t/a，平均单井初产为3.02t/d。而在海外砂岩油田中，哈萨克斯坦砂岩老油田在油价50美元/bbl条件下，经济极限初产为6.4～17.3t/d，若整体加密，单井实际初产为5.8～15.1t/d，合同期内难以回收投资。

二是国内二三结合模式在海外油田开发调整方案中受到有限合同期限的制约。国内水驱层系井网重组与后续的三次采油层系井网兼顾，在水驱潜力接近极限时实施聚合物驱、空气泡沫驱等三次采油方式，最终大幅度提高采收率10%～15%。而海外油田在有限合同期内水驱开发潜力难以达到极限，小井距下的二三结合模式也难以回收投资。如果不考虑合同期，直接借鉴大庆调整模式，海外砂岩油田也能取得很好的开发效果。例如PK项目典型砂岩油田在不考虑合同期的情况下，通过井网加密、井网调整及二三结合，原油产量可提高1倍，采收率提高7.8%（图4–17和图4–18），但是这种模式在海外特殊的开发环境中，经济效益非常低。

三是海外砂岩油田地层压力保持水平总体较低，平均在 50% 左右，与国内砂岩油田相比，海外油田开发调整基础明显不同。

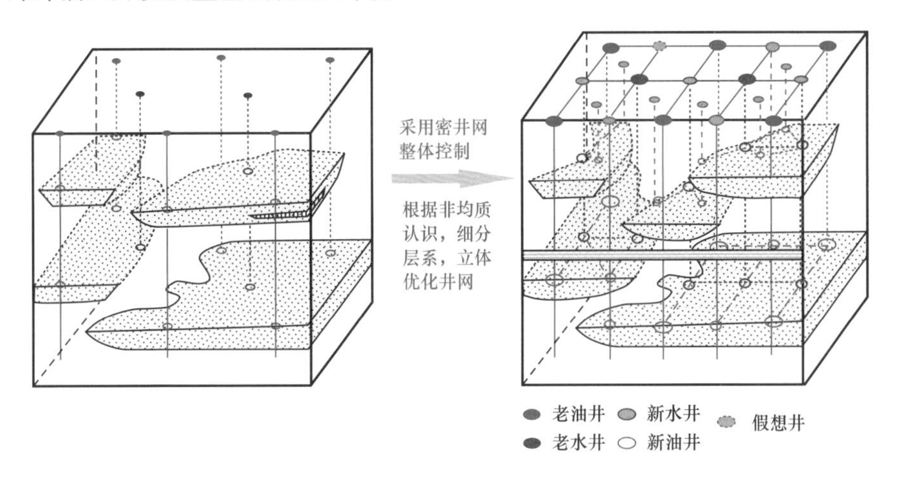

图 4-16　国内二次开发井网重构与细分层系模式

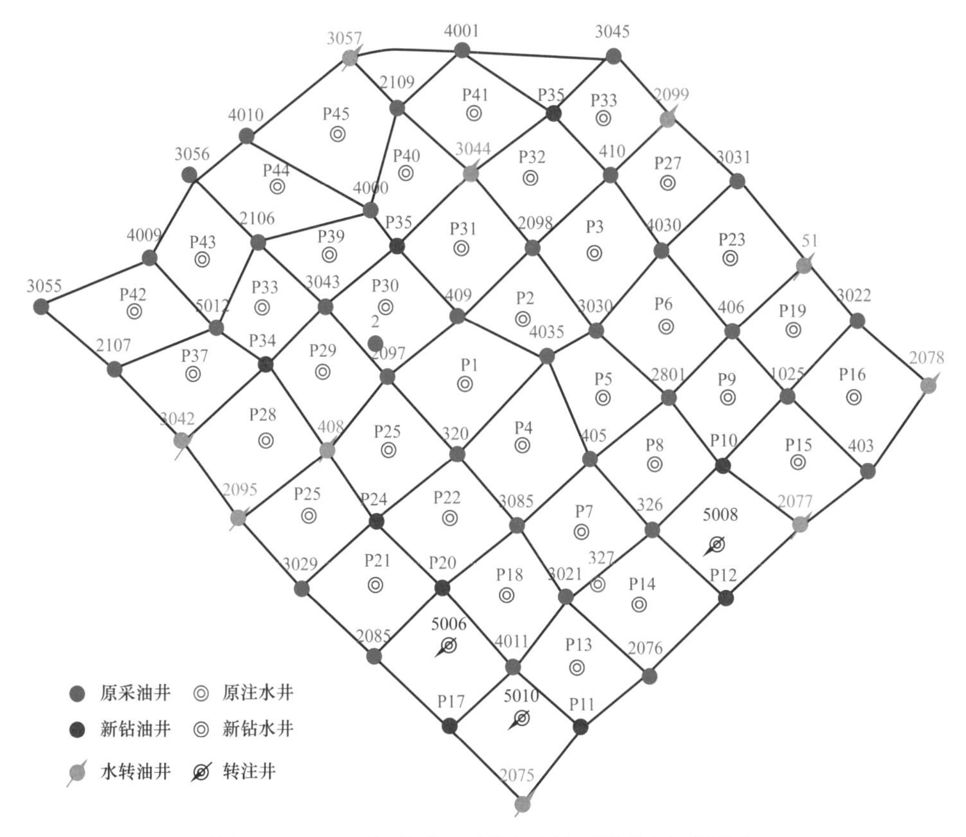

图 4-17　PK 项目典型油田按大庆油田模式井网调整图

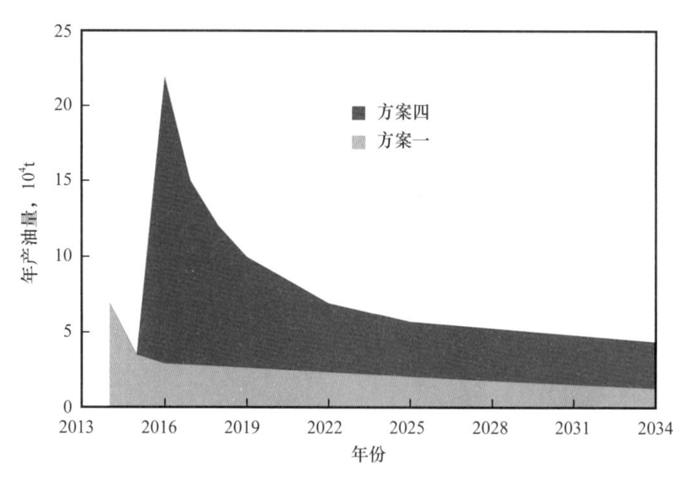

图 4-18　PK 项目典型油田按大庆油田模式产量剖面（方案四为加密方案）

因此，针对目前存在的技术难点，需要制定适合海外砂岩油田特点的开发调整技术思路和对策。

二、海外砂岩老油田开发调整策略

海外砂岩油藏类型多样，既有多层状油藏、低幅度构造强边底水油藏、复杂断块油藏、普通稠油油藏，还有高凝油油藏，不同类型油藏面临不同的开发难题。借鉴国内老油田开发调整理念，结合海外油田合同模式，提出海外砂岩老油田开发调整核心内涵可概括为“四化”，即以深化油藏地下认识为基础，以转化开发模式为重点，以优化工艺技术为手段，以强化技术经济评价为核心。在此基础上确定了海外砂岩老油田开发调整工作思路，即“总体控制、方式转换、井网重组、层系细分、堵水调驱、整体优化”，形成了海外砂岩老油田开发调整策略。不同类型砂岩油藏开发潜力评价及综合挖潜调整部署要立足老油田主要依靠天然能量或笼统注水的开发现状，开展编制油田开发调整方案，不断提高海外特殊环境下不同类型砂岩老油田开发水平和创效能力，目前已初步形成了基于砂体构型的砂岩储层精细描述及剩余油表征、不同黏度油藏注水开发调整与提高采收率等综合挖潜特色技术。

1. 以深化油藏地下认识为基础

在编制海外砂岩老油田开发调整方案之前，砂体及剩余油表征精度仅在油层及小层级别，单砂体间的接触特征及单砂体内的结构特征认识不清，无法有效确定剩余油分布。实际上海外砂岩油田主要沉积砂体，如曲流河、辫状河、三角洲等，砂体构型特征及非均质性差异大，剩余油分布明显不同（图 4-19）。

加强油藏精细描述研究，以沉积模式、地震属性等多信息为约束，精确表征砂体构型单元，深入刻画砂体展布规律，厘清剩余油分布规律，为后期挖潜调整指明方向。在此基础上，形成了不同类型砂体构型表征、不同类型水淹特征评价、不同类型砂体剩余油表征等关键技术。

基于构型特征的剩余油表征明确了不同类型砂体剩余油分布规律，提出以剩余油富集区为重点的局部加密结合井网完善、调层补孔、分层注水、调剖堵水、水平井、三次采油的开发调整对策，形成海外高含水砂岩老油田综合挖潜技术。

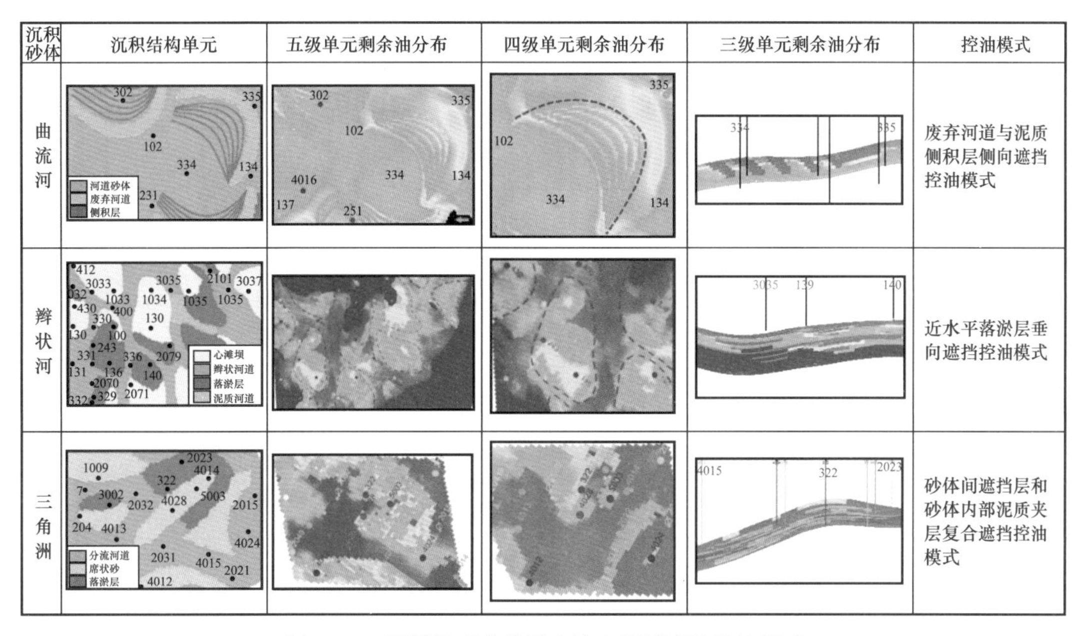

图 4-19　不同类型砂体剩余油表征精度及控油模式

2. 以转化开发模式为重点

针对海外砂岩油田实际情况，优选适合的开发方式，纵向上细分开发层系、平面上加密和优化井网，完善注采系统，开展精细注水和热力采油相结合的开发方式，提出针对性的开发调整措施，形成了不同黏度油藏井网加密调整技术、井网重组和细分开发层系技术、高含水老油田提高采收率技术等关键技术。

（1）转换开发调整模式。

在开发调整模式方面，对于普通稠油藏，逐步整体井网加密增加储量动用；开发层系间、开发层系内的井网转换、细分层开采改善水驱波及状况。对于中高黏度砂岩油田，开发井网由稀到密，注采系统由弱到强、开发对象由好至差的多次布井、多次调整的逐步加密；低黏度砂岩油田开发早中期井网一次成型，后期以剩余油富集区和富集层为重点，以水动力调整结合局部加密为主要手段（图 4-20）。

（2）转换井网调整模式。

在井网调整方面，创新适应海外经营环境的井网重组和细分层系方式，形成具有海外特点的油田开发调整新模式，有效保障合同期经济效益最大化。以 PK 项目为例，主力油田纵向上 2～4 套开发层系，每套层系 350～500m 井网，但纵向各层系井网叠加井距 125～250m，40%～80% 的井钻穿所有层位。因此，针对有限合同期井网加密受限的瓶颈，提出充分利用多套开发层系井网叠置的现状，以分层采油 / 注水工艺技术为主要手段，实现井网重组和层系细分，达到井网加密、井网转换、层系细分、分层注水、周期注水的多重效果（图 4–21）。

类型	高含水期剩余油分布理论模式	目标油田剩余油分布特征	开发调整模式
普通稠油藏	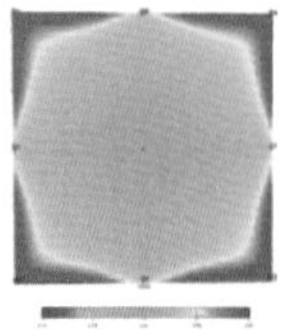	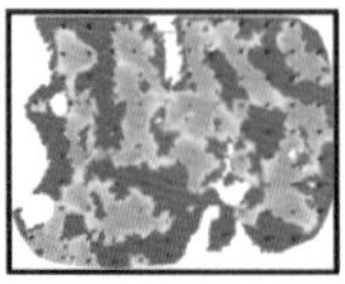	逐步整体井网加密，增加储量动用，开发层系间、开发层系内的井网转换、细分层开采改善水驱波及
中高黏度砂岩油田	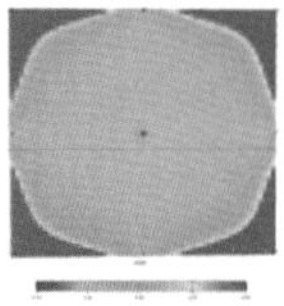	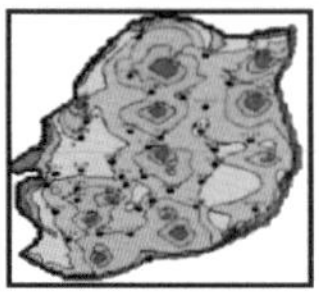	井网系统由粗到细、由稀到密，注采系统由弱到强、开发对象由好至差的多次布井多次调整的逐步井网加密
低黏度砂岩油田	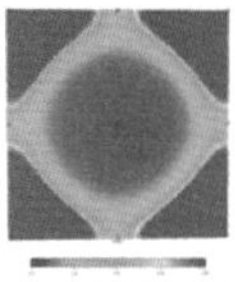	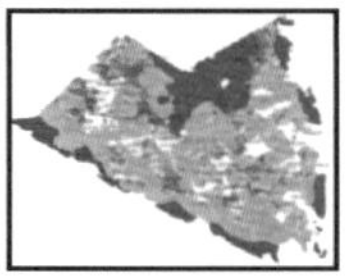	开发早中期一次井网成型，后期以剩余油富集区和富集层为重点，以水动力调整结合局部加密为主要手段

图 4–20　不同黏度砂岩油藏剩余油分布及开发调整模式

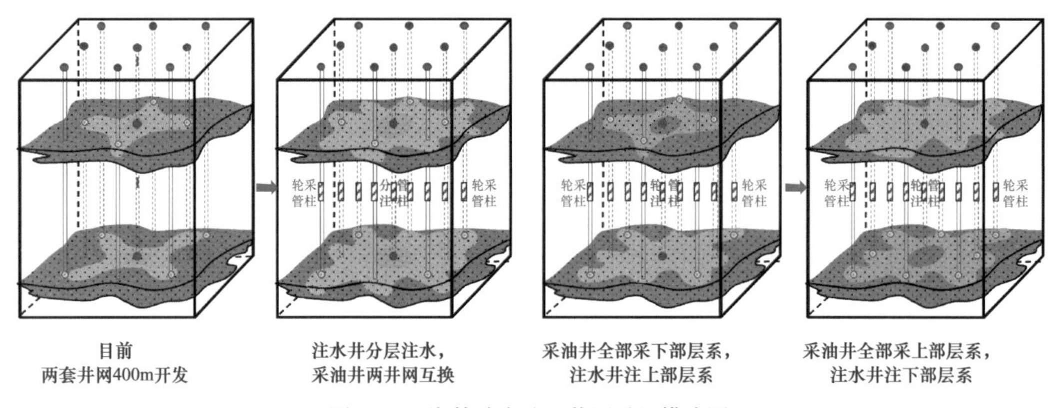

图 4–21　海外砂岩油田井网重组模式图

（3）转换开发方式。

在开发方式方面，继续细化和完善注水方式，揭示高速开发后低黏度油藏三次采油机理，优化中高黏度与普通稠油藏调驱部署，形成具有海外特色的二三结合油田开发调整新模式。通过宏观、微观非均质岩心水驱物理模拟实验，优化化学剂注入量，不同于国内中高黏度油藏以提高驱油效率为目标的提高采收率方式，提出海外低黏度砂岩油藏三次采油的目标是改善波及体积系数，创新低倍数段塞式调剖—驱油模式。这种模式可以有效降低驱油成本，实现较大幅度提高采收率（图 4–22）。应用聚合物乳化技术开展调剖，PK 项目现场实施低剖数乳状液调剖 119 口井，吸水剖面纵向动用程度提高 23%，累计增油 15.7×10^4t，投资内部收益率达到 30% 以上。

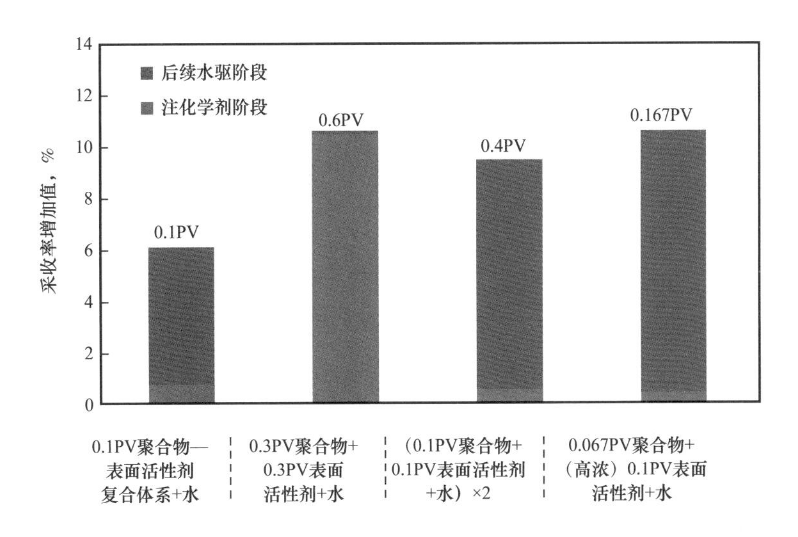

图 4-22 低黏度油藏低倍数段塞式调剖—驱油效果对比

对于中高黏度油藏，通过大井距和小井距两种模式注聚合物效果对比，在注水潜力较大、水驱矛盾突出井区，提出实施大井距深部调剖—驱油提高采收率方式，提高有限合同期内采出程度，实现经济效益最大化（表 4-10）。哈萨克斯坦 MMG、北布扎奇项目中高黏度油藏实施大井距聚合物低倍数段塞式调剖共 15 个井组，单井增油 5～6t/d，含水率下降 5%～22%，吸水剖面明显改善，累计增油 30×10^4t 以上。

表 4-10 中高黏度油藏不同井距注聚合物增油效果及经济效益

试验区	注聚合物前采出程度 %	注聚合物前含水率 %	含水最大降幅 %	受效井数 口	试验区日产油增加量 t	平均单井日增油 t	试验区累计增油 10^4t	吨聚合物增油 t/t	预测合同期内增油 10^4t	累计现金流 10^6 美元	内部收益率 %
400m 井距	23.6	90	5.4	35	87.2	2.5	8.06	69	41.7	7.8	21.13
200m 井距	35.2	92.1	6.3	9	87.8	9.8	5.49	32	18.8	2.89	6.48

3. 以优化工艺技术为手段

分层注水工艺技术适合海外油藏特点，推动笼统注水向分层精细注水方式转化。哈萨克斯坦北布扎奇项目、MMG 项目优选同心管分层注水技术，PK 项目采用偏心管分层注水技术（图 4-23），提高了水驱储量动用程度。北布扎奇项目自 2009 年起实施分层注水，截至 2018 年共实施分层注水井 136 口，实现井组日增油 5.6t，含水率下降 2.5%；MMG 项目 2016 年开展 4 口井分层注水，平均单井增油 1.9t/d，含水率下降 1%；分层注水技术在海外高含水油田应用增油效果显著。

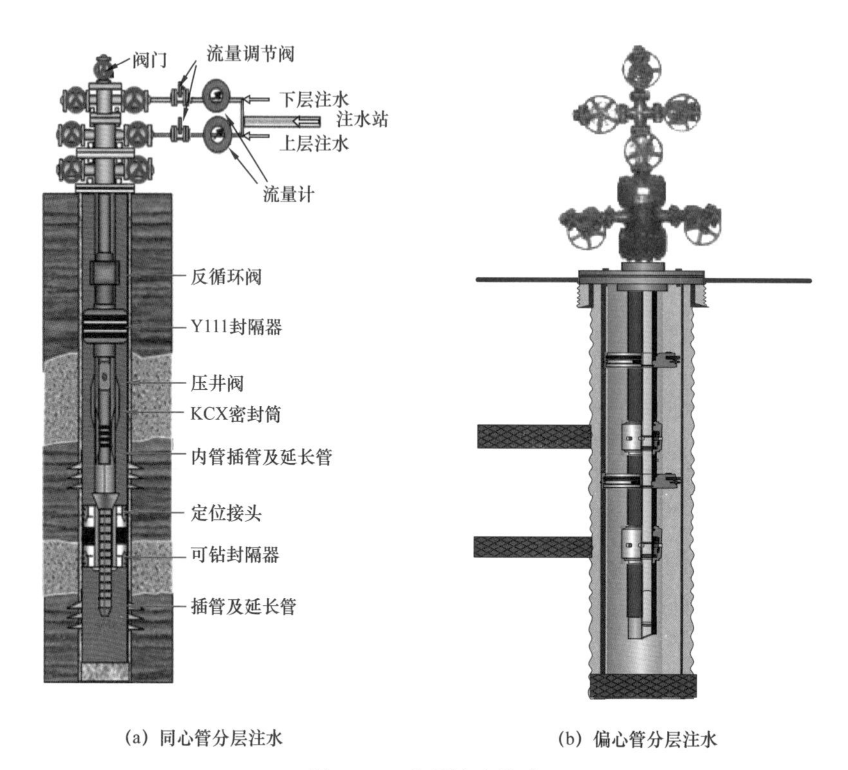

（a）同心管分层注水　　（b）偏心管分层注水

图 4–23　分层注水技术

4. 以强化技术经济评价为核心

在海外砂岩油田开发中，要以经济效益最大化为中心，充分考虑不同合同模式、合同期限、油藏特点、中方利益、投资回收的方式等因素对项目的影响，优化油田开发调整内容、调整深度、调整力度，实现有限合同期内经济效益最大化（图 4–24）。在剩余合同期小于 5 年和低油价条件下，主要实施补孔换层、剩余油富集区局部挖潜调整措施；在剩余合同期 5～10 年和中高油价条件下，主要实施转变开发方式、层系转换、井网完善、分层注水调整措施；在剩余合同期 10～15 年或大于 15 年及高油价条件下，主要实施转变开发方式、细分开发层系、井网加密、精细注水和二三结合等调整措施。

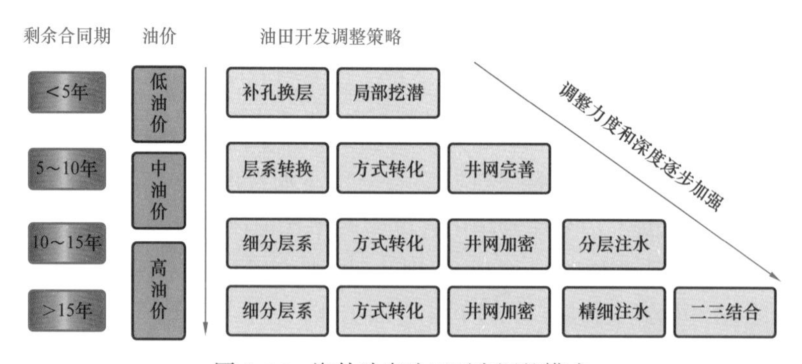

图 4–24　海外砂岩油田开发调整模式

5. 开发调整实施效果

目前初步测算，海外需要开发调整的砂岩老油田实施调整后可提高采收率 6% 以上。以哈萨克斯坦高含水砂岩老油田为例，应用成效显著。2016—2018 年：（1）PK 低黏度油藏自然递减率由 2015 年的 20%～31.5% 逐步下降至 2018 年的 5%～10.2%；（2）MMG 中高黏度油藏连续 3 年稳产，主力油藏递减控制在 10% 以内；（3）北布扎奇稠油油藏平均年产油 143×10^4t，自然递减率由 2015 年的 19.3% 下降到 2018 年的 10%；（4）以上老油田通过综合调整 3 年累计增油 746×10^4t，为中石油哈萨克斯坦地区油田稳产提供了有力的技术支持，保障了中哈原油管道的油源供给，有力支撑了“一带一路”建设。

第六节　海外油田开发合同延期方案设计策略

海外油田开发合同延期方案是指中国石油公司在海外的油田开发项目合同到期之前，需要决定合同到期后是退出还是申请合同延期，需开展油田勘探开发潜力分析，优化和部署油田开发延期方案，评价项目投资环境，论证油田开发合同延期的技术经济可行性。海外油田开发合同延期方案是中国石油公司决策和主管机关部门审批合同延期的依据。

一、延期方案设计的原则

1. 勘探延期和开发延期统筹考虑

对于同时具有勘探和开发期限的石油合同，在延期方案设计时需统筹考虑勘探延期和开发延期的协同问题。如一个勘探开发产品分成合同区块勘探期和开发期分别于 2025 年和 2032 年到期，投资回收期为 4 年，那么 2028 年是勘探期延期的最长期限，在 2025—2028 年勘探发现的建产工作量和投资在剩余合同期内可以足额回收。如果勘探潜力较大需要更长时间延期，开发期也须同步延长，实现勘探期和开发期延期的协调匹配。

2. 系统总结作业者运营油田的经验，提出技术经济合理延期开发策略

从资源国角度来看，石油合同到期时既可以选择原有作业者继续开展作业，也可以选择技术实力强、财务状况好的潜在投资者，实现资源国在延期阶段的技术和经济期望。因此，现有作业者系统总结运营油田的成功经验，对于增强资源国信心，成功申请延期具有重要作用。同时作业者要充分利用多年运营油田、熟悉油田开发矛盾的优势，提出技术经济合理的延期开发策略和方案设计，通过技术经济指标的先进性提升延期方案的吸引力，增加延期申请获批的可能性。

3. 系统对比延期合同条款变化，开展经济评价，充分考虑各种不确定性

不同资源国对于延期合同有不同要求：有的资源国延期合同条款变化不大，不确定性

较小，有利于油田作业和经济评价的延续性，如哈萨克斯坦矿税制合同，延期前后的主要商务条款没有变化，包括石油开采矿费费率、原油出口关税、原油出口收益税、企业所得税以及超额利润税；有的资源国延期合同相当于重新谈判一个新合同，而且资源国出于原作业者已投资回收并获取较多利润的角度，会在延期谈判中收紧关键商务条款，提高税率或降低合同者利润油分成等。

在延期合同条款出现较大变化时，需要系统对比条款的变化，必要时与资源国开展谈判，争取有利于合同者的商务条款。在经济评价时需要充分开展敏感性分析，充分考虑各种不确定性，说明在不同情况下，中方的投资效益情况和抗风险能力，明确中方投资效益发生的最差情景；根据合同条款结合项目开发方案，在定量分析的基础上，提出提高中方投资效益的经营对策和建议。

4. 高度关注地面工程维护和改扩建投资，确保延期方案经济性

经过20～25年的开发生产，一般而言，油田地面工程各项设施均进入需大量维护和改扩建阶段，以适应延期后的开发生产需求。地面工程设施的系统性评估是客观合理估算延期后操作费和投资的基础，因此，在给资源国提交的延期方案中要高度关注地面工程维护和改扩建投资，尽量不出现低估的情形，以免对延期方案经济评价产生不利影响。

5. 经济评价需要考虑弃置成本

弃置成本是指根据资源国法律和行政法规等规定，合同者开展油田油水井和地面工程设施弃置、恢复生态环境所承担的支出。弃置是随着资源国环保意识加强而出台的，强化了合同者对油田开发设施废弃后油田地面环境恢复的义务。

弃置成本计提方法一般是按年度投资或操作费比例进行计算提取。弃置比例越高，合同延期方案内部收益率越低，根据以往延期合同弃置成本敏感性分析，弃置比例由历年操作费的1%提高到5%～8%时，内部收益率降低2%～4%。

二、充分利用技术风险较小特点，优化延期方案设计

海外油田开发合同延期方案与海外油田开发可行性方案相比，通过开发方案的实施，录取了大量的静态资料和开发动态资料，降低了储量和产量评价的不确定性，合同延期方案重点是评价油田开发潜力、合同延期后是否具有经济效益。

1. 地质油藏特征认识清楚，储量和产量风险较小，潜力方向明确

经过20～25年的开发生产，开发方案多次调整和实施，录取了大量的钻井、测井、岩心分析和动态资料，地下构造形态、储层分布、油气水分布、生产动态变化规律的认识程度较高，在此基础上复算的地质储量和可采储量结果基本可靠。

开发方案实施过程中，录取了大量单井生产动态资料和动态监测资料，在合同延期方案中，充分利用这些资料，分析油田开发现状、开发特征、开发效果，剖析实际完成产量与可行性方案或开发方案的差异，并找出产生差异的原因，找出是储量变化还是地质、油

藏认识的问题，是钻采及地面建设滞后还是工艺技术未达到设计要求的问题，是技术还是商务问题等，要针对不同问题找出影响产量的主要原因，提出相关对策来指导改善油田的生产运行。应用动态分析和数值模拟手段，明确剩余油分布和剩余油富集区分布规律，优化增产措施和新钻井井位。

海外油田开发项目合同到期之前，应提前做好油藏开发潜力评价，根据最新的油藏动静态资料，开展油田开发现状分析，评价油田井网完善、井网加密、分层注水和堵水调剖等方面开发潜力，明确油田下步开发调整技术对策。

2. 延期开发部署策略以“精细注水、有效注水”为目标

与国内油田注水开发水平相比，受海外油田开发特殊经营环境的制约，导致海外砂岩油田开发与国内精细注水和提高采收率方面相比差距较大（表 4–11）。

表 4–11　海外砂岩油田与国内砂岩油田开发水平对比表

项目	国内砂岩油田	海外砂岩油田
开发方式	注水、注聚合物	注水、衰竭式
注水方式	细分层系注水	笼统注水
纵向注水单元	4～10m	＞20m
单井分注层段	＞4	1～2
井网加密调整	3 次	0～1 次
砂体表征精度	小层至单砂体	开发层系至砂层组
剩余油表征精度	小层至单砂体	砂层组至小层
单砂体水驱控制程度	90% 以上	0～60%
三次采油	聚合物驱、二元复合驱、三元复合驱	个别井组的注聚合物先导试验

海外合同延期方案开发部署策略是以“精细注水、有效注水”为目标，平面上完善注采井网和局部加密相结合，纵向上分层注水和深度调剖相结合，改善注采对应关系，提高水驱储量控制程度。具体原则包括：一是油井转注进一步完善注采井网，将边缘注水转为面积注水井网，实现油田合理注采比达到 1，保持油田地层压力水平；二是优选措施井位，优先进行换层、优化工作制度等措施，有效提高单井措施增油量；三是井网加密和井网转换，优化新钻井和转注井位，提高油田储量动用程度；四是以细分层系开采、分层注水、注水井调剖为手段，提高注水纵向波及系数；五是扩大注聚合物调剖规模，均衡吸水剖面，提高纵向动用程度。

3. 合同延期方案多情景设计

不延期方案是开展延期评价方案的基础。合同不延期方案要减少工作量，即谨慎投资。产品分成合同一般规定投资分 4 年回收，到期前 4 年以内发生的投资将不能足额回

收，因此，不能安排新钻井工作量。矿税制合同投资回收年限与单井初始产量、国际油价有关，对于合同即将到期和处于开发中后期的高含水老油田，哈萨克斯坦新钻井平均初始产量一般是周围老井的2倍左右，钻井投资回收年限一般需要3年以上。因此，合同不延期方案在合同即将到期之前，方案设计和工作量部署需提高经济界限，优选排序，提高投资效益，避免投资不能回收风险。

合同延期方案要适度增加工作量和投资。随着之前成本的回收和随后成本的减少，加大合同延期方案研究：加大措施工作量，实施补孔，提高油水井射孔对应程度，加大分层酸压、分层注水、堵水调剖工作量，提高水驱纵向波及程度；优化油田注水开发部署，增加新井工作量，在剩余油富集区开展井网加密，在井网不完善区域钻新井或实施油井转注完善注采井网，改善注水开发效果；开展三次采油先导试验，提高水驱波及系数和驱油效率，为规模实施和提高油田采收率奠定基础。以下是通过大量延期方案谈判总结出的延期方案设计情景：

方案Ⅰ：合同不延期方案，逐步缩减工作量投入至合同期结束。

方案Ⅱ：合同延期基础方案，加大措施工作量，勘探上综合考虑发现新储量及对产量的贡献，开发以当前井网形式为基础，不新增工作量，合同延期至资源国规定的上限期限。

方案Ⅲ：基于方案Ⅱ，合同延期新增IOR方案，设计配套的工作量，提高在延期合同期内的采收率。

方案Ⅳ：基于方案Ⅲ，合同延期新增EOR方案，设计配套的工作量，进一步提高在延期合同期内的采收率。

以上4个方案经济评价可以通过增量法分析随着工作量和投资的增加，延期合同期内增量累计产油量对经济指标的影响，如净现值、内部收益率等。

第五章　矿税制合同模式下开发方案设计要求和方法

中亚地区是世界上油气资源最丰富的地区之一，也是外国石油公司竞争的热点地区。中亚石油资源量为 112.8×10^{8}～204×10^{8}t，天然气为 14.65×10^{12}～$41.8\times10^{12}m^{3}$。主要资源国有哈萨克斯坦、土库曼斯坦、乌兹别克斯坦。为吸引外国资本，政府与跨国公司签订的主要是矿税制合同。大量外国石油公司在此从事油气业务，如意大利阿吉普公司（Agip）、英国天然气公司（BG）、英国挪威合资英国国家石油公司（BPStatOil）、美国埃克森美孚石油公司（ExxonMobil）、荷兰壳牌公司（Shell）及法国道达尔公司（Total）、俄罗斯卢克石油公司、中石化等多家石油公司。

中亚地区也是中石油海外最重要的油气合作区。截至 2019 年底，中石油在中亚地区共有 12 个油气合作项目，油气作业产量达到 3000×10^{4}t/a，合同模式主要是矿税制合同，但不同国家管理模式或合同条款也有差异。下面以中亚地区的哈萨克斯坦矿税制合同为例剖析矿税制合同模式下的开发方案设计要求和方法。

第一节　矿费税收制（租让制）合同及特点

矿费税收制（租让制）合同模式是世界石油勘探开发合作实践中最早使用的一种合同模式。矿费税收制（租让制）合同的主要内容是国家准予外国石油公司在一定的地区和时期内实施各种石油作业的权利，包括勘探、开发、生产、运输和销售等。资源国政府通常只征收矿区使用费和与油气作业有关的特种税费。

一、基本概念

矿费税收制合同又称许可证合同，是跨国石油公司从资源国政府获得经营许可证，才能取得特定区块的勘探开发的权利。跨国石油公司获得的是原油和天然气实物，并向资源国政府交纳矿区使用费和所得税等税费。

最早的矿费税收制（租让制）合同是 1901 年英国的阿塞公司在中东波斯（现在的伊朗）签订的租让合约。直到 20 世纪 50 年代中期，早期矿费税收制（租让制）仍然是反映油气资源国政府与外国石油公司合作关系中常见的和比较简单的合作形式。早期矿费税收制（租让制）合同的主要特征是：

（1）租让区面积大，时间长。有时租让区甚至包括国家的全部领土，或者至少包括国家领土中最有前景的区域。租让期通常为 60～70 年，在科威特长达 92 年。

（2）资源国收益仅限于矿区使用费。矿区使用费的费率通常采用统一不变的形式，一般相当于原油产量的 1/8，而不是根据外国石油公司所获的利润多少而定。

（3）承租者在作业经营各方面都拥有实际的完全管理权，其中包括：决定勘探进度、决定新油气田投产、决定产量、制定价格。资源国可以参与一些管理，但仅限于在承租企业的董事会中有象征性的少数几名代表而已，对于决策发挥不了实际的有效影响。

（4）勘探、开发以及经营所需的全部资金都由承租者直接以股权投资的方式提供。

现代矿费税收制（租让制）合同是对传统矿费税收制（租让制）合同中许多不利的条款内容做了重大修改而形成的。它是政府通过招标，把待勘探开发的油气区块租让给石油公司，石油公司在一定期限内拥有区块专营权并支付矿区使用费和税收的一种制度。在这种合同模式下，资源国政府的收益主要来自租让权人交纳的税收和矿区使用费，因此，现代矿费税收制（租让制）合同也被称作"税收和矿区使用费合同"。在此合同模式下，石油公司拥有较大的经营自主权。美国是实行矿税制合同模式最具有代表性的国家。使用矿税制的国家还有加拿大、英国、挪威、法国、巴基斯坦、秘鲁、阿联酋、巴布亚新几内亚等。现代矿费税收制（租让制）合同的特点是：

（1）租让区面积缩小、时间缩短，增加了定期面积撤销规定。通常的做法是：将国家领土（包括近海区域）中准备开放的部分划分为区块，根据合同授予承租者的区域仅限于若干区块。近期的租让合同还规定，最初租让区域中的绝大部分区块要逐步撤销。租让期一般限定在 6～10 年内，有勘探期和生产期。如果租让期满时，有商业性数量的油气生产，则按当时情况，可以根据双方议定的条款对合同延期。

（2）除矿区使用费外，资源国增加了收取公司所得税和各种定金。矿区使用费可随产量增长或价格上涨采用递增费率或滑动费率。定金则包括：签约定金、发现定金和投产定金等。

（3）资源国政府对石油公司的控制加强，有权对外国石油公司的重大决策进行审查和监督。例如，资源国政府要求外国石油公司必须完成的最低限度的勘探工作量，批准油气田开发计划和确定价格，检查外国石油公司的作业和财务记录等。

（4）在开发阶段资源国有权以较小比例参股。

二、主要内容及特点

矿费税收制（租让制）合同的基本内容主要包括：政府参股、租让区面积、租让期、现金定金、矿区面积的撤销期限、雇佣东道国人员、最低限度的勘探支出义务和税率等。矿费税收制（租让制）合同下的税费项目主要有：定金、土地租金、矿区使用费、所得税（实行分税制的国家分为联邦所得税和地方所得税）、生产税或开采税及其他税（如财产税或从价税等）。

现代矿费税收制合同最突出的特点是外国公司在获得了许可证后，单独或与资源国政府及其国家石油公司共同取得了该区块的油气勘探、开发和生产的经营权。一般具有以下特点：

（1）租让区或合同区有一定的范围限制。

（2）租让期较传统许可证制大大缩短。

（3）资源国的经济收益除了矿区使用费外，还有按公司净收益征收的所得税。矿区使用费可随产量增长或价格上涨采用递增费率或滑动费率。许多许可证协议还包括各种必须支付的定金，如签约定金、发现油田定金，以及达到规定产量水平的定金等。

（4）对于外国石油公司的各种决策，资源国政府有权进行审查和监督，诸如政府要求公司必须完成最低限额的勘探工作量和政府批准的油田开发计划并确保油价等。

（5）资源国政府可做出参股的规定。

（6）外国石油公司的投资按许可证所授予的区块回收，区块内所建和所购置资产归外国石油公司所有。

对于一个油田开发项目，矿费税收制合同规定了双方的权利义务、税收及利润分配条款等。能够保证跨国石油公司在每一个生产期内获得原油净收入，用于支付油气生产总成本和交纳税费并获得税后利润分配。因此，产量的高低、储量和油藏的风险，对于投资者的效益影响较大，投资者必须承担因产量较预期低而使项目亏损带来的风险，但也可享受优质的油气藏资源带来的超额利润，该模式属于具有高风险和较高回报的商务模式。

合同者通过缴纳各种费用取得石油勘探、开发建设、生产、集输或运输、销售全过程的局部或全部权力。投资方除直接投资外，往往附带许多对资源国要尽的义务条款，如油气出口前必须满足资源国国内需求等。矿费税收制合同一般是以货币形式作为双方收益的结算方式。

目前采用矿费税收制的国家主要有美国、加拿大、俄罗斯、哈萨克斯坦、泰国、文莱、巴基斯坦、澳大利亚、新西兰和巴布亚新几内亚等国。

三、收入分配

矿费税收制合同与产品分成合同的最大差别除了矿产所有权的法律概念以外，主要在于成本的回收方式。矿费税收制合同没有成本回收百分比的限制。外国石油公司与资源国之间的利润分割形式如下：

（1）向政府交纳矿区使用费。从油气产量的总收入中，首先扣除矿区使用费，用现金交纳，其费率各个国家和各个合同之间差异很大。

（2）外国石油公司的费用扣减，包括生产成本、折旧、折耗和摊销以及无形资本成本。有些国家允许扣除定金。

（3）油气收入扣除矿费和成本后为应纳税的收入。税收的种类和税率各国差别很大。

根据矿费税收制合同，矿区使用费费率为6%～30%，所得税税率为12%～75%。由于矿区使用费是一种很原始粗糙的地租征收形式，而公司所得税又往往适用于多种产业。因此，一些国家进一步专门为石油经营制订了税制。这种特殊的石油税可在公司所得税之前或之后征收，可能是一种可折扣的费用，也可能不是。因此，税幅很宽，从14%到87%。

下面以一桶石油价值35美元为例，说明矿费税收制（租让制）合同中的利益分配：

第一层：提取矿区使用费，对区块征收的税费中，定金和土地租金不能作为成本进行回收，政府首先提取矿区使用费，定金和土地租金最终由石油公司在税后净利润中自行消化。矿区使用费费率为20%。总收入减去矿区使用费等于净收入28.00美元。

第二层：费用扣减，包括经营成本、折旧、折耗与摊销以及无形成本。从净收入中减去这些费用为应纳税收入13.00美元。

第三层：交纳所得税，税率为35%。扣除各成本扣减项后的利润为24.10美元，合同者的收益分配份额为10.90美元，合同者收益比为40%。

四、优缺点分析

现代矿费税收制（租让制）合同模式强调了资源国对其油气资源的所有权和收益权的保护，也确立了允许国家在勘探和生产阶段控制合同者作业的管理系统。现代矿费税收制（租让制）合同确认了资源国在选择开发技术和自然资源消耗速度两方面的重要作用。这种合同模式已从早期的租让类型演化到国家主权及对租让区全部作业实施监管为基础的协议。因此，现代矿费税收制（租让制）合同模式虽然仍具有传统矿费税收制（租让制）的名称，但在性质上已有根本性变化。

现代矿费税收制（租让制）合同不论其是否着重于矿区使用费或所得税，其最有利的一点是，资源国政府在经济获得上基本无风险，管理也比较简便。此外，如果采用竞争性招标，资源国还可以获得数额可观的定金或较多的矿区使用费以及较高的所得税。这种合同模式的经济条款与其他类型合同的经济条款相比，更有利于资源国的政府收益的早期获得保证。然而，政府收益的早期获得保证也使得项目收益在资源国政府和合同者之间的合理分配难以得到保障。一方面，由于存在递减税性质极强的矿区使用费，会极大地抑制合同者的勘探积极性，特别是资源国的一些边际区块和油气潜力较差区域，项目合同者的勘探经济性在矿税制合同模式下面临较大挑战；而对一些潜力巨大的油气资源项目，资源国所获得的政府收益比会因项目盈利水平的提高而降低。

第二节　中亚地区资源国政府对油气合作项目的管理模式

中亚地区主要资源国有哈萨克斯坦、土库曼斯坦、乌兹别克斯坦，三国采用的石油合同模式基本相似，主要以矿税制合同管理模式为主，以产品分成和联合经营模式为辅。下面就中亚三国资源国政府对油气合作项目的管理模式做一简介。

一、哈萨克斯坦国家对外油气合作管理模式

《哈萨克斯坦石油法》第25条规定：勘探合同有效期为6年，可延长两次，每次不超过两年。开发合同有效期为25年，对地质储量石油1×10^8t以上和天然气$1000\times10^8m^3$以上的油气田，合同期为40年，还可与主管部门协商延长合同期。勘探开发联合合同包括勘探期和开发期，也可考虑延长。石油合同条款的变更均需与主管部门协商。

目前哈萨克斯坦在对外石油合作中存在多种管理合同模式，但最主要的是矿税制合同，其实现方式也是多种多样的。

哈萨克斯坦油气领域对外合作实际运作中主要通过外国油气公司直接投资，与哈萨克斯坦国家油气公司联合成立财团，参与一个或多个项目的开发。这些项目中颇具代表性的有阿吉普国际财团（Agip KCO）和卡拉恰干纳克石油财团（KPO）。

税收机制是通过矿税制调节的，涉及的主要税种包括公司所得税、红利税、增值税、非侨民所得税、矿产资源开发税、原油出口收益税和超额利润税等。联合经营模式主要通过组建合资公司、跨国并购、购买股份和联合作业等方式实现，具有代表性的有哈萨克斯坦石油公司项目（PK）、北布扎奇油田项目、田吉兹雪佛龙合资公司项目和哈土石油有限责任公司项目等。

二、土库曼斯坦国家对外油气合作管理模式

土库曼斯坦天然气探明储量为 $19.5\times10^{12}m^3$，居世界第四位，石油储量为 120×10^8t。截至 2019 年，土库曼斯坦已发现 34 个油田和 127 个气田，其中的 20 个油田和 39 个含天然气的凝析油田已在开发。

《土库曼斯坦矿产资源法》第四章第 21 条规定：石油作业采用产品分成合同、矿税制下的特许合同、联合经营合同和风险服务合同。由土库曼斯坦石油天然气工业矿产资源部与承包商签订矿税制下的特许合同、产品分成合同、风险服务合同。根据具体石油作业的性质及其他情况，允许采取上述合同与其他种类的合同相结合的模式或采用其他合同形式。

土库曼斯坦对外油气合作合同条款包括国家参与、矿区使用费、签字费和生产定金、所得税及其他税费等。核心条款在于成本回收和与利润分成相关的税费。外国直接投资与许可证模式相结合是土库曼斯坦对外合作油气合同实现的主要方式，具有代表性的项目包括：（1）由马来西亚国家石油公司与土库曼斯坦石油天然气工业和矿产资源部于 1996 年签署的为期 25 年的里海大陆架“1 号采区”勘探产品分成协议；（2）由阿联酋 Dragon Oil 公司与土库曼斯坦政府于 1999 年签订的为期 25 年（可延长 10 年）的里海大陆架的“切列肯”区块的开发协议；（3）由英国布伦能源公司与土库曼斯坦政府于 2000 年达成的涅比达克区块开发协议；（4）2002 年 12 月，丹麦 MaerskOil 公司获得土库曼斯坦政府颁发的为期 5 年在里海“11–12”号海上区块作业的勘探许可证，同时双方签订了里海“11–12”号海上区块开采协议。

土库曼斯坦的联合经营模式则与产品分成模式相结合，通过财团参股方式实现，即外国油气公司与土库曼斯坦能源部门共同出资，以参股方式共同经营和开发油气田项目。主要项目包括：（1）由土库曼斯坦石油康采恩（拥有 52% 的股份）和巴拿马 MITRO INTERNATIONAL 公司（拥有 48% 的股份）组成的财团与土库曼斯坦政府于 2000 年签订的哈扎尔项目产品分成协议，根据协议，该财团取得包括东切列肯久多加尔油田在内的区块开采许可证，开采期限为 25 年（可延长 5 年）；（2）2007 年，印度石油天然气公司和米塔尔能源公司组成的财团获得位于里海土库曼斯坦一侧海域第 11 号和第 12 号区块 30% 的股份，并与丹麦 MaerskOil 公司和德国 Wintershall 公司以产品分成方式合作开发该区块。

三、乌兹别克斯坦国家对外油气合作模式

乌兹别克斯坦石油储量达 44×10^8t，探明石油储量为 5.84×10^8t，凝析油储量达 6.25×10^8t，探明凝析油储量为 1.9×10^8t，天然气储量达 $5.429\times10^{12}m^3$，探明天然气储量为 $1.2\times10^{12}m^3$。乌兹别克斯坦石油合同模式主要有：矿税制合同、产品分成合同、联合经营合同。在实际操作中，有些项目采用混合型的合同模式，实现方式也多种多样。

乌兹别克斯坦的矿税制合同条款主要包括：国家参与、签字费（可商定）、发现定金和生产定金、矿区使用费和所得税等。核心条款在于成本回收以及相关的税费，财团参股合资、购买油气资产或股份与租让权结合等是矿税制合同模式实现的主要方式。具有代表性的项目有：（1）2004 年，俄罗斯卢克石油公司（拥有 90% 的股份）同乌兹别克斯坦油气股份公司（拥有 10% 的股份）组成的财团并签订的布哈拉州坎德姆—哈乌扎克—沙德—昆格勒油气区为期 35 年的开发合同；（2）2005 年，乌兹别克斯坦油气股份公司、中石油、马来西亚国家石油公司（Petronas）、俄罗斯卢克石油公司和韩国国家石油公司（KNOC）共同组成咸海油气开发财团（每个公司各占 20% 权益），对乌兹别克斯坦咸海地区进行油气勘探和开发的合同；（3）2008 年，俄罗斯 LukOilOverseas 公司与 SoyuzNefteGaz 公司签署的为期 36 年的吉萨尔和乌斯秋尔特地区西南部油气开发合同；（4）2000 年，由 UzPEC 代表英国 TrinityEnergy 公司同乌兹别克斯坦油气股份公司签订的斯帝尔特中部地区和吉萨尔西南地区油气勘探开发合同，油气开发权为 40 年，在外方投资全部收回前，乌兹别克斯坦方不享有任何利益，待外方投资全部收回后，双方才进行利益分配（“UzPEC”享有 65% 收益，其余 35% 归乌兹别克斯坦方）。

乌兹别克斯坦对外油气联合经营的模式主要通过外国投资者与乌兹别克斯坦油气股份公司组建合资公司的方式实现，具有代表性的项目有：（1）中国石油国际（乌兹别克斯坦）有限责任公司。因获得在乌兹别克斯坦乌斯秋尔特、布哈拉—希瓦和费尔干纳 3 个盆地 5 年期的油气勘探作业许可证，中乌双方于 2006 年组建各占 50% 股份的中国石油国际（乌兹别克斯坦）有限责任公司，以共同开发油气田；（2）关于成立合资公司联合勘探卡拉吉达—贡哈纳区块卡拉吉达构造的原则协议。该协议由中国石油天然气勘探开发公司与乌兹别克斯坦国家油气公司于 2009 年 6 月签订。

总体来看，中亚三国对油气项目开发和管理有相同的地方，也存在差异，造成这种差异的原因可以归纳为：（1）合同模式的偏好不同。哈萨克斯坦在中亚三国中经济实力最强，资源潜力最大，哈萨克斯坦政府逐步加大对本国资源的控制权，逐步取消许可证模式，只通过签订合同这一种模式开展对外油气合作。相比之下，土库曼斯坦和乌兹别克斯坦在这方面比较宽松，虽然较多采用合资经营模式，但是也一直沿用许可证模式。尤其是在乌兹别克斯坦，外国公司可以获得期限较长的租让开采权，优先进行成本回收，并且可以百分之百对油气区块控股或者成立独资公司。（2）财税制度不同，中亚国家的税费种类和比例也都不甚相同。在哈萨克斯坦，针对在油气领域有超额利润的项目或企业都得征收超额利润税，在乌兹别克斯坦，只对每千立方米价格高于 100 美元的天然气销售征收 75% 的超额利润税。哈萨克斯坦、土库曼斯坦两国还征收矿产资源使用特别费和油气开采

特许权费。（3）油气发展的侧重点不同。哈萨克斯坦国家的原油和凝析油储量在中亚地区居首位，土库曼斯坦的天然气储量在中亚地区也独占鳌头，而乌兹别克斯坦天然气储量则比较丰富。在这种情况下，每个国家油气领域的发展战略都具有倾向性。土库曼斯坦、乌兹别克斯坦两国对天然气征收的矿产资源使用税比原油高很多，而哈萨克斯坦对油气的出口要征收1%～33%的油气出口税。

第三节　哈萨克斯坦矿费税收制合同的主要要求

中亚地区哈萨克斯坦是实行矿费税收制合同的典型国家。根据哈萨克斯坦宪法的规定，自然资源，包括石油资源是国家绝对所有的财产。政府遵照法律同意合同者在资源国境内进行有效的石油资源开发活动。合同明文规定，石油合同者同意在履行合同过程中以及在哈萨克斯坦境内从事一切经营活动时遵守哈萨克斯坦法律，即国家法律机关按照其权力颁布的法典和法律，以及总统令、指令、法令和国家发布的其他法律文件。政府主管部门有权代表政府参与所有涉及合同条款的、对合同进行修改、补充或变更的谈判；有权要求石油合同者提交石油作业完成情况的报告；有权检查石油作业，包括石油合同者石油作业方面的资料，有权进入石油合同者合同区块的任何项目。

石油合同者成立的联合作业公司作为油气田开发建设的作业者，将进行与执行合同有关的实时经营管理和统计、报告业务，按照石油合同者的委托经营，以实现合同条款赋予石油合同者的权利和权限，石油合同者需要为其油气开发的行为对资源国承担财产责任。石油合同者应该采用先进的技术，聘用有资质的专业人员来完成石油作业。培训本地员工，承担一切完成建设工作和开采工作所需的费用。

哈萨克斯坦的矿费税收制合同主要条款或要求包括下面几个方面。

一、勘探条款

（1）合同区面积：在作业权协议中涉及区块面积。第一轮招标区块面积范围为40～15000km^2，第二轮区块面积大约是2500km^2，第三轮区块面积平均为2000km^2。

（2）合同期：石油法没有规定合同期的上限。第一、第二、第三轮招标合同区勘探期最多为7～9年，但是如果经政府批准，可以有一个3年的勘探延期；如果为了市场开发和开采气体进行了地面基础设施建设，这个时间可以延长到5年。

（3）退地：在区块面积的基础上，在第一阶段末退还最初面积的50%，在第二阶段和第三阶段末再安排25%。但50%+50%和25%+75%模式常应用在一些浅水区和近岸地区。

（4）义务工作量：各勘探区块义务工作量不同，有些合同区在第一阶段主要是完成地震任务，第二阶段钻2～3口井。有些区块第一阶段就有打井的义务，第二阶段没有打井义务。

（5）定金和费用：每个公司要求为每个区块支付一定的定金费用，金额从1万美元到15万美元不等。如果在规定日期后支付，则加收25%的费用。

（6）签字费是获得勘探权的条件之一。第二和第三轮招标区块最低签字定金为：A 类区块（主要是深水区域）30 万美元，B 类区块（主要是浅水和岸边地区）20 万美元，C 区块（陆上区块）10 万美元。

（7）土地租金：租金的支付是随着合同执行阶段的变化而变化的，租金的数量每年都会调整。例如，在某一轮 53 个区块招标中，第一勘探期有 10 个区块每年租金是 60 美元 /km^2，有 11 个区块每年租金是 140 美元 /km^2，其余的 32 个区块是 400 美元 /km^2。这些租金在第二和第三勘探期上涨了一倍。

二、开发条款

（1）合同区面积：开发区面积必须用直线连接进行限制，并且周边要留出 1km 的安全区域。

（2）合同期：一般情况下，许可证协议规定 25 年的开发期，并且经政府同意可以延长 5 年，共有 30 年的开发期限，经合同者和资源国谈判还可以进一步延期。

（3）定金和费用：无。

（4）土地租金：在待开发阶段和开发阶段的租金不同，例如，待开发阶段租金范围为 2000 万美元到 10 亿美元；开发阶段租金范围为 1 亿～50 亿美元。

三、财税条款

（1）矿税：在油气开发过程中为获得使用地下资源的权力支付给哈萨克斯坦政府的费用，按照哈萨克斯坦税法，税基为年度油气开采量的价值，与实际产量挂钩实行递增的阶梯税率（图 5-1）。石油合同者根据浮动的、取决于日历年内计量点计量的开采水平的费率支付矿费。

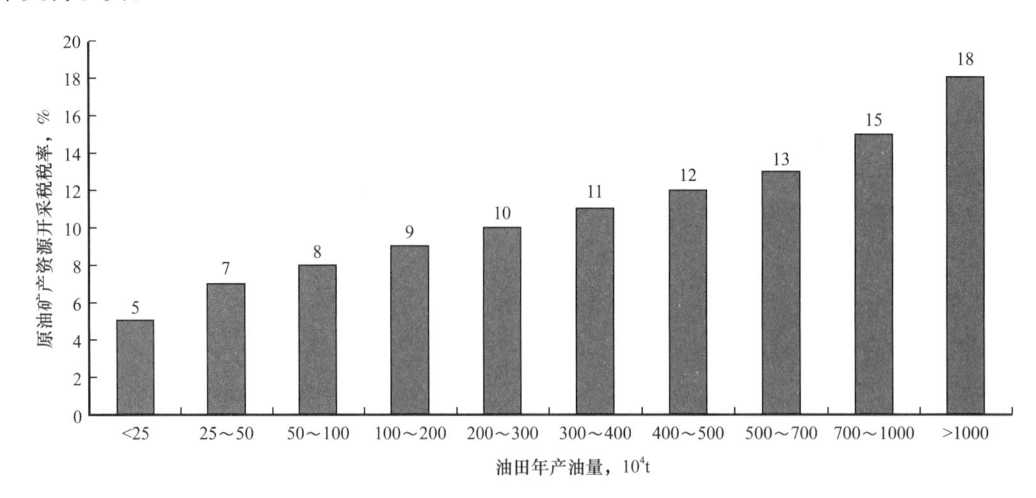

图 5-1　原油矿产资源开采税税率

矿费的纳税主体是开采原油的价值，是在参考价的基础上扣除了井口和销售地点之间产生和支付的运输费用、海关费用、税和其他费用，但是不低于核算期销售原油的井口平均价格。

（2）企业所得税：税基为在一个税务核算期内收入与抵扣的净值，税率为20%。石油合同者决算年度的纳税所得是按照税法规定的程序和时间总收入与扣除费用之差。属于资本化的费用种类，包括用于技术设备和自建项目的费用；为石油作业进行的自建项目的费用和三年以上的用于石油作业购置的技术设备的费用，石油合同者根据情况可在剩余折旧范围内折旧期的任何时间予以扣除（表5-1）。建设用于石油作业的设施和其他项目的所有费用都划入自建项目费用。所有折旧的费用以纳税为目的作为扣除费用。技术设备，包括所有在石油作业中使用的不足三年或一年以上的设备和（或）设施，但楼房、家具和交通工具除外。

表5-1　不同类别固定资产折旧率

类别	固定资产分类	折旧率，%
1	房屋，建筑物（除油气井、管道外）	10
2	机械设施与设备（除油气开采设备外）	25
3	办公计算机和软件	40
4	未包括在上述类别的其他固定资产，包括油气井、管道、油气生产设施等	15

（3）原油出口收益税：按政府一揽子油价计算的出口销售原油收入为税基，油价越高征收比例越大（图5-2）。税率按超额累进0～32%不等。

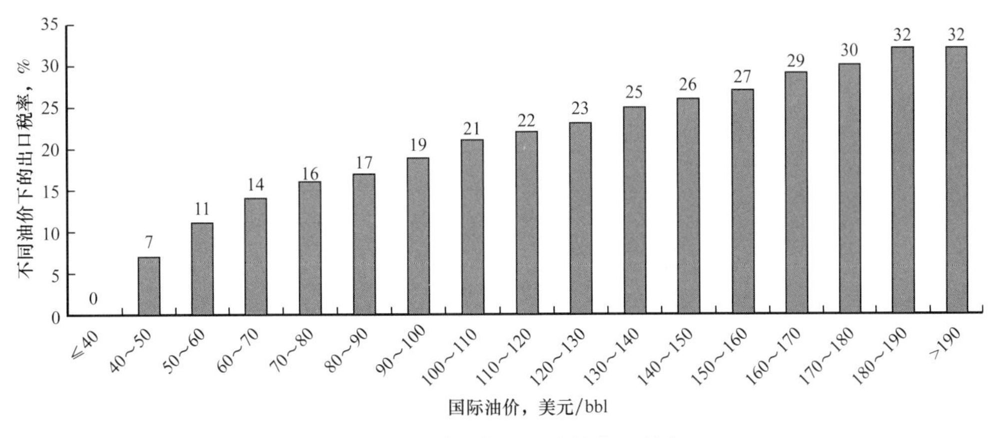

图5-2　不同油价下原油的出口税率

（4）超额利润税：纳税客体为合同者单一合同收入与支出比例超过纳税门槛值部分的净收入。实行阶梯税率，税率由0到60%不等（表5-2）。相应年度内累计的全部收入，扣除当年的投资、所得税和矿费。

表 5-2　不同收入支出比超额利润税率

收入支出比	税率，%
≤1.25	0
>1.25~1.3	10
>1.3~1.4	20
>1.4~1.5	30
>1.5~1.6	40
>1.6~1.7	50
>1.70	60

（5）出口关税：出口关税税率随着油价的变化而变化，国际油价越高税率越高，出口关税税率见表 5-3。

表 5-3　不同油价下的出口关税税率

油价，美元 /bbl	关税，美元 /t
<25	0
<30	10
<35	20
<40	35
<45	40
<50	45
<55	50
<60	55
<65	60
<70	65
<75	70
<80	75
<85	80
<90	85
<95	90
<100	95
<105	100

（6）红利税：境外法人税率为10%，哈萨克斯坦境内个人税率为5%。按计算期年度净现金流全部用来分红计算。

（7）财产税（或称资产税）：税基为会计核算房屋建筑物及其他与土地相关联的资产，即不动产的年平均价值，税率为1.5%。

（8）签字费：签署合同时，石油合同者为获得实施使用地下资源行为的权力而一次性支付的固定费用。

根据法律支付自然保护基金，支付道路基金，支付哈萨克斯坦促进就业国家基金，支付哈萨克斯坦社会保险基金、强制性医疗保险基金、退休基金。

四、合同期限及项目开发延期

合同有效期：自合同生效之日起并在许可证剩余的有效期内延续，只要石油合同者或主管部门按照合同的条款没有提前终止许可证。

开采期：开采期自合同生效之日起分为建设阶段和开采阶段。建设阶段自合同生效之日起，于开始商业开采之日终止。开采阶段自商业开采之日起，于合同和许可证有效期期满终止。

终止开采：石油合同者至少在预计终止开采之日前60天以书面形式通知主管部门合同区块终止开采的决定。主管部门至少在终止开采之日前30天通知石油合同者，是否接受预计终止开采日期，或者要求见面沟通协商主管部门选择的其他终止开采日期。确定的终止开采日期到来之后，石油合同者立刻失去对于合同区块的所有权利和义务，石油合同者无权将任何以前承担的对于合同区块的义务和责任转让给政府，同样，石油合同者要履行遵守环境保护法规，以及在合同区块石油合同者进行石油作业期间要获得环境使用许可证及环境恢复措施计划。

合同延期获得新的开采许可证：当合同和许可证有效期限结束后，如果石油合同者有意愿继续在合同区块进行开采工作，石油合同者应在该期限结束之前至少12个月将自己的意愿通知主管部门。接到通知后主管部门应立刻主动地开始和石油合同者进行谈判，谈判涉及合同区块的新合同和许可证的条件，如果石油合同者违背合同的任何条款，主管部门有权不开始这种谈判。

五、油田开发有关管理规定

（1）最低工作义务工作量：按照许可证条件在合同区块石油合同者除承担自己的风险外，必须在开采期内完成最低义务和最低费用。自合同生效之日起三年内，按照试采开发方案（许可证第一阶段），石油合同者进行试验开采。开发方案批准之前三年内，与工作计划有关的最低投资和生产费用应达到合同规定的最低费用。第一阶段结束后，石油合同者有权重新修改合同条款，并且在必要的情况下有权在第二阶段工作开始之前终止合同和许可证的有效期，同时对于第二阶段工作，石油合同者不承担追加投资的义务或罚款。如果石油合同者已决定着手开展第二阶段工作，那么在这种情况下石油合同者要承担融资义务。

（2）年度工作计划和预算：哈萨克斯坦法律规定，每年 10 月 15 日之前，石油合同者需提交给主管部门下一年的年度工作计划和预算建议。政府主管部门按照程序审查和批准年度工作计划和预算。在开采期内，每个年度工作计划和预算要符合每个已批准的整体开发方案。

（3）社会规划和发展基础设施最低费用：开采期的前三年，每年年初一个月内，石油合同者要将款项和主管部门开具的付款证明送达地方政府，该款项将提供给地方政府用于完成社会规划和开展基础设施建设工作。从第四年开始，石油合同者同样要将款项送达地方政府，金额和开发期前三年不同，一般高于前三年，该款项将提供给地方政府用于完成社会规划和基础设施建设。这些每年支付的费用是可回收的。如果油田投产不是从年初开始，那么在对应的建设阶段和开发阶段开始之后的 30 天内按当年实际开发天数的比例支付这些费用。

（4）未完成最低义务工作量的处罚：如果在第一个五年开采期满之后石油合同者的投资少于最低工作计划和预算中要求的数额，那么必须要在第一个五年开采期满之后的 30 天之内将实际完成的投资和预算差额部分上缴政府。如延误向政府支付合同中规定无争议的社会规划和发展基础设施最低费用，每延误一天，要支付罚款，罚款金额按照在支付金额期间 LIBOR 年利率加 4% 来确定。如延误支付的金额为 1000 美元，并且 LIBOR 年利率为 7%，延误天数为 30 天，那么罚款金额为 1000 美元 $\times$11%$\times$30/365=9.04 美元。

（5）参与国家地质规划：石油合同者要支付一定数额的费用用于建立资源国新的地质资料数据库，该费用在合同生效之日起 30 天内支付。

（6）按照法律编制整体开发方案，完成已获批的工作计划和预算，承担购买地质和物探资料的责任，承担检查装置、设备和材料的责任，以及按照已批准的工作计划、预算和合同相应规定，负责签署与完成石油勘探开发作业有关的分包商服务合同。

（7）按照法律和会计核算程序，完整而准确地核算所有与石油勘探开发作业有关的开支和费用，保存和准确地记录会计核算账簿。直接或间接通告所有在资源国境内提供完成石油勘探开发作业服务的分包商。向指定的政府机构递交油田勘探开发工作情况报告。支付所有合同规定的税和赋税。

（8）油田井登记：石油合同者已钻和关停的井需在地区管理局登记并根据法律规定的标准要求形成报告。

（9）油气运输管理：保证石油合同者的油气进入政府管理的油气集输系统，石油合同者自建的集输系统要与现有油气集输系统有效连接。

（10）信息和报表报送程序：根据法律和许可证，石油合同者要向主管部门提交各种应该上报的信息和资料，石油合同者要及时向主管部门提交石油作业成果报告、遵守安全规范和与石油勘探开发作业有关的事故报告以及根据合同和法律条款编制的财务报告。

（11）油气勘探开发作业分包工作：包括使用哈萨克斯坦分包商、采购商品和服务、雇佣的优惠条件、分包商工作计划和分包商合同名录等规定。

（12）培训资源国员工和使用资源国技术：制订员工培训计划，列入年度工作计划和预算，优先使用哈萨克斯坦技术。

（13）科研技术合作与交流：石油合同者保证用于科研技术合作与交流的费用由石油合同者承担，纳税时该费用应全部扣除且可回收。双方获得的上述科研技术合作的所有发明、试验和研究成果要绝对用于石油作业，一切费用由石油合同者支付，在合同缔约方之间分配并归其所有。

（14）生产原油质量分析：石油合同者要对全部石油作业过程中开采的原油进行质量分析，要符合现代国际石油工业的标准。

（15）原油计量管理：石油合同者在主管部门的参与下每年对用于原油称重和计量的设备和仪器进行检测。合同区块内开采的原油在送交计量时要采取先进的国际通行的方法。

六、政府对油气勘探开发运行的管理监督

（1）政府机构检查：石油合同者要保证资源国政府机构对生产作业无障碍随时检查，检查应在不中断石油生产作业的情况下进行。

（2）技术咨询委员会监督：双方应组成技术咨询委员会（TAC），TAC 由 6 名成员组成，其中 3 名代表由主管部门任命，另外 3 名代表由石油合同者任命。每隔两年双方轮值 TAC 主席，一年最少召开两次会议。TAC 的职能是对石油作业的整个过程提出建议，主要包括：① 石油合同者提交的年度工作计划和预算；② 属于石油作业范畴采取的环保规定；③ 合同区块内完成的建设和钻井工作以及这些工作的费用；④ 根据法律采取的安全生产和救护措施；⑤ 石油作业全部过程。

（3）开发方案批复及调整：石油合同者必须向主管部门、国家开发委员会和生态生物资源部提交整体开发方案。生态生物资源部需要在法律规定的期限内同意向石油合同者发放自然资源使用许可证。政府主管部门和国家开发委员会对石油合同者每一个区块或油田的整体开发方案进行批准。在获得批准的每一个整体开发方案和附带的自然资源使用许可证后，石油合同者才具有开始油田开发建设工作的权利；石油合同者只能进行已批准的每一个整体开发方案的石油作业。如果石油合同者想对已批准的整体开发方案以外的区块或层位进行开发，应向相关部委或委员会递交相应的整体开发方案的变更申请。

（4）会计核算和审计：石油合同者要根据会计核算办法和会计核算程序保存所有会计核算账簿，向主管部门和国家机关提交财务和税务报表。主管部门和国家机关根据他们的权限进行审计。

七、石油和资产所有权相关规定

（1）石油所有权：资源国的法律规定，政府有权优先购买石油合同者的部分或全部原油。在出现战争、自然灾害或其他紧急状态法规定的情形，政府有权征用石油合同者的部分或全部原油。征用石油合同者原油的份额要根据实际产量征用，其他地下资源使用者的数量按比例确定。

（2）资产所有权：在任何工作计划和预算范围内合同区块内购买的、安装的或建设的所有财产，在该财产的价值没有被完全回收之前所有权属于石油合同者；在这些费用完

全回收后，所有这些财产的权利和这些权利的法律依据转给资源国。所有权转移给政府时石油合同者不缴纳任何税款。财产费用回收和相应的财产转移逐渐积累，一年最多进行一次。在合同有效期终止之前，石油合同者可以无偿使用上述财产进行石油作业。

（3）第三方设备和装置所有权：石油合同者租赁的或临时进口到资源国境内的设备和装置不视为资源国所有的财产。这些设备和装置可以运出资源国，资源国将协助办理出口手续。

（4）资料所有权：所有资料、记录、样品和其他包括但不限于有关含有有益资源的地下资源地质构造的信息、任何油田的地质参数、储量规模、石油作业中获得的开发条件的新资料的所有权属于资源国，但石油合同者根据某购买信息的合同而获得的所有资料除外。

第四节　哈萨克斯坦政府对开发方案设计和审批的主要要求

一、哈萨克斯坦政府对开发方案编制的要求

编制油田开发设计文件和油田开发生产一样，必须遵守资源国的油气田开发规范、油田开发方案的编制规范及相关法律法规。在哈萨克斯坦开展油气业务主要涉及的法律有《石油法》《税法》《地下资源与地下资源利用法》。

哈萨克斯坦政府于 1995 年颁布了《石油法》，并于 1999 年进行修订。又分别于 2004 年、2005 年和 2007 年对 1996 年颁布的《地下资源与地下资源利用法》进行修订。自 2009 年 1 月 1 日起，哈萨克斯坦执行新的《税法》，增加了开采税和石油出口收益税。2010 年以来哈萨克斯坦立法部门开始讨论出台新的《矿产和矿产资源利用法》，新的资源法将原来的石油法和矿产资源利用法合二为一，内容方面更加明确和细化近几年有关油气勘探开发的环境保护、天然气利用、“哈萨克含量”等方面的内容，哈萨克斯坦政府意在立法层面增强其在资源利益分配上的话语权和投资导向作用，以最大限度地保护哈萨克斯坦的国家利益。2017 年 12 月 27 日，哈萨克斯坦政府颁布了新的《矿产和矿产资源利用法典》，并对原油内销比例、员工本地化比例、哈萨克斯坦本地采办含量、培训义务、科研义务、未完成哈萨克斯坦含量义务处罚等规定进行了明确和变更，同时增加了开发方案中列入矿产资源利用合同规定的义务指标项，从只规定油田实际产量、钻井工作量等主要指标到规定新增井网密度、各开发层系注采井数比、油藏注采比、地层压力、井底压力与饱和压力或反凝析压力之比、允许的最大单井油气比等各种对油田开发存在影响的各种指标（表 5-4）。对油田开发方案编制、油田开发水平、合同者对油田方案的执行提出了更高的要求。同时强调，油田开发合同者作为石油工业创新主体，矿产开发者有义务运用先进技术、工艺，以稳定产量、减缓产量递减，提高原油采收率，并通过国家开发委员会修改设计文件，列入开发调整方案。

表 5-4　哈萨克斯坦新颁布的矿产资源法与上一版内容变化

序号	内容	原矿产资源法规定	新版矿产资源法规定
1	原油内销比例	原油总产量的 20%～33%	向哈萨克斯坦国内市场供应原油比例不低于 35%
2	合同者弃置费	投资的 1%	当年操作费的 1%
3	合同者科研支出	没有明确规定	总销售收入的 1%
4	合同者培训费	没有明确规定	总投资的 1%～2%
7	作业者	合同者指定作业者	本地含量作业者
8	开发方案中列入矿产资源利用合同规定的义务指标	油田产量、钻井工作量等主要指标	新增井网密度、各开发层系注采井数比、油藏注采比、地层压力、井底压力与饱和压力或反凝析压力之比、允许的最大单井油气比
9	可采储量计算	原苏联标准	向国际标准过度
10	员工本地化比例	领导、专家、工人比例分别为 70%、90%、100%	领导、专家、工人比例分别为 50%、80%、100%
11	本地采办含量	哈萨克斯坦工程、服务采办本地含量分别为 80%、90%	哈萨克斯坦工程、服务采办本地含量分别为 65%、70%
12	未完成哈萨克斯坦含量义务处罚	未完成金额 30% 的罚款	未完成金额 1% 的罚款

目前，哈萨克斯坦油气田开发方案编制依据为 1986 年批准的开发方案编制规范（RD_39-0147035-207-86_TS_PR_01）。油气田开发方案编写的总体原则是根据开发方案实施油气田工业性开发、进行新工艺的工业性试验、编写钻井工程和设备安装工程设计文件、地区油气工业发展和布局方式及油气开采五年计划和远景规划。

1. 开发方案类型及特点

依据哈萨克斯坦油气田开发统一规范，油气田开发方案设计按先后顺序主要有以下几种类型：

（1）Проект пробной эксплуатации（试采方案）；

（2）Проект опытно-промышленной разработки（工业试验开发方案）；

（3）Технологическая схема разработки（工艺技术方案）；

（4）Проект разработки（开发方案）；

（5）Проект доразведки（补充勘察方案）。

依据方案实施过程中的实际开发状况，可能还要编制各种方案的补充方案。上述的 5 种方案是按照先后顺序排列的，不同阶段编制不同的方案，不能超越方案程序。

试采方案是在勘探阶段所编制的方案，主要目的是计算产能等，为计算储量提供参数。试采方案一般不超过3年。工业试验开发方案期限一般为3～5年，主要目的是试验新工艺、新技术以及已存在的工艺和技术在油田中实施的可行性，获取必要的资料，为油田全面开发做准备。

工艺技术方案是在完成试采方案和试验方案之后编制的，设计年限直至达到国家储量委员会批准的采收率期限或者油田开发经济寿命期结束。设计该类方案的物质基础是C1级或者B级储量。一般来说，在工艺技术方案中分别要设计衰竭式、注水和注气3种开发方式，每种开发方式至少要设计2个方案，这样作为开发工艺技术方案至少要设计出6个方案，依据开发指标和经济指标优选出推荐方案。开发工艺技术方案可视为油田开发的“终生”方案。当然，工艺技术方案也不是一成不变的，应根据各项指标的变化情况，编制补充方案。

开发方案的编制一般都是油田开发30～40年以上，油田井数已经很多，油田的构造、储层以及产能特征等已经非常清楚，储量经过复算，储量级别为B级、A级。

补充勘察方案是在油田开发的末期才编制的。

2. 开发方案设计要求

（1）油田及油气田开发的设计工作必须尽可能采出地层油、气、凝析油以及其中所含伴生组分，取得最大的经济效益，并遵守油藏保护、环保要求和矿山工程规则。在所设计的开发方案中必须依托最有效的工艺技术，以保证较高稳产水平，获得较高的采收率。

（2）编写油田及油气田工业性开发工艺设计文件是项综合性的科研工作，它要求有创造性方法，注意国内外的先进经验、开发科学和实践的最新成就（油矿地质、油层的物理化学和地下流体动力学等方面）、油井建设与生产的工艺技术、矿场设备安装、经济和地理诸因素、矿藏保护和环保的要求。

（3）勘探、储量计算、各种油层处理的实验研究结果、探井或最先开采地段的试采结果、设计工作的技术要求和基本定额等资料是编写油气田开发工艺技术方案的第一手资料。

（4）开发工艺技术方案要以国家矿藏储量委员会批准、石油工业部储量监督中心核实的各级油气原始平衡表储量（A+B+C1）和C2为准。编写开发方案和精细开发方案要以剩余的平衡表油、气储量为准。

（5）在开发工艺技术方案设计中，如果油藏大部分原油储量集中在未充分勘探地段或油层中（C2级储量），则在设计方案时必须考虑到二次勘探的必要性和整个油田的开发远景。C2级储量的开发指标（油气产量、注水量、注采井总数）要进行单独的开发部署和指标预测，包括开发动用这部分储量的地面工程建设、油田基础设施建设、钻采工程设计、油气开采远景规划的工作。

（6）在开发方案设计中需要论证：生产层的划分，各层投入开发的顺序，油层动用方式和注入介质的选择，注采井网形式和井网密度，油层油、气和液体动液面、采油速度和动态变化情况，注入油层的驱替剂，提高注水开发效果等各方面的问题，优选油井生产方式，井口和井内设备的选择，油井生产中与各种事故的预防措施，油气集输和矿场处理方面的要求，保持地层压力所需要的注采比参数的确定。钻井工程方面井身结构、钻井和试油等的要求和建议，油田开发过程中的监督和措施调整，油井开发测井和水动力测试，在钻井和油井生产过程中及采取各种方式提高油层采收率时进行油藏保护和环保方面的要求，为提升 C2 级地质储量油田滚动扩边勘探工作量和类别，新工艺和技术措施的工业性试验问题。

（7）油田开发方案设计中不同开发方案应在开发方式、注入介质、井网系统和井网密度、油井采油方式和工作制度、高峰产量和稳产期上有所区别。在工艺技术方案设计中，开发方案数量应不少于 3 个，除了基础方案以外，开发设计方案不少于 2 个。

（8）在每个开发方案中要确定全油田的原油产量指标，稳产期的确定要以该时期年度的最高产量和最低产量相差不超过设计量的 2%～5% 为条件。

（9）在所有设计文件中，将所有研究方案中的一个最有利的方案作为推荐方案，该方案通常为最终方案设计文件，作为被批准的开发方案。

（10）在工艺技术方案和开发方案设计中的所有设计方案，要考虑后备油井。后备井是为了使个别透镜体油矿、尖灭带和死油区能投入开发，因为这些区域的储量没有被基础井网完全控制住。后备井数的确定要依据设计文件，并考虑到生产层特征和非均质程度、基础井的井网密度等。后备井数在工艺技术方案中可取基础井总数的 10%～25%，在开发方案中取 10%。

（11）在开发方案设计中，以及在特殊要求的工艺技术方案中，要论证备用井数。这些备用井包括代替实际上因老化（物理磨损）或技术原因（生产事故）而报废的注采井。对备用井的数量、布井和投产顺序要进行技术和经济计算并考虑到其可能的原油产量，而在多层油田中还要考虑利用上返井来代替备用井。

（12）在开发工艺技术方案和开发方案中要论证采取措施提高原油采收率的可能性和必要性，或提高采收率付诸工业性试验的必要性。

（13）为了提高方案设计质量、油田开发过程预测的可靠性和精确度，在设计的全阶段要广泛采用先进的软硬件系统、人工智能、各种数据库和制图仪等工具。预测开发方案的指标时要考虑建立油层开发过程的油藏模拟模型，以便能考虑到油气藏地质构造的主要特征、储层类型、产层非均质性和孔渗特征、油层流体和注入剂物理化学性质、开发过程机理、井网形式、油井工作制度。在开发工艺技术方案和开发方案中计算原油、气、液体产量和注水水量时不考虑后备井。

（14）开发方案经济指标的计算要利用经济评价领域现行通用的、基于不同方案详细测算的开发指标、不同工作量投资预算和操作费用的经济评价模型。

（15）设计文件中技术—经济指标的预测和对比要包括整个开发生命周期，而不是合同者有限合同期。

（16）优选用于实际生产的推荐方案时，要根据本领域现行的经济评价方法，通过对各开发计算方案的技术—经济指标对比来确定。

（17）在开发工艺技术方案和开发方案中，必须研究利用最先进的开发技术和先进的采油工艺以保证达到或超过批复的原油采收率。

二、哈萨克斯坦政府对开发方案的审批要求

1. 开发方案正式文本的内容和格式要求

（1）开发设计文件的资料必须齐全，使评审人能在设计人员不参加的情况下对方案进行评审。这些资料包括摘要、主体部分和文字报告附件（卷Ⅰ）、表格附件（卷Ⅱ）和图幅附件。图幅单独硬装帧或附在卷Ⅰ之后。

（2）卷Ⅰ包括所有章节的正文部分，揭示所论问题的实质，对采用的方案进行必要的论证。各章节数量和细节由设计文件的作者根据油藏构造复杂性、开采目的层数量、目的层设计方案的数量和设计阶段等来确定。

（3）在摘要中要简述油藏地质构造的主要特征和产层的地质—物理特性。要描述设计阶段早先采用的设计方案的主要情况和目的层开发现状，要叙述设计文件中所涉及的各开发方案和推荐方案的特点。

（4）卷Ⅰ中的表格资料必须包括推荐方案的所有材料、原始数据，各开发方案技术—经济指标计算结果的对比表。为了阐明主要情况，需要时须引用补充材料（表格、示意图、图）。

（5）卷Ⅰ的文字附件必须包括设计的技术任务、各种记录、各机关部门感兴趣的资料的审查结论和纪要。

（6）卷Ⅱ中的表格附件必须包括数据和电子计算机计算结果的输出列表。

（7）图幅附件必须反映油田地质构造的主要特征、开发层系的开发现状、钻井规划、井图分布图等。图例必须相同。

（8）小型油田（储量在 1000×10^4t 以下）工业性试验方案和工艺技术方案编写要简练，并根据开发方案规定的结构进行。这些文件各章节数量和内容由开发方案设计者确定。

（9）设计文件的编写要符合国家对科研报告要求的标准。所有用于油层原油储量、油层地质—物理特征、工艺和经济指标计算的原始数据，均采用国际单位。

（10）明确编写油田开发工艺技术方案和开发方案的技术任务书：确定油田投入开发的开始年度和下一个五年计划中可能的年钻井工作量、可能的注入驱油介质来源和水、气、电供应能力；影响油井生产方式、井口和井内设备、油压和套压的各种限制；原油分离和处理条件；油井利用率和开采时率（按开采方式）；设计文件编写期限；矿藏保护和自然环境保护方面的特别要求；采油厂总工程师、总地质师以及总设计师编写技术任务并签字，由生产单位和设计单位的领导批准；与技术任务一起，甲方需要给设计单位提供经国家矿藏储量委员会（或石油工业部储量监督中心）批准的油、气、凝析油复算的储量及储量委员会对储量审查的会议纪要及其他材料。

2. 油气田开发方案报批程序

每一个开发方案设计文件完成后，首先要由作者（编制者）所在单位的主管领导和联

合公司（甲方）的领导签字认可，然后上报当地州政府的环保部门、紧急状态委员会和地区地质委员会（不同州归属不同地质委员会）等至少4个部门批准，若没有这几个部门批准，国家开发委员会是不会接收的。2010年3月，哈萨克斯坦能源与矿产资源部一分为二，即分为工业与新工艺部、石油天然气部。目前，储量委员会归工业与新工艺部，而开发委员会归石油天然气部。开发委员会接收报告后，要指定至少两个独立评审人评审，报告的作者们答复独立评审人提出的意见，并且获得他们的同意后，由独立评审人给出评审意见，向开发委员会推荐其参加评审。开发委员会组织审批，该委员会各评委尤其是主席同意并批准后，方案才算正式完成。

由于原苏联的油气田开发设计文件的规范和要求、内容、形式、报批程序与中国国内是完全不一样的，因此，没有资源国研究和设计单位的合作，开发设计是无法获得政府批准的。开发设计文件的编制者必须有许可证（资质），否则编制的文件将不予承认。为了油气田开发方案顺利通过审批，建议最好与哈萨克斯坦有编制开发设计文件许可证的研究院合作。

第五节　矿税制合同开发方案设计策略及编写要点

海外油田的开发设计必须充分考虑矿税制合同的管理条款、经济条款和法律条款的要求，通过分析各种税费对油田开发经济效益的影响，研究如何控制税费，实现油田开发利益最大化。投资者在方案设计时需要重点研究如何利用和适应财务条款所给予的优惠或限制条件使方案获得最佳经济效益的投资策略，并以技术方案设计来实现。例如，矿区使用费率或所得税率所形成的前期加载和后期加载财务制度，应首先确定固定资产投资与流动资金（操作费）的相对关系，从而确定技术方案编制的策略和原则。对前期加载财务制度，应谨慎安排产量分布；对于后期加载财务制度则要尽可能提高初期产量。方案要充分利用各种优惠条款考虑以适当增加钻井及相应的地面投资来提高一定的产量。但如果无优惠条款，一般来说应以适当的井数为基础，尽量在允许范围内发挥采油工艺的增产作用。如果有矿区使用费或所得税免交期的优惠政策，并且免交期从生效日计起，在生产建设的安排上，就应尽量缩短建设期，在有条件的地区，应采取边钻井边生产的经营方式，以充分利用优惠政策增加前期的现金流入。

矿税制合同下合同者的收入来源为产品的销售收入，因此，储量及开发技术水平决定了合同者的主要收入。另外，影响承包商最终收入的另一关键因素就是税赋。税后利润分配的高低决定了合同者的收益水平，外国石油公司在每一个生产期内获得原油净收入，用于支付油气生产成本费用和交纳税费后才能获得税后利润。因此，在矿税制模式下，要确保和提高合同者的经济效益，就要通过具体分析资源国的各种税费对油田开发经济效益的影响，从而通过控制税费达到实现油田开发中利益最大化。如上所述，矿税制下油气田开发方案设计的策略就是要从经济的角度分析各种税费对油田开发经济效益的影响，通过控制税费达到实现油田开发经济效益最大化。

一、矿税制合同区油田开发方案设计策略

1. 根据合同财务条款制定具体开发策略

石油合作协议中有关的财务条款是对项目方案进行财务评价的基础，财务条款对于投资者权利义务的规定，包括取值高低和某些参数的确定方式，都会对投资收益产生直接影响。

按对项目经济效益的影响情况，可将财务条款分为两类：一类条款的影响是确定的，即无论采用哪种技术或投资方案，其影响的方向都是一致的，如定金和地租条款即属此类；另一类的影响是不确定的，即采用不同的技术或投资方案，其影响的方向和趋势可能相反，如矿区使用费费率和所得税税率的不同确定方式即属于此类。后者在方案设计时可以加以利用。油田方案重点考虑矿区使用费费率的确定指标的变化对开发方案净现值（*NPV*）和获利指数（*PI*，表示单位投资获取未来报酬现值的能力）的影响，以及折旧速度和优惠政策对方案收益的影响。不同矿区使用费率确定方式对投资者净收入有不同的影响。

（1）矿区使用费率按固定比例计算：这种情况较简单，矿区使用费将随着产量的增加而增多。

（2）按年滑动限定矿区使用费率（*SSY*）：按生产年序确定矿区使用费率的具体规定是，生产期的头 2～3 年矿区使用费率逐年增加，第四年及以后年份按固定值或固定比例缴纳。按年变动的矿区使用费有三种：按单位面积多少桶计算、按固定金额缴纳、按总产量的一定比例缴纳。前两种情况对开发部署的影响是确定的，第三种按产量的一定比例缴纳的矿区使用费的多少与开发方案关系密切。

按年滑动确定的矿区使用费率，在生产期内随时间的变化是前期递增，中后期稳定，因此，在前期产量较高的情况下，矿区使用费仍相对较低。所以按年滑动的指标属后期加载指标，意味着资源国前期所得相对较少，以允许投资者先行回收其投资。

（3）按 *R* 因子滑动确定矿区使用费率（*SSR*），*R* 因子的计算公式为：

$$R=\frac{\text{累计收入}}{\text{累计投入}}$$

按递减的产量曲线计算出的累计收入与累计投入均随时间呈对数上升趋势，但累计收入上升的速度更快。根据条款规定，*R* 值越大，矿区使用费率越高，所以 *R* 因子在生产期的头 4～5 年快速上升，以后趋于稳定（图 5-3）。

（4）按产量滑动来确定矿区使用费率（*SSP*）：根据条款规定，产量越高，矿区使用费率越高，因此，对于递减的产量分布，产量属于前期加载指标，即政府所得前期相对较高。按产量确定矿区使用费率有两种方式、一是按产量超额累进制确定矿区使用费率；二是按产量非超额累进制确定矿区使用费率，以此来确定的矿区使用费率由于前期产量高，费率也高，费率随时间呈下降趋势，后期趋于稳定。在这两种方式中，以产量非超额累进制指标确定的费率下降更快。

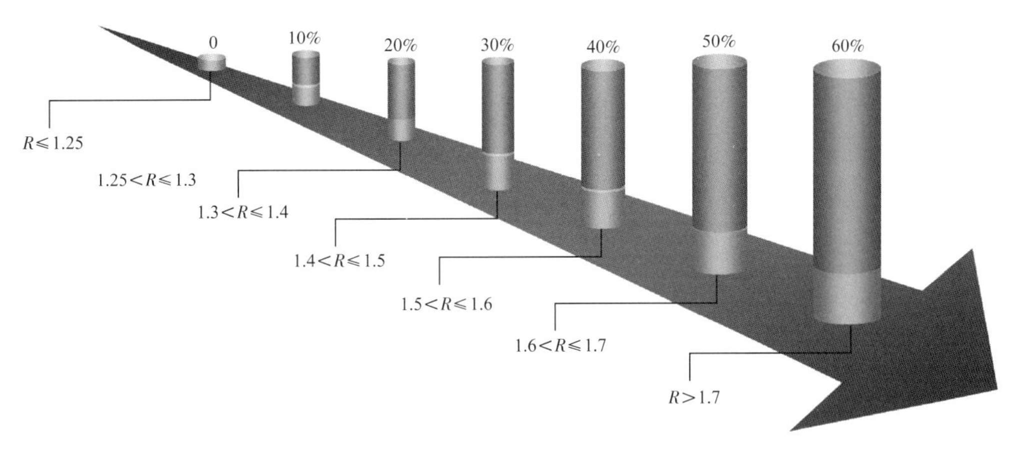

图 5-3　不同 *R* 因子值下的矿区费率

综上所述，在生产曲线呈递减变化的前提下，各种指标确定的矿区使用费有如下变化趋势：

（1）按固定比例缴纳矿区使用费，必然是前期高于后期，生产期前 6 年缴费比例占整个生产期的 70% 以上（表 5-5）。

表 5-5　生产期前 8 年矿区使用费所占比例

按固定比例缴纳	后期加载	滑动指标	前期加载	滑动指标
	按年滑动	按 *R* 因子滑动	产量超额累进制	产量非超额累进制
72.76%	66.00%	71.00%	79.00%	87.00%

按产量滑动确定的矿区使用费率在生产期的前期高，中后期低，原因在于产量一般是前期高，随时间递减。因此，矿区使用费随时间变化的曲线会比产量变化速度更快，这意味着在整个生产期内前期缴纳的矿区使用费很高。以产量超额累进制、产量非超额累进制确定的矿区使用费率，前 6 年缴费分别占整个生产期的 79%、87%（表 5-5），并且前期产量越高，投资者的净收入越少。这属于前期加载的财务制度，生产前期资源国政府所得很高，过高的产量对投资者是不利的。因此，对于这种财务制度投资者应避免使产量在前期太高，递减过快。

（2）按年滑动和按 *R* 因子滑动确定的矿区使用费率在生产初期相对较低，中后期较高，与按产量滑动（产量超额累进制、产量非超额累进制）确定矿区使用费率相比，生产期前 6 年矿区使用费所占比例低，分别为 66% 和 71%。因前期产量高，而矿区使用费率又低，这样公司在前期可获得更多的净收入，加大前期现金投入。这种财务制度属于后期加载，前期的现金流入比后期流入对净现值的贡献要大，资源国在生产的中后期才提高政府所得比例，开发方案编制过程中充分考虑有利的财务制度，加大前期新井和措施工作量，使油田前期快速上产，实现项目效益最大化。

2. 以合同期内经济效益为中心确定开发思路和技术手段

（1）合同者收益分析：矿税制合同下合同者的收入来源为产品的销售收入。因此，资产品质、储量及开发技术水平决定了合同者的主要收入。另外，影响承包商最终收入的另一关键因素是税赋。图 5–4 是收入分配流程图。

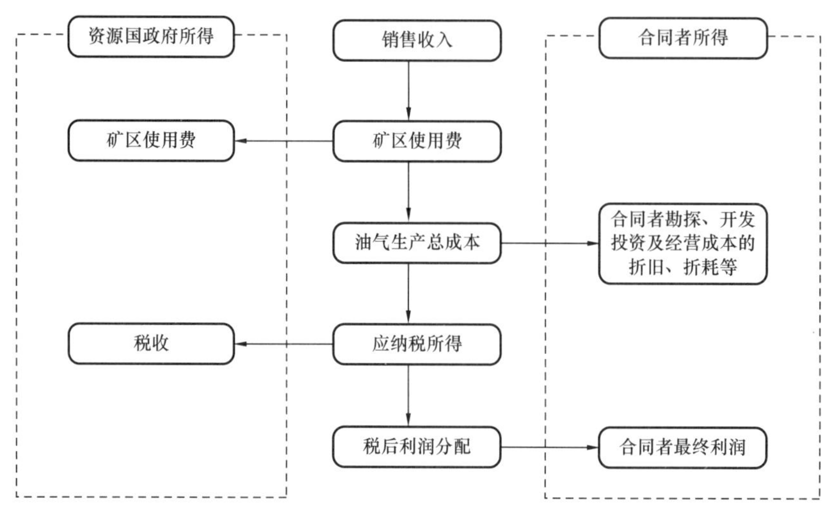

图 5–4　矿税制合同收入分配流程图

根据资源国政治经济环境确定油田开发模式税后利润分配的高低决定了合同者的收益水平，外国石油公司在每一个生产期内获得原油净收入，用于支付油气生产成本费用和交纳税费后才能获得税后利润。

因此，在矿税制模式下，要确保和提高合同者的经济效益，就要通过具体分析资源国的各种税费对油田开发经济效益的影响，从而通过控制税费达到实现油田开发中方利益最大化的目标。

（2）开发思路制定和技术手段应用：财务条款中有关矿区使用费率、折旧速度及优惠政策的不同规定会对同一技术方案产生不同的影响方向。这一特点可在编制开发方案时加以利用，针对具体条款设计多种方案，以对其财务评价指标进行对比与优选。现以矿区使用费率不同的确定方式为例，将不同投资方案及产量方案分别置于不同矿区使用费率确定方式所构成的财务制度下，考察某一种财务制度对不同技术方案经济效益所产生的影响，从而确定所应采取的投资方案和技术策略。

先设定两种不同开发部署及 3 种不同产量安排的开发方案。例如中亚某油田，初步分析评价期内可有 3 种产量曲线。3 种产量方案如图 5–5 所示，三者的区别在于产量在评价期内分布不同，但 3 种产量方案在评价期内的累计产量基本一致。因此，初产有高、中、低，相应的递减为快、中、缓。在下述计算和分析中分别以方案 1、方案 2、方案 3 表示。该油田达到产量目标的开发部署有两种：一是以较少的井数辅以不同的措施方案来调节产量；二是以一定的措施工作量为基础，用不同的开发井数来达到不同产量目标。这两种部署在资金运用结构上有很大差别，前者投入的固定资产投资相对较少，而以增加一定的流动资金（操作费）投入来获取一定的产量增加（称之为措施方案），后者以相对较高的固定资产投资（称为新井方案）来达到此目的。

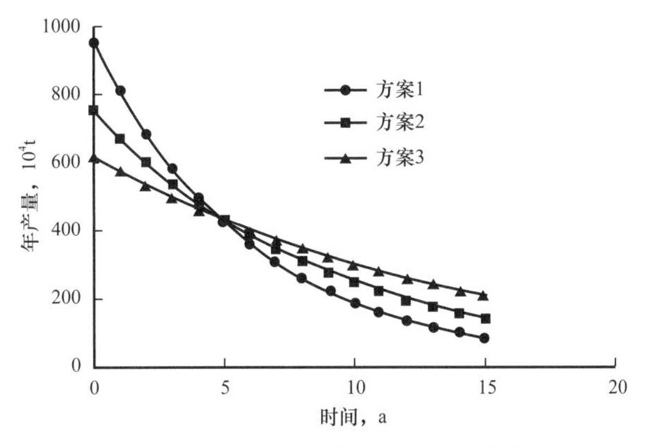

图 5-5　不同产量方案的产量分布曲线

采用措施方案，5 种指标制下 3 种产量方案净现值和获利指数均呈现出随初产量增加而增大的趋势。增长率依不同指标而不同，固定比例矿费、按年滑动矿费和按 R 因子滑动矿费指标制下的增长率相对较高，方案 1 比方案 2 的净现值增长 20%～22%。而在产量超额累进制、产量非超额累进制指标下，矿区使用费率是前期高，后期低，因而初期产量高，所缴纳的矿区使用费会更高。所以虽然初期产量高能增加方案的净现值，但净现值的增长率远低于其他 3 种指标制下的净现值增长率，其增长率分别为 9.5% 和 11%。

上述分析表明，在油藏及技术条件允许的情况下，以适当的工艺措施提高初期产量会提高投资者经济效益，但前期加载指标制较后期加载指标制下提高的幅度小。

如采用钻新井方案在固定比例矿费、按年滑动矿费和按 R 因子滑动矿费指标制下，3 种产量方案的净现值随初期产量的增加而增大或基本保持不变，获利指数与初产的高低无明显的相关性，有可能随初产的提高而增加或基本保持不变，或随初产量增加而减小。这表明，靠钻井投入来获得初期高产，有可能使方案的获利能力降低；在产量超额累进制、产量非超额累进制下，3 种产量方案的净现值并不一定随初产的增加而增大。获利指数随初产的增加有可能出现负增长，因此，在这种财务制度和投资方案下，不宜单纯依赖于增加井数提高初期产量。

3. 以财税条款分析为基础优化开发方案投资策略

在矿税制下，影响石油公司利润获取的重要因素除了技术方面的原因，就是税赋的影响。因此，矿税制下的开发优化和策略优化的基本内容就是通过分析各种税费对油田开发经济效益的影响，研究如何控制税费达到实现油田开发合同者利益最大化的目标。

（1）对石油财务制度的分析是境外国际石油合作投资项目开发方案设计程序中一项重要的工作环节，而且是在方案编制前应首先进行的一项经济分析工作，它是投资者提高境外投资项目经济效益的重要前提。

（2）石油财务制度中，每一条款都将对投资项目经济评价指标产生程度不同的影响，其中有些对项目的影响方向是确定的，如有关定金、地租等确定金额或比例的条款，对于这类条款不存在投资者如何加以利用的问题。有些条款的规定对项目经济效益的影响依据方案设计的不同会产生不同的影响趋势，如以滑动指标确定矿区使用费率、税率等，对此类条款就存在投资者在方案设计时如何利用和适应财务条款所给予的优惠或限制条件，使方案获得最佳经济效益的问题，投资者要针对具体财务制度的规定提出相应的投资策略，并以技术方案设计来加以实现。

（3）矿税类财务制度下投资及技术策略。

① 对于矿税财务制度中以各种滑动指标确定：矿区使用费率或所得税率所形成的前期加载和后期加载财务制度，应首先确定固定资产投资与流动资金（操作费）的相对关系，从而确定技术方案编制的策略和原则。对前期加载财务制度，应谨慎安排产量分布，而对于后期加载财务制度则要尽可能提高初期产量。

② 对于有投资补偿（UPLIFT）优惠条款并带有后期加载性质的财务制度，可考虑以适当增加钻井及相应的地面投资来提高一定的产量。但如果无投资补偿，一般来说应以适当的井数为基础，尽量在允许范围内发挥采油工艺的增产作用，这体现着投资策略的不同。在确定投资方案时，还应考虑折旧速度对开发方案经济评价指标的影响。

③ 如果有矿区使用费或所得税的免交期，并且免交期从生效日计起，在生产建设的安排上，就应尽量缩短建设期，在有条件的地区，应采取边钻井边生产的经营方式，以充分利用优惠政策增加前期的现金流入。

二、矿税制合同油田开发方案设计的技术要求

依据哈萨克斯坦油气田开发统一规范，油田经过勘探发现后，开发方案的编制具有如下的流程：油气藏原始资料采集→油田地质储量计算→油田开发方案设计→方案实施监测。

1. 油气藏原始资料采集

油田获得发现后，可以进行3～36个月的试采获取原始地层压力和温度，在油田开发时油井可能的单井产量和井底压力，油层驱替部分的平均渗透率系数，地层传导率、导气和导压系数。试采的目的是对现有资料的进一步落实和获得关于油气藏地质—物理特性、油气埋深条件、油井的产能的补充资料。试采期间需要厘清地层—岩性剖面及其夹层中油气层和非渗透夹层分界的位置，产层埋藏的基本规律；油田的水文地质特性、划分水压系统和描述所有地层水的物理化学性质；油藏盖层特性及其成分和性质；油田温度压力特征；油藏构造；产层总厚度、有效厚度及油气层厚度；岩石岩性和储层的孔隙结构；储层的渗流性质及其在油藏范围内的变化；产层原始含油饱和度和剩余油饱和度；产层的界面润湿性（亲水性和憎水性）；产层驱替系数；储层中油气水相对渗透率；产层中油、气、凝析油的埋藏条件；原始地层压力和原始地层温度；根据差异脱气和接触脱气资料确定地下原油的物理化学性质（原油饱和压力、油气比、密度、黏度、分子量、沸点和凝固点，蜡、沥青质、硫及胶质的含量和馏分）；稠油藏的岩石及其流体的比热容、比热阻的平均

值；地层条件下的气体物理化学性质（组分、相对空气密度、压缩系数）；凝析油的物理化学性质（原始凝析油的收缩率、密度、分子量、稳定凝析油的沸点和凝固点、组分和馏分、胶质石蜡和硫的含量）。

此外，通过油气藏试采还可以确定以下问题：注水井投注后水驱油的有效工艺措施，注入井可能的工作制度（注入压力、吸水能力、注入剂的要求和洗井方法等），注入井和采油井相互作用的特点，导致注入过程复杂的地质—物理原因（地层产状和渗透率的变化、注入效果差等），试采中产量和地层压力的变化。

政府认为油井的试油和油气藏试采是勘探阶段的一部分，试采期间的原油产量和正式投入开发后原油产量区别对待。

试采期结束后，如果没有编制新的工业试验方案或新的方案没有被政府批复，油田生产将被暂停，所有的生产井关井，因此，必须在试采期内完成油田新方案的编制和报批工作后，油田才能正式投入开发。

2. 油田地质储量计算

（1）地质及储层描述：要充分应用地震处理的资料、测井的信息、地层对比的分层资料，目的是搞清楚构造的形态、断裂系统、砂层及有效厚度的分布状况、油水系统等。描述岩石类型、沉积相及其规模、细分层对比及流动单元划分、裂缝系统分布规律及发育程度。不同类型的湖盆河道砂体有着各自特有的非均质性，不同弯曲度的曲流河道砂体、辫状河砂体、顺直型分流河道砂体、网状河及三角洲砂体都由于沉积方式的不同，导致砂体的连续性、宽度及连通程度都有很大差异。着重进行储层内部非均质性变化的描述，如不同方向的渗透率分布变化规律、孔隙结构变化规律、泥质含量及微观界面分布规律、裂缝分布方向及密度等。

（2）地质储量计算：试采期间需要开展油田的储量计算，建立油气藏动态地质模型，绘制油井的详细对比剖面图（所有其他图表编制的可靠性主要取决于地层对比的质量），产层部分详细地质剖面图（标明油气水之间的界面和射孔层段），储层构造图或顶底界构造图（标明内外含油含气边界、地层的相变带或尖灭带和断层线），总厚度、有效厚度等值线图。除地质图件外，油气田驱动类型图，产层可能的能量图，原始地层压力图，饱和压力和反凝析压力图，岩石的成分图，骨架和颗粒结构图，胶结物的成分图、泥质含量图、碳酸盐含量图，储层的渗流—孔隙性质图（油气水孔隙度等值线图、油气和水层渗透率等值线图等），产层的非均质性定量评价图、储层分层厚度图、砂岩体等厚图、砂岩百分含量图和储层渗透率的变化图，地层流体的性质图、石油含蜡量图和气中凝析油含量图等。储量的计算和核实储量主要采用体积法，在必要和可能情况下使用其他已知的方法。储量按油藏分层单独计算，也可按油藏分油气带和分油气层计算储量，还可按不同产能分块计算。

在标准条件下，石油、凝析油、甲烷、乙烷、丙烷储量计算单位为 10^3m^3，游离气储量计算单位为 10^6m^3，氦、氩计算单位为 10^3m^3。

3. 油田开发方案设计

（1）水动力模型建立及基本参数选取：油田开发方案是要根据哈萨克斯坦石油天然气工业部批准的油气田开发工艺设计方案来执行的。这是油藏总面积、油层总厚度和有效厚度、渗透率、单层、井的产量和采油指数、油、气、水的物理性质、原始地层压力和油气饱和压力、原始油气比、自喷井中井底压力和井口压力的关系、注水井的吸收能力、采油井含水率。通过计算可以确定可供钻生产井含油有效厚度分布面积，油层总厚度、有效厚度、单层数量、井采油指数和单位采油指数平均值和变异系数的平方，可以确定生产井的分布面积。根据油气藏试采资料必须确定当井底压力低于饱和压力时采油指数的减小程度；按注水井的实际注水量和采油井的实际含水率可确定地层条件下水和石油的流速比值与水驱油的指数，还可计算油层小层渗透率。

（2）开发层系划分：每一个开发层系有其合理的开发系统，在获得足够经济效益的情况下，这个开发系统与地球物理条件和技术可行性相符。把具有统一含油高度、相似的石油物理—化学性质、储层性质、油藏驱动类型和地层压力的油气层合并成一个开发层系。要考虑含油层系之间在平面上存在稳定的非渗透隔夹层。为了确保在无水期和水淹期的开发过程中油井具有较高的单井产量，划分开发层系时，应该考虑其有足够的油藏单位面积储量和产能。

（3）井网设计：资源国规范要求设计基础井网和后备井网。后备井是指落实开发区块油层地质结构需钻的井。对每个开发层系需要选择合理的井网密度，充分利用地下资源条件下该井网总采油井数能达到油田最佳经济效益。在利用水动力学计算的基础上，应该采用多个经济—技术方案对比后确定合理的井网密度。针对 2～3 套以上开发层系的油田，油水井的布井要综合考虑布井的合理性，为整个地面工程建设创造最佳条件，防止层系间流体窜流。

（4）选择注入井和采油井井底压力：根据设计的单井最大日产量（采油井和注入井一起），并考虑当井底压力小于饱和压力时采油指数减小，确定采油井井底压力。在保持较高注入压力和合理的采油井和注入井比值的情况下，合理的井底压力应该保持在饱和压力的水平上。

（5）钻采工艺及地面流程设计：钻采工艺及地面流程设计的作用是应用当代先进的技术，实现油藏工程设计。选择直井、水平井或丛式井开发，既要考虑油藏的适用性，还要考虑环境的影响。钻井的套管系列要与采油工艺技术相配套，采油工艺技术要适应储层的地质情况，并实现方案设计确定的产量目标。

地面流程设计要充分考虑先进性和实用性，尽量使地面流程自动化程度高、操作简便、计量准确、节能效果好，能够有承担各种风险的能力。

（6）油田开发方案和经济技术指标：油田开发设计报告中应该论证的主要经济技术指标有：产油量、产液量、目前含水率、生产井数、报废井数、注水量、累计采油量和采液量、扣除运输费用和税收的成本与日常费用、贷款额、支付贷款和偿还贷款（标明完全偿还贷款年限）。各层系的年度指标应该考虑开发的不同阶段，可分为四个开发阶段：第一阶段为打基础井网和产量增加阶段；第二阶段为稳产阶段；第三阶段为产量急剧下降阶段；第四阶段为产量长时间保持较低水平，缓慢下降阶段。油田开发方案设计中应该制订三套年度经济技术开发指标方案：第一套方案是天然的地层能量枯竭式的开发方案，在以后的油田开发设计报告中，应把前期实施的合理设计方案作为首要方案；第二套方案应该是在选择最佳参数基础上编制的合理的开发方案；第三套方案建议的合理的开发方案应用的工艺及其开发速度仅在油田开发实验区块应用并取得一定成果，但还有一定的风险性。

4. 方案实施监测

对开发层系进行开发监测所做的一系列研究中应考虑进行系统的、单一的测量。在进行系统测量时建议采用下列测量周期：在开发的主要期内（Ⅰ–Ⅱ–Ⅲ开发阶段）每季度测量一次；开发后期第四阶段每半年测量一次。测量采油井和注水井井底压力（动态水平）每季度不少于一次。测量油井的产能按下列周期进行：低产井（小于 5t/d）半月测一次，中产或高产井每 7 天测量一次，注水井吸水能力每月测一次。油井的含水率根据地层含水状况进行周期性测量。对于不含水的井每月为一周期，对于含水的井每月为一周期，当地层压力高于饱和压力时，测量油气比为每年进行一次；当地层压力低于饱和压力时，每季度或每月进行一次。

5. 环境保护措施

根据哈萨克斯坦《环境保护法》，伴生气的排放、地下水的利用、采油井或污水回注井层间窜流导致矿藏和地下水的污染。伴生气、凝析油含量达到政府规定的量后，须加以回收利用，对即将投入工业开发的油田，只有在油田设计方案中解决了石油气的回收和合理利用的问题后，该方案才能报批。禁止不经燃烧或中和直接向空气中排放含有硫化氢的天然气。新开发的油田要确保套管和水泥环的完整性。

三、矿税制合同方案优化策略

1. 基于税赋影响分析优化开发对策

在哈萨克斯坦现有的税费中，目前主要税种是矿费、公司所得税和超额利润税。

（1）降低矿费策略：根据合同规定，从交割日后的 5 年内，油田原油的矿区使用费为 2%，其后矿区使用费为 8%。

（2）天然气矿费：当累计产气低于 $30\times10^8m^3$ 时，税率为 0.5%；累计产气 30×10^8～$80\times10^8m^3$ 时，税率为 1.5%；累计产气 80×10^8～$150\times10^8m^3$ 时，税率为 2.5%；累计产气大于 $150\times10^8m^3$ 时，税率为 4%。

（3）开发策略分析：从矿税规定来看，开发前期矿费比例低，后期矿税比例高。因此，为了控制矿税比例，要尽量实现前期高产，这样矿费比例相对较低，净产量较高，有助于提高合同者经济效益。

（4）降低资源开采税：按照哈萨克斯坦的税法，税基为年度油气开采量的价值，与实际产量挂钩实行递增的阶梯税率（表 5-6）。

表 5-6　资源开采税税率

产量，10^4t	税率，%
＞1000	18.00
＞700～1000	15.00
＞500～700	13.00
＞400～500	12.00
＞300～400	11.00
＞200～300	10.00
＞100～200	9.00
＞50～100	8.00
＞25～50	7.00
≤25	5.00

资源开采税 = 原油出口价值 × 出口税率 + 国内销售价值 × 国内税率。

从资源开采税税率来看，油田产量越高，开采税率越高，因此，为了控制开采税比例，要尽量保持适当的产量规模，长期稳产，这样开采税比例相对较低，净产量较高，有助于提高合同者经济效益。

（5）降低原油出口收益税策略：按国际油价计算的出口销售原油收入为税基，油价越高征收比例越大，原油出口收益税由出口量和国际油价决定。

原油出口收益税 = 出口量 × 国际油价 × 税率，税率随国际油价（乌拉尔油价或布伦特原油价格的日平均值，若没有上述油价，则采用阿格斯油价）滑动。

从原油出口收益税税率来看，国际油价越高，出口税率越高，因此，为了控制出口税比例，要确定国内销售和国际出口比例。

（6）降低所得税策略：哈萨克斯坦目前所得税税率为 30%。影响所得税的因素主要是所得税税率和应税利润，因此，开发策略的出发点主要是控制所得税的缴纳额，在遵守哈萨克斯坦法律和保证公司正常运作的条件下应该尽量减少应税利润。

应税利润 = 总收入 – 矿费 – 费用（包括折旧与贷款利息）– 其他税费（包括交通工具税、土地税、财产税、社会税、环保基金、水费）– 往年亏损。根据哈萨克斯坦税收优惠政策的规定，计算应税利润时可以将当年的投资一次性折旧，这样有利于加速折旧，起到抵扣所得税的作用。

尽可能加大前期投资，降低前期应税利润，减少前期所得税和现金流出，提高资金的使用效率及投资回报率。

（7）降低超额利润税策略：根据超额利润税的规定，当内部收益率大于等于 4% 时，开始征收超额利润税，纳税基准为所得税后净利润（表 5-7）。

表 5-7　超额利润税税率与内部收益率关系

序号	内部收益率，%	超额利润税税率，%
1	＜20	0
2	20～22	4
3	22～24	8
4	24～26	12
5	26～28	18
6	28～30	24
7	＞30	30

超额利润税的影响因素主要是内部收益率和净利润。目前，项目的内部收益率已达20%，当内部收益率每增加 2 个百分点，超额利润税增加 4 个百分点。因此，恰当控制内部收益率非常重要，可以大大降低超额利润税税率，减少超额利润税。影响内部收益率的主要因素有：销售收入、投资、费用。除了原油销售价格，原油的净产量、投资和费用是决定内部收益率的主要因素。

通过计算合同者内部收益率来调整投资剖面。在开发前期加大工作量、增加投资可以降低前期净现金流，使内部收益率降低，进一步降低超额利润税。

对于矿税制合同模式，是高速开发还是平稳开发更优呢？通过对具体案例选取高产方案和稳产方案两套进行经济评价优选，从而确定开发模式和策略。

2. 基于矿税制合同现金流量计算模型优化

在独资经营矿税制合同下对于项目的合作双方收益的流程图如图 5-6 所示。从流程图中可以看出，矿税制合同所涉及的主要财务条款和现金流向，也可以清楚地看到资源国收益的主要来源是向项目的投资方征收的矿区使用费以及投资方所缴纳的税款。

（1）矿税制合同成本的核算：在矿税制合同下，对成本核算的规定主要有四个方面。

① 资本化或费用化的成本项目；

② 可回收成本项目；

③ 亏损是否能结转及结转年限；

④ 资本化成本折旧或摊销的方式。

根据矿税制合同财务制度中成本核算的相关规定，由估计的和已投入的成本，计算出项目所投资资金中可回收的成本：

可回收成本 = 项目中已费用化的开发勘探成本 + 项目中已资本化的折旧或摊销额 + 操作成本 + 上年成本结转额 + 融资利息（如允许）+ 投资补偿（如有此优惠条款）+ 定金、地租、培训费（如允许）。

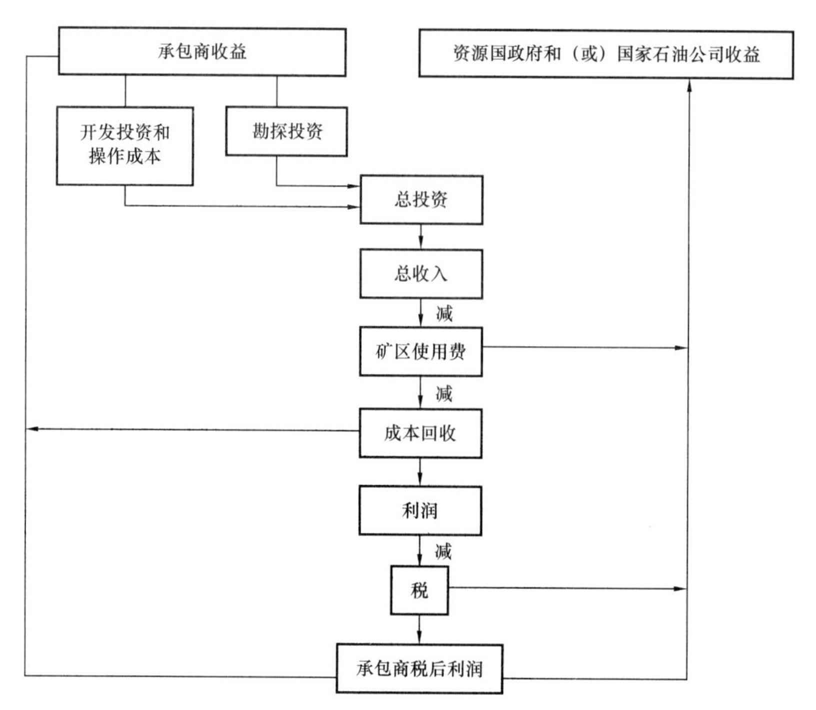

图 5-6　独资经营矿税制合同下合作双方收益流程图

（2）利润、利润分配的核算：采用矿税制合同的项目中，“篱笆圈”的有无以及是否在税前扣除其他项目的税金等财务条款与项目的利润和利润分配有很大关系，同时也关系到对税基的规定，即对所得税税前利润的计算，其计算公式可表示为：

项目所得税税前利润 = 项目净收入 – 项目中可回收成本和费用（依据有无“篱笆圈”而定）– 项目可在税前扣除的其他税金。

项目净收入 = 项目总收入 – 纳税的矿区使用费 – 其他各种税金及附加。

如有国内销售义务的规定，则：

项目总收入 = 国际石油市场价格 × 石油产量 – 国内义务销售量 ×（国内市场油价 – 国内义务销售油价）

项目所得税税后利润 = 所得税税前利润 – 所得税

= 所得税税前利润 – 项目所获所得税利润 × 税率。

如合同中对利润分配有进一步的规定，则：

项目的利润分配额 = 资源国利润分配比例 × 税后利润。

（3）现金流的计算：项目中关于现金流的计算，要分别从项目的现金流入量和现金流出量来计算，这样才能推算出项目的净现金流量。而在项目的矿税制财务制度中，现金流入项一般用合同计算出的净收入来表示，现金流出项则是用项目计算出的当期付现成本、项目的初始投资和待缴纳的所得税来表示。净现金流的计算公式为：

净现金流 = 净收入 – 当期付现成本 – 初始投资（在建设期）– 所得税 – 利润分配额（如有规定）。

上式中，项目当期的付现成本包括了项目当期所支付的成本费用以及所要缴纳的其他税金，计算公式如下：

当期付现成本 = 定金 + 地租 + 培训费 + 操作成本 + 融资费用 + 其他税金。

综合上述，对矿税制合同现金流的计算，大致可以归纳为以下几步：

第一步，对项目提取矿区使用费，土地租金和定金不会被列为油田首先收取的款项，而是在最后项目净利润的计算中自动抵消掉。

第二步，对项目的费用进行扣减，项目中待扣减的费用主要有经营成本、折耗、折旧与摊销以及无形资产成本。

第三步，交纳所得税，扣除各种成本和扣减项后，最后得到的是合同者的收益分配份额。

矿税制合同税后利润分配的高低决定了合同者的收益水平。影响石油公司利润获取的重要因素除了技术方面的原因，还有一个重要因素就是税赋的影响。因此，矿税制合同下的油气田开发优化策略的基本内容，一方面是从技术角度优化油田开发方案设计，另一方面是从经济角度通过分析各种税费对油田开发经济效益的影响，利用技术优化方案和控制税费达到油田开发合同者经济效益最大化的目标。

四、矿税制合同油田开发方案编写要点

1. 试采方案编写要点

油田完成勘探任务，必须进行油藏的试采或油田中某个区块的工业性试验开发；在取得采油许可证的情况下，可以对油田和气田进行试采和对已钻探井进行试采。必要时可以在 C1 级储量的区块优先钻生产和注水井并投入开发。试采的期限由试采区块的实际需要决定。

在 3 个月内由采油厂进行探井的试油，在获得必要产油量的情况下，进行矿产地质和水动力地质的综合研究。可以获得以下资料：原始地层压力和温度，在油田开发时油井可能的单井产量和井底压力，油层驱替部分的平均渗透率系数，地层传导率、导气和导压系数。

油气藏试采的目的是对现有资料的进一步落实和获得关于油气藏地质—物理特性、油气埋深条件、油井产能的补充资料。油气藏试采需要在有效油气储量编制的基础上，根据按规定程序批准的专门开发设计进行。

在油气藏试采方案中应包括以下内容：投入开采的探井的清单，前期采油井和注水井的数量和分布位置，油井地质—地球物理和水动力综合研究及岩心和地层流体的实验室研究，选择射开油层和油井诱导油流的有效方法，注水井的吸水能力，试采期内的产油水平。

通过油气藏试采还可以确定以下未知情况：注水井投注后水驱油的有效工艺措施，注入井的工作制度（注入压力、吸水能力、注入剂的要求和洗井方法等），注入井和采油井相互作用的特点，导致注入过程复杂的地质—物理原因（地层产状和渗透率的变化、注入效果差等），试采中产量和地层压力的变化。

因此，油井的试油和油气藏试采是勘探阶段的一部分，应该把这个时期获得的石油同开发时期（从实施设计的开发系统开始时起）采出的石油区分开。

2. 油田总体开发方案编写要点

（1）根据有关开发方针政策提出油田开发原则。编写油田开发方案时需要综合考虑以下因素：① 充分考虑油田的地质特点；② 充分利用油气资源，保证油田有较高的经济采收率；③ 采用合理的采油速度；④ 合理利用油田的天然能量；⑤ 充分吸收类似油田的开发经验；⑥ 确保油田开发有较好的经济效益。

（2）开发方式论证、注入方式和时机选择。论证油田开发方式，是否需要用人工方式补充地层能量或其他的开发方式。对采用人工方式补充地层能量的油田，应论述注水、注气或其他人工保持地层压力的水平及注入时机。

（3）开发层系划分与井网井距的选择。根据储层物性、油层压力系统、油气水性质及分布、储量规模及隔层特点、分层测试成果等划分和组合开发层系。从储层的连通性及非均质性、不同井网密度与采收率关系、水平井或分支水平井等复杂结构井与直井的效益差异等方面论证和说明不同开发层系的井型、井网、井距。

（4）开发井的生产和注入能力。应根据测试结果、储层特征、流体性质和井完善程度等资料，并参考类似油田的实际资料，论证开发井投产初期的合理生产能力和注入能力，包括：① 生产井的采油指数、生产压差；② 比较直井、大斜度井与水平井的产量关系；③ 注入井的注入能力，应说明启动压力、注入压差、吸入指数、吸水与采油能力的关系；④ 水源井的产水指数、水体规模及类似水层生产资料等。

（5）采收率及可采储量。应利用多种方法（常用的有类比法、经验公式、驱油试验法和油藏数值模拟计算等）综合确定油田采收率、动用地质储量及可采储量。

（6）数值模拟模型方案优化。描述油藏数值模拟模型采用网格大小、纵向分层依据、静态参数及流动参数赋值依据，对相对渗透率曲线、流体黏度、垂直传导率（K_v/K_h）、水体大小、隔夹层分布等油田地质和开发中的不确定因素进行敏感性分析，根据研究结果提出方案应采用的参数数值。应用油藏数值模拟模型，对开发层系、开发方式、注入方式、井型、井网、井距、井位、采油速度等方案进行优化研究。

（7）油藏工程方案比较与推荐。在方案研究和优化的基础上，结合工程设计和经济评价结果提出推荐方案，推荐方案应充分考虑由于地质认识上的不确定性所带来的开发风险。油藏工程推荐方案描述的内容包括：① 预测油田评价期内的分年度主要开发指标（井数、油气水产量和累计产量、含水率、注入量、采油速度、地层压力等）；② 开发井的井数、井别、井型和井位；③ 各区块（或平台）的预留井场数（或井槽数）。

（8）开发潜力和风险分析。论述推荐方案的主要开发潜力和主要开发风险，如未动用地质储量的开发潜力、地质上的不确定性带来的开发风险等。

（9）方案实施要求。提出开发井的钻探和油田投产阶段工作的实施要求，包括：① 对钻完井的要求（包括钻井顺序、钻完井质量和投产井顺序、储层保护、防砂层段、射孔和套管尺寸等）；② 对资料录取和动态监测的要求（包括取心、PVT 取样、地面流体取样、测井、测试和系统试井、产量计量等方面），提出监测井的比例或位置和监测方式建议（例如井下压力计数量和井位）；③ 对后续研究工作的要求（包括对随钻跟踪、钻后评价和开发生产动态研究的要求、工作量和费用估算）。

3. 开发调整方案编写要点

随着原始石油储量和局部地质构造特点的不断落实、油藏采出程度的变化，克服原有开发设计中的不足和经济形势的根本变化，必须适时地修改开发设计报告。油田开发设计方案的误差常常是由于原始资料不足，在有限的钻井资料条件下导致油层参数不准确，以及在内容和数量上没有按完成设计的工艺技术措施实施。油田开发需要编写补充开发方案，即开发调整方案。

（1）开发调整方案包含的主要内容有：根据更新后的地层主要参数的分析方法、针对当前油田特征的开发方式、开发层系、开发井网进行调整。重新确定油田开发技术政策，对油田开发指标预测和分析。综合评价油田各对比开发方案的主要开发指标和经济评价指标，优选出最佳方案，做出推荐实施方案。工程方面，提出钻井、完井、射孔、测井工程的技术要求；提出直井和特殊结构井（水平井、斜井、定向井、丛式井等）的注采工艺技术要求；提出低渗透油藏整体压裂改造方案的优化设计要求、开发全过程中系统保护油层的要求及措施、补取资料要求：取心、取样、试采、试井等。建立油藏动态监测系统，《地下资源和环境保护法》、油田开发对环境影响评价。

（2）开发调整方案的经济有效性评价。一份经济有效的方案会使边际油田税负减轻，利润增加，如果方案的执行不能保证油田开发的经济性会使油田变得难以高效开发。

图 5-7 为经济有效方案和经济无效方案的对比。对于经济有效方案，项目的净现值与合同者所得紧密联系在一起，直线经过原点。对于经济无效方案，项目的净现值是正的，然而合同者的净现值是负的。

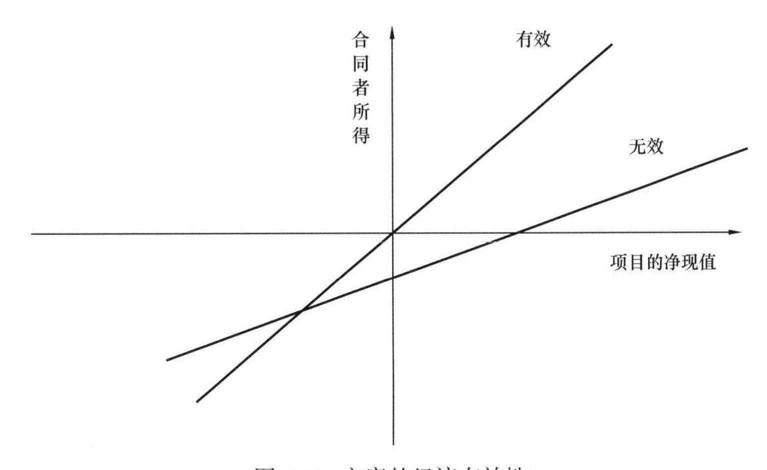

图 5-7　方案的经济有效性

（3）开发调整方案经济指标敏感性分析。矿税制合同下石油公司首先向政府交纳矿区使用费，可以实物也可以现金的形式，矿区使用费的税率确定方式有多种形式，例如固定或者滑动比例、*R* 因子等，费率各个国家和各个合同之间有所差异。油气收入扣除矿费和成本后为应纳税的收入。税收包括所得税、红利税、超额利润税等。税收中涉及的费用抵扣包括矿税、经营成本、折旧摊销等，有的国家允许扣除定金。

一是要分析折旧对经济评价指标的影响：折旧可对项目的财务指标产生影响，主要是通过折旧方式和折旧年限来影响项目中固定资产的回收速度。通常折旧年限与项目所投资金的回收速度成反比。在折旧年限相同的情况下，折旧速度对项目的评价指标有以下几方面的影响：

① 在矿税制合同下，当折旧和其他条款无关时，折旧速度越快，则净现值越高。折旧速度快必然使得前期成本增大，而成本作为应税额的抵扣项，可减少税前利润，进而可减少前期所得税，使得前期现金流出量变低，净现值增高。

② 在合同中，当折旧与某些条款相关时，不一定只增加净现值就会使得折旧速度变快。

二是要分析优惠政策对方案净现值的影响：在石油勘探开发合同中与财务评价直接相关的优惠条款有矿区使用费和所得税的免交期以及投资补偿等。矿区使用费与所得税免交期优惠条款的构成要素为：免交期的期限可为 3～5 年，免交期优惠待遇都是在生产的初期。如果可享受所得税免交，那么可明显减少前几年的现金流出，而使税后利润增加，由此可见，仅就此类优惠条款而言，增加初期产量，能获得更多的收益。如果免交期从合同生效计起，还应考虑缩短钻井、地面工程建设期，以充分利用和享受给予的优惠。

4. 延期开发方案编写要点

海外项目油田开发合同期一般为 20～30 年，经过第一合同期的开发后，油田生产一方面面临开发难度增大、低油价下盈利困难的问题，另一方面面临在合同期末前几年如何实现利益最大化的挑战。及时准确把握国际国内油气发展形势并做好开启合同延期谈判预案是哈萨克斯坦地区公司下一步可持续健康发展的关键。以中亚地区哈萨克斯坦老项目为例，即将到期的老项目承担中哈原油管线主要的原油供应，保持老项目的持续稳定对保障中哈管线的油源至关重要，合同延期方案至关重要。

（1）延期方案注重挖潜现有潜力，优先动用经济储量，改善合同末期油田开发效益，为合同延期奠定基础。

合同期末剩余可采储量和产量将作为合同延期时的资产重新购入，为减少合同延期成本，现有到期开发项目需要优先动用经济储量，降低成本，改善油田效益，为合同延期谈判赢得先机。

针对哈萨克斯坦 P 油田等开发时间超过 20 年的老油田，可采储量采出程度达到 65%，平均综合含水率达到 89.5%，要加大稳油控水措施的力度，根据油价波动，持续开展新井和老井增产措施经济评价，逐一甄别效益新井和效益措施，增加低油价下效益产量和严控无效益产量，在保持原油生产稳定的基础上实现上产增效，避免无效益的上产和上产降效。针对开发时间低于 20 年的年轻油田，可采储量采出程度达到 43%，综合含水率达 74.9%，油田具有上产的潜力，优先实施高产新井工作量，加大增油量高和有效期长的措施，加强油气田开发部署优化，对优质储量实施“好油先流”，对已动用的效益储量实施“有油快流”，进一步强化效益至上的开发理念，效益先行。

（2）延期方案契合老油田开发形势，开展高含水老油田提高采收率试验部署，利用技术优势为合同延期谈判赢得筹码。

进入高含水或特高含水期的油田大多是开发时间超过 20 年的老油田，前期注水严重不足，后期虽然加强了注水工作，但累计注采比一般只有 0.4～0.6，地下亏空严重，主力油田地层压力保持水平达 40%～60%。随着开发阶段的不断深入和开发难度的不断增大，油气操作费用不断上涨，主力项目油气操作费用接近 10 美元 /bbl。现有方式很难继续经济有效开发，需要借鉴国内高含水砂岩油田成功开发经验，研制高矿化度地层水聚合物配方，并及时开展先导试验，一旦达到推广条件，可应用于哈萨克斯坦境内的绝大部分砂岩老油田，具有广泛的应用前景。充分利用哈萨克斯坦老油田开发对聚合物驱提高采收率技术的巨大需求和中石油在提高采收率方面的技术优势及受剩余合同期时间制约的问题，开展延期谈判，掌握主动权，以技术合作获取整个项目延期的突破。

（3）充分借鉴国内老油田二次开发的成功经验，在延期方案中开展海外老油田二次开发。

哈萨克斯坦地区老项目经过多年的开发，井网不完善、注采不平衡和平面、纵向动用程度不均等矛盾日益突出，急需实现由单一粗放向精细集约开发方式的转变。通过筛选分析，哈萨克斯坦地区大部分老油田具备二次开发条件，预计可增加可采储量 1×10^8t，提高采收率 6 个百分点以上。前期重点推进几个示范油田的二次开发方案编制，深化碳酸盐岩和砂岩油藏认识，转化开发模式，优化工艺技术，强化经济评价，形成海外特殊开发环境下二次开发理论技术和规范，稳步推进二次开发，实现老油田开发形势明显改善和经济效益的显著提升。二次开发符合双方股东的利益，有助于哈萨克斯坦石油工业的进步和发展。应充分把握哈萨克斯坦老油田亟需国内二次开发技术及国际油价处于低位的重大机遇，以哈萨克斯坦政府呼吁为老油田提高采收率为契机，提出延期谈判的要求，以最低的代价获得老项目的延期。夯实“一带一路”能源合作，可以确保这部分油气进口稳定而持续，保障国家的油气得到安全、充足的供应；同时可继续和哈萨克斯坦保持程度最广、最深的油气合作局面。

（4）充分发挥技术优势，争取有利的延期合同条款和资源国政府的优惠政策。

老项目开发时间大多超过 20 年，地面设施老化，地层水矿化度高，井况较差，实施二次开发的难度和工作量增加，成本也会随之升高。应要求合同延期后降低矿费、税率、义务工作量及原油国内销售比例和前期员工本地化率，设置缓冲期，待投资回收后根据项目利润率来确定税率和原油国内销售比例，改变目前合同的各种硬性规定。以哈萨克斯坦呼吁应用提高采收率技术需求为契机，积极开展对话和老项目的延期谈判。鉴于哈萨克斯坦地区老油田水质条件极差，二次开发及提高采收率技术应用难度高于国内，实施成本会远高于国内，风险大。为降低提高采收率技术应用的风险，延期谈判应要求哈萨克斯坦政府应用税收、贡献金、内销等调节手段，保证提高采收率技术投资最低收益率，包括在原材料及设备进口、劳务许可、行政审批方面提供便利。以便国内成熟的提高采收率技术在哈萨克斯坦老油田的顺利实施和取得高效益，为中国石油公司在哈萨克斯坦的持续健康发展提供必要的保障措施。

第六章　产品分成合同模式下开发方案设计要求和方法

第一节　产品分成合同模式

产品分成合同起源于20世纪60年代的印度尼西亚。世界上的第一个产品分成合同是1966年8月由IIAPCO公司与印度尼西亚国家石油公司签订的。之后，这种产品分成合同模式逐步被许多国家采用，现已成为国际上较通行的一种国际石油合作的合同模式。

一、基本概念

产品分成合同是在资源国拥有石油资源所有权和专营权的前提下，外国石油公司承担勘探、开发和生产成本，并就产品分成与资源国政府（或国家石油公司）签订的石油区块勘探开发合同。

产品分成合同的本质是资源国保留矿产资源的所有权，承包商通过作业服务，利用生产出的原油进行成本回收和获得产品分成。如秘鲁、马来西亚、危地马拉、利比亚、埃及、叙利亚、约旦、中国、孟加拉国和菲律宾等国都采用了这一模式。

产品分成合同起源于印度尼西亚，1968年签订的第一个合同规定：

（1）油气资源的所有权仍属资源国；

（2）资源国国家石油公司拥有管理监督权，承包商向国家石油公司负责，按合同条款实施油气作业；

（3）承包商需要提交年度工作计划和预算，由国家石油公司审查和批准；

（4）合同的基础为产品分成；

（5）承包商提供作业所需的全部资金和技术，并承担有关风险；

（6）在合同期内，成本回收不超过年产品的40%，余下的产品按65：35的比例分成，国家石油公司占大头，承包商的税务由国家石油公司支付；

（7）承包商购置和进口到印度尼西亚的所有设备均成为国家石油公司的资产。

产品分成合同已被许多国家广泛采用，但在上述基本原则的基础上，已有很多变化，如矿费有高有低，成本油的比例有高有低，有的合同引入了产量台阶，所得税税率的变化也很大。

二、主要内容及特点

产品分成合同模式的主要内容包括合同范围、成本回收、产品分成、利润油分成、“篱笆圈”、资产权、税收、期限、撤销和归还、工作计划和预算、原油定价、本国人员的雇佣和培训、设备的所有权、义务工作量、支付定金、矿区使用费、商业性、政府参股、投资补贴和额外成本回收、国内市场义务等。但最基本的财税制度如下：（1）向政府交纳矿区使用费，与矿费税收制合同相同；（2）成本回收，成本回收的项目与矿费税收制合同是一致的，产品分成合同规定了成本回收仅限于总收入的一定比例，但成本超出部分可向后结转；（3）利润油分成，除去应上缴政府的矿费和合同者的成本回收油，剩余部分就是利润油，产品分成合同中规定了利润油由国家石油公司和合同者按比例分成；（4）税收，合同者所分得的利润油按资源国规定的税率交税。

一般来说，产品分成合同具有如下一些特点：

（1）资源国政府是资源的所有者，外国石油公司是合同者。合同者首先带资从事勘探，承担所有的勘探风险。

（2）如果没有商业发现，合同者承担所有的损失；如果有商业发现，合同者还要承担相应比例的开发和生产费用（如有政府参股或附股）。

（3）进入开发阶段，国家石油公司代表政府参股、参与经营管理并对合同者进行监督；国家石油公司通常掌握重大的监督权和管理权，日常业务管理由外国石油公司负责。

（4）在扣除矿区使用费后，全部的产品分成成本油和利润油；成本油用于限额回收生产作业费和投资，利润油可以在国家和合同者之间按照合同规定进行分享，并交纳所得税。

（5）用于合同区内石油作业的全部设备和设施通常属资源国所有。

（6）产品分成合同的显著特点之一是资源国政府从生产一开始就可得到自己份额的“利润油”，从而获得收益。

产品分成合同的三个基本要素是成本回收、政府和国际石油公司之间的产品分成和所得税。

对于一个长期油气田开发项目，产品分成合同能够保证跨国石油公司在每一个生产期内获得份额油气，用于回收投资、成本费用并获得利润分成。对于潜力较大的油气藏，跨国石油公司可获得该油气田中后期产量所带来的超额利润，相反，若油气藏潜力不佳，跨国石油公司将损失较大。

产品分成合同模式在国际油气合作中被广泛采用，属于比较成熟的商务模式。目前采用产品分成合同的资源国主要有：印度尼西亚、马来西亚、阿塞拜疆、越南、缅甸、老挝、印度、利比亚、阿尔及利亚、尼泊尔、尼日利亚、安哥拉、加蓬、埃及、叙利亚、伊拉克、苏丹、叙利亚、尼日尔等。

三、收入分配

产品分成合同的主要要素有成本油、剩余成本油、分成油和利润油。

成本油是合同规定的用于回收勘探和开发成本的石油产量。产品分成合同一般会规定回收某合同区内勘探、开发和作业成本的每年度最高石油产量比例，该值通常为总产量的40%～100%。每年的成本不一定能100%回收。资本费用可在合同规定的使用年限内进行折旧、摊销。年度成本回收额随产品分成合同条款的不同而不同。

剩余成本油是合同规定的特定时期内最高回收成本产量与实际回收成本产量之间的差值。有些合同规定这部分石油的分成比例与利润油不同，故需单独计算。

分成油是指总产量与成本油之间的差额。如果剩余成本油的分成比例与利润油不同，合同双方根据合同中的剩余成本油条款进行分成。

利润油就是合同双方按合同中利益比例共同分享的分成油的量。根据产品分成合同资本成本的不同，利润油的分成方式也有很多种。利润油分成中较常见的决定因素有日产量、*R* 因子等。

在多数合同中成本回收比例、利润分成比例和各项税费比例均与产量阶梯调整因子（油气日产量对应不同的跨国石油公司权益收入）和 *R* 因子（跨国石油公司累计收入与累计支出的比值）以及更多的因素相关，资源国政府利用这些因子对跨国石油公司的收入进行调控。

按照这个基本模式，合同者首先从总产量中拿出一部分支付矿区使用费，然后再拿出一部分作为油田开发投入费用的补偿，成本回收油在收入中的比例按协议规定的条件确定。扣除矿区使用费和成本回收油后剩余的部分即为利润油，利润油按协议规定的比例在合同者和政府之间进行分配。合同者所得的利润油部分要按现行税率缴纳利润税。图 6-1 为产品分成合同收入分配流程图。

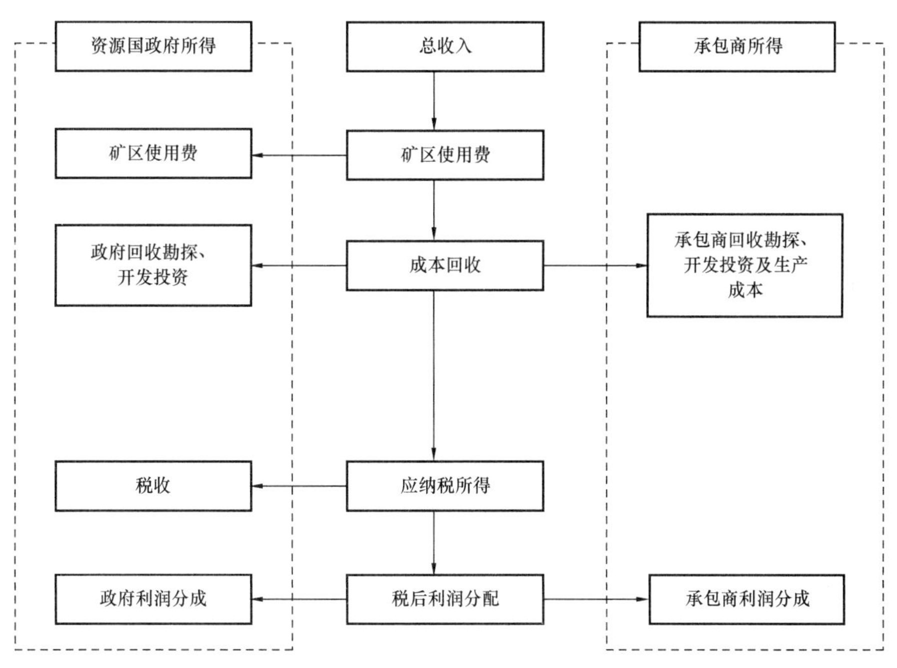

图 6-1　产品分成合同收入分配流程图

四、优缺点分析

产品分成合同模式的最大特点是资源国拥有资源的所有权和与所有权相应的经济利益。勘探开发的最初风险由合同者承担，但是一旦有油气商业发现，就可以回收成本，并与资源国一起分享利润油。这是对外国石油公司来说最有吸引力的地方。

产品分成合同模式的优点在于较好地处理了资源国政府和合同者之间针对油气勘探开发与生产过程中的风险、控制和利润分成关系。产品分成合同为项目合同双方提供了必要的适应性和灵活性，资源国政府在法律上保留完整的管理权，但石油公司在实际日常业务中行使控制权。这种灵活性便于资源国政府在保证合同者获得公平回报率基础上设计产量分配框架，进而使资源国政府的收入份额能随着油价上涨而增长。更为重要的是，合同双方都有机会获得原油，且资源国政府和合同者都可以从中找到令双方满意的安排。

产品分成合同模式的缺点在于产品分成合同框架和内容较为复杂多变，双方需要通过谈判确定的因素较多，而这往往使合同者收益的实现面临诸多不确定性，同时合同实施过程中所要求的技巧性较高。

第二节　产品分成合同模式下开发方案设计要求

产品分成合同模式下海外油田开发与国内油田开发的本质不同在于“利益主体多元、开发期限不同”。“利益主体多元”是指除采取对外合作模式开发的油田以外，国内油田开发以中石油、中石化、中海油以及延长石油等国有骨干石油公司为主，矿权和收益的主体都是国家，承担开发管理油田职责的四大石油公司利益与国家利益是高度一致的。而产品分成合同模式下，资源国政府是矿权所有者，合同者通过产品分成条款回收投资和获取利润油，尤其是成本油和利润油的组合条款设计使资源国政府和合同者的利益往往不一致。“开发期限不同”是指国内油田没有开发期限的限制，开发宗旨是满足国民经济的能源需求，追求最高油田采收率和较高经济效益；而海外的产品分成合同区块开发期是固定期限，一般为 20～25 年，合同者要在有限合同期内回收前期投资，尽可能地实现利润油最大化，实现较高阶段采油速度和采出程度是合同者开发油田追求的目标。概括起来就是，国内油田开发要“管好一辈子”，海外产品分成合同模式下的油田开发要“管好一阵子”。以上两点主要不同决定了产品分成合同模式下对方案设计的要求有别于国内油田的方案设计。

一般资源国在签订和执行产品分成合同过程中主要依据于其能源与石油有关法律和产品分成合同条款对区块及合同者进行管理，在运行过程中逐步形成了石油部（能矿部）+国家石油公司（NOC）为主的二元管理体系。石油部一般负责油气业务有关的技术和投资审批，地位要高于国家石油公司。就开发方案领域而言，涵盖从开发评价井、开发方案研究内容、开发方案研究质量控制以及开发方案批复等重要审批。一般资源国的国家石油公司具有区块合同者和国家石油公司的双重属性，一方面代表资源国以合同者角色参与产品分成合同区块的勘探开发作业，另一方面还担负国家石油公司职责，承担编制部分油田开发方案、培养本国技术力量的职责。以下分别介绍产品分成合同模式下开发方案设计的技术要求和管理要求。

一、资源国石油部对开发方案的设计要求

1. 开发方案设计的技术要求

开发方案的研究内容（Work Scope）决定了方案编制的指导思想、技术路线和技术成果质量，也是资源国对开发方案技术要求的最集中体现。开发方案的研究内容一般由区块作业公司牵头草拟，针对具体油藏类型、特点和所处开发阶段面临的主要开发矛盾来制定。按照所处开发阶段可以分为新油田开发概念设计方案、正式开发方案、开发调整方案、EOR 方案和区块延期方案。开发方案研究内容一般需要上报资源国石油部批准，石油部往往根据资源国利益最大化和自身监管的需要对研究内容进行审查和把控。一般而言，针对不同开发阶段的方案类型，石油部有以下技术要求：

（1）新油田开发概念设计方案：主要是在上报勘探发现（NOD）之后对待开发评价的新油田进行开发概念设计，核心研究内容是综合地质研究和油气藏工程设计。综合地质研究内容主要包括勘探发现构造分析、测井解释、地层对比、储层研究以及储量初步估算。油气藏工程设计包括油藏温压系统、流体性质分析、岩心分析、单井配产论证和产量剖面规划。在这个阶段油田处于勘探和开发评价期，地质和油藏参数不确定性大，从产品分成合同角度而言，石油部对新油田概念设计的主要要求是合理量化影响开发和投资决策的不确定参数，并在今后的开发评价和建产中逐步细化和落实，力争投产后实现建产目标，并快速回收投资。

（2）正式开发方案。正式开发方案的编制条件是在开发概念设计的基础上，随着开发评价和试采等资料的丰富，从构造、储层分布、油气水关系、油品及产能认识上更加清晰，开发概念设计阶段提出的影响开发和投资决策的不确定参数不断得到核实，油田开发技术政策和界限基本确定，井网井型、开发层系、开发方式、产能目标基本确定，油田开发投资和操作费参数更加落实，根据产品分成合同测算的合同者和政府经济指标更加准确可靠，可以作为实施方案指导建产和投产。石油部的技术要求一般是投资、产能和工作量匹配合理，较为确定，实施后不能出现太大的偏差。

（3）开发调整方案。油田实施正式开发方案 2～3 年后，井网基本部署到位，产能逐步建成，开发矛盾逐渐暴露，地质和油藏认识与原正式开发方案认识逐步出现了差别，需要开展开发调整方案研究，静态上重新认识构造、储层分布和油气水关系，重新核算储量，通过动态分析和数值模拟相结合研究储量动用较差部位和剩余油分布，提出油田开发技术政策优化方向，地面和地下协调设计加密和调整井网，开发方式转换和优化，提出下一步油藏经营管理对策等。在开发调整方案阶段，往往合同者前期投资已基本回收，出现了剩余成本油，石油部一般要求方案的工作量要有经济性，要结合剩余成本油情况优化方案工作量投入顺序和节奏，实现工作量、产量和经济效益的优化。

（4）EOR 方案。EOR 方案的特点是对油藏条件要求高，阶段性强。EOR 方法对油藏条件要求较高，不同方法的应用对油藏条件有特殊要求，如化学驱对于高地温的强底水油藏适用性较差，经济性较差。为了更好地评估 EOR 方法的适用性，一般可以将 EOR 方案

细化为 EOR 室内筛选和矿场先导性方案设计、矿场试验、扩大矿场试验和全油田推广等 4 个方案阶段。从产品分成合同条款角度而言，EOR 方法会增加地面改造工作量，投资较高，见效周期长，成本油回收周期长，在剩余合同期限较短的情况下合同者存在 EOR 前期投资不能完全回收的风险。因此，石油部对 EOR 各阶段方案要求的重点是落实 EOR 方法的适用性及矿场可行性，估算提高产量和采收率幅度以及配套投资的经济性和可回收性。

（5）区块延期方案。产品分成合同区块的开发期一般为 20～25 年，区块到期前，对开发区是否提交延期申请是区块作业公司和各伙伴合同者的一项重大开发策略。如按照有的产品分成合同规定，开发区可以延期 5 年，特殊情况下甚至可以延期更长时间。石油部一般对延期方案的技术要求是区块作业者需要进行详细的技术经济论证，并且提出提高采收率方面的承诺和部署。延期方案最主要的设计任务是对区块投入开发以来的开发效果进行全面、客观的评价，对于区块的加密调整潜力、EOR 潜力，未动用储量潜力和勘探增储建产潜力编制实事求是的规划，编制“篱笆圈”之间产量接替规划，并且论证开发潜力和产量剖面存在的风险，按照油田—“篱笆圈”—区块三级测算工作量投入、投资和合同者的未来收益。对于延期较短的情况，还应向资源国政府申请加速回收投资等优惠条款，只有内部收益率等指标达到财务要求后，区块延期方案才能先向区块各股东上报，征询意见，并进行完善，股东间达成一致后才能正式上报资源国政府申请延期。

2. 开发方案设计的管理要求

如前所述，资源国石油部为了实现自身利益最大化，细化管理开发方案研究和油气田建产过程，从开发方案研究内容源头进行把控。石油部一般在“审研究内容”基础上，将管理要求贯穿开发方案从研究、检查、验收、实施的各个阶段，可以总结为“审研究内容、审预算、审中间过程、审最终验收、审方案实施”，实现了对开发方案进行全生命周期管理。

“审预算”是因为开发方案的经费预算可以列入成本油中的操作费直接在当年回收，在有些国家区块，高昂的研究费用是国际石油公司过程创效的一种方式，石油部一般希望在确保质量的前提下尽可能地压缩开发方案预算，减少成本油的数量。

“审中间过程”是石油部一般派资源国技术专家全程参与方案研究的中间过程，更侧重检查技术细节，也是其调控方案研究策略、工作量和进度的一种手段。同时在与方案编制研究机构的互动中也可以提高资源国专家的技术水平，增强其方案审查技术实力。

“审最终验收”是指石油部一般审慎对待方案最终验收，会要求方案组分专业详细汇报和讨论，时间跨度一般在 2～4 天以上，石油部及各外资伙伴技术代表往往提出大量问题，要求方案研究机构整改，在限定时间内向联合公司提交正式方案报告，联合公司审查无误后提交石油部审查，决定是否批复。

“审方案实施”是石油部在方案批复后进行延伸管控的一种手段。按照国内外通行惯例，开发方案经过批复后即可实施开发井钻井等工作，开发井位无须再逐口上报地质设计等程序文件。进入开发中期以后，随着合同者成本全部回收完毕，产生了剩余成本油，这部分剩余成本油一般视作利润油，由石油部独享或按一定比例在石油部和区块股东间分配，石油部的利润油分成比一般都超过 50%。这一阶段油气田生产形势越来越复杂，开发上投入较大工作量会大量消耗成本油，因此，石油部有时会要求开发井位也需要上报地质设计进行审批，以便加强对资本性投资的管控。对于复杂断块方案钻后实施效果与方案研究出入较大时，这种做法在技术上有其合理之处；但对较为整装油田急需不断开发调整工作量的情形，这种做法极大地延缓了开发井审批进度。以非洲为例，特有的旱季施工时间窗口较窄，一般只有半年，工作量实施进度缓慢会造成区块产量连年下滑，导致利润油总量大幅下滑，虽然石油部利润油分成比高，但利润油分成量也会出现下滑。

中石油自 1995 年进入苏丹的产品分成合同区块以来，在产品分成合同区块运作方面积累了丰富的经验。总结而言，资源国油气工业管理体系和运行，形成了以石油部（能矿部）为核心，以国家石油公司为辅的管理体系。石油部对开发方案管理体系和运行可以总结为"全程参与、利益至上、条件批复"。"全程参与"是指石油部作为资源国政府油气工业管理的职能部门，除了负责宏观的管理和审批外，还全程参与微观层面方案研究的日常工作、中间检查、最终审查等所有环节，通过全程参与力图熟悉和掌握油气产业链方方面面，为其审批和决策提供参考。"利益至上"是指石油部宗旨在于为其国家利益而服务，其管理的方法、力度和目标也是服务于资源国的政治、经济形势。以苏丹为例，在 20 世纪 90 年代，苏丹政府大力吸引外国投资，苏丹石油局（OEPA）处于边学习边摸索监管的阶段，各种方案、井位基本随到随批，服务于苏丹尽快出口石油换取外汇的大局。随着原油成功出口，合同者步入投资回收期，苏丹政府在产品分成合同框架下逐步意识到需要限制合同者的盈利水平，实现本国利益最大化，于是围绕着开发方案编制、工作量实施等与合同者进行了长时间的审批博弈。"条件批复"是指石油部在审批同意的同时往往带有附加交换条件，如在批复调整方案和先导性试验时要求进行技术转让等。石油部技术官员全程参与或了解较多的开发方案往往审批较为顺利，但不太了解细节的开发方案往往要求区块作业公司和方案编制机构反复澄清，经常附加出差驻厂审查等交换条件。

二、区块作业公司对开发方案的设计要求

产品分成合同区块的作业者作为开发方案的具体执行者，在严格执行石油部对开发方案要求的基础上，对开发方案仍有一定的技术要求，以体现区块各股东的利益诉求。一般而言，主要有以下要求：

（1）开发方案采用的技术和产品有利于发挥区块各股东的比较优势。产品分成合同区块一般有多个石油公司股东，每家石油公司均有各自的特色技术和产品。在开发方案研究过程中，针对具体油气藏开发矛盾和所处开发阶段，适合采用股东特色技术和产品的应当优先采用。以中石油为例，断块油气田高效评价和开发、分层注水工艺、水平井等技术在国际上具有一定技术优势，在开发方案中采用这些技术和产品有利于发挥中石油整体技术优势，加快现场实施，也有利于技术和服务创效。

（2）开发方案要满足 SEC 储量评估等披露需求。如果产品分成合同区块的各石油公司股东是在美国等发达国家上市公司，往往应监管机构要求有披露年度 SEC 储量等义务。

开发方案是 SEC 储量评估的基础，尤其是开发方案预测的分年工作量安排是 SEC 储量评估公司开展储量评估的基础，因此，区块作业公司一般会要求 5 年内的工作量要尽量靠实靠细，实现较好的 SEC 储量披露效果。

（3）开发方案要满足区块合资合作的需要。在产品分成合同框架下，石油公司股东有时出于对于区块的勘探开发前景以及外部因素的综合考虑，决定出让部分权益或出售全部工作权益退出区块，在国际上被称为出让权益（Farm-out）。对于具有优先购买权的区块其他股东和潜在的区块受让者而言，开发方案是确定区块估值的重要依据。对于处于开发评价期的区块，作业者往往在开发概念设计或初步开发方案中较为乐观地估算储量和规划产量，从而吸引潜在受让者进入该区块。在开发阶段，作业者也往往在开发方案中通过开发策略的调整、工作量的增大等预测较为乐观的产量剖面和现金流，从而达到高价退出的目的。因此，在区块尽职调查时，潜在受让者往往会委托第三方独立机构对开发方案进行全面、认真地审核，合理确定区块估值。

三、中方对开发方案的设计要求

以中石油为代表的国家石油公司充分借鉴国内开发方案设计的成熟规范和经验，在 20 多年产品分成合同区块运作过程中充分结合资源国、区块合同者对开发方案的设计要求和实践，以产品分成合同条款为准绳，形成了中方在产品分成合同模式下的开发方案设计要求，以体现中方的利益诉求，主要有以下要求：

（1）技术适应性要求。国内油田开发技术的指导思想是以提高采收率为目标，结合国内陆相油田天然能量较弱特点，一次采油时间较短，往往开展早期注水，细分开发层系，不断加密井网，后期通过 EOR 技术进行产量接替，确保长期稳产，对于国内油田开发是适用的。随着越来越多国内总部和油田层面研究院走向海外，承担区块和油田的开发方案编制，面临的主要问题是国内油田开发技术在产品分成合同区块的适应性问题，海外合同期有限，难以实现多次加密并细分开发层系注水。中方要求国内的开发技术不能照搬到海外，要服从于全生命周期开发策略，尤其是投资大、见效慢的 EOR 技术慎重开展。这方面有历史上的教训，不顾资源国经济、合同和油藏条件，照搬国内开发技术，造成区块延期谈判的被动。

（2）测算中方经济效益的要求。产品分成合同区块“利益主体多元”决定了资源国和区块作业者的利益诉求不同，同时也决定了区块作业者内部利益诉求也不同，因此，在开发方案设计中不仅要在经济评价时估算资源国和区块作业者经济效益，还要估算作业者内部各股东的经济效益。国际上常见例子是：一个区块的主要作业者（勘探阶段一般由 1～2 家石油公司组成）在获得勘探发现以后，为了回收前期勘探成本，筹集资金进入开发建产阶段，往往会出售区块部分权益，由于国际油价的变动和收购时机的把握，A 公司和 B 公司先后进入该区块，但 1% 工作权益的单价成本差别很大，如 A 公司的收购成本是 B 公司的 1.5 倍，那么在建产阶段的开发方案设计上，即使同一个产能建设规模和全生命周期累计产油量，A 公司和 B 公司的经济效益差别很大，往往会出现 A 公司达不到最低内部收益率要求，而 B 公司由于收购单价低，进入区块晚，可以达到最低内部收益率要求的情况。以往中方也存在较晚进入产品分成合同区块的情况，因此，要求在方案设计时经济评价要估算多方的经济效益，特别是中方的经济效益，有时以此为基础与其他股东开展谈判，争取中方利益最大化。

（3）风险分析要求。中石油《油田开发管理纲要》中有关风险分析的内容较少，仅要求推荐方案列出在储量资源、产能、技术、经济、健康、安全和环保等方面存在的问题和可能出现的主要风险，并提出应对措施。本质上来看，国内油气开发主要关注技术、经济和 HSE 风险，这与国内长期政治、经济、社会稳定大环境是相适应的。但在海外高风险地区开展产品分成合同运作，面临的风险种类大大增加，除了以上国内关注的技术风险外，还需关注非技术风险，如政治风险、法律和合同风险（资源国强行变更合同条款等）、财税风险、汇率和通胀、市场与价格、项目管控、社会安全风险等，需要开展针对性风险分析并做好风险防控预案。开发方案是可研的基础，目前国有资产监督管理委员会已专门要求增加风险分析，作为产品分成合同区块作业者的中国石油公司均需按照以上要求在开发方案和可研中开展风险分析，尽量确保区块平稳、受控运行。

第三节　产品分成合同模式下开发方案设计方法

美国是现代石油工业的发源地，自 1859 年以来，逐步发现了如东得克萨斯等大油田，并成为世界上举足轻重的石油生产国和出口国。美国早期油田开发完全是市场化驱动，美孚等大型石油公司和很多私营小公司均广泛参与钻探和采油，并且创造了合资经营等现代石油企业经营方式。开发上早期均采用密井网实现高产，造成产量递减过快，开发效果差，特别是对于具有一定溶解气的油藏而言，井网过密、产量过高的开发模式会造成油藏压力迅速下降而大量脱气，进入溶解气驱，使得采油速度和采收率大大降低。美国各州政府在监管油气工业过程中提出了最大有效产量（Maximum Efficient Rate）的概念，定义为不造成油藏能量衰竭进而降低最终采收率的商业产量。如美国有的州政府定义最大有效产量的界限为 3%～8% 的年可采储量采油速度。后来世界上很多资源国在油气工业监管过程中都借鉴了最大有效产量的理念，认为超过最大有效产量可以视作过分开发（Over-production），并且延伸到开发技术政策的其他指标，建立相关界限，成为资源国政府对区块开发方案设计的原则和要求，以期实现油田的合理高效开发。

自中华人民共和国成立以来，以大庆油田、胜利油田为代表，逐步建立了陆相沉积储层精细高效开发模式，在世界油气开发舞台上占有一席之地。1988 年，石油工业部在总结陆上油田开发程序和经验的基础上，颁布了《油田开发管理纲要》，体现了当时历史和技术条件下中国政府对于油田开发方案设计的管理理念和要求。进入 20 世纪 90 年代以来，随着中国石油石化行业的改革深入，中国三大石油公司逐步转制为综合性跨国石油公司，并陆续上市，原石油工业部的《油田开发管理纲要》中涉及的方案设计要求和程序也随着技术进步和机构变更发生了较大变化，已不能满足中石油作为企业开展油田开发方案设计和管理的需求。中石油经过研究和修订，于 2004 年发布了《油田开发管理纲要》，主要目的是明确油田开发经营管理目标，明确各开发阶段研究的主要工作目标和要求，界定股份公司—油田公司分级方案管理的主要职责和权限，确保油田开发取得较高的采收率和较好的经济效益。《油田开发管理纲要》在水驱储量动用程度、油田剩余可采储量采油速度、不同类型油藏采收率方面提出明确界限要求。技术路线上要求设计动用地质储量大于 1000×10^4t 或设计产能规模大于 20×10^4t/a 的油田（或区块），必须建立地质模型并应用数值模拟方法进行预测。经济评价研究要求方案比选的主要指标为净现值，也可采用多指标综合比选。《油田开发管理纲要》在方案预审和审批权限上，要求设计动用地质储量大于 1000×10^4t 或设计产能规模大于 20×10^4t/a 的油田开发方案，或虽设计产能规模小于 20×10^4t/a，但发展潜力较大，有望形成较大规模或对区域发展、技术发展有重要意义的油田开发方案，由油田公司预审并报股份公司审批。其他方案由所在油田公司审批并报股份公司备案。

《油田开发管理纲要》中所体现的开发方案设计原则和技术要求可以总结为：方案设计以油藏地质研究贯穿始终，及时掌握油藏动态，根据油藏特点及所处的开发阶段，制定合理的开发技术政策调控措施，改善开发效果，使油田达到较高的经济采收率。《油田开发管理纲要》可以说是中石油油田开发系统的“宪法”，规定了油田开发方案设计和实施的一般原则和做法，对于实现国内油田长期稳产和提高开发效益起到了基础性作用。《油田开发管理纲要》还有一个突出的特点是开发技术政策决定投资策略，投资策略服从于开发的需要，这是由于国内矿权和收益权高度统一在国家决定的，而这正是国内方案设计与产品分成合同方案设计之间最大的区别。

从世界范围来看，资源国和跨国石油公司规定的开发方案主要内容为：总论、地震地质综合研究、油藏工程方案、钻井工程方案、采油工程方案、地面工程方案、项目组织及实施要求、健康安全环境（HSE）要求、合同模式、投资估算和经济效益评价。就技术而言，油藏工程方案是开发方案的核心，其主要研究内容一般可以分为基础油藏工程研究、动态分析、方案设计和预测三部分，贯穿其中的是开发技术政策的制定和产量剖面的预测，这也是所有方案研究成果的集中体现和落脚点。著名油藏开发专家 L.P.Dake 曾在《油藏工程实践》中对产量剖面有如下论述：“开发方案产量剖面看似应该由油藏工程师确定，但实际上是由管理层、经济师在油藏工程师研究成果基础上，结合合同模式综合考虑确定的”。因此，产品分成合同模式下的方案设计原则和技术要求为：开发技术政策必须与合同模式和经济评价相互结合，开发策略和投资策略相互影响，实现合同者和资源国政府的互利共赢。

一、产品分成合同开发方案开发策略设计

产品分成合同开发方案设计的最核心指标是产量剖面的预测，具体来说就是产量、稳产年限和合同期采出程度。产量模式的核心是处理好高产和稳产之间的次序和关系：次序是指开发方案预测产量剖面时面临一个选择就是稳产优先还是高产优先的问题，油田高产和稳产的关系的实质是油田不同采油速度和稳产时间之间的关系。对于地质储量一定的油田，当以较高的采油速度开采时，其稳产时间必然要小于在较低采油速度下的稳产时间。国内油田开发理念本质上来说是稳产优先，在较低采油速度下追求较长时期的稳产，典

型的如大庆油田，在 5000×10^4t 以上的台阶上稳产了 27 年，高峰期地质储量采油速度为 1.0%～1.2%。而高产优先即是采用较高采油速度，不追求长期稳产期。

国内油田开发特点是在一定的油价和投资、费用条件下，产量越高，往往经济效益越好，而海外油田产品分成合同模式的条款设计决定了区块作业者一味地追求高产或稳产未必能实现自身利益最大化，也就是说，区块作业者在有限的区块作业期限内，需要根据产品分成合同条款并结合投资及回收情况针对性地制定开发策略和投资策略，以期实现合同者自身利益最大化。概括来说，区块作业者在不同开发阶段有以下开发和投资策略：

（1）开发初期：控制前期投资。开发方案设计尽量采取稀井高产，地面设施尽量简化、优化，同时尽可能地高产，在一定成本油比例下尽可能地提高成本油数量，加快回收前期投资。

（2）开发中期：适度增加投资。前期投资基本已经通过成本油回收完毕，成本油在回收当年全部应回收投资后出现剩余，即出现剩余成本油，需要加大方案研究和新井、措施工作量夯实油田稳产基础，加大地面等设施维护工作量，合理利用剩余成本油。

（3）开发晚期：谨慎投资。区块即将到期，如苏丹产品分成合同一般规定投资分四年回收，到期前四年以内发生的投资将不能足额回收，因此，需要谨慎投资。方案设计和工作量部署需要提高经济界限，优选排序，提高投资效益。区块作业者按照规定计提区块弃置等方面费用，做好区块退还和延期技术与经济比选，做出退还或延期决策。

从以上不同开发阶段合同者的投资策略可以看出：产品分成合同的条款设计决定了合同者在开发初期要按照高产优先的开发策略加快回收；进入开发中期后要重视在一定台阶上的稳产，以合同条款指导稳产所需配套工作量和投资规模，减少剩余成本油，力争利润油分成实现较高水平；进入开发晚期谨慎投入工作量，做好区块退还和延期两手准备。

对于产品分成合同模式下的油田，在三个开发阶段中，开发初期这个阶段对全生命周期的经济效益具有决定性的影响，主要原因在于区块作业者进入区块的时间点就是经济评价开始的时间点，国际上通行采用的净现值指标主要受开发初期现金流的影响最大，高产带来高现金流，投资回收加快，净现值高，区块抵御风险的能力强。另外，产品分成合同建产进度影响也很大，多年产品分成合同区块评价经验表明，每晚投产一年往往会降低内部收益率 1%，国际上因为区块股东意见不一致、政府审批滞后等原因造成产品分成合同区块开发进度滞后，从而低于经济门限的例子并不鲜见。因此，开发初期的开发策略对于产品分成合同区块全生命周期具有全局性的影响，应尽可能地追求“高产”和“快投”。

区块作业者能否在开发初期采用高产优先的开发策略需满足四个前提条件，即“油藏条件有利、理论上可行、合同上有利和作业上主导”。

（1）油藏条件有利。以苏丹油田为例，中石油在深入对比分析国内油田和苏丹油田地质和油藏条件后，认为苏丹油田油藏条件好，体现在油藏物性好，一般为中高孔渗砂岩油藏，且纵向上厚度较大；油藏连通性好，大井距下井间具有一定的压力响应特征；油品性质好，一般为稀油，API 重度范围为 28°API～40°API，原油地下流动性好，饱和压力低，一般小于 3MPa 左右，地饱压差大；油藏边底水天然能量充足，并且水体与油藏的连通性较好。从以上分析来看，苏丹油田具备了初期部署稀井网、高速开发的有利油藏条件。

（2）理论上可行。合同者在产品分成合同模式下选择高产优先的开发策略需要回答的一个重要理论问题，即是高采收速度是否会降低采出程度和最终采收率，这也是资源国政府最关心的问题，直接决定了资源国政府是否同意合同者采用高产优先的开发策略。美国有的州政府提出的最大有效产量（MER），其实质是合理采油速度和采出程度的关系，合理的采油速度即为不影响油田阶段采出程度和最终采收率的采油速度。对于中高孔渗砂岩油藏，提高采油速度是否影响最终采收率一直以来是业界研究和论证的热点。早在 1973 年，Byrne 和 Miller 发表了底水油藏提高采油速度敏感性的研究结果，认为没有迹象表明高速开发底水油藏对最终采收率有不利影响。之后业界结合物理模拟和油田开发实例进行了深入研究和论证：

① 1982 年，胜利油田地质院进行了 27 块岩心实验，分析了影响采收率的因素，结果表明：在 8 个因素中，油水黏度比对采收率影响最大，采油速度对采收率影响较小；8 个因素中，要改变油水黏度比、润湿性、层内非均质性、表面张力等因素相当困难，而改变采油速度最容易实现。1996 年，中海石油研究中心南海东部研究院对两个油藏的 16 块岩心以 1∶4∶10∶20 的注入速度进行了岩心驱油效率实验，其结论是高水驱速度（采油速度）不会降低最终驱油效率。L.P.Dake 认为，采油速度是否影响最终采收率主要取决于驱动机理，溶解气驱油藏和气顶驱油藏在高采油速度下会影响油藏最终采收率，而对于注水和天然水驱油藏，高采油速度不影响最终采收率。

② 此外，提高采油速度还有提高采收率的机理，如室内实验研究表明，提高采油速度，也就是提高孔隙介质的液流流速，有助于降低残余油饱和度，从而提高采收率。中石油参股的秘鲁 1–AB 区块底水油藏 1987 年在 88 口井中改下电潜泵，进行大泵提液试验，动态跟踪表明，80% 的井通过提液取得了更好的生产效果，产油量增加，含水率降低，预计可以提高 2.4%～5.6% 的最终采收率。

③ 就国内油田开发实例而言，中海油采用产品分成合同模式开展对外合作，在部分中高孔渗砂岩油藏中借鉴和实施了外方作业者以提高采油速度为核心的开发策略，取得了较好效果。如南海东部惠州 21–1 和 26–1 两个油田，储层分布稳定，连通性好、储层物性好、原油性质好、产能高、有活跃的边底水天然能量，这些都是实现高产的地质油藏条件；储层有效孔隙度为 13%～30%，空气渗透率为 100～4000mD，地面原油密度为 0.8～0.9g/cm^3，地层原油黏度为 0.26～14mPa·s，均与苏丹的中高孔渗砂岩油藏的地质和油藏参数相似。惠州 21–1 和 26–1 的开发方案由外方作业者 CACT 集团完成，核心内容是采用高采油速度进行高速开发，体现了外方作业者在产品分成合同模式下力图实现高产快速回收投资的策略，这一点与中石油在非洲产品分成合同区块中所采取的策略是一致的。

如惠州 21–1 油田，部署 10 口采油井、4 口注水井和 1 口采气井，设计高峰年产油 121×10^4m^3，高峰年采油速度为 6.86%，开采期为 5.5 年，累计采油量 477×10^4m^3，采出程度为 27.2%；惠州 26–1 油田，部署 15 口采油井和 5 口注水井，设计高峰年产油 238×10^4m^3，高峰年采油速度为 6.97%，开采期为 10 年，累计采油量为 805×10^4m^3，采出程度为23.6%。开发方式上惠州21–1和26–1两个油田初期设计边缘注水。1990年11月和1991年11月，惠州21–1和26–1两个油田先后正式投产，实际开发效果比开发方案预想的要好：边底水较为充足，无须注水；惠州21–1油田高峰年采油速度为6.45%（按方案动用储量计算为7.07%），惠州26–1油田高峰年采油速度为5.5%（按方案动用储量计算为7.02%）；到2000年底，两个油田采出程度（按复算储量计算）分别为37.9%和39.9%，大大超过了方案设计指标，高速开发实现了较好的技术经济效益。

通过多年来的室内研究和油田实例分析，充分证明针对条件优越的油藏，高速开发从理论上是完全可行的。

（3）合同上有利。产品分成合同一般不论其成本油和利润油比例如何设置，一般从经济评价敏感性来看，首先对油价敏感，其次对产量敏感。在油价一定的情况下，提高采油速度会显著提高产品分成合同中区块作业者的经济效益。不论是国内海上对外合作还是海外产品分成合同区块的运作过程中，都充分地证明了这一点。

中海油在开发西江30–2油田过程中，对3个不同采油速度和稳产时间的开发方案进行对比，油藏研究结果显示，前15年3个方案的采出程度相差不到2%，而有经济效益的前11年3个方案的采出程度只差0.5%左右。就经济指标而言，如表6–1所示，方案1早期高速开采，采油速度为7%，投资回收期短，内部收益率最高；方案3采油速度较低（4.7%），稳产时间较长，投资回收期长，内部收益率也最低。

表6–1　西江30–2油田不同采油速度方案和经济指标对比

方案	计算期 a	有经济效益期 a	高峰采油速度 %	投资回收期 a	中海油内部收益率 %
1	15	11	第一年7.0	1.67	50.1
2	15	11	第二年7.0	1.8	45.7
3	15	11	稳产5年平均4.7	2.34	40.7

中石油在苏丹参股的油藏条件较好的油田中采用稀井高产、提液稳产的开发模式，保持了较高采液强度和采油速度，如苏丹1/2/4区主力H油田单井日产液量普遍超过5000bbl，高峰期采油速度普遍超过2%，部分储层物性较好，天然能量充足油藏的采油速度超过5%。精细数值模拟研究显示，高采油速度对于合同期采出程度没有不利影响。从区块产量模式而言，中石油结合产品分成合同条款对苏丹1/2/4区高产和稳产关系进行了经济评价，比选了低、中、高三个方案，预测到合同期末，方案具体产量高峰和稳产期如下：

a. 低方案：1000×10^4t/a稳产11年；

b. 中方案：1200×10^4t/a稳产8年；

c. 高方案：1500×10^4t/a稳产3年；

三个方案按照合同期末累计产油量相等，即采出程度相同的假设条件进行评价。结果显示，高方案（1500×10^4t/a）在12%的贴现率下净现值相对于中方案和低方案增加了

7%～9%，高速开发的经济效益明显优于中速和低速开发。具体“篱笆圈”和区块的净现值计算结果见表 6-2。

表 6-2　苏丹 1/2/4 区不同产能规模方案经济指标计算结果

方案	1000×10^4t/a		1200×10^4t/a		1500×10^4t/a	
区块	净现值（12%）百万美元	累计净现金流百万美元	净现值（12%）百万美元	累计净现金流百万美元	净现值（12%）百万美元	累计净现金流百万美元
1A	252	1000	252	912	266	892
2A	33	230	34	232	39	244
4	40	448	40	454	61	480
1B	100	594	119	593	120	583
2B	145	502	147	509	146	507
合计	570	2774	592	2700	632	2706

综上所述，高产优先的开发策略有效地结合了产品分成合同中的有利条款，区块作业者可以实现较好经济效益，从合同上是有利的。

（4）作业上主导。一般区块作业公司由多个石油公司股东组成，开发策略、技术和人才储备、工程服务依托能力等均不相同，如何能够汇聚各家股东的优势技术和管理经验，加快推进工作是实现高速开发策略的重要管理机制保障。主要股东的主导作用非常重要，需要具备制定正确的开发策略、充分利用自身的一体化优势，说服其他股东并与资源国石油部建立有效的沟通等能力。中国石油在苏丹的各产品分成合同区块一般持有工作权益40% 以上，是作业公司第一大股东，在 20 多年的生产经营过程中，主导了区块的勘探开发进程，充分发挥了自身一体化优势，与其他股东和资源国石油部建立了行之有效的沟通模式，助推了快速建产、高速开发。在当时政治和安保形势复杂、社会依托条件极差的情况下在两国区块实现了三年建成 1000×10^4t/a 以上产能的工作业绩，实现了与其他股东、资源国的共赢。

二、产品分成合同开发方案技术政策设计

产品分成合同模式下油田开发方案设计原则的核心内容是将油田地质、油藏情况与合同分成条款有机结合在一起，确定油田开发理念和产量模式，以此决定开发技术政策，在此基础上对开发方式、开发层系组合、井网井距等进行论证，从而实现合同者经济效益最大化。

开发技术政策是实现开发理念和产量模式的载体，就其内涵而言，开发技术政策包含了开发方式、层系组合、井网井距等主要指标，指标之间相互影响，对开发投资影响较大。因此，开发方式、层系组合、井网井距在产品分成合同模式下不再仅仅是油藏工程方

案的技术问题，而是在产品分成合同条款约束下的技术经济问题，需要从相互结合的角度进行论证和优化。

开发方式是开发技术政策首先要回答的问题。开发方案设计必须根据具体油田的地质油藏条件来确定油田的开发方式。利用天然能量的开发方式适用油藏范围广，对于合同者而言投资最省，是区块投入初期开发的首选开发方式。国内油田开发对象多是中低渗透油藏，开发方式上注重早期注水保持压力开发，而海外注水系统建设和运营投资巨大，即使在天然能量较弱的情况下也应根据投资安排适当推迟进入注水开发。在三次采油新技术应用上，国内油田开发以追求最大采收率为目标，因此，在化学驱、气驱、热力采油方面投入巨大，大庆油田经过几十年研发和应用，聚合物驱产量已经占到大庆油田产量的 30% 左右，就中石油整体来看，三次采油产油量已经占中石油国内陆上油田产量的 10%。跨国石油公司在全球范围内多是通过产品分成合同参与开发，其三次采油产量比例在跨国石油公司的产量构成中往往较小，如壳牌（Shell）公司目前三次采油贡献的产量仅占其年产量的 3%，并规划远景有望实现 10% 的目标。从跨国石油公司和中石油开展三次采油的力度和效果来看，由于三次采油方法对于油田地质和油藏条件要求较高、见效慢、投资大，跨国石油公司在实施三次采油提高采收率方面非常谨慎。因此，区块作业者在产品分成合同模式下倾向于首选利用天然能量的开发方式，并尽可能地推迟注水等投资较大的二次采油方式，谨慎开展三次采油开发。

层系划分与组合直接决定了储量动用程度和开发效果。开发层系划分和组合一般要满足同一层系内压力系统相同或相近，原油性质相同或相近，天然能量驱动类型相同、每套层系有足够的有效厚度以满足单井控制储量和单井产量这四个条件。从世界范围来看，监管较为严格的资源国往往要求开发方案设计只能逐层上返的单采，不允许大段合层开采，如委内瑞拉；也有监管体系和经验较为缺乏的资源国在开发层系划分和组合上没有特殊规定，而是由开发方案优化和论证。国内以大庆油田为代表形成了“六分四清”精细层系组合和注水开发模式。对于产品分成合同区块的油田开发而言，初期开发层系划分和组合宜粗不宜细，层系组合较粗时可以提高纵向上的储量动用程度，实现稀井网条件下单井高产，从而实现区块高产；层系组合的过细意味着需要多套井网，而钻井投资是初期开发投资的主要部分。因此，为了实现初期高产，较粗的层系划分和组合是由技术和合同模式决定的，并且保持了一定的调整弹性，有利于进入开发中期之后进行细化调整。同时即使进入开发中期，开发层系划分的指导思想不能是应细则细，应该是适当细分，综合考虑合同期开发效果改善、工程作业能力及增量经济性。

井网井距是与层系划分和组合相互关联、相互影响的，不同的层系组合需要不同井距的井网来适应。井网的密度首先取决于在开发过程中绝大多数独立油气水运动单元的面积和几何形态。多油层油田往往被隔层及断层分隔成许多独立的油气水运动单元，井网部署的密度就是要覆盖和控制绝大多数油气水运动单元，使之在开发过程中得到充分动用。其次，井网密度还要适应压力传导能力的要求。油田开发本质上是对压力的消耗，对于储层分布较均一的中高孔渗的油藏，油水运动单元的面积和压力传导半径也较大，井网密度就可以稀一些，但也要考虑多油层油藏渗透率较低油层的压力传导，以此为基准确定井网密度。再次，井网密度要满足采油速度的需要。产品分成合同模式下，如果稀井网能够满足初期采油速度的需要，最好部署稀井网，节约初期钻井投资和生产过程中的操作费等支出。随着成本回收，开展方案调整可以逐步加密，滚动投入从经济上来说最有利，技术上可以摸清井间储层物性变化和油水运动规律，夯实稳产基础。王乃举等根据我国144个陆上开发单元或油藏井网密度与采收率关系曲线，建立了5类不同流度比下的井网密度与采收率相关式。从统计单元占比情况来看，国内开发单元或油藏以3型［流度比为30～100mD/（mPa·s）］为主，反映出国内油藏非均质性强、储层条件变化大的特点。以苏丹油田为例，流度比以适用2型［100～300mD/(mPa·s)］和1型［300～600mD/(mPa·s)］公式为主，反映出优于国内油藏的储层特点。按照采出程度20%计算，对应井网密度下的井距为590m和670m，该井网密度应是考虑多次加密的最终井距，苏丹油田中高孔渗透油田开发的初始井网密度一般为800～1000m，经过两轮加密，目前已较为接近1型和2型公式计算的井距。

产品分成合同模式下开发技术政策与国内油田开发完全不同的一点是“篱笆圈”之间的接替和产量优化问题。“篱笆圈”是产品分成合同中重要的条款安排，每个“篱笆圈”发生的投资和费用只能从该“篱笆圈”的产量中进行回收。一般来说，产品分成合同区块的开发区先投产，先回收，随后勘探区逐步取得突破，转为新的开发区“篱笆圈”，并逐步建产。对于某一时间点而言，存在先投入的开发区投资已完全回收，而后投产的新开发区投产较晚，投资刚开始或只有部分回收的情况。在这种情况下，增加老开发区“篱笆圈”的产量往往并不能显著增加合同者收益，因为增产情况下资源国政府的利润油分成比例也随之提高，而增加新开发区“篱笆圈”的产量往往能显著加速成本回收，获得较多利润油。因此，在区块总产量保持不变的情况下，根据各“篱笆圈”已发生的投资和回收情况，合理优化“篱笆圈”之间的产量比例，对于回收较少的“篱笆圈”区块加大上产力度，适当控制已回收“篱笆圈”的产量水平，对于实现合同者的利益最大化具有重要意义。

产品分成合同模式下投资策略还对开发方案中的钻井和采油工程方案有所要求。如国内油田已大范围应用水平井提高单井产量，而对于苏丹中高孔渗多层砂岩油藏而言，初期井网均设计为直井，没有考虑水平井，主要原因是水平井在中高孔渗油藏中单井产量优势不明显，经济上苏丹地区作业依托条件差，水平井作业条件不成熟，跨国油田服务公司水平井报价较贵，因此，在井型上优化为直井。随着后期调整方案研究，水平井作业服务价格逐步降低，在薄油层开发和剩余油挖潜上体现出技术优势，调整方案加密井型开始考虑直井和水平井结合的井型策略。采油工艺上普遍采用大压差提液保持稳产的方式，采油设备主要选用大排量的电潜泵。为了加速回收，合同者一般采用租用而不是购买电潜泵的方式，虽然合同期内租用电潜泵的费用有可能超过购买电潜泵的费用，但租用电潜泵计入油田操作费，当年即可回收，而购买电潜泵属于资产，分四年回收，而且回收以后属于资源国政府。这种租用而不是购买的策略在油田勘探开发各环节中普遍存在，起到了加速合同者成本回收的作用。

三、新油田开发方案设计方法

1. 开发方案设计之前相关工作程序

（1）上报勘探发现。对勘探新发现油田，一般按照产品分成合同中规定，首先需要区块作业者向资源国石油部上报勘探发现（Notice of Discovery），并且具有一定的技术要求和时限。合同者在探井试油获得商业勘探发现后，应尽快通过地震、评价井、取样等资料落实油气构造类型、面积、油气水界面，开展初步储量估算，形成规范的勘探发现配套英文报告和相关图件提交给石油部。上报给资源国石油部的勘探发现报告时限要求一般不得晚于探井获得发现之日起的 2 年，目的是防止合同者长期不上报勘探发现，从而拖延上报商业发现，推迟进入开发期的行为。

（2）上报商业发现。在上报勘探发现（NOD）给资源国政府后，区块作业公司可以开始编制勘探发现的规划方案，在这一阶段，往往部署了 3D 地震，经过评价井的钻探和取心、PVT 取样的分析，对于构造类型、大小、储层分布、油气水关系、油品性质和产能有了更准确的认识，区块作业公司汇总规划方案成果和相关材料，形成上报商业发现（Declaration of Commerciality）报告，内容包括列入开发区块的断块和油藏基本情况和数量，储量估算、初步产能规模和经济评价结果，需要另附相关开发区块面积图、构造图、剖面图、测井解释综合图和初步产量剖面等，上报给资源国石油部进行批复。开发区块面积经过资源国石油部批复后生效，区块作业公司按照开发区标准缴纳地租，标志着开发区块正式生效。一般资源国石油部要求提交的资料包括以下几个方面：

① 提供开发区块坐标。

② 提供 $1:20\times10^4$ 的区域地质图，详细标注合同区的高点和边界等。

③ 提供 $1:2\times10^4$ 或 $1:5\times10^4$ 开发区块的地质图（包括开发井或生产井的设计井位），要附加技术报告说明所申请开发区块边界的合理性；开发许可区的地表面积需加以限定；如果开发许可申请的是几个油田，须分别给出相应的开发区块面积。

④ 开发许可授予期限一般不超过 20～25 年。

⑤ 在授权后 60～90 天内，向石油部上报本年度未完成的工作计划；并在以后每年的 10 月 31 日之前，上报下一年的工作计划。

⑥ 开发可行性研究要提供开发许可区块内一个或几个油田所有的资料、信息以及能够证明其商业性的分析等。可行性研究要包括与油田有关的技术上和经济上的数据，包括评估、解释和分析等，特别是以下几个方面：

a. 地球物理、地球化学和地质数据。

b. 产层的厚度和延伸范围等。

c. 油藏的储层特性。

d. 压力—体积—温度数据。

e. 油藏的储层渗透率、孔隙度以及不同工作制度条件下试油的生产能力。

f. 所发现烃类的特性和品质。

g. 油藏评价和可采储量估算（包括可能的储量）。

h. 相应的产量剖面。

i. 油藏可能包含流体的其他重要特征和性质资料清单。

j. 与开发申请有关的油田开发和生产计划及相应的预算包括：

（a）开发成本的详细估算；

（b）相应设计、建筑的详细报告及石油作业设施的试运行计划；

（c）钻井计划；

（d）井的类型和数目；

（e）井距；

（f）开发阶段的产量剖面预测；

（g）伴生气的应用计划；

（h）油藏开发计划和相应的时间表；

（i）完成石油作业的安全规范描述；

（j）作业者可能采取的产量模式；

（k）预期弃置工作的概要；

（l）开发阶段的财务计划；

（m）油田发现和定界所做工作的备忘录；

（n）开始商业生产的时间表以及油田开发经济可行的结论和建议。

⑦ 完成与石油作业有关的土地占有申请。

⑧ 为取得独家开发许可，需要向资源国石油部上交开发地租。

另外，对于合同者通过初步概念设计研究认为没有商业价值的勘探发现，在获得发现之日起的 18 个月后，资源国石油部一般可以在先行通知区块作业公司 60 天以后，收回该勘探发现归政府所有，由政府独立开发和运营。资源国石油部一般可以通过捞油、拉油等简便方式开发合同者认为不具有商业价值的小发现，满足本国小型炼油厂的加工需求，从而满足附近居民的能源需求。

对于上报完勘探发现由于各种原因没有进入上报商业发现开发期的，资源国石油部有权收回区块归政府所有，非洲有些安全风险较高的资源国产品分成合同中也规定安全等不可控等原因导致不能按期开发的除外，如油田区块处于边境交战区域，部落冲突等都会影响和延误开发进程，仅仅通过合同者努力无法改善区块周边安全环境，在这种情况下，区块作业公司要依据于产品分成合同，合法合理地与政府协商和谈判，保障自身权益。

2. 新油田开发方案设计方法

新油田往往处于勘探评价期，资料较少，认识程度较低，构造、储层、油气水界面、流体性质、单井产能等关键方案指标具有较大不确定性，总体而言，探明储量不落实，编制开发方案的条件还不充足。中石油《油田开发管理纲要》中也规定，处于勘探评价阶段的新油田只能先编制油藏评价方案。国内新油田评价和开发方案的管理形成了规范的流程，本质是不能超越认识阶段，必须逐步按照油藏评价方案、开发概念设计和开发方案的程序深化地质油藏认识，指导建产。

中石油在非洲产品分成合同区块运作过程中，逐步适应当地油气藏条件、作业条件和资源国审批程序等，总结出开发方案设计面临油气藏复杂，开发评价周期长与工期倒排压缩研究周期的矛盾和挑战，不照搬国内的方案编制程序，而是按照“三边工程”策略来逐步编制和细化开发方案，即“边评价、边设计、边实施”，以一体化油藏评价和开发方案研究策略为主线，将传统各专业“串联”式开发方案编制模式优化为“并联”式，在开发评价和方案研究过程中合理量化对开发和投资决策影响的不确定性因素，突出开发方案研究的阶段性特点，开发概念设计、初步开发方案和正式开发方案三个阶段既相互承接，又有所重叠的开发方案研究和实施模式，研究目标和重点要满足不同阶段资源国对开发方案的审批要求，从而实现投资和费用可控、按时投产的建产目标，以下分别对不同阶段进行详细阐述：

（1）开发概念设计阶段，这一阶段概念设计研究的目标是满足资源国政府环境许可审批所需的设计深度以及地面、管道、炼厂等下游专业的基础设计要求。一般来说，合同者签署勘探开发产品分成合同后即可着手申请环境评价许可，为下一步申请开发许可赢得条件和时间。环境许可对于开发方案的设计深度相当于国内的开发概念设计阶段，由于衔接的下游专业基础设计需要较长设计时间，因此，开发概念设计阶段一般只有3～6个月的研究周期。对于仍处于勘探评价期的区块而言，这一阶段往往只有新项目评价阶段从历任作业者或资源国政府获取的有限资料，中方的开发评价工作刚刚起步，新资料较少，往往三维地震还没有开始采集，多数断块只有一口探井，构造、储层分布、储量、产能等关键参数存在较大不确定性。开发概念设计的井数和坐标等具有较大不确定性。开发概念设计的主要任务之一是梳理出影响开发和投资决策的关键不确定参数，并在后续开发评价中有针对性地提出增加评价井、取样、试采等具体落实措施。在有限资料和有限时间的限制下做好开发概念设计需要做到以下三个结合：① 与前期新项目评价成果相结合，充分消化吸收前期新项目评价阶段成果，加快研究进度；② 与类似油藏调研相结合，借鉴与目标油藏类似的油藏开发经验，确定方案设计原则和开发技术政策方向；③ 与现场评价跟踪相结合，根据方案研究重点提出关键资料录取要求，边评价、边完善，不断更新油气藏认识。开发概念设计的成果是初步落实探明储量，选择可供开发的断块及规划低、中、高三个产量和配套工作量剖面用于经济评价和环境影响评价的依据；对于油品性质差别较大的多断块油田开发，还需要提供断块油田产量比例以及外输油品性质的大致估算，以便于地面和管道工程开展基础设计，特别是存在高凝油等特殊油品外输的情况下，必须要优化断块油田间产量比例，尽量降低外输原油的凝点，降低投资较大的加热输送等设计内容。

（2）初步开发方案阶段。这一阶段开发方案研究的目标是满足资源国政府开发许可审批所需的设计深度和地面、管道、炼厂等下游专业的详细设计要求。开发许可对于开发方案的设计深度相当于国内的初步开发方案。由于需要衔接下游专业的详细设计，因此，初步开发方案要求的油藏性质界定、产能剖面及稳产期，开发井数等主要开发指标要更准确、更详细，研究周期一般只有6个月。在这个阶段，开发评价资料逐步丰富，三维地震往往已经完成采集、处理和解释，评价井资料增多，储层分布、油气水关系、储量等进一步落实，具备了建立地质模型的条件；油藏工程上对于流体性质、岩心特征、试油试采特征有了较为准确的认识，油气藏性质基本得到界定，开发方式基本确定、井网井距进一步优化，具备了建立油藏数值模型预测油田合同期内产量剖面的条件。影响开发和投资决策的不确定参数在初步开发方案阶段基本明确，如有的油田伴生气中含有一定量的 CO_2，直接决定了是否需要使用造价昂贵的耐腐蚀管柱。初步开发方案的成果是地质油藏部分基本完成，产量规划和构成基本合理，地面、管道等下游设计的详细设计基本完成，投资和费用估算框架基本成形。

（3）正式开发方案阶段。这一阶段的主要研究任务是在开发概念设计和初步开发方案的基础上继续根据开发评价情况完善开发技术政策，提供正式的井位坐标给钻井工程和地面工程用于井位地质和工程设计及施工，实时跟踪开发井位钻井动态，根据钻后认识不断修改完善地质和油藏数值模型，实施过程中微调开发井位，从而实现“边实施、边优化”。正式开发方案中的单井配产根据实钻结果更为准确，断块油田间的产量比例基本可靠，地面工程、管道工程等根据正式开发方案的产量水平和构成在油气水处理、外输方面制订具体的运行方案。正式开发方案中还涵盖了投产的实施细则和动态监控要求，为新油田“开好头、起好步”打下坚实基础。

总体而言，新油田开发方案设计过程中要把握三个一体化，即“增储上产一体化，地质工程一体化，技术商务一体化”，从而实现技术和产品分成合同的有机结合，加快投产进度，为区块作业者和资源国政府创造较好的经济效益。

增储上产一体化在产品分成合同区块开发方案设计中体现在两个方面：一是由于对新油田的油气藏范围、性质等认识是逐步加深的，在开发建产过程中存在含油面积扩大、发现新含油层系等增储潜力；二是在申报开发许可时开发区的面积一般会在现有勘探发现基础上适当外扩，包含一部分具有滚动潜力的圈闭，随着开发建产的进行，可以在开发区推进滚动勘探开发，从而有进一步增储的潜力。充分利用好这两方面的潜力，有利于夯实上产基础，实现较好的经济效益。

地质工程一体化在产品分成合同区块开发方案设计中具有决定性的意义。开发方案设计的主体工程技术是建产的重要支撑保障，必须与地质条件结合起来才能发挥出最佳效能。如在隔夹层认识到位的油藏部署水平井甚至复杂结构井，往往会取得增油控水的生产效果。有的底水油藏，地质上认为储层物性好、连通性好、采液指数高、油品性质好，具备单井高液量的潜力，在采油工艺上选择租用大排量的电潜泵，日产量最高可达 5000bbl 左右，租泵的相关成本可以进入操作费当年回收，有利于区块作业者快速回收成本。

技术商务一体化在产品分成合同区块开发方案设计中是实现和创造价值的有力抓手。产品分成合同的条款逐步进化成不同的条款体系，既有利润油按固定比例分成的合同模式，也有按 R 因子滑动分成的较为复杂的合同模式。分析合同条款对于提高项目的经济效益至关重要。下面着重介绍 R 因子模式下如何实现技术商务一体化，提高项目经济效益。

R 因子的公式一般定义为：（截至上一季度的合同者累计成本油回收 + 利润油分成收入 − 累计操作费用）/ 合同者截至上一季度的（累计开发投资 + 累计勘探投资 + 其他政府认可回收的成本）。R 因子按季度核算。从公式可以看出，R 因子实质上是累计回收比的概念，随着区块作业者累计回收比例的提高，资源国政府出于调控区块作业者利润水平的目的，设计出以 R 因子来确定利润油分成比例的公式，如表 6–3 所示。

表 6–3 某 R 因子产品分成合同利润油分成比例表

R 因子		≤1	1.0～1.5	1.5～2.0	＞2
分成比例，%	合同者利润油	60	55	50	45
	政府利润油	40	45	50	55

从表 6–3 可以看出，R 因子≤1 时合同者的利润油比例最高，为 60%，随着 R 因子的提高，利润油分成比例逐步降低，R 因子＞2 时，利润油分成比例降低为 45%。

针对这种类型的产品分成合同条款，新油田建产的开发策略上需要超前考虑，一种模式是大规模投资建产一步到位，往往投资巨大，但是产品分成合同回收较快，很快进入 R 因子＞1 的区间，从而降低了利润油分成比例。还有一种模式是分阶段建产，通过不断跟踪 R 因子的变化，决定何时开展新的产能建设项目，从而把 R 因子始终保持在小于1 的区间，确保最高的利润油分成比例。图 6–2 是某项目的 R 因子控制运作实例曲线。

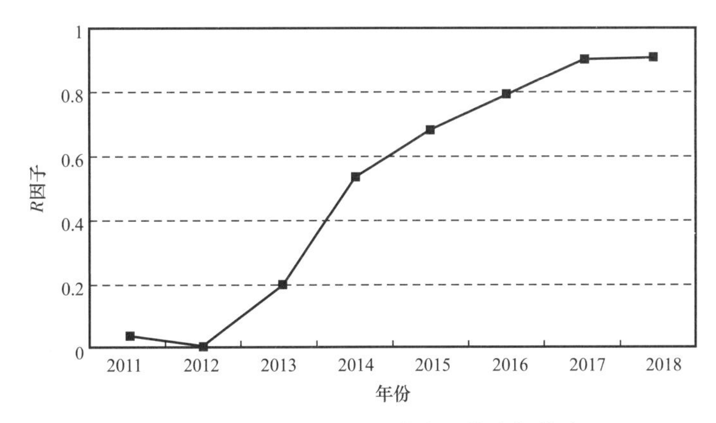

图 6–2 某项目的 R 因子控制运作实例曲线

如图 6–2 所示，该项目以“滚动评价、稀井高产、逐步加密、长期稳产”开发策略为统领，2011 年投产时仅投产了区内优选的两个油田，随着投资进入回收期，R 因子快速上升，2015 年已突破 0.6。区块作业者按照分阶段建产的开发策略，在 2015 年启动了区内第三个油田的产能建设，投入较多投资，从而使后几年的 R 因子趋势开始走平，始终保持在 1 以下，从而较好地适应了该区断块油藏较为复杂的实际情况，有机结合了产品分成合同条款，实现了技术商务一体化。

3. 新油田开发方案设计实例

中石油 2008 年进入西非某沙漠油田以来，针对前作业者发现的多个断块油田，优化断块评价，突出开发方案的阶段性，边评价、边设计、边实施，采取一体化开发评价和方案研究策略，进入区块一年内完成了开发概念设计和初步开发方案，并梳理出主力高凝油油藏构造特征以及气顶范围和性质、主力稀油油藏储层分布的评价、伴生气 CO_2 对管材防腐的要求、气顶油藏生产气油比（GOR）及地面气体分离装置设计四项影响开发和投资决策的不确定因素，并提出明确的评价和落实措施，不仅方案研究成果满足了资源国环境许可和开发许可的报批要求，为下游地面工程、管道工程和炼油厂设计、施工赢得了时间，而且经过论证落实，采取了不防腐的管柱设计以及简化的气体处理装置，节约了大量投资。在正式开发方案中优化部署 21 口高产开发井，建成 100×10^4t/a 产能，中石油兑现了产品分成合同中三年投产的承诺，并且与产品分成合同条款有机结合，不断夯实稳产基础，实现了较好的经济效益，极大地提升了中石油在西北非的影响力。

总的来说，新油田开发方案研究的主线是抓住影响开发和投资决策的关键参数，突出方案的阶段性，以“增储上产一体化，地质工程一体化，技术商务一体化”为统领，通过开发概念设计、初步开发方案、正式开发方案三个阶段的研究，地质油藏认识逐步深化，开发技术政策逐步清晰，井位逐步优化，工作量逐步细化和落实，从而减少开发和投资决策的不确定性，实现投资和费用可控，产能到位，满足产品分成合同模式下降低初期开发投资的内在要求，使合同者实现较好的开发效益。

四、油田开发调整方案设计方法

受限于资料和缺乏动态数据等原因，新油田开发方案对地下认识具有一定的局限性，需要不断地实施跟踪和调整。一般新油田实施正式开发方案 2～3 年后，井网基本部署到位，产能逐步建设，开发矛盾逐渐暴露，地质和油藏认识与原正式开发方案认识逐步出现了差别，需要开展开发调整方案研究，静态上重新认识构造、储层分布和油气水关系，重新核算储量，动态分析客观认识油田的递减率，通过动态分析和数值模拟相结合研究储量动用较差部位和剩余油分布，提出油田开发技术政策优化方向，需要根据产品分成合同模式设计分层次的调整方案和工作量，明确经济下限，提出下一步油藏经营管理对策等，特别要注意结合剩余成本油情况优化方案工作量投入顺序和节奏，实现工作量、产量和经济效益的优化。以下对产品分成合同模式下开发调整方案设计中的三个关键问题进行阐释，分别是客观认识油田真实递减规律、地下和地面结合部署加密井位以及单井产量经济下限论证。

1.“两步法”客观认识油田真实递减规律

油藏投入开发并稳产一段时间后，即进入递减期，对于开发调整方案，动态分析和挖潜研究的重要内容之一是对油田递减情况进行分析。递减率是油田或单井产量随时间变化的规律，是表征油田递减的重要指标。递减率对于研究油田产量变化规律，预测未来油田产量趋势具有重要意义。Arps 于 1945 年提出了三类递减类型，即指数递减、双曲递减和调和递减。经过多年的发展，递减模型进一步丰富，递减分析工具越来越完善。国内油田递减率分析一般分为自然递减率和综合递减率，自然递减率是指一定时间内不考虑增产措施的老井递减率，综合递减率是指一定时间内考虑老井增产措施时的递减率。国内以追求油田长期稳产为开发目标，因此，对于控制递减率相当重视，一般要求年综合递减率不大于 10%。

无论使用何种递减曲线类型，其隐含的基本假设条件是：估算递减的产量应当是油田或单井充分发挥油藏生产能力时所体现的递减趋势。这一点在经典的递减率分析理论模型中虽然没有提及，但如果忽视的话，将会影响递减率分析的准确程度。例如，以油田月平均日产水平计算月递减率时，影响月平均日产水平的各项生产因素应大致保持一致，如生产时率、泵工作制度等。矿场实践中经常出现一个连续生产年度内，由于大规模关井、调参等造成月度之间的生产时率、工作制度等差别很大，而不经过分析和处理直接求取递减率的做法仍普遍存在，其结果往往是递减率分析的相关性较差，以此相关性较差的回归曲线求取的递减率来指导今后油田生产，将造成措施工作量和新井工作量估算不准确，从而影响产量完成和油田开发效果。

国内油田开发的优点是现场管理机制健全，修井和措施作业比较及时，老井生产时率较高，而且大部分井为中低产机采井，工作制度调节余地并不大，在这种情况下，影响月平均日产水平的生产因素变化不大，以月平均日产水平做递减基本可以反映油田或单井的真实递减率。

中石油在非洲产品分成合同作业区生产的一个突出特点是社会依托差，油田现场频繁断电、安保事件及下游炼厂检修要求上游关井限产等现象较为普遍，造成各月之间的生产时率变化较大；同时非洲合作区的主力油藏均为中高孔渗高产油藏，普遍采用电潜泵和螺杆泵等采油方式，调参较为频繁，造成各月之间月平均日产水平变化很大。在生产时率和调参差别较大的情况下还采用国内月平均日产水平分析递减率的方法会产生较大误差。下面以一个采用螺杆泵生产的 FN 油田为例，论证如何客观认识油田递减率，从而求得较为真实的油田递减率。

通过图 6-3 油田的生产历史曲线可以看出两个特点：（1）生产时率变化较大，主要原因是个别月份受停电、安保形势和下游炼厂检修等因素影响变化较大；（2）代表工作制度的平均泵速也变化较大。油田月产水平受以上两个因素影响波动较大。从产量水平来看，2007 年以前油田逐渐上产并保持稳产，2008 年以后开始有明显递减，进入递减阶段，2009 年时率和工作制度较为稳定，产量递减较大，2010 年时率和工作制度变化很大，总的来说，FN 油田属于日产水平波动率较大的油田。

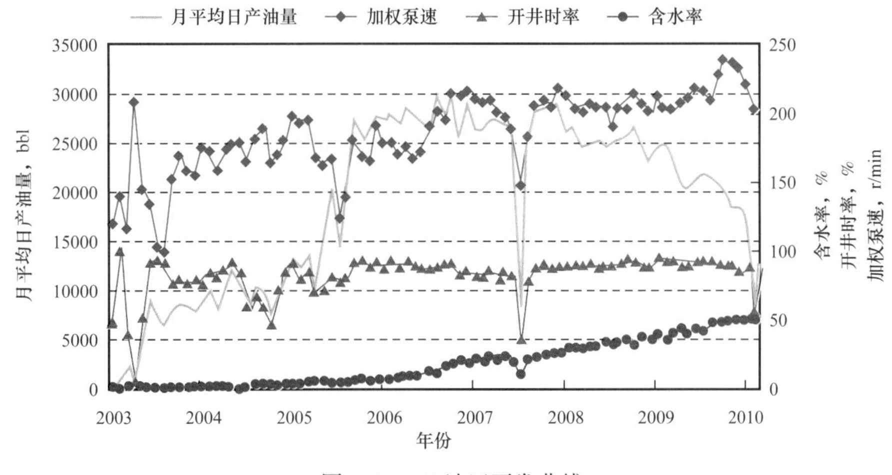

图 6-3　FN 油田开发曲线

矿场上月递减率分析通常的做法是以月平均日产油水平生成散点图，通过指数或其他回归公式求出递减率，如图 6-4 所示。

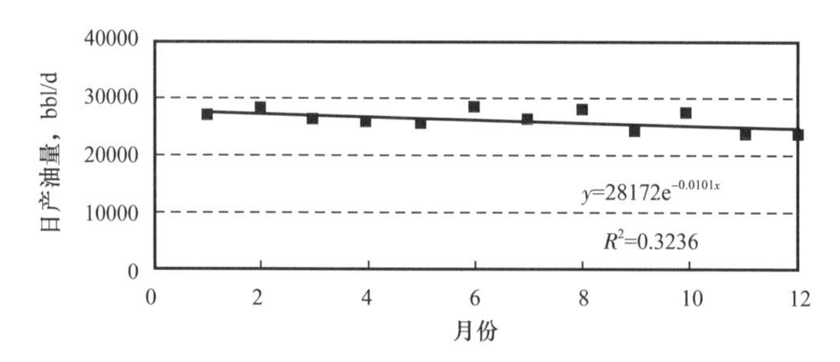

图 6-4　FN 油田月平均日产油水平递减率分析（2007 年）

判断回归曲线的有效性往往可以通过回归曲线的相关系数 R^2 来判断。国际上对于 R^2 回归曲线的有效性有以下判定界限：

R^2＜30% 时，没有相关性；

R^2 在 30%～49.99% 区间内，有一定相关性；

R^2 在 50%～69.99% 区间内，相关性较强；

R^2＞70% 时，强相关。

（1）第一步以月平均日产油能力作为递减率回归指标。

在对 FN 油田进行递减率分析时，首先也按照月平均日产油水平进行了回归，如图 6-5 所示。通过对 2007—2010 年 4 年的递减率回归曲线进行分析，发现除 2009 年生产较为正常、相关系数较高（为 92.4%）外，其他年份均低于 60%，相关程度较差，所回归的递减率可信度较差，不利于正确指导生产运行和工作量安排。

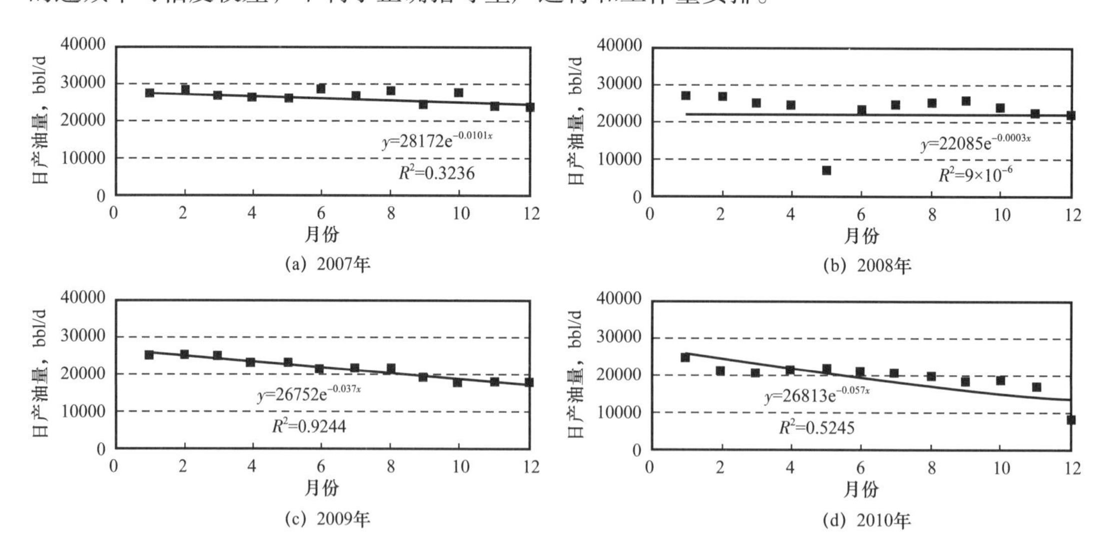

图 6-5　FN 油田月平均日产油水平递减率回归曲线

改进月平均日产油水平递减率计算方法的思路在于生产时率的波动性造成月平均日产油水平波动较大，可以考虑求取月平均日产油能力：

月平均日产油能力 = 月平均日产油水平 / 生产时率

通过月平均日产油能力来剔除生产时率波动对递减率回归的不利影响，再与月平均日产油水平的相关系数 R^2 进行比较，研究 R^2 是否得到改善。月平均日产油能力回归的递减率如图 6–6 所示。

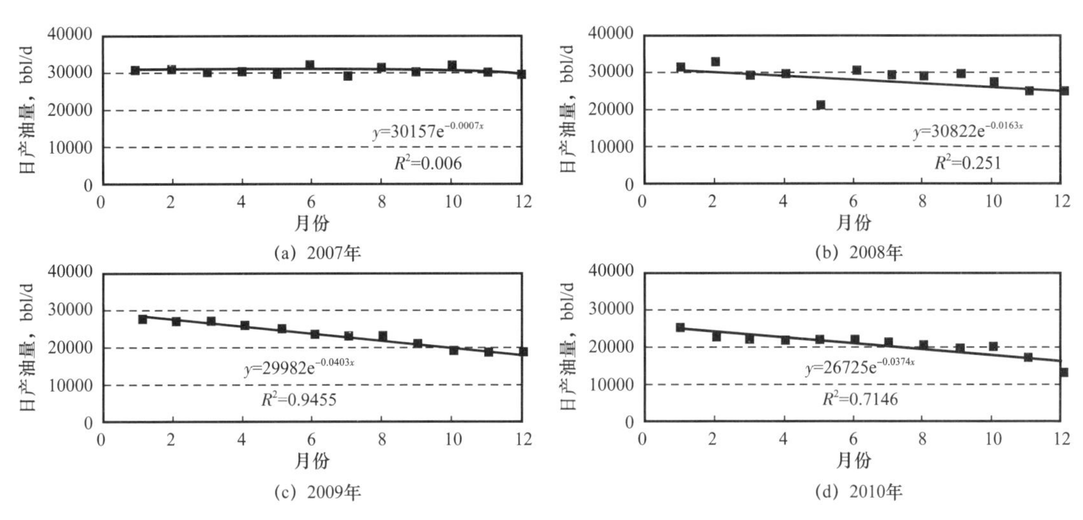

图 6–6　FN 油田月平均日产油能力递减率回归曲线

从图 6–6 和表 6–4 的月平均日产油能力递减率回归曲线来看，相关系数 R^2 总体来看有明显改善，2008 年的相关系数 R^2 由 9×10^{-6} 提高到 0.251，2009 年的相关系数 R^2 由 0.9244 提高到 0.9455，2010 年的相关系数 R^2 由 0.5245 提高到 0.7146，所回归的递减率可信度有所提高。但是 2007 年的相关系数 R^2 反而有所下降，说明月平均日产油能力在改善递减率回归相关性方面有所提高，但是还没有完全达到强相关的区间，因此，还有进一步完善的空间。

表 6–4　FN 油田月平均日产油能力和月平均日产油水平回归递减率比较

年份	月平均日产油水平		月平均日产油能力		相关系数比较
	月递减率	R^2	月递减率	R^2	
2007	1.01%	0.3236	0.07%	0.0060	变差
2008	0.03%	9.0×10^{-6}	1.63%	0.2510	明显变好
2009	3.70%	0.9244	4.03%	0.9455	明显变好
2010	5.70%	0.5245	3.74%	0.7146	明显变好

（2）第二步以改进的拟月平均日产油能力作为递减率回归指标。

月平均日产油能力回归的递减率没有将工作制度等因素考虑在内，因此，可以通过平滑工作制度的波动性进一步改善递减率回归的相关性。由于 FN 油田全部采用螺杆泵生产，螺杆泵本质上属于容积泵，在泵效总体一致的情况下，排液量与转速线性相关，转速越高，单井产液量越高。通过调节泵速，可以线性调节螺杆泵的产液量。从这个角度而言，在月平均日产油能力的基础上，建立与螺杆泵速率之间的关系，将可以进一步消除工作制度波动带来的递减率估算误差。基于这一思路，计算了 FN 油田所有生产井按单井产量加权的平均泵速，并在此基础上对月平均日产油能力进行了归一化，提出了拟月平均日产油能力的指标，具体公式如下：

拟月平均日产油能力 = 月平均日产油能力 / 加权平均泵速 × 某一固定泵速

通过将月平均日产油能力除以平均泵速，可以转换为单位转速下的月平均日产油能力，在此基础上，乘以某一固定泵速（如 200r/min），转换为拟月平均日产油能力。按照拟月平均日产油能力回归递减率，如图 6-7 所示。

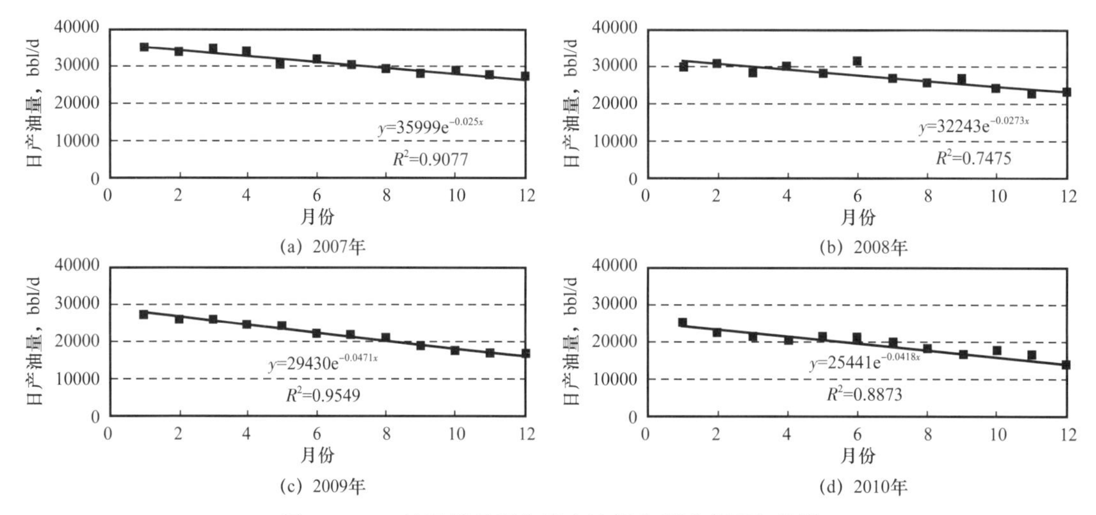

图 6-7 FN 油田拟月平均日产油能力递减率回归曲线

通过图 6-7 中拟月平均日产油能力递减率回归曲线来看，2007 年的相关系数 R^2 明显改善，提高到 0.9077，对应的月综合递减率为 2.5%，而前面两种方法的回归曲线上看不出明显递减趋势。由此可以看出，通过拟月平均日产油能力可以有效识别早期递减，使合同者可以及时地安排工作量来控制总递减。2008 年的相关系数 R^2 由 0.251 提高到 0.7475，属于强相关范围，所计算的月递减率 2.73% 较为可信，反映出 FN 油田递减率在 2007 年 2.5% 的基础上有所加大。2009 年的相关系数 R^2 由 0.9455 提高到 0.9549，月递减率为 4.71%。2010 年的相关系数 R^2 由 0.7146 提高到 0.8873，所回归的月递减率为 4.2%，反映出该油田在 2009 年递减达到顶峰后，2010 年有所减缓（表 6-5）。因此，通过归一化后的拟月平均日产油能力所回归的递减率可以有效剔除工作制度波动造成的递减率回归误差，提高了回归公式的相关系数，在矿场实践上具有较强的实用性。

总的来说，通过对月平均日产油水平进行逐步改进，第一步计算月平均日产油能力，第二步归一化拟月平均日产油能力进行递减回归计算，有效改善了回归曲线的相关系数，改善了由于生产时率和工作制度波动造成的递减率回归误差。通过以上“两步法”进行递减回归，合同者可以有效把握油田的真实递减率，特别是识别早期不明显的递减，对于合同者及早部署方案调整工作量，及时控制递减具有较强的指导意义。

表 6-5　FN 油田拟月平均日产油能力和月平均日产油能力回归递减率比较

年份	月平均日产油能力		拟月平均日产油能力		相关系数比较
	月递减率	R^2	月递减率	R^2	
2007	0.07%	0.0060	2.50%	0.9077	明显变好
2008	1.63%	0.2510	2.73%	0.7475	明显变好
2009	4.03%	0.9455	4.71%	0.9549	明显变好
2010	3.74%	0.7146	4.20%	0.8873	明显变好

2. 地下与地面相结合的加密井部署策略

国内传统开发方案理念是油藏工程方案确定以后，钻采、地面等下游专业都要服从于油藏工程方案的需要，常常被称作“地面服从地下”。这种方案编制做法有利于充分发挥油藏生产能力，实现较高采收率。但随着油田地面作业环境日趋复杂和恶劣，如现场各类生产设施繁多占地大，地表环保要求高、地表为沙漠等恶劣环境，片面强调“地面服从地下”往往会造成油藏工程方案的井位部署等与钻采、地面等下游专业产生较大矛盾，显著增加投资和操作费。为此，油藏工程方案与下游专业的关系需要调整为“地下与地面相结合”的方案编制和实施理念。在产品分成合同模式下，地面和地下的结合和优化显得尤为重要，技术上不仅可以实现油藏工程方案与下游方案的协调配套，有效降低不必要的投资和费用，加速成本回收，获得更多利润油。

有的资源国石油部要求区块作业公司不折不扣地实施开发方案中提出的井位坐标。而在方案实际执行过程中，区块作业公司遇到过地面设施、道路等与方案设计井位冲突，而不得不向资源国石油部申请微调井位，资源国石油部认为批复方案属于具有法律效力的官方文件，不能擅自修改其中的内容，特别是批复的井位坐标，要求区块作业公司重新通过数值模拟等方法论证地面上微调井位可行性并重新报批相关技术论证文件，或者将原方案设计直井调整为定向井，以实现原直井设计的地下靶点。在这种情况下，资源国石油部的要求对区块作业公司来说是两难选择：

（1）重新论证方案延长了方案实施的周期，而且有的工区每年只有半年的旱季时间才能开展钻井、连井等相关作业，重新论证方案必将大大增加区块作业公司的方案实施时间和资金成本；

（2）如果直井改成定向井，虽然审批上加快，但定向井延长了建井周期，增加了钻井进尺和成本，而且影响后期的下泵和修井作业。

这一现实问题使得区块作业公司高度重视地下和地面相结合的问题，要求在调整方案研究过程中，不仅要从油藏工程角度论证和优化井位部署，还要从与地面结合的角度论证井位部署的可实施性，从源头上避免与地面设施冲突，加快现场井位实施。

调整方案阶段的主要研究目的之一是在初期稀井高产方案的基础上根据动态分析和

数值模拟历史拟合，提出加密井位，地质上可以进一步认识井间的非均质性，开发上进一步夯实稳产基础。油藏工程方案优化的井位部署根据地下剩余油分布情况做到的最优，与地面设施等进一步结合需要增加油藏工程方案井位和地面设施相互检查兼容性的步骤。因此，在实际研究工作中形成了滚动优化，多次迭代的“四步法”地面和地下井位优化策略：

第一步：在扎实的动态分析基础上，开发地质和油气藏工程结合，利用数值模拟拟合和预测手段论证有利的加密井井位和井数。

第二步：系统录取油田地面实施布局和坐标资料，并与井位部署图进行叠合，初步检查井位坐标与地面设施、道路等冲突情况，并将冲突情况反馈给区块作业公司开发部。

第三步：由开发部安排现场踏勘人员进行初步踏勘，实地落实井位坐标与地面设施的冲突情况，并提出初步井位调整意见。

第四步：根据现场反馈的初步井位调整意见，对于需要调整较多的井位，即如果调整距离大于一个数模网格（调整方案数值模拟模型中一般为 50m × 50m）时，需要重新将调整的井位坐标在数值模拟模型中进行预测，以落实初产、累计产油量等关键指标的偏离程度，并在油藏工程方案部分专题论述井位与地面设施冲突解决方案。

图 6–8 展示了中石油在苏丹某断块地面和地下结合布井的实例。在叠合的井位图和地面设施图中可以看出，地面设施、道路及环保敏感点较多，因此，加密井位与地面设施的兼容性显得非常重要。紫色井点为调整方案初始部署的加密井位，按照以上地下和地面结合优化的“四步法”对这 7 口紫色井点进行了检查和优化，最终 5 口井经过地下和地面结合和优化，进行了地面坐标微调（以红色井点标示），按照直井开发井开展钻井设计，最终节约了 200 万美元的定向井投资，取得了显著的经济效益。资源国石油部也对这种地下和地面结合优化的井位部署策略给予较高评价，要求今后所有开发方案都要考虑地下和地面结合优化的问题。

总的来说，产品分成合同模式下地下和地面结合优化属于开发方案编制理念和流程的创新，技术上可以实现地下和地面方案最优，工程上可以实现快速高效实施，经济上可以实现节约不必要的投资、增强合同者效益的目的。

3. 产品分成合同模式下加密井数和单井产量经济下限论证方法

（1）产品分成合同模式下加密井数论证方法。

中石油发布的《油田开发管理纲要》中对于调整方案加密井的产量和经济下限计算方法没有具体要求，这与国内油田开发侧重整个油田经济评价效益有一定关系，随着国内油田开发日益重视单井核算和精细管理的要求，国内油田对单井产量经济下限研究日益重视，目前所采用的研究方法是盈亏平衡法，即单井产量所实现的净效益（收入扣除税金等）与成本相等时的产量。这种方法原理简单、矿场简便易行，对于国内油田单井产量经济下限研究较为适用。从本质上来说，盈亏平衡法属于静态方法，没有考虑投资的折现问题。而在产品分成合同模式下，合同者在开展调整方案研究时，往往前期投资按照 4 年各回收 25% 的成本油回收条款已实现回收，加密井钻井归入新增开发投资，会对归属于资

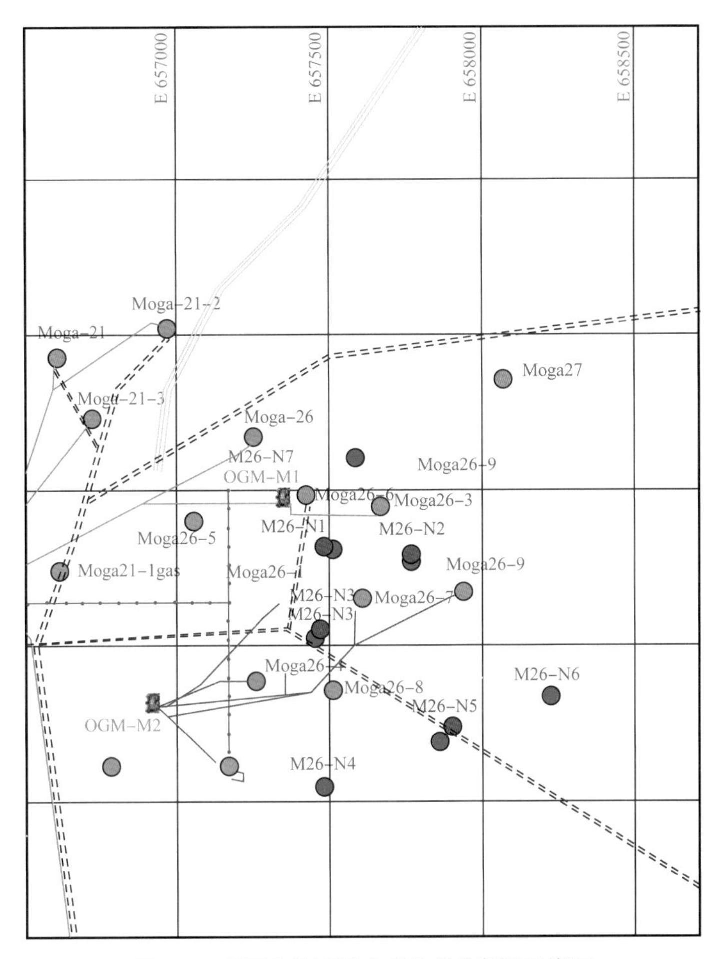

图 6-8　地下和地面结合优化井位部署示意图

源国政府利润油水平造成影响，因此，资源国政府对于加密井的产量和经济下限往往要求甚严，这也是资源国政府决定是否审批方案中加密井位的重要考虑之一。中石油在调整方案的研究过程中，逐步形成了油藏工程方案与产品分成合同经济评价相结合确定单井产量经济下限的方法。

壳牌（Shell）公司最早引入了累计关系曲线（Creaming Curve）来研究目标盆地的累计探井数量和累计发现储量之间的关系，如图 6-9 所示，该关系曲线的特点是初始段较陡，之后越来越平缓，所代表的含义是：勘探初期往往针对目标盆地较大的圈闭进行钻探，累计发现储量较多，曲线斜率较大，上升较陡，这一阶段是勘探效率最高的阶段；随着时间推移，勘探目标逐步转向较小的圈闭，探井工作量投入持续增加，但获得勘探发现的规模较小，于是该曲线斜率降低，直到逐渐走平，代表勘探发现储量已经对探井数量的增加不甚敏感，勘探效率下降。累计关系曲线的研究目的是寻找勘探发现储量减缓的拐点，作为评估工作量效果和规划未来工作量的依据。后来累计关系曲线所代表的含义被广泛应用到油气行业的其他专业，如产品分成合同模式下开发调整方案加密井的部署也可以按照这一思路来优化加密井数量。

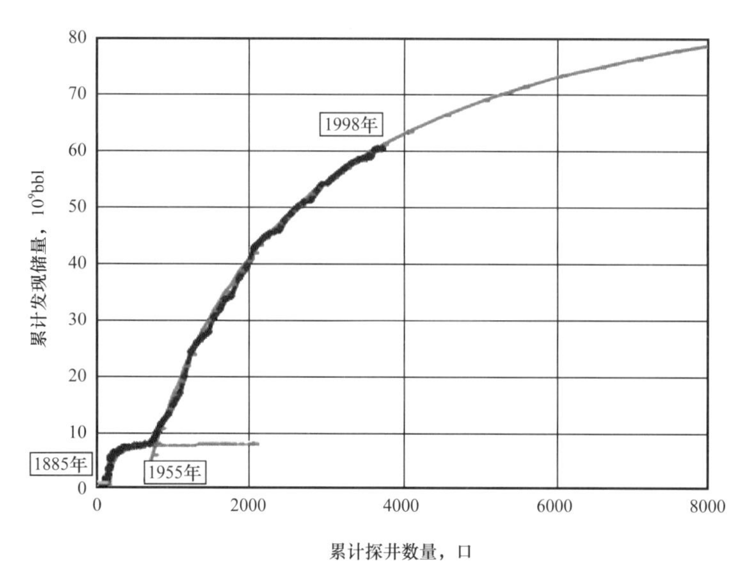

图 6-9　壳牌公司采用的累计关系曲线

调整方案部署和优化加密井位研究必须以扎实的地质、油藏动态分析研究为基础，结合油藏数值模拟历史拟合，初步确定加密井位坐标。国内外在这方面的研究流程基本相同，技术要求也类似。国内对于加密井的论证往往依据井网密度和油藏物性的相关公式，确定加密界限和加密后井网密度。但在论证和优化加密井实施次序时，资源国石油部往往要求加密井采用“步进”的策略在数值模型中分别加载不同的加密井数量，如基础方案按现有递减趋势生产，不投入新增工作量，低方案在基础方案上增加 3 口井，中方案在低方案基础上再增加 3 口井，高方案在中方案基础上再增加 3 口井等，以此来比较加密井逐步增加，累计产油量和油藏采出程度的增加情况，研究采出程度随加密井数增加的累计关系曲线，以此来判断加密井数量的拐点，确定调整方案中合理的加密井数量。如图 6-10 所示，随着方案加密井数从 15 口增加到 18 口甚至是 21 口，累计产油量增幅明显趋缓，从而可以确定较为合理的加密井数为 15～18 口。

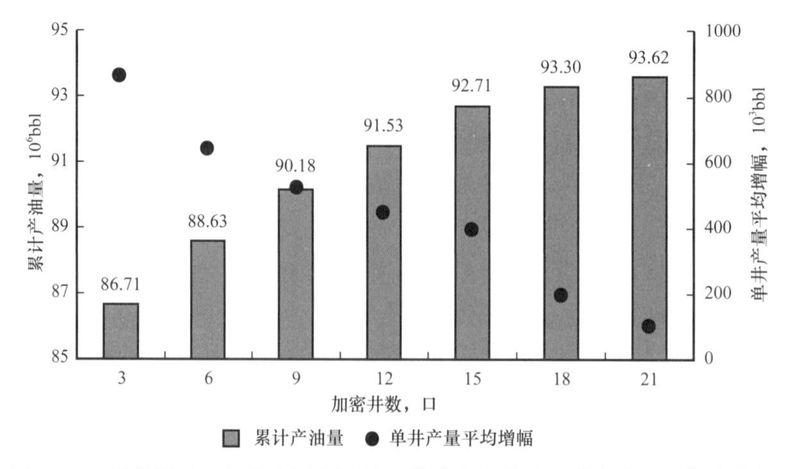

图 6-10　开发调整方案中应用累计关系曲线比选多方案确定合理的加密井数

（2）产品分成合同模式下单井产量下限论证方法。

确定加密井数量后，还需要对加密井的初产量和累计采油量进行排序，确定加密井实施顺序，同时所有井的初产量和累计产油量还需要满足产品分成合同模式下的经济下限。以下对一个产品分成合同区块单井经济产量下限进行了实例研究和论证。

P 油田产品分成合同条款如下：成本油比例最高为 45%，利润油比例为 55%。成本油按照操作费、开发投资和勘探投资的顺序对成本进行回收，其中操作费当年回收，其他投资按照每年回收 25% 的比例分四年回收，当成本油不足以回收当年应回收投资时，未回收投资结转到下一年回收。

对于利润油的回收比例，产品分成合同中采用按不同产量台阶滑动分配：日产水平较低时，合同者分成比例较高，最高为 30%，资源国政府的分成比例为 70%，随着产量增加，资源国政府的分成比例越来越高，日产量大于 75000bbl 时，资源国政府的分成比例增加到 80%，如表 6–6 所示。

表 6–6　P 油田产品分成合同利润油分配

日产量，bbl	分成比例，%	
	合同者	资源国政府
≤25000	30	70
≤50000	28	72
≤75000	26	74
＞75000	20	80

剩余成本油按照产品分成合同规定转为利润油，由资源国政府和合同者按照利润油中的相应比例进行分成。

在研究加密井经济极限产量时，不能仅从单井层面来研究，必须从单井、“篱笆圈”、产品分成合同条款结合的角度来研究，每口加密井可以视作是独立的投资项目，所发生的钻井投资、操作费用可以从成本油中回收，而利润油的分配则要结合预测“篱笆圈”总产量所依据的利润油比例来分配单井的利润油。

按照以上思路，按照合同者 15% 内部收益率要求，达到以上内部收益率时的单井产量和累计产油量即可认为是单井初产量和累计产油量下限。

经济评价的基本假设条件：

① 中方工作权益：41%；

② 单井投资：200 万美元 / 口；

③ 净回价：60 美元 /bbl；

④ 操作成本：10 美元 /bbl，按照每年 5% 的通货膨胀率上涨；

⑤ 评价起始年份：2013 年；

⑥ 区块到期时间：2025 年。

经济评价结果如表 6–7 所示。

表 6–7　单井经济下限产量计算结果

净回价，美元 /bbl	60	操作费，美元 /bbl	10
经济极限产量，10^6bbl	0.034	第一年日产量，bbl	92.9
合同者（中国石油）内部收益率，%	15.00	投资回收期，a	4
政府毛收入（成本油 + 利润油）百万美元	2.73	政府毛收入（成本油 + 利润油），bbl	45543
合同者毛收入（成本油 + 利润油）百万美元	3.78	合同者毛收入（成本油 + 利润油），bbl	63003
中国石油毛收入（成本油 + 利润油）百万美元	1.53	中国石油毛收入（成本油 + 利润油），bbl	25553

从表 6–7 和表 6–8 可以看出，加密井内部收益率若要达到 15%，则第一年单井年均日产量至少需要达到 92.9bbl，到合同期 2025 年末的累计产油量需达到 11×10^4bbl，以此作为单井日产量和累计产油量的经济下限，在该产量下，资源国政府将获得 273 万美元的毛收入（成本油 + 利润油），而作为合同者之一的中方将获得 153 万美元的毛收入。投资回收期为 4 年，在第四年，合同者累计现金流将转正。

表 6–8　单井经济极限产量现金流预测情况表

项目	合计（至 2025 年）	2013 年	2014 年	2015 年	2016 年	2017 年
产量，10^6bbl	0.109	0.033	0.023	0.016	0.011	0.008
合同者成本油，百万美元	2.87	0.83	0.62	0.44	0.3	0.21
政府利润油，百万美元	2.73	0.85	0.58	0.41	0.29	0.2
合同者利润油，百万美元	0.91	0.3	0.18	0.12	0.09	0.06
合同者现金流，百万美元	0.56	−1.2	0.56	0.38	0.26	0.18
中石油现金流，百万美元	0.22	−0.49	0.23	0.16	0.11	0.07
合同者累计现金流，百万美元		−1.2	−0.64	−0.26	0	0.18

通过以上单井产量经济下限的研究可以看出，单井产量经济下限必须结合产品分成合同条款，并综合考虑“篱笆圈”和区块的产品分成情况确定，相对于盈亏平衡法而言，对于确定开发调整方案加密井产量经济下限更有指导性和针对性。

五、延期方案设计方法

1. 延期类型和延期方案的性质

产品分成合同模式下勘探区块开发期一般为 25 年，开发区块开发期一般为 20 年，根据产品分成合同规定，延期可以分为短期延期和长期延期两种。短期延期的期限一般是 5 年，相当于顺延，到期前区块作业者申请，由资源国石油部审批即可生效。如果延期超过 5 年以上，则需要单独准备延期方案提交资源国政府石油部论证，由国家最高石油委员会等机构审批，技术和投资上要求更多，审批周期更长。由于产品分成合同投资自发生之日起 4 年进行回收，合同期到期前 4 年内发生的投资将存在不能足额回收的风险，因此，合同到期前 5 年左右区块作业者需要完成区块到期和延期方案论证，通过方案比选和经济评价结果决定区块是否到期归还政府或申请继续延期。

区块到期和延期方案承担了指导到期前开发和规划延期后开发的双重功能：

（1）区块到期和延期方案首先要系统总结合同者进入区块以来的开发技术政策实施情况和效果，综合调研、调整方案研究、规划研究等多方面研究成果，预测到期前合同者的技术经济指标，指导区块到期前整体开发；

（2）制定延期阶段开发策略并规划不同延期方案技术经济指标，并与到期方案进行比选，重点是增量投资和工作量能否带来增量收益，内部收益率能否符合合同者要求，以此确定是否延期以及延期期限。

区块到期和延期方案不同于具体油田的开发方案，而是整合了区块所有已动用油田开发调整方案、未动用储量动用计划和概念设计、勘探增储动用规划、EOR 潜力规划，属于综合性区块总体规划。区块经过 15～20 年的开发，经历了加密调整、注采关系调整等一次和二次采油阶段，特别是在产品分成合同模式高速开发条件下，产量水平已经远远低于高峰期产量水平，资源国在稳产和提高采收率方面要求极为迫切，因此，确定延期阶段主体开发策略，实现稳产和提高采收率是区块延期方案首先要回答的问题。

2. 延期方案开发策略

区块到期和延期方案编制的原则是：把已动用油田开发好，把未动用油田动用好，组合优化利用勘探发现储量，适当应用提高采收率技术，实现延期合同期取得较好技术经济效益。已动用油田的开发调整是到期和延期方案的基石，应综合考虑历年递减情况，结合开发调整方案研究成果，规划加密、注水等工作量和产量水平。区块中一般有较多的复杂小断块没有动用，往往断块多、储量分散，储量丰度低，油品差、产能低，在到期和延期方案中考虑未动用储量规划时，其采油速度、剩余可采储量采油速度等关键开发指标上应低于主力油田的开发指标，根据未动用储量的动用程度、开发指标等可以组合出低、中、高三个未动用储量开发规划。对于还具有一定勘探潜力的区块，到期前还有可能获得部分勘探发现，因此，勘探发现的动用规划也要在到期和延期方案中考虑。由于勘探发现的储量品质、储层、产能等存在较大不确定性，因此，勘探发现的动用规划中相关开发指标应处于一般界限的下限，采油速度和剩余可采储量速度不能过高，根据动用程度的不同可以组合出低、中、高三个勘探发现动用规划。

加密井策略是延期方案中需要向资源国石油部澄清的一个主要技术问题。产品分成合同模式下初期稀井高产的井网不能适应开发中后期层系开发矛盾大、含水快速上升、产油量大幅递减等主要矛盾。资源国石油部往往在开发中期出于控制成本油、增加利润油的调控目的而限批开发调整方案中的加密井，造成油田加密井投入不足，稳产基础薄弱，递减较快，根本原因还是产品分成合同模式造成政府和合同者立场与利益不同，博弈过程中对开发技术政策方向产生重要影响。就地质油藏认识而言，加密井是认识井间储层变化和非均质性的重要手段，二次和三次采油也要依赖于一定的加密井网条件。与同等采出程度类似的国内油田对标，即使接近合同期末仍有部分加密潜力。因此，在延期方案中必须充分论证加密井对于增加可采储量、加强地质油藏认识，衔接 EOR 方法应用的作用，从而引导资源国政府从对加密井的怀疑保守态度转变为积极态度，只要单井满足产品分成合同模式下的最低经济极限产量，对于合同者和资源国政府都是有效益的。

EOR 方法一般是资源国政府首选的延期主体开发策略。EOR 方法主要分为化学驱、气驱和热采三大应用方向，对于提高油藏采收率有一定效果。化学驱存在研发周期长、油藏条件要求高、投资巨大、见效慢等实际挑战，因此，跨国石油公司在全球范围内很少应用化学驱来提高采收率。就美国而言，EOR 方法的产油量占其年产油量的比例为 12%，但主要是气驱和热采，化学驱比例很低。

国内油田以追求油藏采收率最大化为开发目标，在大庆等油田成功应用了聚合物驱和三元复合驱，化学驱产量已占到大庆油田年产量的 30% 左右，即 1200×10^4t/a，在世界范围内是化学驱成功应用的典范。大庆油田成功应用化学驱的基础条件是经过了 30 多年持续的研发，通过室内实验、先导性试验以及工业化试验不断完善和优化化学驱体系，在矿场上实现了中低温油藏提高采收率的规模应用，并解决了配套的地面工艺等技术问题，同时更重要的是，大庆油田井网经历了三次加密，井网较密，具备实施化学驱规模应用所需的较密井网条件。

资源国石油部从降低成本油角度往往希望在较稀井网基础上直接开展 EOR 方法试验，忽略了 EOR 方法必须依据于一定的加密井网条件才能实现较好效果的一般规律，即使在有限合同延期内很难实现预期的提高采收率效果。因此，延期方案中考虑化学驱等 EOR 方法时，必须充分考虑油藏的适用性、化学驱矿场应用的阶段性、投资的快速回收和经济性等关键控制因素，不能照搬国内开展 EOR 的评价体系和一般做法，而是要结合产品分成合同模式，合理估计延期合同期内提高采收率效果和配套工作量，根据经济评价结果决定 EOR 方法应用的广度和力度，实现 EOR 方法经济、合理应用。

应用 EOR 等提高采收率技术与延期合同期限和条款密切相关。EOR 等提高采收率技术见效慢，地面设施需要系统改造，投资较大，因此，延期 5 年时，往往还处在矿场先导性试验，还不足以形成规模产量，只有延期较长期限时，才有可能继续推进工业化试验，形成规模产量。因此，在编制 EOR 提高采收率技术规划时要与延期期限组合起来，形成不同的低、中、高方案。此外，EOR 提高采收率技术投资大，延期较短时按照 4 年回收的条款会造成合同者回收过慢，并且延期合同期到期后将会有部分投资不能回收，因此，延期方案中应向资源国政府明确提出修改成本回收期限的条款，对于合同者最有利的条款是 EOR 相关投资不设成本油回收上限和分年回收比例限制，当年发生的足额回收，从而降低合同者开展 EOR 提高采收率技术的经济风险，鼓励合同者加大 EOR 提高采收率的投入和应用，并按照不修改合同条款和修改合同条款两套方案开展经济评价，不修改合同条款的方案作为下限方案，用于与资源国政府的谈判，修改合同条款的方案作为上限方案，用于合同者掌握最大可能实现的经济指标。

区块到期和延期方案编制是多层次、多种开发方式、多套指标组合的复杂方案矩阵：从编制层次看，方案编制的基本单元是断块/油田，在此之上组合出“篱笆圈”的开发规划，再组合出区块的开发规划，因此，从编制层面来说，分为断块/油田—“篱笆圈”—区块三级规划；从老区开发方式而言，每个断块/油田可以分为加密方案、注水方案、提高采收率方案三套方案；从新区开发来看，分为未动用储量计划和勘探发现规划等。每个方案和规划还可以分成低方案、中方案、高方案，可以从开发指标、工作量、投资上组合出低方案、中方案、高方案用于经济评价和方案比选。因此，区块到期和延期方案编制的最大挑战是各个层次方案和规划的开发指标，如采油速度、剩余速度、提高采收率幅度、新井初产等都要符合类似油藏的一般开发规律和开发指标界限，即不仅断块/油田层面要符合一般开发规律和开发指标界限，在“篱笆圈”、区块层面上也要符合一般开发规律和开发指标界限，并且要满足成本油回收和利润油最大化的工作量要求，往往需要不同层次的反复微调和优化才能实现。表6-9是中石油在某区块延期方案所设计的不延期、延期5年、延期10年的比选方案。

表6-9 中石油区块延期规划方案设计矩阵

产量剖面构成	基础方案			高方案		
	不延期	2B区块延期5年	2B区块延期10年	不延期	2B区块延期5年	2B区块延期10年
老区及加密	2B区块2013年以后无新井	2B区块2018年以后无新井	2B区块2023年以后无新井	2B区块2013年以后无新井	2B区块2018年以后无新井	2B区块2023年以后无新井
IOR/EOR	不考虑2B区块IOR/EOR效果	考虑2B区块IOR/EOR效果	考虑2B区块IOR/EOR效果	不考虑2B区块IOR/EOR效果	考虑2B区块IOR/EOR效果	考虑2B区块IOR/EOR效果
未动用	按60%动用率，1.5%采油速度			按90%动用率，1.5%采油速度		
勘探发现	按50%动用率，1.0%采油速度			按80%动用率，1.0%采油速度		

在该到期和延期方案中，选取了采油速度、剩余速度、采出程度、可采储量采出程度、递减率、新井初产等主要指标来检查方案和规划的合理程度。方案编制的主要工作量和难点在于各个层面的方案和规划都要与所处开发阶段的开发指标界限相符合和交叉对扣。通过反复优化，最终编制出区块总体的延期产量和工作量规划。图6-11和图6-12分别为按“篱笆圈”划分和开发方式划分的延期产量剖面构成图。

通过以上区块到期和延期方案的分析可以看出，区块到期和延期方案是综合性、系统性的方案，既有方案的性质，又有规划的性质，属于区块总体开发方案和规划（图6-12）。区块到期和延期方案涉及多个层次、多种开发方式、多个维度，属于复杂的方案和规划组

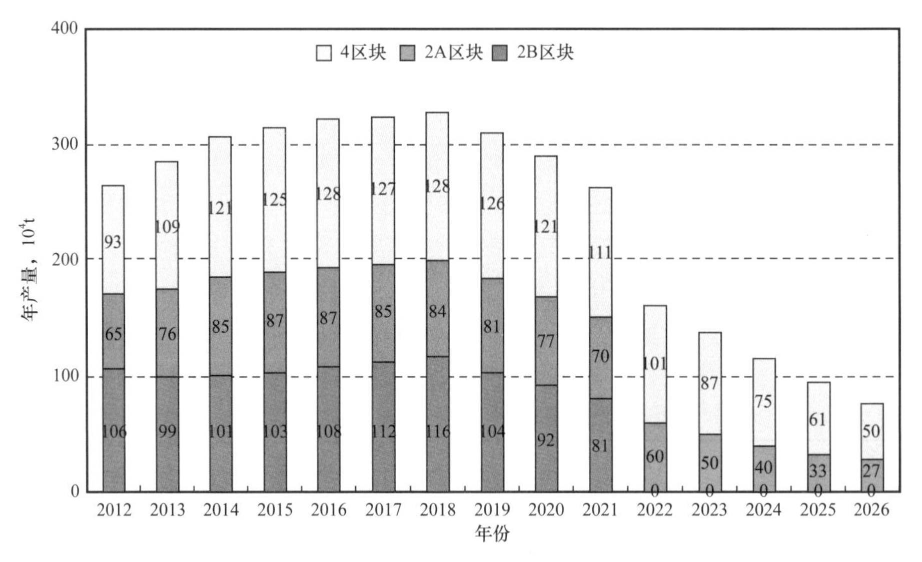

图 6-11　按“篱笆圈”构成的区块延期产量剖面

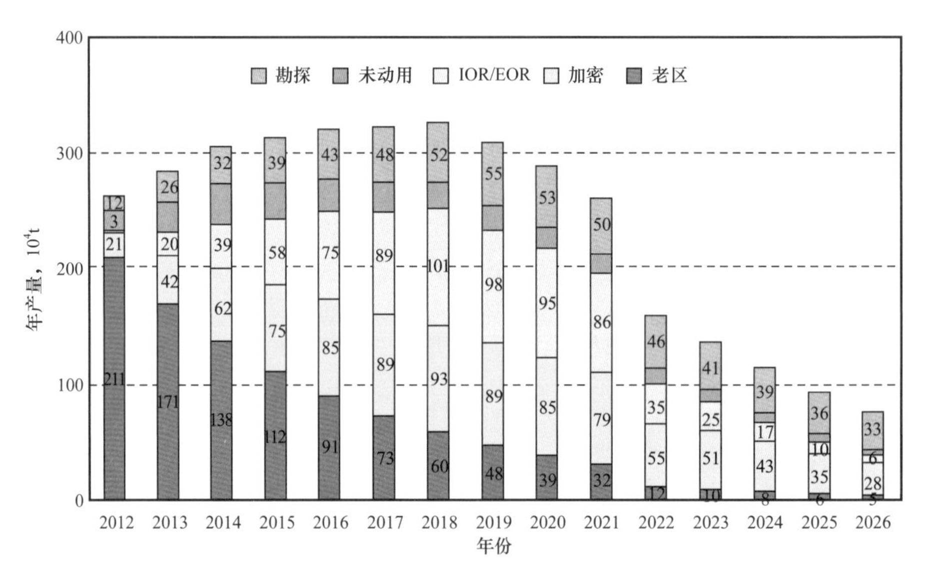

图 6-12　按不同开发方式构成的区块延期产量剖面

合矩阵，需要超前规划到期前和延期的相关技术和经济指标，目的在于通过方案指标和产品分成合同模式下经济评价来明确是否继续延期经济上合算以及延期多少年经济上最优。通过组合低、中、高等方案来量化不确定性，比较开发指标和经济指标界限，使得合同者的到期和延期方案技术上可行，不确定性和风险基本可控，在产品分成合同条款下经济有效。

第七章　技术服务（回购）合同模式下开发方案设计要求和方法

第一节　技术服务（回购）合同模式

服务合同最早出现在拉丁美洲的产油国，并在南美流行。在实际的国际勘探开发合作中，服务合同模式有很多具体的种类和差别。

一、基本概念

跨国石油公司通过作业服务，利用生产出的原油进行投资和成本费用的回收并获得一定报酬费的合同模式。年度报酬费按照每桶报酬乘以年度产量计算得到，并从油田年度总收入中支付给跨国石油公司。每桶报酬费在合同年份由大到小的变化反映了资源国政府允许跨国石油公司加速回收的理念，并在其成本回收以后，报酬费逐渐减少，限制跨国石油公司收益水平。

在油气服务合同中出现了不少技术含量高、风险较高的服务合同。如资源国的油田在过去曾经开发过一段时间，但因种种原因停产，目前需要重新开发；或者油田已进入开发中后期，需要进行开发调整或实施提高采收率措施等，这时可签订风险服务合同。风险服务合同能使资源国得到更多的收益。风险服务合同于1966年开始在伊朗使用，目前世界上采用风险服务合同的国家主要有：阿根廷、巴西、智利、厄瓜多尔、秘鲁、委内瑞拉、菲律宾、伊朗、伊拉克等国。

二、主要内容及特点

主要内容：合同者提供全部资本，并承担全部勘探和开发风险。如果没有商业发现，合同者承担所有的投资风险。如果勘探获得商业发现，作为回报，政府允许合同者通过出售油气回收成本，并获得一笔服务报酬。合同者不参加产品分成，全部的产量属于资源国政府。合同者报酬既可以用现金支付，也可以用产品支付。

风险服务合同的主要特征是：不仅强调资源国国家石油公司对合同区块的专营权，而且强调对产出原油的支配权。外国石油公司在承担作业风险后，所能得到的只是一笔服务费。服务费中包括已花费用的回收和合理的利润，所建和所购置资产归资源国所有。一般由外国石油公司作业，在外国石油公司与资源国国家公司之间不组成联合管理委员会。外国石油公司在风险服务合同中只是一个纯粹的作业承包者，或者简称为合同者。基本特点是：

（1）资源国国家石油公司享有对合同区块的专营权和产出原油的支配权，外国石油公司只是一个纯粹的作业合同者。

（2）合同者承担所有勘探风险。合同者承担最低义务工作量和投资额要求，并提供与油气资源勘探开发有关的全部资本。如果没有商业发现，合同者承担的全部风险资本沉没；如果获得商业发现，合同者还要承担开发和生产费用。

（3）合同者报酬以服务费的形式获得。油田投产后，资源国在合同规定的期限内通过出售油气偿还合同者的投资费用，并按照约定的投资报酬率向合同者支付一笔酬金作为风险服务费。有的服务合同还允许合同者按照市场价购买一部分油气产品，即用产品支付；有的国家则采用控制合同者项目投资盈利率的办法。合同者取得的酬金（服务费）一般要纳税。

（4）在勘探开发中，合同者所建、所购置的资产归资源国所有。

三、收入分配

资源国拥有矿产所有权和经营权，由外国石油公司提供资金和技术，开展油气勘探开发。如果获得成功，通过销售油气回收成本。剩余收入的一定比例作为酬金支付给合同者（该酬金要纳税）。全部生产的油气属于政府，勘探风险和作业风险全部由合同者承担。图 7–1 为服务合同收入分配流程图。

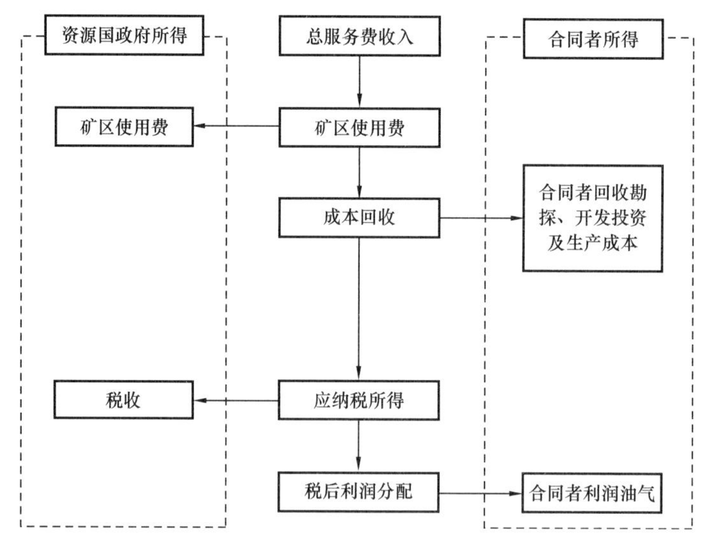

图 7–1　服务合同收入分配流程图

根据合同者所得的计费依据是否承担勘探开发的服务风险，服务合同分为风险服务合同和技术服务合同两种。

四、优缺点分析

风险服务合同与产品分成合同的主要差别在于：一是对合同者付酬的性质不同。在服务合同模式下，合同者获得的报酬是按合同约定的报酬率确定的“服务费”，尽管有时也可以用产品来支付报酬。而在产品分成合同模式下，合同者获得的投资报酬是“利润油”分成，合同者可以分享油气储量资源的潜在收益。二是服务合同更强调资源国国家石油公司对合同区块的专营权和产出原油的支配权，而在产品分成合同模式中，合同者在原油投产、达到预定产量时享有对分成油的所有权和支配权。

风险服务合同对资源国政府来说是有利的，但对合同者来说是风险很大的一种合同模式。合同者被要求承担全部的勘探风险，但是获得的收益却相对固定，与其承担的风险不对称。这类合同对外国石油公司的吸引力不太大。因此，迄今为止，这类合同只在世界上一些勘探风险相对小或很可能找到规模较大油气田的地区才被采用，因为在这些地区，如伊朗、尼日利亚和巴西等，国外石油公司有获得与其承担的风险相对应的较大收益的可能。

五、单纯服务合同

单纯服务合同又称无风险服务合同，它由资源国出资，雇用外国石油公司承担全部的勘探或开发工作和提供技术服务并支付服务费，所有风险均由资源国承担，任何发现都归资源国所有。单纯服务合同在国际石油合同中不多，中东各国由于资金充裕而经验和技术缺乏，所以这一合同类型在中东地区个别国家采用。

这类合同项目一般发生在开发阶段，它为石油公司提供了发挥技术专长的低风险机会。尽管风险已减小，但提高采收率项目仍需要仔细筛选，有些国家油气区块和盆地的储量资源已近枯竭，如美国某些油田。

有些国家可能由于缺乏资金和政治等其他原因造成现有油田产量锐减或暂时中断，这些国家和地区油气田复产的潜力还是很大的。由于风险下降，一般合同者在技术服务合同中得到的收益较低。

六、回购合同（BUY—BACK）

1. 回购合同的概念和基本特点

回购合同实际上是风险服务合同的一个变种，首先由伊朗在 1997 年采用，后被伊拉克采用。合同者承担油田勘探开发的全部费用和技术服务，油田投产后，从油田生产的原油销售收入中回收投资、作业费用、财务费用和报酬。财务费用和报酬在合同谈判时确定。合同者获得的报酬由建设投资乘以报酬指数确定（报酬指数可以由每桶油的固定费用确定，也可以按油田的等级确定）。油价的风险由资源国承担，报酬的总数也与产量无关。当合同者全部回收完其投资和合同规定的报酬后，就不再拥有项目的操作权，将其交还给政府。采用回购合同模式时，合同者不是通过获得产品来实现利益，而是通过承包建设获得固定回报。按照这种合同模式，合同者承担全部油田勘探开发费用和建设投资，在项目投产后，从产品销售收入中回收投资和相应的作业费用，还可以取得一定的利润，利润水平根据项目总投资的一定比例谈判确定。合同者必须为项目的开发建设提供从油田设计开始包括资金和设备等全方位的服务，直至油田按合同要求建成后交由伊朗国家石油公司管理。合同者可以在合同期中从原油销售收入中回收全部投资和生产成本，并获得一定的报酬。

回购合同允许油田进行滚动勘探开发，但在获得资源国政府批准前，资本预算不得超支，否则超支的部分由合同者承担。合同中油价风险由资源国政府全部承担，合同者收入的亏空可由资源国政府补偿。当合同者收回其协议的投资和报酬后，不再拥有该项目的权益，合同者将作业权和项目的权益移交给资源国政府。

回购合同模式主要分为四个部分：

第一部分：合同者必须确定项目的开发期限，向资源国政府提交项目的主体开发计划，并按照主体开发计划的内容完成相应的工作量和义务投资。合同者必须根据自己的预测投资确定一个报酬指数。

第二部分：确定开发期限后，根据协议要求，合同的交接日可为开发阶段结束后石油成本全部回收的时刻。

第三部分：成本回收（图 7–2）。成本回收是合同者从产品净收入中回收勘探开发和生产成本。回购合同规定一定的成本回收限额，如果可回收的成本超过成本回收限额，超出的部分可以向以后的年度结转。

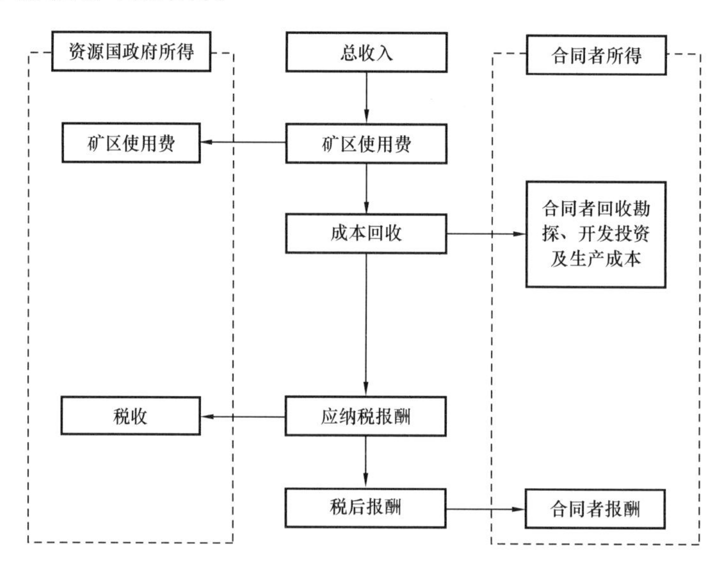

图 7–2　回购合同收入分配流程图

第四部分：报酬（图 7–2）。在执行回购合同中，合同双方通过谈判确定项目的报酬指数，合同者得到的实际总报酬为报酬指数乘以开发阶段实际的建设总投资，但每年得到的实际报酬又不能超过年产量的一定比例，这就是报酬“天花板”的限制，但未支付的报酬可以结转到下一个商业生产年。

对于中东这样油气资源落实程度很高的油田，回购合同的风险比较小，不能获得暴利，但外国石油公司也愿意接受。其主要风险是开发和投资计划比较符合实际，按回购合同的规定，投资预算不能超支，超支部分由承包商承担。

回购合同中勘探期有时间限定，并且在义务工作量上也有规定。同时与产品分成合同类似，合同者独担风险，但合同者的权利比产品分成和矿费税收制合同小，一旦有油气商业发现，合同者并不能成为该油田的当然作业者。首先，国家石油公司有权决定不开发，虽然国家石油公司要付给合同者投资回报，但其数量与所承担的风险不相称。如果决定开发，需要重新谈判，存在许多不确定因素。但是由于中东一些国家的地质条件较好，勘探风险比较小，仍有外国石油公司愿意进入。

2. 回购合同的优缺点分析

回购合同对资源国政府和外国石油公司双方都存在着明显的优缺点。

对于合同者来说，回购合同的优点为：

（1）政府承担了油价波动的风险。对资源国政府来说，由于国家石油公司负责规定报酬率，因此承担了油价波动的风险。因为合同者成本的回收是基于一个预期的油价和产品分成比例。因此，当合同执行时，如果实际油价下跌，低于预期油价时，资源国方面将不得不出售更多的石油或者天然气，才能使合同者全部回收成本（如果没有合同约束，资源国政府可能在油价低时不生产和出售油气）；如果实际油价高于预期油价，用于合同者成本回收而出售的油气要少，资源国政府的获益增加。因此，在确定产品分成时所基于的预期油价非常重要，也正是因此，资源国政府所确定的预期油价一般比较保守。

（2）没有价格风险但有稳定的投资报酬率。实行回购合同模式，合同者所得到的是固定的投资回报，即使达不到预期的报酬水平，资源国政府可以一次性给予补偿。因此，合同者在项目上所承担的投资风险较小。特别是在油价低迷时，仍然能够确保合同者的收益率。

对合同者来说，回购合同的缺点为：

（1）合同周期较短，合同者不能获得长期投资效益。对资源国政府的影响是，不能吸引到资源国急需的足够资金。合同者投资的出发点是获得投资收益，对于石油勘探开发这种大宗投资项目来说，高额的投资回报是投资者追求的核心目标。对于投资者来说，寻找一个长期稳定的投资机会，将项目的内外部收益并得，能够获得投资带来的长期回报，这比短期投资对于公司的贡献更大。因此，外国石油公司往往更希望参与长期投资。

（2）不符合国际惯例。

（3）没有国际仲裁。由于伊朗内部的管理僵化，一旦合作双方发生纠纷，则完全交由联合管理委员会处理并仲裁，难以保证公平。

（4）再协商风险较大。由于回购合同周期短，发现商业油气后需要继续谈判，会带来很多不确定性。合同者既不能保证经允许开发自己的发现，更不可能保证经营自己的发现。

（5）回购合同模式对资源国特别是油气资源潜力较大的国家是有利的。可以从与产品分成合同对比的视角来分析：产品分成合同合同期较长，合同者获得的是长期收益。而回购合同期限比较短（一般为 7 年），当油气田达到设计规模产量时，合同期也随之结束，合同者从项目中撤出，合同者回收完投资、费用和报酬后的一切权益归资源国政府所有，资源国可以百分之百地获得项目中后期的油气生产效益，对于资源国是有利的。

第二节　技术服务（回购）合同模式下开发方案设计要求

一、技术服务合同模式下开发方案设计要求

1. 资源国石油部对开发方案的设计要求

采用技术服务合同模式的多为欧佩克成员国，石油资源极为丰富，在全球石油市场上具有举足轻重的地位。欧佩克成员国在历史上大都经历了民族和国家独立，传统的租让制合同区块经历了国有化浪潮，大多转化为被资源国政府绝对控制的合同模式。各主要产油国在逐步完成了石油资源国有化的基础上，自发成立了欧佩克，初衷是协调各国石油产业政策，保持石油价格稳定在合理水平上，从而确保资源国政府利益最大化。受限于资金和技术，以伊拉克为代表的中东产油国推出了技术服务合同模式，本质上还是保持国家对石油资源的绝对控制，通过利用国际石油公司的资金和技术优势，使老油田复产和新油田上产，从而实现其国家石油收入增加，促进经济发展。开发方案是实现技术服务合同中规定的各项指标的主要载体，因此，资源国石油部对开发方案设计具有明确的技术和管理要求，目的是实现其国家战略，主要有以下要求：

（1）方案设计的产量目标要求。采用技术服务合同模式的中东产油国产量主要依靠为数不多的特大型油田。欧佩克掌控油价的主要做法是根据石油需求制定产量配额，并分解到每个欧佩克成员国。因而其大油田技术服务合同往往需要承载相应的产量配额。以伊拉克为例，其石油部公布的探明可采储量为 1431×10^8bbl，经过长期战乱和国际制裁，伊拉克自 2009 年开始推出了多轮技术服务合同国际招标，2019 年实际产量接近 500×10^4bbl/d，基本实现了 2009 年规划的产量目标，2020 年，受新冠疫情和欧佩克限产影响，产量低于 500×10^4bbl/d。远期规划实现超过 1000×10^4bbl/d 的产量目标，基本追平沙特阿拉伯的石油产量规模。根据这个规划目标，伊拉克石油部按储量比例分解到各油田，并写入技术服务合同中。产量目标要求是技术服务合同与产品分成合同、矿税制合同的最大区别，后两者一般并不规定区块或油田产量目标，而是规定达到不同产量规模所对应的分成比例。

但同时也要客观地看到，资源国石油部规划的技术服务合同产量目标仅从采油速度、剩余可采速度等开发指标而言具有一定的可行性，以伊拉克著名的特大型油田鲁迈拉为例，其技术服务合同规定的高峰产量目标为 285×10^4bbl/d，从地质储量采油速度来看不超过 2%，但实际上受限于各种基础设施条件，如外输管道扩容、海水淡化装置进展等，该产量目标实现的难度很大。因此，经过多年技术服务合同的运行来看，技术服务合同中规定的产量是技术潜力产量目标（Technical Potential Production），需要结合各种限制条件在开发方案中提出切实可行的产量目标，并尽可能以此为依据，与资源国政府进行谈判，争取修改形成技术服务合同的优惠条件。

（2）方案设计的稳产目标要求。技术服务合同所依托的特大型油田和大型油田储量

大、采油速度低，类似于我国的大庆油田，具备了中长期稳产的物质基础。稳产也是资源国石油部保持石油出口收入稳定，保持其在国际石油市场话语权的需要，因此，资源国技术服务合同中往往会规定高峰产量的稳产期。以2009年伊拉克第一轮老油田增产技术服务合同招标为例，其石油部规定的稳产期一般为7年以上，即使后续国际石油公司通过谈判调整了高峰产量目标，稳产期仍是重要技术指标之一，一般降低了高峰产量，必须延长稳产期，保持累计产油量总体不变。

（3）方案设计的总体技术要求。开发方案的技术要求是开发方案设计的“纲”，资源国石油部一般很重视开发方案各专业设计的技术深度，如伊拉克石油部规定所有的开发方案和生产计划应当在地质、油藏、工程、经济和HSE等方面深入研究，其研究流程、质量和成果均应符合国际先进的石油工程最佳实践，同时技术服务合同吸引了国际主要跨国石油公司的参与，资源国石油部并不提供标准的开发方案模板，而是通过审查和比较各跨国石油公司编制的方案，充分吸收各家石油公司方案设计的长处，对存在的薄弱环节提出整改要求，从监管层面不断促进方案技术设计质量的提高。

（4）方案设计的阶段性要求。技术服务合同中不仅规定了产量目标，而且对实现产量目标有一定的进度和时限要求，并将之与投资回收紧密挂钩。资源国石油部将对方案的阶段性要求与增产/建产进度统筹起来考虑。如伊拉克石油部对新油田开发方案有以下规定：

① 从技术服务合同生效日起6个月内，合同者需要基于现阶段对合同区内油藏的认识和各阶段的产量目标，制订并提交初始开发方案（PDP），初始开发方案除包括尽快达到初始商业产能所需要的方案外，还应包括滚动勘探发现潜力油藏的计划，油藏开发评价所需的资料、室内实验及预算等。

② 在合同生效的3年内，合同者应提交最终开发方案（FDP），并交由石油部批准后取代初始开发方案，进入实施阶段。

③ 合同者和作业者应在最终开发方案批准后的3年内达到高峰产量，达到高峰产量后投资才能开始回收。并且规定高峰产量的实现时间不能晚于合同生效之日起的7年。

2. 区块合同者对开发方案的设计要求

技术服务合同具有“微利”特点，通过多年的跟踪和分析，一般国际石油公司在伊拉克技术服务合同每年能实现的桶油报酬费总额为几亿美元，远不及同等规模的产品分成合同和矿税制合同油田。技术服务合同区块的合同者作为开发方案的具体执行者，在严格执行石油部对开发方案要求的基础上，对开发方案设计仍有一定的技术和管理要求，以体现合同者的利益诉求。一般而言，主要有以下要求：

（1）“总部主导型”开发方案编制和管理模式。技术服务合同一般由几家国际石油公司组成联合体担任合同者，由其中工作权益比例最高的石油公司担任牵头合同者（Lead Contractor），牵头合同者的一项重要职责是负责技术服务合同区块的开发方案编制，其他合同者全程参与方案编制过程中的技术交流和审核，联合体内部达成一致后提交资源国石油部参与阶段审查。技术服务合同所依托的油田一般储量大、开发层系多，油气藏描述难度大，产能规模高，投资巨大，对于石油公司的区域油气产量布局、投资安排和核心经济效益具有举足轻重的影响，加之资源国石油部对开发方案编制和提交的时限要求高，责任重大，需要动员技术实力强、经验丰富的多专业技术经济方案编制团队。一般第三方开发方案编制机构技术储备和人力资源有限，不能也不适合委托第三方开发方案编制机构开展开发方案研究。

另外，国际石油公司普遍采用的“大总部 + 小项目公司”的组织架构，项目公司只是前方的执行团队，不具备决策和研究的职能，也使得驻在国项目公司没有技术实力编制方案。在总部层面组织方案编制团队是实现技术服务合同各项目标的必然选择和重要组织保证，在国际上被称为“总部主导型”开发方案编制和管理模式，自伊拉克 2009 年技术服务合同招标以来，各主要跨国石油公司均采取这种模式，主要特色是总部把关定向，各专业平行研究和集成优化，项目公司实施并动态调整反馈，确保了方案编制的高质量和按时达产，主要有以下优势：

① 有利于调集总部层面经验丰富的各专业专家团队资源。各跨国石油公司均建有总部层面的研究院，集中了各专业最优秀的专家资源，不仅承担具体开发方案研究，而且还承担了较多集团层面技术咨询任务，技术功底扎实，方案编制经验丰富并且国际视野开阔，有利于确保方案编制的高起点，高站位、满足其他合同者和石油部的审查要求，快速推进项目建产和增产。

② 有利于协调总部职能部门参与方案编制，有机结合技术服务合同条款。技术服务合同一个突出特点是“微利”，伊拉克税前的桶油报酬费仅为 1.39～2 美元 /bbl，产量规模和实际收益严重不匹配。因此，开发方案编制不仅是技术上可行，更重要的是商务上可行。如何结合合同条款，实现有效的商务运作，需要从方案编制源头就与总部职能部门做好结合，高质高效完成开发方案和实施方案。

③有利于方案实施过程中动态跟踪调整。方案编制完成只是开始，实施效果是决定方案质量的关键。委托第三方研究机构编制方案的模式不利于方案实施跟踪，往往提交方案后石油公司付款，开发方案编制合同终止，技术团队转移到其他项目，没有义务和责任去继续跟踪方案实施，也不利于方案实施过程中的动态跟踪和调整。“总部主导型”模式下，国际石油公司一般不间断地开展方案滚动更新和实施跟踪，有利于固定一批高水平的技术专家，发挥长期跟踪的优势。

国际石油公司“总部主导型”的开发方案编制和管理模式与中石油对开发方案分级编制和管理的要求是不谋而合的。如《油田开发管理纲要》中规定 50×10^4t/a 以上规模的方案由总部层面研究机构编制，并由股份公司勘探与生产分公司审核通过后实施。中石油多年来总部层面重大方案编制和审批支撑了国内外一批大油气田快速高效投产，印证了“总部主导型”开发方案编制和管理模式的合理性。

（2）开发方案采用的技术服务和产品有利于发挥联合体合同者的比较优势，实现过程创效。服务合同区块的合同者联合体一般有多个国际石油公司，每家石油公司均有各自的特色技术和产品。由于技术服务合同的“微利”特点，过程创效需要放在更加突出的位置，开发方案是实现过程创效的重要载体：

① 开发方案编制本身就是过程创效。开发方案编制一般可以列入技术支持经费，计入成本回收。“总部主导型”的开发方案编制和管理模式为大规模过程创效提供了可能。多家国际石油公司在技术服务合同执行过程中，以伊拉克安全形势不稳定为由，不适合在油田现场部署开发方案专家团队，在工作计划和预算（WPB）中列支高额的技术支持经费，每年可达上亿美元，支撑其在总部设立油田技术支持团队运作，按照不赚不赔（No gain，no loss）的原则设计技术支持经费的构成，满足资源国政府审计的要求。但实际上通过合理的成本控制，完全可以实现可观的转移支付和过程创效。作为牵头合同者的国际石油公司通过这种模式有力地保障了其项目技术支持团队的稳定运作和良好发展，掌控了方案技术路线，也在桶油服务费之外开拓了可观的利润来源，取得了超过其他合同者的超额收益，值得中国石油公司学习和借鉴。

② 在开发方案研究过程中，针对具体油气藏开发矛盾和所处开发阶段，适合采用股东特色技术和产品的应当优先采用。以中石油为例，碳酸盐岩油藏高效开发、分层注水工艺、水平井等技术在国际上具有一定技术优势，同时甲乙方一体化的优势使得在开发方案中采用这些技术服务和产品有利于发挥中石油整体优势，加快现场实施，也有利于技术和服务创效。以哈法亚项目为例，通过中方主导方案编制，带动了国内钻探、采油及地面等技术和标准的输出，取得了可观的工程创效收入，实现了国际产能合作。

（3）开发方案是与资源国政府重新谈判产量目标的基础依据。以伊拉克为例，2009年伊拉克第一轮国际招标时对国际石油市场和基础设施改善进度较为乐观，期待利用其自身丰富的石油储量使石油产量快速增加到 1000×10^4bbl/d，基本追平全球最大的石油生产国沙特阿拉伯的产量水平。但是随着增产和新建产能的推进，政府和合同者都意识到实现这个目标具有多方面的限制因素，因此，合同者以方案为基础，向政府反映合理诉求，阐述技术潜力剖面和实际产量剖面的区别以及限制条件，力求达到合理的产量剖面，各石油公司集中了总部层面的技术专家、法律、财务和经济评价专家与石油部进行了多轮的交流和谈判，通过谈判，成功地下调了高峰产量和部分商务条款，提高了合同者全生命周期经济效益。开发方案在这个过程中发挥了基础性作用。

（4）开发方案要满足 SEC 储量评估等披露需求。如果技术服务区块的各石油公司股东是在美国等发达国家上市的公司，往往应监管机构要求有披露年度 SEC 储量等义务。根据 SEC 的规则，技术服务合同属于承担技术风险的合同模式，可以评估 SEC 储量。开发方案是 SEC 储量评估的基础，尤其是开发方案预测的分年工作量安排是 SEC 储量评估公司开展储量评估的基础，因此，合同者一般会要求五年内的工作量要尽量靠实靠细，实现较好的 SEC 储量披露效果。

（5）开发方案要满足区块合资合作的需要。国际石油公司运作策略中值得中国石油公司借鉴的一点是开发方案编制服从和服务于整体商务运作计划，开发指标调整与商务策略保持一致。在技术服务合同框架下，石油公司股东有时出于对于区块的勘探开发前景以及外部因素的综合考虑，决定出让部分权益或出售全部工作权益退出区块，在国际上称为出让权益（Farm-out）。对于具有优先购买权的区块其他股东和潜在的区块受让者而言，开发方案是确定区块估值的重要依据。技术服务合同的工作权益估值主要依据开发方案中产量、工作量和投资等主要指标，以此为基础测算未来现金流，并且主要对产量敏感，合同者往往在开发方案利用资源国石油部规定的技术潜力产量估算现金流，从而吸引潜在受让者进入该区块，从而达到高价退出的目的。因此，潜在受让者需要认真清醒地评估规划产量目标实现的合理性和可行性，委托第三方独立机构对开发方案进行全面、认真地审核，合理确定区块估值，尤其要认清技术服务合同区块的工作权益估值不同于产品分成等合同模式，要格外审慎评估，有的企业以往在这方面具有惨痛的教训，收购工作权益后资源国石油部批准下调产量目标，造成年度现金流都难以覆盖收购投资利息，带来了巨大损失。

3. 中方对开发方案的设计要求

以中石油为代表的国家石油公司充分借鉴国内开发方案设计的成熟规范和经验，在多年技术服务合同区块运作过程中充分结合资源国、区块合同者对开发方案的设计要求和实践，以技术服务合同条款为准绳，形成了中方在技术服务合同模式下的开发方案设计要求，以体现中方的利益诉求，主要有以下几点：

（1）开发方案设计的产量弹性要求。技术服务合同规定的产量目标需要在开发方案设计过程中落实，在实际运行过程中要求开发方案设计的产量和工作量具有一定弹性，从而能满足资源国增产或限产的需求。中方对方案设计的要求是进行多情景分析，具体而言就是根据油藏潜力、地面及配套设施限制条件以及宏观政治、经济、安保等环境来设计不同的产量、工作量方案组合，明确每个方案的可行性和约束条件，赢得资源国政府的理解和支持，避免达不到规定产量而触发惩罚性措施，同时在实施过程中可以确保增产有潜力、限产有预案。

（2）开发方案设计的总体规划要求。技术服务合同区块的特点是多期建产和投资巨大。因此，对于以国有石油公司为主的中国石油公司而言，需要满足国家发展和改革委员会及国务院国有资产监督管理委员会（以下简称国资委）对于境外项目全生命周期投资备案和核准的限制。开发方案需要按照“总体规划、分步实施”的原则来部署技术服务合同区块全生命周期产量、工作量和投资安排，并把不可回收的签字费等成本按照分期产能规模合理劈分到各期产能建设阶段，在上报分期开发方案的同时，也上报全生命周期规划，从而满足国家有关部委的要求。

（3）开发方案设计的中方经济效益要求。技术服务合同也存在“利益主体多元”的特点，决定了资源国和区块合同者的利益诉求不同，同时也决定了区块合同者内部利益诉求也不同。因此，在开发方案设计中不仅要在经济评价时估算资源国和区块合同者的经济效益，还要估算作业者内部各股东的经济效益。由于国际油价的变动和收购时机的把握，不同公司进入同一个区块的成本差别很大，即使同一个产能建设规模，会出现不同股东的经济效益差别很大，有的甚至达不到最低内部收益率要求的情形，因此要求在方案设计时经济评价要估算多方的经济效益，特别是中方的经济效益。如果达不到中方规定的最低内部收益率要求，有时须以此为目标与其他股东开展谈判，调整产能建设目标，从而争取中方利益最大化。

（4）开发方案设计的风险分析要求。中石油《油田开发管理纲要》中有关风险分析的内容较少，主要针对国内油气田开发，仅要求推荐方案在储量资源、产能、技术、经济、健康、安全和环保等方面存在的问题和可能出现的主要风险，并提出应对措施。本质上来看，国内油气开发主要关注技术、经济和 HSE 风险，这与国内长期的政治、经济、社会稳定大环境是相适应的。但在海外高风险地区开展技术服务合同运作，面临的风险种类大大增加，除了以上国内关注的技术风险外，还需关注非技术风险，如政治风险、法律和合同风险、财税风险、汇率和通胀、市场与价格、项目管控、社会安全风险等，需要开展针对性地风险分析并做好风险防控预案。开发方案是可研的基础，目前国务院国有资产监督管理委员会已专门要求增加风险分析，国有的中国石油公司均需按照以上要求在开发方案和可研中开展风险分析，尽量确保区块平稳、受控运行。

二、回购合同模式下开发方案设计要求

1. 资源国石油部对开发方案的设计要求

伊朗作为最早发现石油的中东国家之一，开展油气监管的历史比较早，形成了完备的油气行业监管法律、法规和规范。回购合同模式的条款独特而苛刻，是一种特殊类型的技术服务合同模式，其设计理念是保持国家对油气资源的绝对控制，通过引入合同者的投资和技术，同时最大限度压缩合同者利润空间，从而使国家获得油气价值链的绝大部分收益。正如业界普遍总结的，回购合同模式具有“五个一”的突出特点，即在一定开发期内，投入一定投资，完成一定工作量，达到一定产量并稳产（一般是稳产 5 年），从而获得一定回报。如中石油作业的北阿扎德甘项目回购合同“五个一”要求为：（1）“一定开发期”，开发建设期为 58 个月，回收期为 48 个月；（2）“投入一定投资”，总投资 28.11 亿美元；（3）“完成一定工作量”，开发方案确定 58 口井工作量；（4）“达到一定产量”，7.5×10^4bbl/d；（5）“获得一定回报”，收入回报率上限为 14.98%。

回购合同签订后，资源国石油部对开发期、投资、工作量和产量的要求是刚性的，合同者只有在开发方案设计和执行过程中努力保质保量并按期达到以上四个目标，才能实现一定回报。从这个角度而言，回购合同规定的一定回报是最高上限，一旦开发期、投资、工作量和产量与开发方案发生背离，将会触发一系列罚则，从而实现不了上限回报率，甚至有投资沉没的巨大风险。

从资源国石油部的角度而言，“五个一”的要求规避了地质、工程和投资等风险，将主要风险全部转嫁给区块合同者。开发方案是回购合同的一个必不可少的部分，资源国正是基于“五个一”的指导思想，把对开发方案的设计要求作为其回购合同监管体系的核心内容，合同者要通过执行开发方案来实现合同上的各项目标。任何背离开发方案的作业都必须得到国家石油公司预先的书面批准，国家石油公司有权接受或者拒绝这些要求。开发作业的不同阶段及标志性指标，都在开发方案中予以规定。因此，与其他产油国对方案的设计要求相比，回购合同对主体开发方案编制的技术要求最高，方案设计内容最多，要求最细，开发方案被称为主体开发方案（MDP，Master Development Plan），资源国石油部

发布的模板被称为最低要求方案模板（Minimum Requirement Template），涵盖了技术、管理、环保、投资估算等方方面面，并且规定了各专业研究所采取的方法和技术路线，提出了非常全面细致的要求，包括以下 15 章的内容：

第一章：总论（Executive Summary）；

第二章：方案介绍（Introduction）；

第三章：方案设计目的（Objective）；

第四章：地质综合研究（Geology）；

第五章：油藏工程研究（Reservoir Engineering）；

第六章：钻井工程研究（Drilling & Well Engineering）；

第七章：采油工艺方法评估（Production Method Assessment）；

第八章：管网设计（Flowlines Network Design）；

第九章：地面工程设计（Surface Facility Engineering）；

第十章：回购合同工作范围（Scope of Work）；

第十一章：技术和操作标准及程序（Technical and Operational Standard and Procedure）；

第十二章：企业设立和项目支持（Venture Set-up and Project Support）；

第十三章：健康安全和环境（Health Safety and Environment）；

第十四章：QHSE 管理（QHSE Management）；

第十五章：成本估算（Cost Estimation）。

在所有章节中，第十章和第十五章是回购合同模式下开发方案设计的核心，基本涵盖了“五个一”要求中的开发期、工作量、产量和投资，其中第十章主要包括以下设计内容要求：

10.1：总论（General）；

10.2：产量剖面（Production Profiles）；

10.3：项目运行计划（Project Schedule）；

10.4：生产策略（Production Strategy）；

10.5：最大有效产量定义（Most Efficient Rate Definition）。

通过第十章的内容结构可以看出，资源国石油部对产量目标要求进行论证，所依据的即是美国石油工业中常见的最大有效产量，本书中第七章第二节已经详细阐述了最大有效产量的定义和界限，即 3%～8% 的年可采储量采油速度。伊朗在业界普遍定义的基础上对油田最大有效产量和单井有效产量提出了更加细致的技术要求：（1）油田最大有效产量是油田含水率不超过 10% 的产量；（2）单井最大有效产量是单井含水率不超过 50% 的产量；（3）油田生产气油比（GOR）不能超过原始气油比。以中石油负责作业的北阿扎德甘油田回购合同为例，开发方案设计严格遵守伊朗石油部规定的最大有效产量的相关界限，2016 年投产后一直保持在设计的 7.5×10^4bbl/d 产量水平上稳产，伊朗石油部 2019 年公布该油田产量情况，透露出该油田目前的可采储量速度为 7%，位于一般公认的 3%～8% 可采储量采油速度合理区间内。

伊朗石油部高度重视开发方案设计的质量，往往通过开发方案对比来考察不同合同者的技术实力、成本控制能力。在以往的回购合同操作实践中，伊朗往往针对同一个油田，吸引多家石油公司开展技术和商务谈判，要求各家提交开发方案。在以上最低方案要求基础上，伊朗石油部通过横向比较不同合同者编制的开发方案，从而发现不同开发方案编制的优势和劣势，同时要求合同者改进方案设计，其本质是通过对比找出差异、学习先进技术以及压低工程投资，不断吸收各合同者提交开发方案的精华并改进模板，形成最完备的方案设计要求。

2. 区块合同者对开发方案的设计要求

回购合同区块的合同者作为开发方案的具体执行者，在严格执行资源国石油部对“五个一”要求的基础上，对开发方案设计仍有一定的技术和管理要求，以体现合同者的利益诉求。一般而言，主要有以下要求：

（1）开发方案采用的技术服务和产品有利于发挥联合体合同者的比较优势，实现过程创效。回购合同区块的合同者联合体一般有多个国际石油公司，每家石油公司均有各自的特色技术和产品。回购合同与技术服务合同相比，投资风险更大，利润更加微薄，过程创效需要放在更加突出的位置，在满足回购合同中对当地承包商合同强制规定比例的前提下，尽可能采用国际石油公司先进、适用的技术，如中石油的大斜度井、分支井技术，有利于工程技术服务的过程创效。与技术服务合同相比，回购合同对工期要求苛刻，采用合同者的特色优势技术有利于加强对建产过程中的进度控制，做到尽量不超过回购合同中规定的建产期，从而确保投资回收。

（2）开发方案应尽可能设计早期投产等评价油藏和快速回收投资的方式。回购合同模式的条款根据国际石油公司的反馈也在不断更新和改进。早期的回购合同中不允许早期投产，要求开发方案设计一次完成，一次建成投产，这种要求对于已经基本探明的整装油藏是适用的。然而，伊朗推出的回购合同模式依托的大多是处于勘探评价期的油藏，如几百平方千米的含油面积只有几口探井和评价井，油水关系、储量、产能和井位等关键开发方案指标存在较大不确定性，在这种认识阶段上编制开发方案难度极大，风险极大。从油藏勘探、评价到开发概念设计层层递进、逐步深化的认识规律而言，早期投产对于尚处于勘探评价期的油藏是十分必要的。后来伊朗石油部应合同者要求逐步改进了回购合同模式，在开发方案中可以加入早期投产，通过试采逐步摸清油藏天然能量情况以及单井产能变化规律，更重要的是可以在早期投产阶段回收前期部分投资，这是对合同者非常有利的条款改进。

中石化在伊朗作业的雅达瓦兰特大型油田在回购合同中即设计了早期投产阶段，规定第一早期投产阶段达到 2×10^4bbl/d，第二早期投产阶段达到 5×10^4bbl/d，之后再达到回购合同规定的一期产量目标 8.5×10^4bbl/d。这种早期投产方式使油田建产分期完成，有利于合同者在分期建产过程中通过新井钻探、取心资料等逐步深化油藏认识，提高开发井的成功率和产能到位率。

（3）开发方案要满足 SEC 储量评估等披露需求。如果回购合同区块的各石油公司股东是在美国等发达国家上市的公司，往往应监管机构要求有披露年度 SEC 储量等义务。SEC 储量评估有以下规则：① 具有得到油和气份额的权利；② 具有获得实物的权利；③ 能够得到酬金并承担风险；④ 能够占有经济权益。回购合同属于承担技术风险的合同模式，实际运作中由于资源国外汇管制，往往不以现金形式支付回报，而是通过实物的形式，具备了获得油和气份额的权利，能够占有经济权益，还承担了油价波动的风险，满足了以上四条要求，可以评估 SEC 储量。开发方案是 SEC 储量评估的基础，尤其是回购合同开发方案预测的分年工作量非常靠实靠细，可以用于 SEC 储量评估。

但是与其他合同模式不同的是，回购合同拥有的 SEC 储量周期很短，只是开发期中的建设期和生产期，一旦项目移交和投资回收并得到回报，区块收归资源国石油部，不利于 SEC 储量规模的稳定性和连续性。因此，石油公司出于改善财务报表的目的可以在回购合同开发期内上报 SEC 储量，但是考虑到减记的风险，最佳策略是合同者把自身定位为承包商的角色，不上报 SEC 储量。

3. 中方对开发方案的设计要求

以中石油为代表的国家石油公司充分借鉴国内开发方案设计的成熟规范和经验，在多年回购合同区块运作过程中充分结合资源国、区块合同者对开发方案的设计要求和实践，以回购合同条款为准绳，形成了中方在回购合同模式下的开发方案设计要求，以体现中方的利益诉求，主要有以下几点：

（1）开发方案设计的策略要求。回购合同的特点决定了区块作业者的开发策略不能以追求采收率和采油速度为目标，而是要以“保守、稳妥、可实现”为开发和设计策略。新油田的回购合同区块采油速度应尽可能低，以适应地质储量和可采储量的不确定性，开发方式上以一次采油为主，有条件的情况下尽量以自喷为主，并且要通过方案研究和预测使自喷期持续到回购合同开发期末，减少采油方式转换带来的额外工作量。已开发油田的回购合同区块尽量利用天然能量开发，谨慎推进二次采油方式，不考虑三次采油方式，从而确保实现回购合同确定的“五个一”目标。

（2）开发方案设计的标准融合要求。回购合同本质上是带资建设，但是区块合同者的价值链比较短，工程量有限，必须满足 51% 以上工程量由伊朗本地企业来承担的硬性要求。开发方案设计承载了标准融合的要求，具体而言就是如何在开发方案中推广中国行之有效的设计和施工标准，并且为伊朗本地企业所接受并应用，从而在测试取资料分析标准化、研究流程标准化、方案钻井、地面和采油工程量的标准化设计等方面统领中伊两国承包商的现场实施，输出中国标准，达到回购合同要求的“五个一”目标。

（3）开发方案设计的风险分析要求。中石油《油田开发管理纲要》中有关风险分析的内容较少，主要针对国内油气田开发，仅要求推荐方案在储量资源、产能、技术、经济、健康、安全和环保等方面存在的问题和可能出现的主要风险，并提出应对措施。本质上来看，国内油气开发主要关注技术、经济和 HSE 风险，这与国内长期政治、经济、社会稳定的大环境是相适应的。但在海外高风险地区开展回购合同模式下运作，面临的风险种类大大增加，除了以上国内关注的技术风险外，还需关注非技术风险，如政治制裁风险、法律和合同风险、财税风险、汇率和通胀、市场与价格、项目管控、社会安全风险等，需要开展针对性的风险分析并做好风险防控预案。开发方案是可研的基础，目前国资委已专门要求增加风险分析，国有的中国石油公司均需按照以上要求在开发方案和可研中开展风险分析，尽量确保区块平稳、受控运行。

第三节　技术服务（回购）合同模式下开发方案设计方法

一、技术服务合同模式下开发方案设计方法

1. 技术服务合同中产量的定义

技术服务合同开发方案中首先要明确以下 5 个基本概念：

（1）初始产量（Initial Production Rate）：定义为老油田增产技术服务合同生效日之前政府和合同者采用共同认可的计量方式对目标油田连续计量 30 天的平均日产量。从合同者的角度而言，初始产量是合同起始点的产量，经常被称为接管前的产量。因此，初始产量是一个时点上的产量，不随时间而变化，是计算技术服务合同全生命周期基础产量的起点。

（2）基础产量（Baseline Production Rate）：定义为老油田增产技术服务合同生效后，在初始产量基础上按照资源国政府和合同者共同商定的递减率（年递减率或季度递减率）计算的技术服务合同全生命周期的分年或分季度产量。基础产量是随时间变化的产量。基础产量也经常被称为基础油。其计算公式可以表达为：

$$BPR_n=IPR\times(1-DF)^n \tag{7-1}$$

式中　BPR_n——基础产量；

IPR——初始产量；

DF——年递减率；

n——自合同生效之日起的生产年限，a。

（3）增产目标（Improved Production Target）：定义为合同者进入老油田增产区块，采取一系列措施实现增产后，资源国政府和合同者采用与初始产量相同的计量方式对增产后的油田产量进行计量，达到技术服务合同规定的初始产量增幅目标的产量。伊拉克一般规定增产目标为初始产量基础上净增 10% 的日产量，并且实现增产目标不能晚于合同生效之日起的 3 年。

（4）初始商业产量（First Commercial Production）：适用于新油田技术服务合同，合同中定义为合同者通过编制开发方案并实施，在合同生效之日起三年内达到合同规定的产量规模并稳定保持一个季度，则下一个季度即可启动成本回收和计提报酬费。

（5）高峰产量目标（Plateau Production Target）：定义为合同者实现初始商业产量或增产目标后，继续通过油藏评价和开发综合研究，编制实现高峰产量的开发调整方案，进一步厘清油田开发潜力，明确各油田和油藏的产量贡献，经过资源国批准后实施，实现技术服务合同规定的高峰产量目标，并且维持一定年限的稳产。

2. 技术服务合同中分阶段上产的必要性

无论是老油田增产技术服务合同还是新油田上产技术服务合同，资源国的初衷和目的都是有效利用国际石油公司的资金和技术优势，实现较大幅度的上产。技术服务合同往往依托的是特大型油田或大型油田，限于对油藏的认识、合同者投融资限制和合同条款要求等，往往很难一次性建成高峰产量，而是需要分阶段建产。老油田增产技术服务合同的特点在于合同者进入以后首先要对老油田进行分析，采取经济适用的技术手段使之尽快实现增产目标，然后以高峰产量开发方案为指导，通过分阶段上产的方式达到高峰产量。与之相比，新油田上产技术服务合同没有老油田增产这个环节，合同者进入区块以后就要着手开展油气藏评价，编制分阶段上产的开发方案，尽快实现初始商业产量，然后分阶段实现高峰产量。因此，分阶段上产的开发策略是技术服务合同的一个突出特点，以下分三个方面论述分阶段上产必要性：

（1）分阶段上产是适应油藏认识逐步加深的需要。技术服务合同依托的油田往往还没有充分评价，储量、产能和井位仍有较大不确定性，一次性建成高峰产量的做法不能适应油藏储层、流体性质和产能的变化，往往会导致许多额外的工作量。相反的，分阶段建产有利于逐步加深油藏认识。以伊拉克哈法亚油田为例，纵向上含油层系多，主力层系为下部的 Mishrif 油藏，在推进该油藏建产过程中，不论是直井，还是大斜度井或水平井都可以钻穿上部的次主力含油层系，可以边建产边评价，从而为层系接替和方案滚动更新打下良好基础。

（2）分阶段上产是适应合同者循环投资的需要。不论是矿税制、产品分成合同，还是技术服务合同，都有成本回收的有关条款，其回收比例决定了合同者的投资策略。国际石油公司不断发展壮大的重要经验之一是通过进入不同合同模式的油田，快速建成一定规模的产量，尽快达到投资回收条件，将回收的投资循环再投入，从而以较小的启动资金实现项目滚动发展，同时支撑后续的建产阶段，减少融资成本和压力。根据调研和跟踪，分阶段上产策略如果每个阶段上产目标设置合理，衔接紧密，全生命周期可以实现较高的累计投资与初始投资比，如有的项目可以达到 10 倍以上，充分发挥了初始投资的杠杆作用，快速实现了国有资产的保值增值，取得了较为理想的经营业绩。

（3）分阶段上产是适应技术服务合同条款的需要。技术服务合同中本身规定了新油田需要分阶段上产，其本质原因是各个油田的上产对资源国配套的基础设施也提出了巨大挑战，如对注水水源、主干外输管道扩容、港口装卸能力等提出了诸多要求。只有在这些约束条件都能满足的情况下，高峰产量目标才能逐步实现。因此，从资源国角度而言，也必须分阶段上产。

3. 技术服务合同开发方案的设计原则

结合技术服务合同的特点，技术服务合同开发方案编制应当遵循以下设计原则：

（1）“低速开发”是实现中长期稳产的前提条件。

（2）根据天然能量情况，开展二次采油和三次采油结合设计，及时配套注水 / 注气等设施，夯实稳产基础。

（3）用最小的前期投资完成资源国政府规定的最低义务工作量，用最短的时间完成初始或增产开发方案并实现增产目标或初始商业产量是进入技术服务合同区块后的首要开发策略，缩短进入投资回收的时间。

（4）根据年度回收池比例大小优化高峰产能建设分阶段策略，在年度回收池比例为50% 情况下，原则上按照 3～4 级进行分阶段产能建设。

（5）分阶段建产过程中，一般按照从构造高部位向边部的开发顺序进行分区开发部署。

（6）开发层系上，主力优质储层优先动用，同时评价其他非主力层系，作为接替层系支撑稳产。

（7）监测方案设计必不可少，监测纪律要严格执行。

（8）高度重视开发方案的基础支撑作用，与商务策略结合及时向资源国政府谈判交流修改对合同者有利的技术条款。

4. 新油田上产开发方案设计方法

本书第三章以中石油牵头作业的哈法亚油田为例，提出新油田开发方案设计的五大策略，分别是多期次的产能建设策略、初始商业产量投产时间的安排策略、后续期次产能建设安排策略、平面上分区分块动用策略、纵向多层系优先动用策略。这五大策略较好地解决了哈法亚油田的分期产能建设策略问题。

哈法亚油田开发方案经过设计优化，分为三个阶段上产，相应的平面上划分为三个区块，一期产能建设集中在油田中心区域，二期产能建设主要集中在油田东部，三期产能建设主要集中在油田西部区域。油田稳产主要通过井网完善和加密来完成，如图 7–3 所示。

纵向多层系井网组合设计。伊拉克中部及北部油田技术服务合同的油区面积大，地面环境为伊拉克主要的农业生产区，油田占地面积不能太大，同时还要满足安保的限制。油藏纵向开发层系多，多套开发井网使得地下井网空间结构复杂，需要地面平台与地下多套井网的组合优化，形成最佳的立体开发井网部署。

井网组合需要以其中优先动用的主要油藏的井网为骨干井网，其他层系的井网在骨干井网两边作为枝干井网，相互配置，主要有以下优势：一是利用丛式井平台尽量减少平台数；二是同一平台不同油藏间的井交错配置，便于后期老井交换层系开发等；三是地面占地少，减少安全风险的敞口。图 7–4 展示了艾哈代布油田纵向多层系井网组合模式。

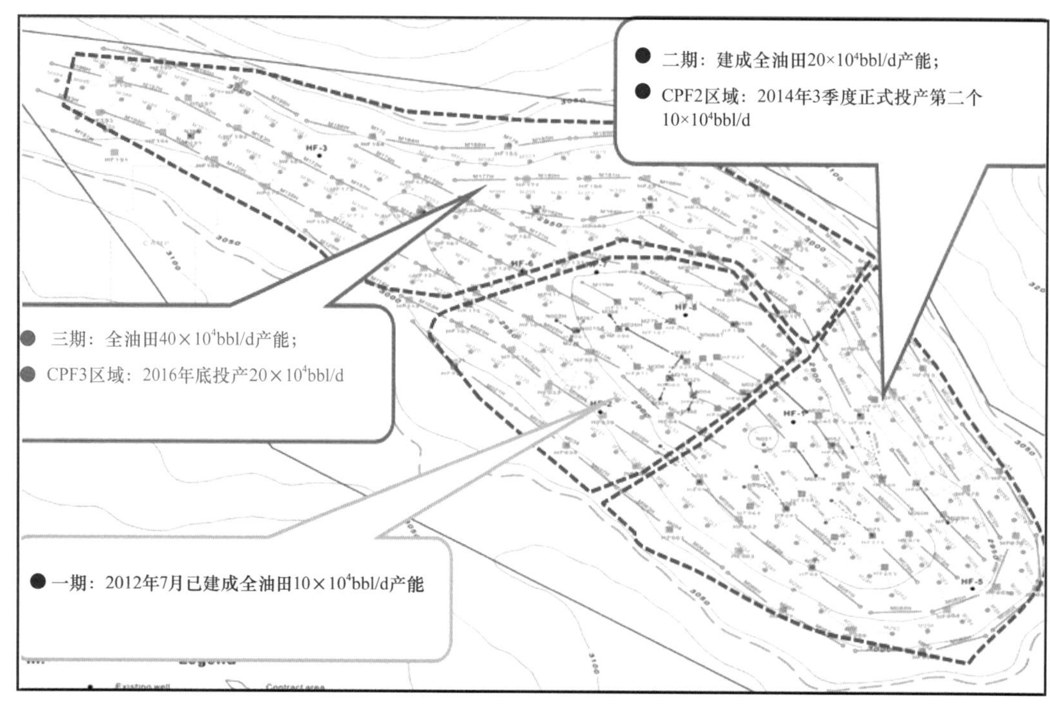

图 7-3 哈法亚油田平面分区动用部署

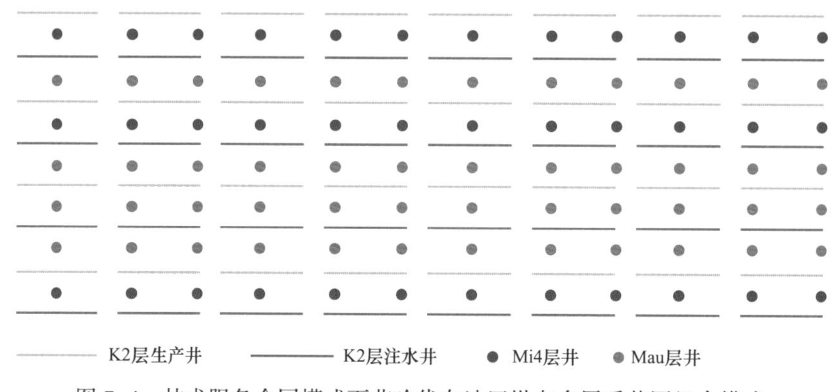

图 7-4 技术服务合同模式下艾哈代布油田纵向多层系井网组合模式

艾哈代布油田井网以 K2 层水平井井网为主干井网，其他 Mi4 层、Mau 层等的井网为枝干，枝干井网在主干井网两侧交叉排列，后期 Mi4 层和 Mau 层的井可互相交换生产层位，避免产生井间干扰，提高动用程度，实现高效开发。

5. 老油田增产开发方案设计方法

（1）初始产量和递减率。

伊拉克老油田增产技术服务合同中一般规定基础产量全部归政府所有，实现增产目标后超过基础产量的增量产量才能纳入成本回收和提取报酬费。老油田增产技术服务合同开发方案设计初期要紧密围绕增产目标这个合同核心要求开展增产方案研究和实施，主要把据初始产量和递减率两个直接决定基础产量的关键指标。

对于一个区块而言，接管前的初始产量是相对确定的，资源国和合同者主要的关注点在于递减率的大小，递减率对于全生命周期的基础产量影响很大，从而直接影响合同者全生命周期的报酬费收入。为了阐述递减率对报酬费的影响，下面通过合同者进入 A 区块的技术服务合同条款来具体阐述，如表 7–1 所示。

表 7–1　老油田增产技术服务合同 A 区块主要指标示例

序号	主要条款	单位	技术服务合同规定指标
1	初始产量	10^4bbl/d	100
2	签字费	亿美元	4（可回收）
3	桶油报酬费	美元 /bbl	2（无 *R* 因子）
4	技术服务合同规定的年递减率	%	5
5	增产目标（IPT）	10^4bbl/d	110
6	高峰产量（PPT）	10^4bbl/d	200
7	合同期	a	25

从表 7–1 可以看出，A 区的商务条款为签字费 4 亿美元，并且可以进入成本池回收，增量产量的桶油报酬费为 2 美元 /bbl 且不考虑 *R* 因子反向滑动，合同期可长达 25 年。产量条款方面，初始产量规模较大，合同者需要在初始产量 100×10^4bbl/d 基础上增产到 110×10^4bbl/d 后才能启动成本回收和报酬费提取，年递减率为 5%，合同中规定的高峰产量目标为 200×10^4bbl/d。

合同者进入 A 区块以后，借鉴跨国石油公司在伊拉克的经验，计划在第一年实现增产目标，第六年实现高峰产量目标，并且稳产 7 年，其全生命周期基础产量和增量产量参见表 7–2，全生命周期累计增油量为 75.7×10^8bbl，按照 2 美元 /bbl 报酬费计算，合同者全生命周期报酬费收入为 151.4 亿美元，扣除 35% 所得税后，合同者报酬费净收入为 98.41 亿美元。

假设合同者在技术服务合同谈判阶段由于对区块认识程度不够深入，虽然接受了资源国提出的 5% 初始产量递减率。随着对区块的接管和认识的深入，通过动态分析认为真实的年递减率应为 7.5%，通过年递减率单因素变动（增产目标和高峰产量目标以及上产阶段均保持不变）来测算合同者累计增油量和报酬费收入的变化，如表 7–3 和图 7–5 所示，累计增油量增加到 87.2×10^8bbl，比 5% 年递减率下累计增油量增加 11.5×10^8bbl，合同者的增量报酬费为 23 亿美元，扣除 35% 所得税后，合同者净增的报酬费收入为 14.95 亿美元，相当于签字费的 3.7 倍。从静态的角度来看，合同者增加了可观的报酬费收入；即使从折现的角度来看，也会显著提升项目全生命周期的价值。

表 7-2　老油田增产技术服务合同全生命周期产量剖面（初始产量按 5% 年递减率计算）

生产时间 a	基础产量 （5% 年递减率） 10^4bbl/d	增产目标 10^4bbl/d	增油量 10^4bbl/d	年增油量 10^8bbl	累计增油量 10^8bbl
0	100	100	0.0	0.0	0.0
1	95.0	110	15.0	0.5	0.5
2	90.3	125	34.8	1.3	1.8
3	85.7	140	54.3	2.0	3.8
4	81.5	160	78.5	2.9	6.7
5	77.4	170	92.6	3.4	10.0
6	73.5	200	126.5	4.6	14.7
7	69.8	200	130.2	4.8	19.4
8	66.3	200	133.7	4.9	24.3
9	63.0	200	137.0	5.0	29.3
10	59.9	200	140.1	5.1	34.4
11	56.9	200	143.1	5.2	39.6
12	54.0	200	146.0	5.3	45.0
13	51.3	180	128.7	4.7	49.7
14	48.8	162	113.2	4.1	53.8
15	46.3	146	99.5	3.6	57.4
16	44.0	131	87.2	3.2	60.6
17	41.8	118	76.3	2.8	63.4
18	39.7	106	66.6	2.4	65.8
19	37.7	96	57.9	2.1	67.9
20	35.8	86	50.2	1.8	69.8
21	34.1	77	43.4	1.6	71.3
22	32.4	70	37.4	1.4	72.7
23	30.7	63	32.0	1.2	73.9
24	29.2	56	27.3	1.0	74.9
25	27.7	51	23.1	0.8	75.7

表 7-3 老油田增产技术服务合同全生命周期产量剖面（初始产量按 7.5% 年递减率计算）

生产时间 a	基础产量 （7.5% 年递减率） 10^4bbl/d	增产目标 10^4bbl/d	增油量 10^4bbl/d	年增油量 10^8bbl	累计增油量 10^8bbl
0	100	100	0.0	0.0	0.0
1	92.5	110	17.5	0.6	0.6
2	85.6	125	39.4	1.4	2.1
3	79.1	140	60.9	2.2	4.3
4	73.2	160	86.8	3.2	7.5
5	67.7	170	102.3	3.7	11.2
6	62.6	200	137.4	5.0	16.2
7	57.9	200	142.1	5.2	21.4
8	53.6	200	146.4	5.3	26.7
9	49.6	200	150.4	5.5	32.2
10	45.9	200	154.1	5.6	37.9
11	42.4	200	157.6	5.8	43.6
12	39.2	200	160.8	5.9	49.5
13	36.3	180	143.7	5.2	54.7
14	33.6	162	128.4	4.7	59.4
15	31.1	146	114.7	4.2	63.6
16	28.7	131	102.5	3.7	67.3
17	26.6	118	91.5	3.3	70.7
18	24.6	106	81.7	3.0	73.7
19	22.7	96	72.9	2.7	76.3
20	21.0	86	65.1	2.4	78.7
21	19.5	77	58.0	2.1	80.8
22	18.0	70	51.7	1.9	82.7
23	16.6	63	46.1	1.7	84.4
24	15.4	56	41.1	1.5	85.9
25	14.2	51	36.6	1.3	87.2

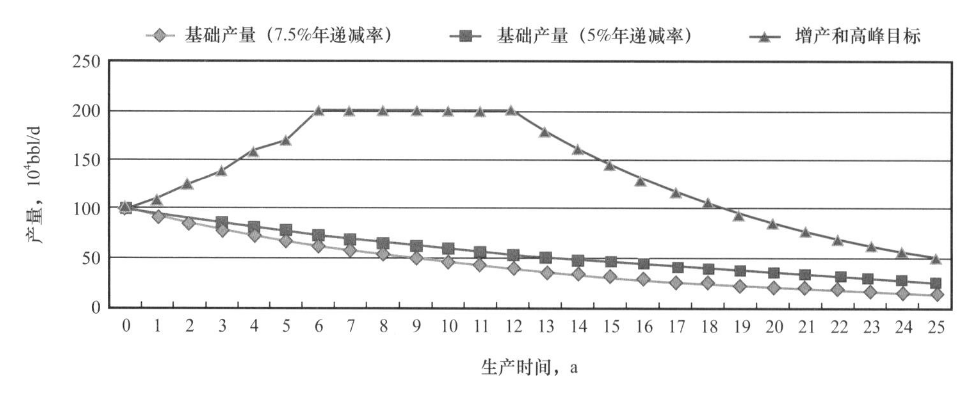

图 7–5　技术服务合同模式下不同年递减率的全生命周期产量剖面

在实际技术服务合同执行实践中，出现过由于招标时间仓促、计量设备、安保原因，资源国政府和合同者未能在签订技术服务合同时共同计量商定初始产量的情况。初始产量没有明确，往往会带来增产目标的争议。在技术服务合同签署之前和执行初期，资源国国家石油公司仍具有掌控作业权的便利条件（签署合同后一般半年左右才实现作业权移交给合同者），通过进攻性措施和技术手段快速提高油田产量，并以此作为初始产量，从而增加了合同者开展油田增产时的工作难度。这种合同设计上的缺陷需要开发方案设计进行合理论证。

开发方案中的油藏工程部分负责对初始产量和递减率进行论证。需要增产的老油田往往产量波动较大、工作制度调整频繁，停电、战乱等非技术因素扰动开井率，为初始产量和递减率的分析带来较大难度。首先，初始产量的分析要考虑非技术因素损失的产量，剔除进攻性措施和技术手段等短期提高的油田产量，把油田总产量还原到正常递减生产下的状态。在递减分析时选取长期稳定开井、工作制度较为稳定的井进行分析，减少产量波动、开井率、调参等操作因素对油田递减规律的干扰，从而得到相关系数较高的递减率分析结果。在扎实的技术研究和分析基础上，服从于区块合同者与资源国政府进行谈判的整体安排和部署，有望通过谈判修改合同关键条款，把对合同者有利的初始产量和递减率在合同中固化下来，为今后达到增产目标和高峰产量目标打下坚实的基础。

2009 年，伊拉克第一轮国际招标和签署合同过程中出现了初始产量未明确具体数值和递减率偏低的情况，而且在有的合同安排上专门把资源国和合同者共同商定的初始产量列为合同生效的几个前提条件之一，反映了当时第一轮国际招标资源国政府油气工业管理还存在较多薄弱之处。英国石油公司牵头作业的鲁迈拉油田针对递减率偏低的问题，利用技术商务结合的方式与伊拉克政府进行交流和谈判，取得了较好效果，主要有以下经验可供借鉴：

首先，英国石油公司发挥长期跟踪该油田的优势，早在 2005 年就与伊拉克政府签署了鲁迈拉油田综合研究项目，从而获得了该油田全部资料并进行数字化，建立规范的油田开发数据库，以此为基础完成了开发调整方案编制。因此，英国石油公司在签署该油田技术服务合同之前在认识程度上超过了国际石油公司同行，这也是确保其牵头中标的重要因素之一。

其次，接管以后与中石油等伙伴快速推进增产作业，提前两年实现增产目标，在伊拉克树立了较好形象，赢得了伊拉克政府的支持和尊重。

再次，利用2014年低油价契机，整体推进技术服务合同的修改谈判工作，技术交流扎实，商务策略清晰，最终修改了技术服务合同，提高了年递减率，减少了基础产量，从而直接提升了全生命周期合同者所能回收成本和计提报酬费的增量产量池，固化了有利于合同者的条款。

与之相比，埃尼公司牵头作业的祖拜尔油田早在1952年即投入开发，投产时间比鲁迈拉油田还早2年，即使通过谈判伊拉克政府仍然没有同意其调高技术服务合同中5%年递减率的要求。纵观伊拉克第一轮招标的多个老油田，牵头作业者均是跨国石油公司，均向伊拉克政府提出了修改递减率的谈判要求，但只有鲁迈拉油田成功实现了修改，其技术商务结合的研究、交流和谈判过程值得借鉴。

（2）增产目标开发方案。

技术服务合同的条款设计鼓励合同者快速实现增产目标，首先，10%的初始产量增产目标对于特大型油田而言技术上难度不算太大。其次，资源国和合同者在快速增产方面目标是一致的。技术服务合同中往往会规定最低义务工作量和最低投资金额，从资源国角度而言，主要考虑以下几点：

① 最低义务工作量是推动老油田增产亟须开展的工作量。在国际石油公司进入老油田以前，资源国国家石油公司承担老油田开发生产管理，对老油田开发现状和挑战认识非常深入，因此，会从确保稳产增产的角度提出亟须开展的工作量，并通过技术服务合同条款的形式固化下来。

② 最低义务工作量是考察国际石油公司技术和工程实力的重要窗口。作为同时推出多个老油田技术服务合同的资源国政府，会重点考察国际石油公司在执行技术服务合同中将最低义务工作量与增产方案有机结合并推动工程实施的能力，从而进行横向比较，遴选出合格的国际石油公司，以备未来推出更多技术服务合同时重点与其开展合作，确保技术服务合同服务于资源国快速高效上产的国家战略。

③ 最低义务工作量是推迟合同者转让或退出工作权益的“防火墙”。技术服务合同一般规定合同者在未完成最低义务工作量之前不能转让部分工作权益或者退出区块，其目的是敦促合同者专心致志地执行好合同，防止出现实力较弱的部分国际石油公司在技术服务合同中倒卖工作权益、“快进快出”盈利的现象。

增产目标开发方案的编制原则应遵循“三最”原则：用最短的时间编制完成增产开发方案并获得资源国政府批准、用最小的前期投资完成资源国政府规定的最低义务工作量。以前面提到的A区块为例，技术服务合同规定了需完成价值4亿美元的最低义务工作量，包括以下油藏评价和增产义务工作量：

a. 油藏评价工作量。

（a）完成合同区1000km^2 3D地震采集和解释；

（b）开展深入的地质和油藏研究，建立3D地质和数值模型，开展实验室和油藏工程研究，评估适用于已开发油藏和未开发油藏的开发机理，并且将研究成果用于增产方案中。

b. 增产工作量。

（a）完钻 30 口生产井和 15 口注水井；

（b）作业 150 井次，安装电潜泵 80 井次，开展 120 口井增产作业；

（c）制定油藏监测方案，开展 500 井次以上 PLT、MDT 等监测作业，开展 PVT 分析；

（d）建立注水能力 30×10^4bbl/d 的注水站；

（e）修复取水站及配套管网，恢复 100×10^4bbl/d 取水能力；

（f）扩建与增产目标相适应的地面工程设施，包括但不限于三相分离器、发电站、储罐及计量设施；

（g）启动高峰产量开发方案所需的工程设计和研究。

通过以上资源国政府规定的最低义务工作量来看，涵盖了从油藏评价、油气藏综合研究、钻完井、采油、地面及配套基础设施等多个方面，有些工作量是实现增产的前提条件，必须尽快完成，有些工作量则可以随着增产过程的进行逐步开展，因此，对于资源国政府规定的义务工作量，需要在增产方案的指导下，分清轻重缓急，从而实现优化的工作量部署，尽快实现增产目标。

增产目标开发方案的重点在于关停井复产、新井井位优化并上钻，采油方式转换、地面工程脱瓶颈工程和扩建、外输扩容等，相应的油藏和采油工程方案、钻完井工程方案以及地面工程方案是增产目标开发方案的重点内容，下面分专业进行重点阐述。

油藏和采油工程方案的主要设计目的是在综合地质研究基础上，结合动态分析、数值模拟研究，提出老井控递减、关停井优化措施方向、注采调整以及新井井位。增产的前提是现有老井需要有效控制综合递减率，因此，应深入分析单井、井组等工作制度上是否有优化提升的空间，如自喷井接近停喷时转抽将会稳定和提高单井产量，措施上重点考虑先进、适用的增产措施和换层等进攻性措施，尽可能生产低含水原油，减轻对地面设施的处理压力。注水井的恢复和优化、恢复地层压力保持水平需要油藏工程和采油工程紧密配合，油藏工程根据剩余油分布、地层压力亏空等研究成果指导采油工程开展注水井组开发层系、井网、注水量的调整和优化，结合井筒状况、可采用的分采分注技术和工具以及地面水处理总体规模开展配产配注，优化和完善恢复地层压力速度。新井井位是增产的重要抓手，必须从油藏整体角度去论证，综合考虑开发策略、层系组合、井网井距、合理配产等方面，新井工作量要结合下游专业的作业能力限制条件综合确定。同时新井工作量还要兼顾油藏评价的需要，设计相关的取资料要求。在以上研究基础上将分层次的调参、转抽、措施和新井工作量提交给钻完井、采油和地面工程等专业。

钻完井工程方案负责实现油藏工程方案设计的新井井位和相关措施工作量。快速、安全、经济地完成油藏工程设计的新井井位对于技术服务合同而言显得尤为重要。提高钻速是确保加快完成新井工作量的前提。中石油作为鲁迈拉项目的重要伙伴，充分发挥甲乙方一体化优势，引入大庆钻探钻井队伍，充分发扬大庆精神铁人精神，缩短学习曲线进程，钻井周期从进入初期的70多天缩短到40天左右，极大地加快了新井连投进度，共完钻40多口开发井，完井过程中做好油层保护，精心设计投产射孔层位，共同确保了增产目标提前2年实现。

地面工程方案在这一阶段主要是解决最迫切的设施处理能力脱瓶颈问题。通常老油田地面设施经过多年生产，普遍存在设施老化亟须维护、处理能力不足等问题，亟须进行修复、加强维护和扩建。因此，地面工程方案需要充分考虑以上技术和设施挑战，国际石油公司的地面工程方案非常详尽完备，除了国内地面工程方案包括的站内、站外系统以及水、电、路、信等配套设计外，主要是设计理念上坚持问题导向，针对已经出现和各种可能出现的瓶颈问题制定相应预案，从而能够有效指导地面工程承包商开展修复、维护和扩建工程。为了能快速实现增产目标，需要设计施工经验丰富的工程建设企业作为承包商充分参与地面工程施工，鲁迈拉油田选择了国际知名的Petrofac和中石油下属的CPECC开展地面工程修复、维护和扩建，实现了两大工程建设企业强强联合，为提前实现增产目标发挥了重要作用。

2009年，伊拉克政府启动第一轮老油田国际招标以来，各国际石油公司充分发挥自身技术、资金和管理优势，按照合同要求加快增产作业进度，先后达到增产目标，自签约之日起计算的达产周期均短于伊拉克政府要求的3年，如表7–4所示，从而进入了回收投资、循环滚动的良性循环。最快的是英国石油公司和中石油作业的鲁迈拉油田，自签约生效之日起只用了14个月就达到增产目标，得到伊拉克政府的高度认可。中海油进入伊拉克首次担任牵头合同者的米桑油田项目历时28个月也成功达到增产目标，进一步丰富了老油田增产经验。

表7–4 伊拉克老油田技术服务合同达到增产目标（IPT）周期统计表

序号	油田	区块合同者	达到IPT时间	达到IPT周期 mon
1	鲁迈拉油田	英国石油公司、中石油等	2010年12月	14
2	祖拜尔油田	埃尼等	2011年12月	23
3	米桑油田	中海油等	2012年10月	28

6. 高峰目标开发方案设计方法

（1）实现高峰产量目标。

实现增产目标和初始商业产量的开发方案侧重于短期实现增产目标，相当于简化版的开发方案。高峰目标开发方案是前期开发方案的延续，是老油田实现高峰产量目标的核心指导文件，更具有全面性和长期性的指导意义。老油田编制高峰目标开发方案与新油田编制高峰目标开发方案既有相同点，又有不同点。相同点是都着眼于通过分阶段的优化上产规划，实现资源国政府规定的高峰产量目标并稳产。不同点在于，老油田有丰富的动静态资料，对油田的认识较为深入，开发层系优化调整工作量很大，油田早已进入递减阶段，造成实现高峰产量目标的难度很大；新油田仍处于评价期，静态资料认识不够深入，缺乏动态资料，开发方案重点在于量化各种参数的不确定性，随着评价的深入，做好油田含油范围的统筹规划，分区域、分层系动用，紧密协调工程进度，一般而言，实现高峰产量目标的把握较大。

老油田高峰目标开发方案编制的基础是扎实的综合地质研究和油藏工程研究，成果的载体是建立高分辨率的地质和数值模型，用于指导全油田开发层系和开发方式调整以及工作量效果的预测。伊拉克技术服务合同所依托的特大型油田储层分布复杂、生产历史长，为地质建模和数值模拟带来诸多技术挑战，如油藏描述工作量大、数值拟合和预测时间长等。新一代数值模拟器的出现，为数值模拟带来了发展机遇，特大型油田目前已可以实现地质模型不粗化而直接进入数值模拟运算的完整工作流，有利于保留地质建模阶段的储层非均质性知识库。目前业界不粗化地质模型平面网格尺寸可以细分到 12.5m，垂向网格尺寸可以细分到 0.125m，从而在平面上与高精度三维地震解释精度相一致，垂向上与测井解释精度相一致，有些模型达到了亿级甚至十亿级节点。随着高性能计算机多核并行计算的进步，国际石油公司利用其自主研发的数值模拟器或 Intersect 等新一代数值模拟器在特大型油田上越来越多地采取不粗化地质模型的方式开展开发方案和调整方案编制，有效地缩短了运算时间，提高了运算精度，有利于提高开发方案编制的质量。

老油田高峰目标开发方案的地质储量估算和可采储量标定是方案研究的重要基础。老油田生产历史长，单井和油田计量往往存在较多缺失和错误之处。可采储量和剩余可采储量的标定是实现高峰产量目标的物质基础。首先是要结合已有的动静态资料对老油田进行地质储量复算。已开发油藏钻遇老井多，储量估算涉及的孔隙度、饱和度等参数较为可靠，通过高分辨率地质模型估算的地质储量较为靠实。可采储量的评估可以采取多种方法交叉验证的方式，如经验公式法、类比法、递减法、物质平衡法、数值模拟法等，相对而言，经验公式法和类比法得出的采收率范围可以参考，但更主要的是要根据老油田实际参数利用递减法、物质平衡法和数值模拟法标定老油田采收率，从而计算可采储量和剩余可采储量。

高峰目标开发方案应建立实现高峰目标的合理技术路线图。作为老油田开发方案，合同者首先要评估已开发主力油藏井网井距合理性和加密可行性。加密是减缓油田总递减、实现增产的主要开发调整方向之一。在此基础上，针对高峰产量目标，研究开发层系的接替。中东特大型老油田往往有 1 套主力油藏，储量占油田总储量 40% 左右，还有 2～3 套次主力油藏。一般接管时主力油藏的地质储量采出程度较高，有的已超过 40%，可采储量采出程度超过 75%，剩余可采储量采油速度接近 10%，再依靠主力油藏进行大幅度上产不现实，需要在开发方案中考虑各种方式来控制主力油藏的递减率。同时开发策略的重要内容是研究开发层系的有序接替，通过纵向动用指数来判别开发层系接替的优先顺序。采出程度较低的次主力油藏可以按照新油藏来部署开发井网，同时兼顾主力油藏部分开发井上返的可能性，从而尽可能地优化开发井数，天然能量不足的次主力油藏可以采取注水的二次采油方式，对地面工程方案提出扩建注水设施的设计，协调配套推进高峰目标产能建设。

技术服务合同要求合同者自合同生效之日起三年内提交高峰目标开发方案，经过资源国政府批准后，取代之前提交的开发方案。因此，从技术服务合同的规定而言，资源国政府鼓励高峰产量开发方案采取滚动编制的方式，将开发方案和实施方案结合起来。实施方案是制定年度工作量和预算的基础，因此，资源国政府特别重视开发方案设计的年度指标和工作量“回头看”，年初对比上一年度开发方案设计的年度指标和工作量实际完成情况，分析实施效果和未完成原因，从而指导新的一年滚动开发方案的编制。总体而言，滚动编制高峰目标开发方案具有以下优势：

① 有利于持续根据老油田开发动态及时更新调整地质和数值模型，从而更加贴近油藏地下实际，提高地质和油藏研究的深度；

② 有利于合同者制定相对靠实的年度工作量，使合同者可以较好地安排承包商工程量和投资安排；

③ 有利于资源国政府实时掌握油田开发最新部署，有利于合同者论证的老油田合理高峰产量目标和稳产期得到资源国政府的理解。

鲁迈拉油田的牵头合同者英国石油公司采取的即是滚动编制高峰目标开发方案模式，接管油田后提交了增产目标开发方案，后来提交了高峰产量目标开发方案，之后每年都根据油田开发动态进行滚动调整，特别是考虑了实现高峰产量的伊拉克国家基础设施工程进度滞后以及政局不稳等因素，开展多情景产量剖面预测，从而根据实际的内外部约束条件提出较为靠实的高峰产量目标和稳产期，为 2014 年与伊拉克政府交流谈判打下坚实基础，成功下调了高峰产量目标，延长了稳产期，使合同条款有利于合同者。

（2）中长期稳产策略。

技术服务合同中规定的技术条款中实现难度最大的是中长期稳产条款，一旦无法实现，合同中还有 *P* 因子等罚则使合同者的报酬费受到损失。无论是新油田高峰产量稳产，还是老油田高峰产量稳产，都需要在法律规定的开发指标界限内生产，如规定不允许油藏压力低于饱和压力的脱气生产，因此，实现高峰产量目标、保持油藏压力以确保稳产是高峰目标开发方案中规划设计的重点，各动用油藏的采油速度要在合理界限内，通过注水或注气的方式补充天然能量需要在开发方案中尽早考虑，从而能够与工程建设进度协调配套，确保分阶段建产和稳产的实现。因此，中长期稳产前提条件是较低的采油速度与合理的开发方式相结合。

① 采油速度设计：高产和较长的稳产期是一对矛盾体。针对技术服务合同条款中稳产期 7 年以上的要求，技术服务合同区块的开发策略不能采取“高产优先”的开发模式，而是要采取“稳产优先”的低速开发模式，确保产能到位率和达到规定的稳产时间。这种开发模式类似于我国大庆油田追求长期稳产的模式，采油速度长期不超过 1%。

以 2009 年伊拉克第一轮老油田增产技术服务合同招标为例，国际石油公司通过谈判调整了高峰产量目标，稳产期一般要求延长到 10 年以上，各区块地质储量高峰采油速度一般为 0.79%～1.29%，属于低速开发的区间。在地质储量采油速度位于低速区间的同时还要高度关注高峰期的剩余可采储量采油速度，只有两个指标都位于较合理区间内才有望实现高峰产量目标的稳产，特别是老油田每年都在递减，在地面和外输不存在瓶颈的情况下，实现高峰目标宜早不宜迟。

② 二次采油和三次采油相结合的开发方式设计：技术服务合同模式下的新油田在编制初始开发方案时，由于静态资料和动态资料仍然有限，对天然能量的认识不够充分，因此，应该在实施最低义务工作量过程中继续评价油藏，对油藏天然能量形成初步认识，包括驱动方式、能量强弱等，确定分阶段上产开发方式转换的时机和总体规模。在第一期生产过程中应充分利用天然能量，同时加强监测，特别是靠近边底水开发井压力的监测，动态上评估天然能量。

进入开发方案编制阶段，对油藏天然能量有了更深入的认识，开发方案中必须对天然能量补充方式进行详细安排和部署，主要是压力保持水平论证、注采井网、井组和单井注入量优化等，并尽快安排开展先导性实验，通过加强监测发现和对比与方案设计指标的差异，为全油田开展补充天然能量方案设计打下基础，并在第二期产能建设过程中同步建设注水 / 注气等工程，夯实长期稳产的基础。

中东地区淡水资源不足，采用注水方式补充天然能量时需要设计注水策略，目的是集约化使用有限的水资源，满足投资规模的限制条件，可以按以下方法设计：

分区分块差异化注水设计。隔夹层对于注水效果具有很大的影响，因此，利用隔夹层分布进行平面分区和纵向细分层段，深入分析不同区域和层段的注水对应程度和紧迫程度，针对不同储层特点优化注采井网和注水技术政策，从而确定合理的注水区域和注水规模。平面上，根据该区域内的夹层条数与长度、分布频率、夹层总厚度等划分不同的等级，建立注水过程中的优先等级顺序（表 7–5）。

表 7–5　伊拉克油田根据隔夹层综合评价建立的分区分块注水标准

平面注采区域分类	油藏平面隔夹层综合分类评价参数					注水优先顺序
	夹层数	分布频率 层 /m	夹层长度 m	夹层总厚度 m	分布密度 m/m	
Ⅰ类区域	0～5	<0.05	0～500	<5	<0.15	1
Ⅱ类区域	5～10	<0.10	0～500	<15	<0.30	2
Ⅲ区域	10～15	<0.15	500～1000	<30	<0.50	3
Ⅳ区域	15～25	<0.2	500～1000	<40	<0.50	4
Ⅴ区域	>25	>0.2	>1000	>50	>0.50	5

以哈法亚油田为例，在平面上的优先注水区域分布如图 7–6 所示。

纵向上根据隔夹层分布及层内优势水流通道高渗透带相对位置，形成六大典型注采模式，提高巨厚生物碎屑灰岩油藏水驱扫油体积，实现最佳注采效果。同时避开高渗透层段，减少无效注水和减少注水量，如图 7–7 和图 7–8 所示。

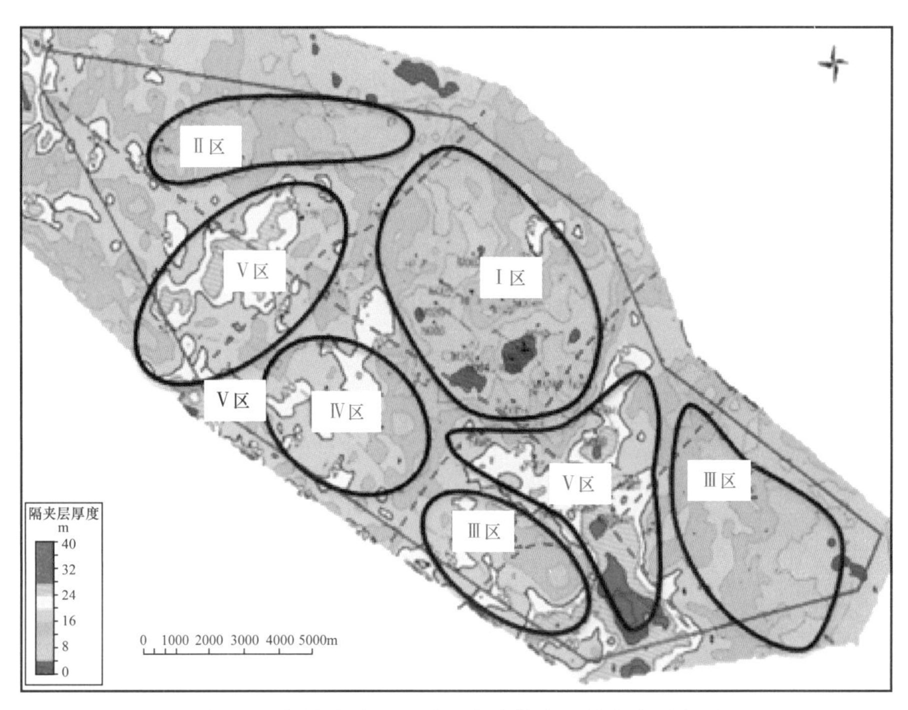

图 7-6　伊拉克哈法亚油田注水优先区域分布示意图

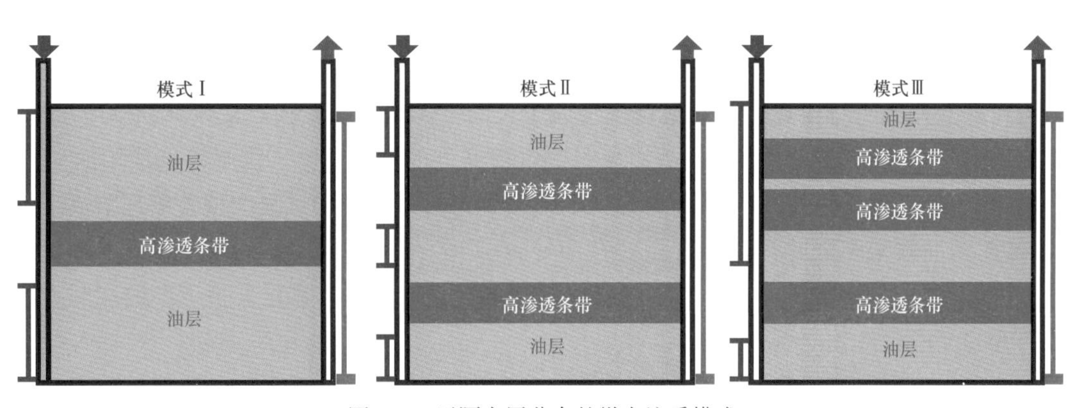

图 7-7　无隔夹层分布的纵向注采模式

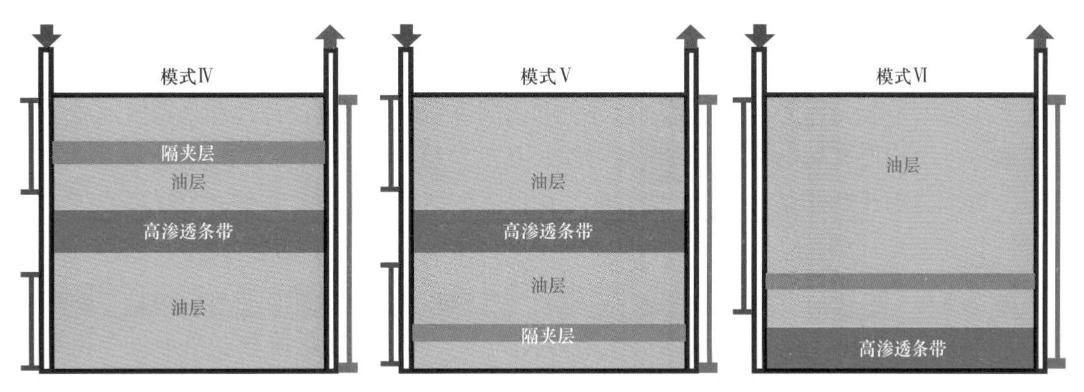

图 7-8　隔夹层—贼层不同相对位置关系下的注采模式

整合多种水资源的注水水源设计。伊拉克技术服务合同要求合同者自己解决注水水源问题。因此，在开发方案编制时，合同者自身必须通过多种方式确保注水水源的可靠性，尤其是注水早期的注水水源可靠性。目前中东地区的注水水源主要来自以下几方面：产出污水，其他水源层的水、海水等。在伊拉克海水淡化尚没有明确时间表的情况下，水源层的水是较为可靠的水源补充，需要优先考虑并统筹其他水源，在注水过程中还应注重采用先进、适用的注水技术。中东地区油藏普遍矿化度较高，注入低矿化度水是目前注水研究的热点和重点。以叙利亚的 Omar 油田稀油砂岩油藏为例，原油地下黏度仅为 0.3mPa·s，地层水矿化度为 90000mg/L，实验表明，注入低矿化度水可以实现润湿性反转，油层的湿润性能够从亲油性转变为亲水性，从而具有提高采收率的效果。实验室研究还表明，低矿化度水驱可以提高采收率 10%～15%。目前低矿化度水驱在中东多个油田进行室内研究和先导性试验，预计将会逐步投入规模应用。

技术服务合同对成本不敏感，加之储量规模巨大且需要中长期稳产，因此，从技术上和合同上都有利于开展 EOR 先导性试验和全油田实施。资源国从保持油田长期稳产、高效开发的初衷出发对于 EOR 是鼓励的，国际石油公司从应用自身特色 EOR 技术和扩大技术影响力角度也有意愿开展 EOR 相关先导性试验和实施。中东地区最早实施 EOR 的国家是阿曼，目前通过碳酸盐岩油藏表面活性剂驱、注气混相驱和稠油热采等方式实现的增油量已占到全国产量的三分之一，取得了良好的示范效果。自 2005 年以来，中东各国实施 EOR 先导性试验和实施的国家和项目逐步增多，且有的资源国在吸引国际石油公司签署合同和开展作业时将提高的采收率目标写入了合同，体现了资源国对采收率的高度重视。EOR 在技术服务合同应用中的挑战主要是对油藏条件的适应性差，需要筛选适用的 EOR 方向和配套工艺，见效慢且不确定性较大，需要通过先导性试验、放大试验等环节逐步摸清 EOR 增油效果。因此，合同者需要在高峰目标开发方案中考虑 EOR 的必要性和可行性，将 EOR 作为储备技术，与未来的合同延期结合起来，力争在延长稳产期的同时提高合同者的经济效益。

7. 监测纪律和监测方案

特大型油田或大型油田实现中长期稳产的一个重要保障条件是把监测方案和监测纪律摆在突出位置。监测数据充足完备，在此基础上能做出正确的开发调整决策。国际石油公司的开发方案重要内容之一是技术风险分析和监测方案设计。其设计理念是按照地质、油藏不确定性对稳产开发影响严重程度来分级，从而“触发”针对性的监测方案，如图 7-9 所示，重点监测开发过程中产量、饱和度变化，流体性质变化，水线推进前缘以及压力变化等，有利于及时掌握地下油水运动规律和特点，尽早开展措施和新井调整。国际石油公司特别强调监测纪律，主要原因是监测会增加额外的成本，同时还会影响产量，一般现场执行都有阻力和难度，所以上升到纪律的高度，由总部层面监督监测方案不折不扣地执行，并与方案研究紧密结合起来，值得中国石油公司借鉴。

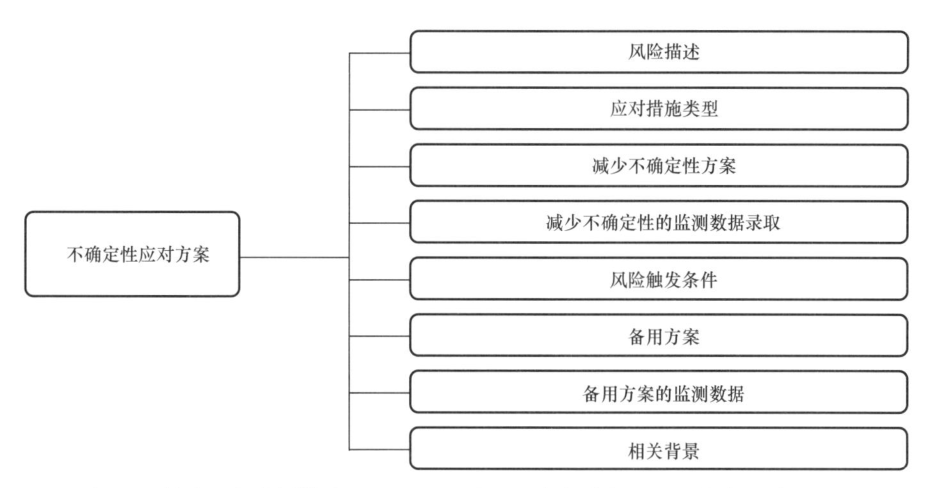

图 7-9　技术服务合同模式下国际石油公司不确定分析和监测方案设计流程图

8. 技术服务合同开发方案设计和实施实例

伊拉克哈法亚油田位于米桑省，是该国第六大油田，1976 年发现以后由于地下地面情况复杂、开发难度大，一直未能有效开发。2009 年 12 月，中石油以牵头合同者身份，与道达尔和马来西亚石油公司组成联合体，签署该油田技术服务合同。按照签约时合同规定，项目初始开发方案获批 3 年内达到 7×10^4bbl/d 的初始商业产量，7 年内达到 53.5×10^4bbl/d 的高峰产量。

（1）油田地质特征。

哈法亚油田为一 NW—SE 至 NWW—SEE 走向的长轴背斜，长约 37km，宽约 8.3km。背斜构造形态比较完整，西南翼较北东翼相对陡。自下而上共发育 Yamama、NahrUmr、Mishrif、Khasib、Sadi-Tanuma、Hartha 和 Jeribe-Upper Kirkuk 等 9 套油藏。

油田储层有两类岩性。一类是 Jeribe、Hartha、Sadi、Tanuma、Khasib、Mishrif 和 Yamama，以碳酸盐岩为主，储层连续性好，具有中低孔、特低渗透—低渗透的特征，主要沉积于碳酸盐岩台地边缘的浅滩、陆棚和潟湖环境。另一类是 Upper Kirkuk 和 NahrUmr B，主要以砂岩为主，主要沉积于潮坪和潮控三角洲沉积环境，以粒间孔隙为主。

按照岩性、构造特征、流体分布、压力系统、原油性质等对各油藏进行分类，哈法亚油田 9 套目的层可划分为四类油藏类型。其中，Jeribe/Upper Kirkuk 为底水构造油藏，Mishrif 层 MB1-C1 为厚层状边水油藏，其他油藏为层状—边水—构造（构造—岩性）油藏，Khasib A2 和 Yamama 为岩性油藏。

（2）分阶段上产的油藏平面和纵向动用策略。

按照技术服务合同开发方案设计方法，根据各油藏性质和特点，一期产能建设集中在油田中心区域，纵向上首先动用 NahrUmr 和 Mishrif 两套油藏进行一期产能建设，同时结合一期开发井对上部的各油藏进行评价；二期产能建设主要集中在油田东部，除继续动用 NahrUmr 和 Mishrif 油藏以外，再增加动用 Upper Kirkuk 油藏；三期产能建设主要集中在油田西部区域，仍然动用上述三个油藏，油田稳产主要通过井网完善、加密和注水来完成。其他动用指数较低的油藏在高峰产量建成后作为接替，确保稳产。

根据以上部署和安排，哈法亚油田产能建设划分为3个阶段：一期10×10^4bbl/d的产能，2012年6月建成；二期新建10×10^4bbl/d产能，2014年8月建成，整体达到20×10^4bbl/d产能；三期再新建20×10^4bbl/d产能，2018年9月建成，整体达到40×10^4bbl/d产能。

（3）井网井距优化。

根据各开发层系油藏性质的特点，确定了哈法亚油田直井和水平井组合的基础井网形式。砂岩油藏主要以直井为主，主力碳酸盐岩油藏主要以水平井为主。根据各开发层系的配产目标和单井配产论证，采用油藏数值模拟技术，优化各油藏水平井水平段长度、井距及注采井网参数，以获得合同期内较高的采收率。油层分布较为连续的油藏，包括Mishrif和Jeribe/Upper Kirkuk等油藏，采用均匀布井，井距1000m左右。对于具有多油水界面的岩性油藏或者储层平面分布连续性较差的油藏，包括Hartha、Sadi B、Khasib、NahrUmr B及Yamama等油藏，则根据储层、油层的发育情况，优选井位，形成不规则井网。在基础井网基础上，后期可以继续完善井位、加密并考虑注采井网需求，夯实稳产基础。各油藏井网安排如表7–6所示。

表7–6　哈法亚油田各油藏基础井网的井网参数

序号	油藏	产量目标 10^3bbl/d	井型	井网	井距	井数口	开发方式	备注
1	Jeribe/Upper Kirkuk	45～55	直井	反9点	1000m	60	天然能量+注水开发	继续开展水平井试采
2	Hartha	5	直井			7		
3	Sadi–Tanuma	10	大斜度水平井	不规则井网		24		建议开展分支井开发实验
4	Khasib	9	大斜度水平井	不规则井网		20		
5	Mishrif	320	大斜度水平井（双分支井）+直井注水	线性交错	1400m×500m	377	天然能量+注水开发	生产井：水平井+双分支井 注水井：直井
6	NahrUmr	15	直井	边外注水	1000m	33	天然能量+注水开发	
7	Yamama	(5～30)	直井			6	衰竭开发	
8	Halfaya	400				527		

（4）开发方式优化。

按照技术服务合同要求油藏必须在饱和压力以上生产的开发原则，考虑不同的地质及油藏流体渗流特征，对各开发层系开发方式的优化论证见表7–7。

表 7-7 各油藏开发方式选择一览表

油藏	地质特征	水体类型	地饱压差 psi	推荐开发方式
Jeribe	低渗透白云岩储层	底水	1992	天然能量开发，备选方式：天然能量后注水开发
Upper Kirkuk	非胶结砂岩			
Hartha	岩性油藏，石灰岩	弱边水	46	天然能量开发
Sadi B	低渗透石灰岩油藏	边水	1721	天然能量开发后注气开发
Tanuma			3753	
Khasib	特低渗透石灰岩油藏	边水	849	天然能量开发后注气开发
Mishrif	生物碎屑灰岩油藏，油层有效厚度超 100m	边、底水	2254	初期天然能量开发，中后期注水开发
NahrUmr	层状多套砂体叠置，岩性油藏	边水	3261	初期天然能量开发，中后期注水开发
Yamama	超高压油藏	边水	8781	天然能量开发

NahrUmr、Mishrif 及 Upper Kirkuk 适合采用注水开发。随着油藏压力的降低，逐渐扩大注水规模。油田大规模注水之前，将首先开展不同规模的注水先导性实验。Mishrif 油藏于 2015 年初开始现场注水先导试验，初期转注 3 口井，以评价地层注入能力、注水参数及目前的井网适应性等，规模注水实施方案依赖于现场试验和实际的生产动态进行进一步的优化设计。Mishrif 油藏首先在构造高部位（一期投产区域）规模注水，之后在东部区域（二期投产区域）开始规模注水，逐步推进在西部区域（三期投产区域）注水。

中石油作为牵头合同者，开发方案上加快编制，工程上加快实施，做到“地质工程一体化”，哈法亚油田一、二、三期产能建设速度均超预期。一期比合同要求提前 15 个月投产，二期比合同要求提前 2 年投产。同时在联合体伙伴的支持下，通过谈判将高峰产量降低为 40×10^4bbl/d，同时延长了合同期，优化了合同经济指标，确保了较好的中长期经济效益预期。三期建设于 2018 年 9 月投产，产能达到 40×10^4bbl/d 的高峰产量规模，将进入中长期稳产阶段。中石油作为牵头合同者的艾哈代布项目提前 3 年建成 14×10^4bbl/d 产能规模并实现持续稳产。哈法亚油田以及艾哈代布项目的成功运作和实施被伊拉克政府称为“速度最快、执行最好的国际合作项目”，对于提升开发方案设计水平、发挥中石油甲乙方一体化优势，提升技术服务合同国际化运作水平发挥了重要作用。

另外，中石油参与的鲁迈拉等老油田增产技术服务合同也取得较好的执行效果。与中方进入前相比，鲁迈拉油田原油作业产量大幅提升 3196×10^4t/a，与牵头作业者密切配合推动合同条款修改，2014 年合同修改后高峰产量目标下调，基础产量递减率增加，取消 *R* 因子反向滑动等，使项目全生命周期经济效益显著提升。总之，中石油在伊拉克牵头作业和参与作业的多个项目通过优化和加快开发方案编制和实施，在 21 世纪前十年实现了产量快速跃升，为中东地区作业产量突破 1×10^8t 发挥了基础性作用，并将在未来海外产量和效益构成中发挥更大的作用。

二、回购合同模式下开发方案设计方法

1. 地质和可采储量评估方法

伊朗经常推出尚处于勘探评价阶段的新油田与合同者谈判回购合同，此类油田勘探阶段资料非常有限，地震资料经常是 2D 数据体，探井和评价井的数量较少，构造、油水关系尚不清楚，储量评估的各项参数不确定性较大。在这种情况下采用确定性方法评估储量具有较大风险。国际上通行的蒙特卡洛方法比较适合处于勘探阶段的新油田储量评估。

蒙特卡洛方法的实质是通过评估对储量影响较大的主要不确定参数，如面积、厚度等，设定最大可能值、可能中值、最小可能值等，通过不同参数不同取值的组合，可以通过容积法组合计算成大量储量方案，如图 7-10 所示，共选取了影响储量的三组参数，分别是时深转换、不同地震数据体对油藏顶底面解释的影响以及油藏范围大小，每组参数按三个取值的话，可以组合成 27 种储量组合，如果再增加更多不确定因素，每个不确定因素增加更多取值范围，可以组合成几百种甚至上千种储量组合，从而可以求取 P10、P50 和 P90。在油藏评价较为充分、储量基本探明的情况下，业界一般采用 P50 来作为开发方案的基础，相当于一般容积法的 2P 地质储量。但是对于回购合同模式下的油田，由于储量参数存在较大不确定性，采用 P90 作为开发方案估算产量剖面的基础较为稳妥。

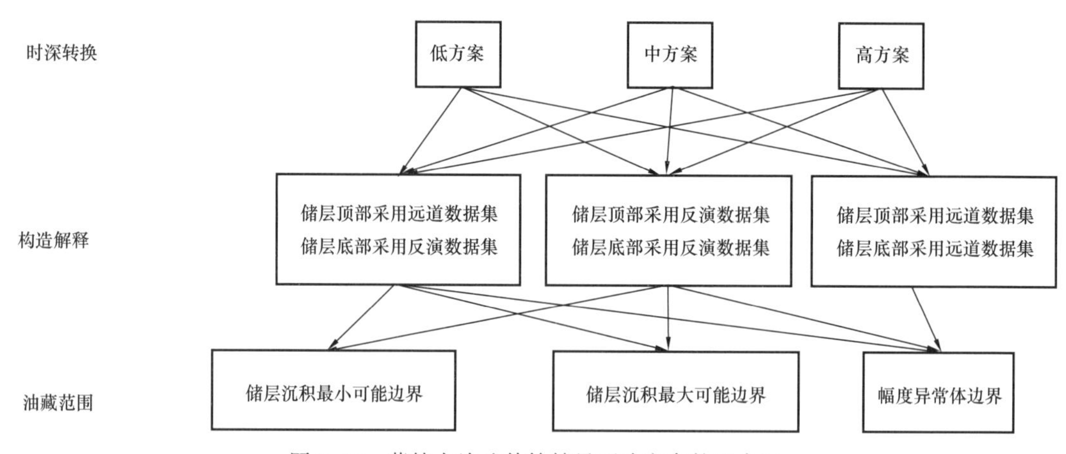

图 7-10　蒙特卡洛法估算储量不确定参数组合图

对于处于勘探阶段的新油田，没有生产动态资料作为参考，可采储量评估的不确定性更大。在这一阶段，可采储量的评估要更加慎重，因为会直接影响可采储量采油速度等指标，主要有公式法，类比法等，下面以中石油作业的北阿扎德甘油田为例说明可采储量的论证过程。

北阿扎德甘油田主力储层为 Sarvak 生物碎屑灰岩，占该油田地质储量的 90% 以上，为块状底水油藏，中孔（13%）、中低渗透（10～100mD）。地饱压差较大，原始地层压力

为5000psi，饱和压力为2205psi左右，油品性质为重油，API重度为17°API左右，地下原油黏度为4～8mPa·s，表现出“重而不稠”的特征。生物碎屑灰岩与碳酸盐岩油藏较为类似，根据以上油藏基本特征和参数，采收率的论证分为以下三步：

（1）首先，根据油藏参数计算弹性采收率。$R_F=B_{oi}\times C_t\times \Delta p/B_o$。根据以上油藏特殊岩心分析和PVT实验分析提供的$C_t$、$B_{oi}$、$B_o$等参数，估算油藏的弹性采收率为2.38%。

（2）其次，对国际上类似碳酸盐岩油藏的采收率水平进行调研，如表7-8所示，相似孔隙度和渗透率油藏的采收率一般在10%～13%的区间内，如Triple N油田等，由此可以基本厘清采收率的大致范围。

（3）接下来根据Sarvak储层参数挑选适用的采收率计算公式，根据油藏基本参数，考虑到该油藏主要是底水驱动方式，选取了国家储委推荐的碳酸盐岩底水油藏采收率经验公式：

$$E_R=0.2326\left(\frac{\phi S_{oi}}{B_{oi}}\right)^{0.969}\left(\frac{K_e\mu_w}{\mu_o}\right)^{0.4863}\left(S_{wi}\right)^{-0.5326} \tag{7-2}$$

式中 E_R——采收率；

ϕ——储层孔隙度；

S_{oi}——原始含油饱和度；

S_{wi}——原始含水饱和度；

B_{oi}——原始原油体积系数；

μ_o——地下原油黏度，mPa·s；

μ_w——地层水黏度，mPa·s；

K_e——油层平均有效渗透率，mD。

根据式（7-2），计算了北阿扎德甘油田的采收率，同时与国内类似的碳酸盐岩塔河油田进行了对比，可以看出北阿扎德甘油田的采收率为7.58%，如表7-9所示。

表7-8 美国部分碳酸盐岩油藏采收率调研表

序号	油田	埋深 m	有效厚度 m	孔隙度 %	渗透率 mD	体积系数	密度 g/cm^3	含油饱和度 %	采收率 %
1	Adair/San Andres	1493	15	14.1	3.7	1.12	0.86	65.0	12.5
2	Block 31	969	6	18.0	96.0	1.08	0.88	70.0	25.0
3	Fuhrman-Mascho/Block 9	1356	24	7.0	4.0	1.12	0.89	70.0	9.3
4	Fullerton/Clearfork	2042	26	10.0	3.0	1.62	0.82	76.4	11.0
5	Levelland	1448	9	8.0	1.8	1.23	0.87	75.0	14.8
6	Means/San Andres	1311	61	9.0	29.0	1.04	0.87	71.2	14.1

续表

序号	油田	埋深 m	有效厚度 m	孔隙度 %	渗透率 mD	体积系数	密度 g/cm³	含油饱和度 %	采收率 %
7	Ownby/San Andres	1585	10	14.1	4.5	1.35	0.87	61.9	13.9
8	Robertson/Clearfork	1768	75	6.0	1.0	1.38	0.86	71.0	11.8
9	Russel/Clearfork	2240	29	5.3	1.5	1.28	0.85	76.0	16.8
10	Shafter/San Andres	1311	15	6.5	5.0	1.24	0.87	75.0	14.5
11	Triple–N/Grayburg	1318	6	12.1	6.6	1.23	0.87	60.0	10.0
12	Wasson/Cornell	1494	61	8.5	3.7	1.30	0.86	85.0	10.7
13	Wasson/Dever	1463	61	0.0	5.0	1.31	0.86	85.0	10.0
14	Wasson/Willard	1555	34	8.5	1.5	1.31	0.87	80.0	13.4
15	West Goldsmith	1302	17	6.4	3.7	1.36	0.84	64.0	4.0
16	West Senminole/San Andres	1558	36	9.9	20.7	1.38	0.87	82.0	5.5

表 7–9　碳酸盐岩底水油藏采收率经验公式计算结果

油田	孔隙度 %	S_{or} %	S_{wi} %	体积系数	渗透率 mD	地下原油黏度 mPa·s	地层水黏度 mPa·s	采收率 %
塔河油田 C 区奥陶系稠油	0.057	0.79	0.21	1.15	2056	37.55	0.66	13.23
北阿扎德甘油田	0.12	0.71	0.29	1.38	40	4	0.66	7.58

2.“低速开发”的开发策略和技术政策设计

油田产量目标的高低，决定了方案工作量的大小及项目的投资额，产量目标高，工作量大，投资大；反之，产量目标小，工作量相应减小，投资降低。在回购合同模式下，产量目标的实现与否对合同者的效益影响很大，所以产量目标的确定对回购合同模式下开发方案的编制至关重要。

油田产量目标的确定取决于对油田的认识程度，在油田地质储量和可采储量评估的基础上，油田地质特征、开发方式和井网井距等决定了油田本身的产量规模。同时，在回购合同模式下，油田产量目标的确定还受到回购合同对项目移交的要求及对稳产期要求的影响，需要技术与商务紧密结合，确保制定的产量目标能够实现中方的利益和伊方对产量目标的要求。

考虑到以上回购合同独有的限制因素，回购合同区块的开发策略不能采取“高产优先”的开发模式，而是要采取“稳产优先”的低速开发模式，确保产能到位率和达到规定的稳产时间。在确定回购合同区块产量目标时，要注意结合其他回购区块采油速度的调研综合确定。以壳牌公司为例，1998 年签署回购合同对 Soroosh 等油田进行开发，接管时该油田地质储量为 86×10^8bbl，采出程度仅为 1%，回购合同中承诺的高峰产量目标为 10×10^4bbl/d，由此可以计算该油田的高峰采油速度仅为 0.42%，本质上是低速开发。

中国石油公司在伊朗开展回购合同开发方案论证过程中，充分吸取以往回购合同区块的经验和教训，制定合理的产量目标，以中石油为例，对北阿扎德甘油田规划高峰产量 7.5×10^4bbl/d，采油速度仅为 0.43%，与壳牌公司回购合同区块的采油速度接近，能够很好地适应开发初期油田储量的较大不确定性，确保产能到位率，同时保持一定的产量弹性，为达产后适当提高采油速度、加快回收打下基础。按照这个指标计算，回购合同要求的 5 年稳产期结束时，采出程度仅为 2.15%，仍然在弹性采收率的区间内，具有足够的安全边际。中石化作为合同者的雅达瓦兰油田属于新油田，伊朗石油部公布的地质储量为 120×10^8bbl，一期高峰产量仅为 8.5×10^4bbl/d，采油速度仅为 0.26%，也反映出了回购合同模式下合同者普遍采用“低速开发”策略，确保能够建成高峰产量并稳产，以免触发“五个一”的惩罚性条款，从而影响投资的顺利回收。

回购合同模式下由于开发期较短，开发层系上优先选择主力层系进行开发，不开展细分层系工作。伊朗油田一般纵向上发育多套开发层系，岩性不同，天然能量和储层物性差别很大。资源国石油法律法规非常严格，不允许多层系合采。开发期较短、油藏认识不清决定了合同者不具备细分开发层系的合同和技术条件。为了实现高峰产量，最佳策略是针对含油面积大、储层分布较为稳定、储量占全油田较大比例的层系进行开发，兼顾其他非主力层系。

开发方式上尽量充分利用天然能量，以一次采油为主。伊朗回购合同模式下推出合作的新油田一般探井位于构造顶部，缺乏探边评价，对油藏天然能量的认识存在较大不确定性，加之开发期较短，采油速度较低，开发期末油藏采出程度也在弹性采收率附近。因此，充分利用天然能量取得稳产的可靠性较高，合同者没有积极性按照一般开发规律去落实油藏天然能量情况，采取及时的注水、注气补充等二次采油方式。伊朗推出的部分已开发油田回购合同采出程度也不高（＜5%），由于监测等资料缺乏和合同条款限制，即使存在天然能量不足的迹象，合同者也没有积极性去部署面积注采井网，加强注水补充天然能量，而是追求投入和产出的平衡。以壳牌公司作业的 Soroosh 等油田为例，每采出 1% 地质储量地层压力下降约 20%，属于天然能量较弱的油藏，壳牌公司的开发方案设计策略不是部署面积注采井网，而是在边部设计 2 口产出水回注井，既可以处理油田产出水，又可以部分补充油藏能量，起到一举两得的作用，同时减少面积注采井网工作量，有利于加快工程实施。

从这个角度而言，回购合同模式将大部分技术风险转嫁给合同者的后果是合同者只能关注短期效应，是违背开发认识规律和经济规律的，合同者以实现“五个一”为最高目标，而缺乏对油藏开展抓基础、利长远的补充天然能量技术举措。伊朗经过多年的回购合同运行，已经逐步意识到回购合同模式部分条款的不合理之处，如石油部长赞加内曾在国际公开场合表示："回购合同似乎特别不适于提高采收率（IOR/EOR）项目，而伊朗正需要复兴大量老化的油田。"也正是伊朗逐步面临已开发油田复产和提高采收率形势，近几年在回购合同模式基础上改进了部分条款，形成了最新的 IPC（Iran Petroleum Contract）合同模式，希望能够通过合同条款让步吸引国际石油公司重新进入伊朗。

3. 工作量设计

工作量是回购合同下开发方案研究的一个主要参数。工作量主要指钻井（包括评价井、开发井）的井数以及地面处理系统的规模和配套工程。工作量的安排要确保实现回购合同下确定的产量目标以及回购合同对高峰期产量的稳产期要求。因为回购合同要求钻井全部钻完，再一起投产，不能边开发、边钻井拟补产量递减，因此，回购合同下的钻井工作量要留出部分备用井，也就是后期弥补油田产量递减的井，在建设期先钻好，以确保油田有一定的稳产期。

4. 投资规模上限设计

回购合同对投资规模上限的规定十分苛刻：投资规模的上限一旦确定，除非伊方批准调增产量目标或增加工作，否则投资上限不得调增，超过投资上限的支出（包括相应非资本性支出及银行费用和报酬费）不予回收。执行过程中的汇率波动和通胀风险，由合同者自行承担。伊朗投资规模上限的确定，与回购合同下确定的开发方案直接关联。主要取决于以下两方面因素：

（1）方案确定的产量目标。如果产量目标高，配套工作量大，投资规模就大。相反，方案确定的产量目标低，配套工作量小，投资规模相应降低。

（2）工程量单价取费标准，如每米钻井进尺成本要根据不同井型进行合理确定，地面工程站内系统、站外系统等工程量概算合理，单价靠实，才能获得比较准确的投资总额。

回购合同规定主体开发方案完成生效之后的 14 个月内并完成主要工程合同 85% 时，根据招标结果确定投资规模上限，并需要向资源国石油部提交投资规模上限。在之后的开发期内，若合同者实际投资额超过了确定的投资上限，超出的投资部分不能回收；若合同者实际投资未超过投资上限，则按实际投资回收。从这个角度而言，回购合同模式下技术是基础，商务是关键，投资规模上限就是回购合同中的关键点，需要结合合同条款做出的投资估算尽量接近"决算投资"，才能规避和减少损失。以挪威国家石油公司为例，该公司曾与伊朗签署了一个陆上油田开发回购合同，投资规模上限为 10 亿美元，实际上花费了 20 亿美元，投资超了 1 倍，且工期延误。伊朗国家石油公司按合同回购时，以合同过期为由对超出合同期之外的应付款停止偿付，使得挪威国家石油公司蒙受了较大损失，可见确定投资规模上限的重要性。

5. 项目完成时间设计

回购合同对项目完成时间有严格的规定：超过工期之后的投资，不计利息、不给报酬；超过规定工期外的管理费不得计入项目投资。建设期的延长可能引起回收期的缩短，降低项目效益。在开发方案编制过程中应在工作量规划的基础上结合各方面约束条件对工期进行合理的预测。主要工程合同授标后，要加大项目管理力度，对执行过程中根据地下地面出现的新认识和新情况动态微调开发方案中井轨迹和单井配产等指标，提高单井建井质量，确保能整体达到高峰产量。中石化 2008 年 8 月签署了雅达瓦兰陆上油田开发合同，计划建成 8.5×10^4bbl/d 的产能。但在实际执行过程中，由于美国制裁等种种原因，超期 4 年才建成计划目标产量，只实现了“三个一”，体现出在伊朗开展石油投资的艰辛和不易，必然会对预期经济效益产生较大影响。

6. 回购合同开发方案设计实施实例

阿扎德甘油田是伊朗自 1999 年以来发现的世界最大油田，其构造向北延伸部分形成北阿扎德甘油田，也属于大型油田。伊朗自油田发现后即着手通过回购合同吸引合同者，先后邀请日本 Inpex 公司、意大利 Saipem 公司和俄罗斯天然气工业公司参与研究和谈判，后来均由于美国制裁伊朗和经济性不达标等原因退出谈判。中石油于 2009 年签署伊朗北阿扎德甘油田回购合同，合同中“五个一”要求如下：① 在一定开发期内，开发建设期为 58 个月，回收期为 48 个月；② 投入一定投资，总投资为 28.11 亿美元；③ 完成一定工作量，开发方案确定 58 口井工作量；④ 达到一定的产量，7.5×10^4bbl/d；⑤ 获得一定回报，收入回报率上限为 14.98%。中石油在充分吸收以往国际石油公司在执行回购合同经验和教训的基础上，以开发方案编制为主线，做实做细投资规模上限，发挥甲乙方一体化的工程技术优势，实现“地质工程一体化”，完全实现合同要求。下面以北阿扎德甘油田回购合同主要开发指标设计为例，阐述回购合同的开发方案设计方法。

（1）油田概况。

北阿扎德甘油田位于扎格罗斯褶皱带附近的美索布达米亚盆地内，整个构造为一大的南北向长轴背斜，长约 60km，宽约 20km。背斜轴部构造高点由南—北向下倾斜，东西翼倾角 2°～7°，西翼相对较陡。整体构造从深层到浅层继承性好。油层主要发育在白垩系，从上到下依次为 Gurpi 组灰岩，Ilam 组灰岩，Sarvak 组灰岩，Kazhdumi 组灰岩和砂、泥岩互层，Dariyan 组灰岩，Gadvan 组砂、泥、灰岩互层，Fahliyan 组灰岩，主要储层为 Sarvak 组灰岩。

Sarvak 组储层分为 13 个小层，其中 Sar–3、Sar–4、Sar–5 为最主要的油层。Sar–3 的非均质性较弱，Sar–4—Sar–5 的非均质性最强。整个 Sarvak 油藏为底水油藏，油水界面呈现自南向北倾斜，倾角达到 0.45°，油层厚度呈北厚南薄的趋势。中石油进入时该油田只有 2 口探井和部分 2D 地震资料。

（2）油田开发策略。

基于回购合同的特殊性，北阿扎德甘油田开发方案编制主要原则是在满足资源国要求的前提下，开发方案实施风险最小化，即实施过程中需有效规避“产量”“工期”及“投资”三大风险。因此，北阿扎德甘油田的开发策略是借鉴国际石油公司在伊朗回购合同执行过程中的采油速度，采用“低速开发”策略，高峰期采油速度为0.43%，以此来确定油田高峰期产量规模为 7.5×10^4bbl/d，按照“先肥后瘦，优质储量优先动用”的原则主要动用主力储层Sarvak，有效规避编制方案时资料缺乏造成的较大不确定性，从而实现回购合同下的优化部署。

（3）单井产量评价。

北阿扎德甘油田单井产能评价时，由于试采井数少以及试采时间短，主要依据的是探井及评价井的试油资料，由于测试时间较短，基本在10～20h之间，生产压差较大，平均在10MPa左右，因此，短时间测试求得的油井产量可能偏高，为了得到较为稳定的油田产能，根据测试的米采油指数的1/3、地饱压差的1/5估计直井的稳定产能，水平井产能按最保守的估计（直井产能的2倍）进行估计，如表7-10所示。

表7-10　北阿扎德甘油田单井产能评价结果

层位	Sarvak	Kazhidumi	Gadvan	Fahiyan
油藏平均厚度，m	72.7	9.8	11.4	25.6
油藏原始压力，psi	4800	5500	6100	8000
油藏饱和压力，psi	2000			
短期测试米采油指数，bbl/（d·psi·m）	0.121	0.454	0.244	0.0517
可能稳定的米采油指数，bbl/（d·psi·m）	0.040	0.151	0.081	0.017
生产压差，psi	600	1000	1200	1600
计算直井产能，bbl/d	1759	1483	1113	706
推荐直井产能，bbl/d	1500	1200	1000	600
水平井产能，bbl/d	3000	2400	2000	1200

（4）开发方式。

北阿扎德甘油田是边底水油藏，主力产层Sarvak层地层压力比静水压力高638psi，地饱压差平均为3300psi，地层具有一定的弹性能量，油井生产初期自喷能力较强。按照“一切从简，满足需要；重在效益，兼顾效果”的原则，北阿扎德甘油田初期均采用天然能量开发，未考虑注水补充天然能量，采用自喷或气举采油方式。

（5）井数、井网井型优化论证。

该油田地表为湿地和沼泽，并且以前是“两伊战争”的雷区，因此，钻完井和地面建设应尽可能减少占地，满足资源国环保和规避雷区的要求。因此，在井型上采用中石油应用非常成熟的水平井和斜度井结合开发，其中水平井部署在油藏边部厚度薄、物性好的Sar-3油藏，水平段长度经过数值模拟优化为800～1200m，保证较高产能的同时，减缓底水锥近，井距为2000m，如图7-11和图7-12所示。经过数值模拟预测，58口开发井可以实现 7.5×10^4bbl/d稳产5年的合同目标。

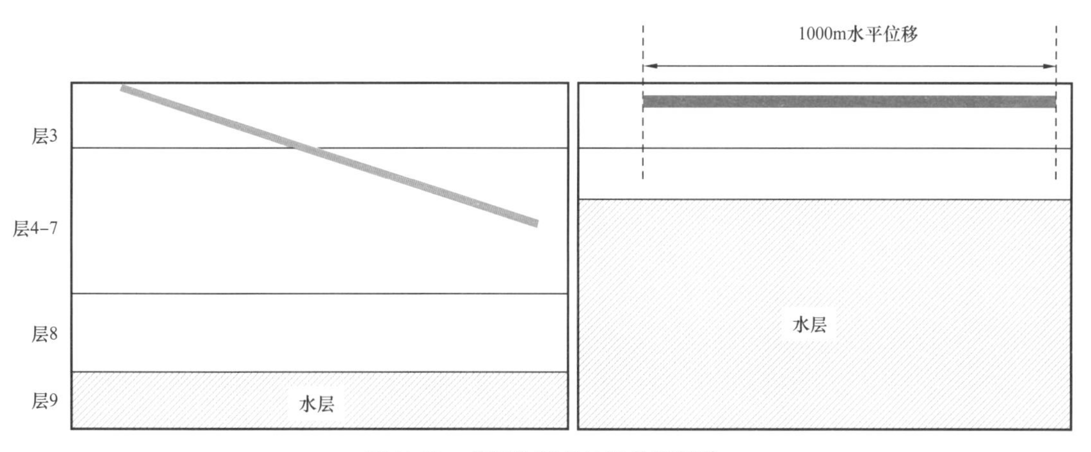

图 7-11 北阿扎德甘油田井型设计

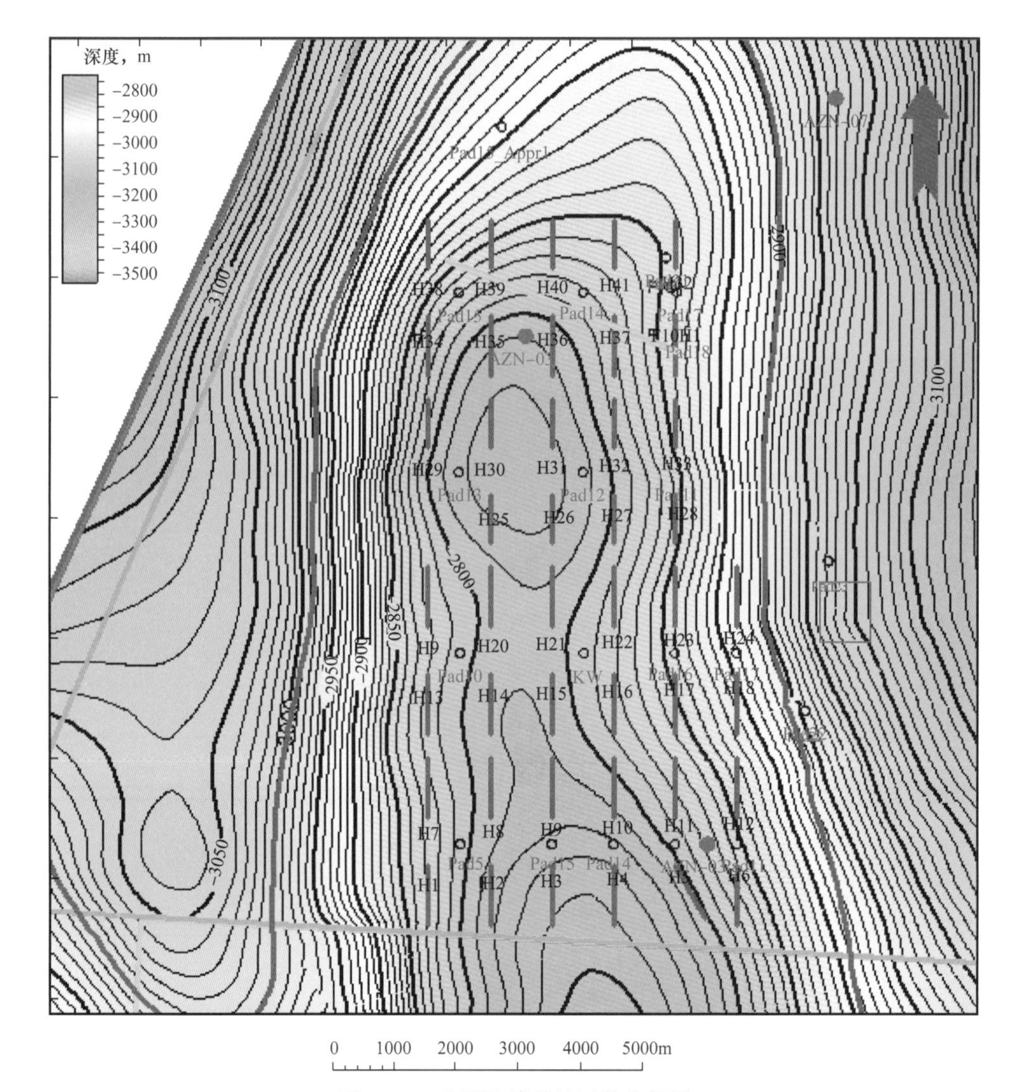

图 7-12 北阿扎德甘油田井位部署

（6）方案指标和实施效果。

在编制的主体开发方案钻井工作量和开发指标基础上，与伊方进行了技术谈判，靠实靠细形成了实施方案，降低方案实施过程中的风险。在实施过程中，主要取得以下实施效果：

① 水平井全部按设计钻入目的层，平均钻遇净毛比为91.1%，钻井成功率100%，实现了高效优质钻井；

② 水平井和大斜度井测试结果表明，稳定生产时单井产能达1000～4000bbl/d，高于油田高峰产量时单井平均1300bbl/d的配产水平。

③ 全部建产工作量在合同规定的建产期内完成。

2016年投产以来已进入回收期，并稳产三年，取得较好开发效果。通过数值模拟研究表明，一期的采出程度为2.34%，接近主力油藏Sarvak层的弹性采收率，具有足够的安全边际。中石油运作的北阿扎德甘油田成为21世纪以来签约回购合同中运作最成功的项目，开发方案设计和执行在这个过程中发挥了基础性作用。

第八章　海外油田开发方案经济评价策略及方法

第一节　海外油田开发方案经济评价的特点和策略

与国内油田经济评价相比，海外油田开发方案经济评价的最大特点在于，海外油田的经济评价需要深入了解并密切结合所在资源国的特定石油合同。

设计石油合同与财税制度的核心目标是资源国获得其合法领土上资源开采所产生财富的公平份额，同时激励投资者进行投资，确保投资者获得最佳经济回报。石油合同是资源国政府和合同者之间分享油气资源的主要制度，两者都希望获得“公平”的份额。由于油气行业的特殊性和复杂性，石油开采具有地质与油藏上的巨大不确定性和长期性，一个油田从发现到开发需要几年甚至十几年的时间。合同者希望资源国的合同与财税制度降低经营风险，而资源国政府则希望获得稳定的收益，这就带来了微妙的法律、技术、财政和政治问题，需要在资源国政府和石油公司各自的利益之间取得平衡。由于政府和石油公司都希望自己的收益最大化，这就需要一种有竞争力的财政制度与合同条款来平衡不同利益相关者的利益。因此，石油合同是保障政府与投资者都能分享“公平”回报和长期商业合作关系的基石，也是经济评价的基础。

国际石油合同既具有合同的一般法律特征：（1）合同是一种法律约束关系，合同关系受合同法律规范和调整，合同权利受法律保护，不履行合同义务要承担法律责任；（2）合同是双方或多方的法律行为，是资源国政府（或国家石油公司）与外国石油公司意见一致的表现；（3）合同资源国政府（或国家石油公司）与外国石油公司之间的法律地位是平等的；（4）合同是资源国政府（或国家石油公司）与外国石油公司合法的行为，只有当其具备合法性时，才能得到成立，并得到国家的承认和保护。国际石油合同又具有经济合同的一般经济特征：（1）经济合同的资源国政府（或国家石油公司）与外国石油公司必须是具有法定资格，并从事生产和经营活动的法人与其他经济组织；（2）经济合同具有经营管理的内容；（3）经济合同是双方有偿的合同，资源国政府（或国家石油公司）与外国石油公司的权利义务是对等的，是等价有偿的合同；（4）经济合同的订立必须采用书面形式。

与此同时，国际石油合同又具有不同于一般经济合同的法律和经济特性，如现代国际石油合同现在一般认为是国际公法和各资源国私法的混合体，私法成分是合同协议和商业属性的必然结果；公法成分，如政府控制、国内市场供应义务、政府参股与健康、安全和环保（HSE）等，则是社会进步和政府拥有自然资源而由国外石油公司开发特征引入的。

国际石油合同发展至今，石油资源国结合国内外石油工业发展状况、石油立法状况、经济发展程度、油气市场开放状况及本国油气资源状况和本国经济对石油工业的依赖程度等因素，逐步形成和发展了一系列相对成熟和固定的石油合作合同模式。

一、不同合同模式经济评价的核心条款不同

总体来看，国际石油合同按财税体系可以分为两大类三种类型（图 8–1），它们的经济利益分配模式不同。典型合同模式的总产量分配关系如图 8–2 所示。总销售收入可以分为利润和成本两部分，利润是政府所得与合同者所得，合同者所得包括分红（矿税制合同）、成本油与利润油（产品分成合同）、成本油与报酬费（服务合同）等。

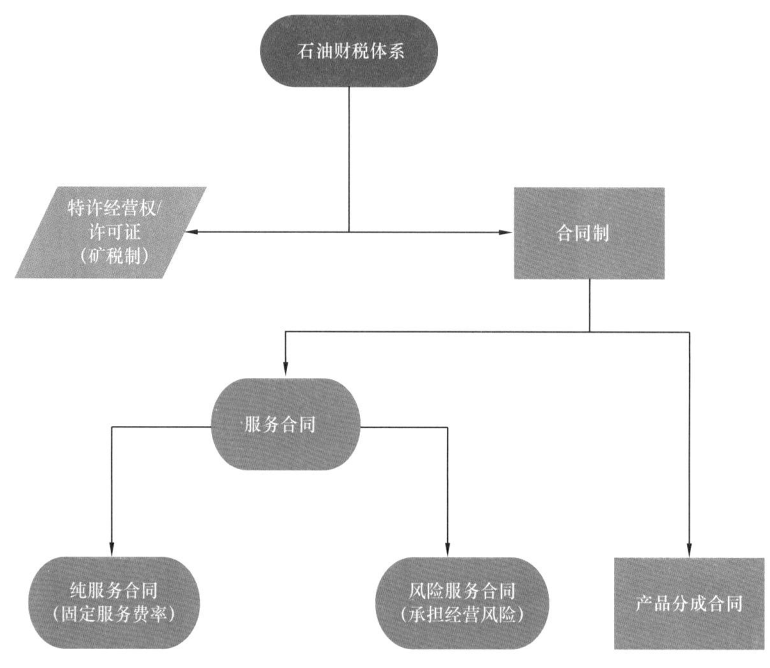

图 8–1　石油财税合同体系

<table>
<tr><td rowspan="4">总销售收入
（总产量×销售价格）</td><td rowspan="2">利润</td><td>政府所得
（矿税、利润油、税收、政府股份分红等）</td><td>特许权转让收益</td></tr>
<tr><td>合同者所得</td><td rowspan="3">合同者份额收入</td></tr>
<tr><td rowspan="2">总成本</td><td>操作费OPEX</td></tr>
<tr><td>投资CAPEX</td></tr>
</table>

图 8–2　典型合同产品分配情况

政府所得的高低，并不能完全反映合同与财税制度的优劣。这是因为合同条款是以“公平”为前提进行设计的。不同的国家发展程度不同，政治、经济现状不同，与资源国政府的财政制度结构密切相关。20 世纪 80 年代，挪威等发达国家财税制度极为苛刻，英国政府的政府所得一度达到 90%。这表明合同条款的严苛程度更多地反映了政治因素的影

响，而不单单是经济与法律因素。

以长期油价 60 美元 /bbl 为例，当前主要合同的政府所得如图 8-3 所示，对于不同的合同，影响合同者效益的核心条款是有差别的。

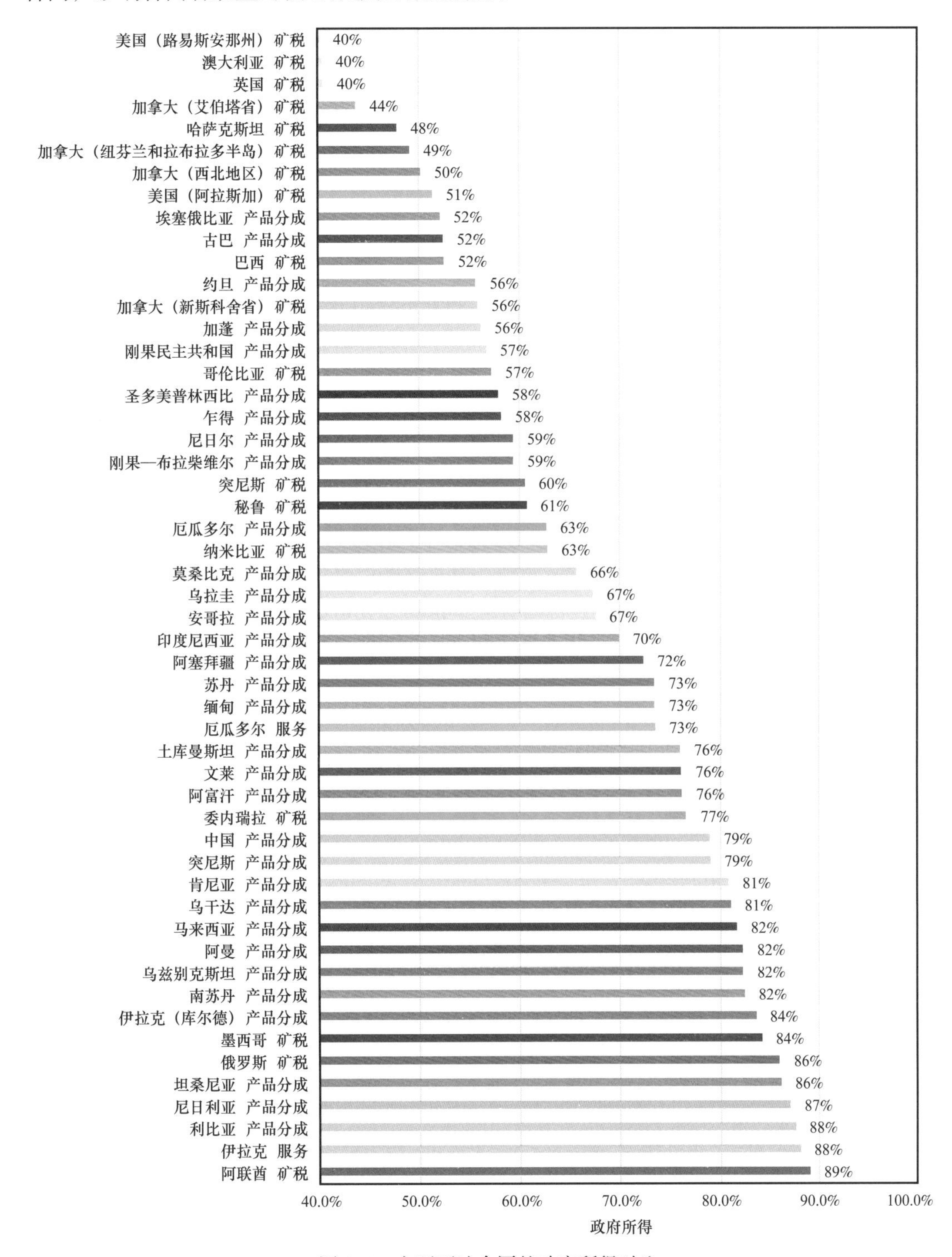

图 8-3 主要石油合同的政府所得对比

1. 矿税制合同是净利润分配

在矿税制合同（或称为特许经营权）制度下，资源国政府向石油公司或财团发放特许权或许可证，在一定时期内赋予石油公司或财团在一定区域（许可证区域或区块）内勘探和开发石油和天然气的权利。国际石油公司可能需要向资源国政府支付签字费或许可证费，以获得特许权或许可证。此后，资源国政府通常通过收取特许权使用费 / 矿区使用费和各类税费来获得补偿。全世界约有一半的国家采用特许权制度，包括美国、英国、法国、挪威、俄罗斯、澳大利亚、新西兰等。这些国家的财政制度在矿区使用费和其他税种等方面差异很大。

矿税制合同模式的核心内容为税后净利润分配收入，因此，储量风险、产量高低、油价的波动和财税条款的苛刻程度对于合同者效益影响较大。在海外油田的实际运作中，合同期一般为 20～30 年，矿税制合同是保证合同者在较长合同期内通过生产、销售原油，在缴纳各项税金、扣减投资与成本后，有一定的税后利润进行分红。矿税制合同下各类税种的税基与税率直接影响净利润数额，进而影响到分红金额的大小。

2. 产品分成合同是分成模式

产品分成合同赋予石油公司或财团在固定合同期内，在规定的合同区域或区块内进行勘探和开发的权利。在勘探期，石油公司需要承担所有勘探投资和勘探风险，以换取潜在的石油或天然气份额。若没有商业油气发现，所有损失由合同者承担。转为开发期后，产量由双方根据产品分成合同中的公式进行分配，这些公式可以由法规、谈判或通过竞标方式确定。产量首先用于回收成本，一般称为成本油，然后在进行利润油分配。在这种制度下，资源国政府一般会从石油或天然气中获得较大的份额。继 20 世纪 60 年代中期印度尼西亚引入产品分成合同以来，马来西亚、印度、尼日利亚、安哥拉、特立尼达和多巴哥、原苏联中亚共和国、阿尔及利亚、埃及、也门、叙利亚、蒙古国等许多国家也采用了这种合同模式，中国国内在进行区块对外合作时，也采用了这一合同模式。在产品分成合同模式下，石油的控制权仍然在国家手中，合同者需要向政府提出开发方案和年度预算，政府将考察方案和预算的执行情况。

产品分成合同模式的核心内容是产品分成模式。对于该合同模式，合同者通过在合同期内回收成本油和获得利润油来获得收益。回收上限、利润油分成比、超额成本油的处理方式等均直接影响产品分成合同的实际收益，因此，分成模式是产品分成合同的核心条款。

3. 服务合同是报酬费计算方式

服务合同模式下，合同者通过开发油田获得一定的报酬费。回收成本后，报酬费的计算方式直接影响到合同者的超额收益。对于大部分服务合同来说，项目效益对油价不敏感，对产量和提油周期十分敏感，这是由其较为特殊的收益计算方式导致的。

服务合同在成本回收方式上与产品分成合同基本一致，两者的主要区别在于服务合同用报酬费替代了利润油，报酬费的计算有特定的合同规定。纯服务合同是指合同者代表资源国政府有偿进行勘探或开发作业，承包者不承担勘探与经营风险。这类合同使用并不广泛，主要是资源国资金较为富裕时，为了寻求更先进的勘探开发技术而制定，在沙特阿拉伯、菲律宾和科威特都有纯服务合同的例子。纯服务合同类似于石油行业中上游公司与斯伦贝谢、哈里伯顿等油服公司签订的合同，合同者因提供服务而获得报酬。在风险服务合同模式下，合同者提供与石油勘探开发相关的所有资金，承担勘探风险。若勘探成功，合同者可通过出售石油天然气来收回成本，并按产量的一定比例收取费用。合同者不能获得产量分成，也不存在利润油气。资源国政府保留对所生产的石油和天然气的所有权，合同者不获得任何石油和天然气的权利。

二、不同合同模式经营目标不同

1. 矿税制合同要最大化税后油气净利润享受超额收益

矿税制合同模式追求的目标为税后油气净利润。该合同模式是风险和效益并存的合同模式，投资者必须承担产量低、油价波动等因素而使项目亏损所带来的风险，但同时可以享受优良油气藏资源、良好合同条款、合理的开发策略带来的超额利润。矿税制的经营目标是最大化这一超额利润。

2. 产品分成合同要尽快回收成本，最大化利润油收益

与矿税制合同一样，产品分成合同也是风险和效益并存的合同模式，合同者必须承担产量低于预计产量，投资与操作费无法回收的风险，同样也可享受优良油气藏资源带来的超额利润。由于该合同类型的超额收益主要来自利润油分成，最大化合同者利润油收益是这一合同类型的经营目标。

3. 服务合同要最大化报酬费收入

服务合同追求合理的投入产出及最优化的报酬费收入。大部分服务合同的报酬费与产量正相关，合同者只有合理地设计开发方案，不断提高作业水平，才能有效益地获取更多的经济产量，获得更多的报酬费收入。

三、不同合同模式风险大小不同

矿税制合同中，合同者得到的税后净利润与项目产量、投资、操作费和油价的变化息息相关。矿税制合同存在的风险是：如果国际油价低迷、投资偏高、经营水平不佳或者项目的产量达不到预期水平，就有可能出现亏损。这将使得合同者无法获得预期的股东分红，无法实现税后油气利润分配的目标。

产品分成合同中的成本回收和利润分成与项目的产量和油价的变化息息相关。如果成本回收条款过于苛刻，利润油分配比例不佳，当油价低迷时，合同者可能无法回收投资，造成合同者效益损失。

服务合同往往存在产量未达到合同规定目标的惩罚因子，若对地下油藏的认识出现偏差，实际生产中未能实现投标时的产量目标，合同者获得的报酬费会出现较大缩水，最终导致合同者的效益损失。

四、效益最大化是各种合同模式的基本策略

1. 充分利用合同中可以谈判的条款，进行最优化谈判

虽然合同一经签订就很难进行修订，但在合同中还是存在一些不够明确的条款，这些条款可以在中标后与资源国谈判具体的实施策略。在谈判中，需要与经济评价密切结合，使得项目整体收益水平可以提高，达到最优化谈判的目标。另外，在实践中也经常出现与资源国就修订合同某一条款进行长时间谈判，并实现修订的实例。

2. 充分发挥自身技术经济优势，降低投资和成本，提高油田经营水平

合同者在生产经营过程中，应充分利用自身的技术和经济优势，结合不同合同模式对投资与成本的敏感程度，合理规划投资，适当控制成本。大部分合同中，降低投资和成本是有利于提高合同者净收益的。

3. 加强技术经济评价与方案优化，最优化合同者收益水平

某些合同模式下，提高产量不一定带来合同者在项目中的整体收益增加。例如，产品分成合同中的 R 因子变动，可能使得合同者的利润油比例越来越少。在某些合同模式中，回收池足够大，降低投资、削减成本反而增加了政府得到的利润油份额。因此，需要合理规划投资与收益的水平，精细化开发方案编制与经济效益评价，确保合同者的效益最大化。

第二节　海外油田开发方案经济评价常用术语

一、通用类经济术语

（1）作业产量：海外油气投资项目在合同区块内生产的原油或天然气总产量，相当于国际大石油公司指标体系中的项目总产量，不反映公司是否拥有项目作业权或参与程度。

其核算方法为：

原油作业产量 = 销售量 + 期末库存 − 期初库存。

天然气作业产量 = 销售量 + 自用量（发电用）。

国际上油气产量的计算方法与国内不同，一般不包括油气自用量和损耗量（印度尼西亚项目天然气产量中包含的自用气量主要是发电用气量）。

对于较特殊的回购合同，由于项目投产后即交给资源国，外国石油公司仅获得按照合同计算的报酬费收入，因此，作业产量 = 权益产量 = 净产量。

对于伊拉克的服务项目（在产油田技术服务合同），用于回收报酬费的产量来自油气的增产部分，即总产量减去基础油产量，因此，作业产量 = 总产量 – 基础油产量。

（2）权益产量：公司在油气项目作业产量中占有的毛份额。某一个合同者的权益产量按照投资权益或股权比例所对应的原油或天然气产量。

其核算方法为：

某一合同者权益油气产量 = 油气作业产量 × 合同者投资权益比例（或股权比例）。

对于产品分成合同和服务合同使用投资权益比例，对于矿税制合同使用股权比例。

对于回购合同，权益产量 = 作业产量 = 净产量。

（3）净产量：根据会计重大影响确认原则，可以认定为会计合并报表单位，形成会计合并收入部分的商品产量（一般是某一合同者权益比大于 50% 的项目，小于 50% 不确认净产量）。在实际操作过程中，以会计操作为准。

其核算方法为：

① 矿税制 / 许可证协议项目（公司制）。

a. 净产量 =（项目总产量 – 实物矿税）× 商品率。

b. 如果是实物矿税合同，需要减去实际缴纳的矿税量；如果是现金矿费，则不抵扣。

② 产品分成合同项目。

a. 净产量 = 成本回收油（包括投资回收和操作成本回收）+ 利润分成油。

b. 成本回收油 = 公司经政府审计确认投资额度除以伙伴加权平均油价；利润分成油 = 项目标准计量商品量 × 合同规定的分成比例。

③ 服务合同项目。

a. 由于服务合同规定项目的所有储量和产量均为资源国政府所有，因此，在实际操作过程中，外国公司按照报酬费折算产量计入项目的油气净产量。

b. 净产量 = 报酬费 / 油（气）价，其中：报酬费 = 可回收成本 + 收益。

c. 净产量的统计需要根据服务合同规定，如果报酬费为实物，以实物量为净产量，如果报酬费为现金，按油品挂靠实现油（气）价计算。

（4）合同生效日：在被授权政府代理处注册的日期，此后合同具有完全法律效力，并开始执行。

（5）义务工作量：国际油气勘探项目的关键内容，包含了油气勘探的主要风险。关于工作义务和支出义务的规定主要有三种规定方式：① 规定地震工作量、钻井数、深度等工作量指标；② 规定支出义务；③ 对作业义务和支出义务都做明确规定，义务工作量和最低支出互相制约。

（6）商业发现：当勘探区块有石油发现时，需判断该发现是否为商业性发现，该判断由资源国政府或国际石油公司单独做出，或他们共同做出。当国际石油公司与资源国政府（或其国家石油公司）意见不一致时，如果资源国政府（或其国家石油公司）认为没有商业价值，国际石油公司可以单独开发，如老挝。如果资源国认为有商业价值，而国际石油公司认为没有商业价值时，资源国可以单独开发，也可以授权国际石油公司开发，但开发和操作费用由资源国承担。

（7）资源国参股：资源国按一定比例参与勘探开发项目的权力。资源国政府或其国家石油公司可以持干股，不承担勘探投资，有商业发现时再承担一定比例的开发和生产费用。固定比例：例如毛里塔尼亚，政府可以在所有的开发许可证中享有12%的权益。当产量达到75000bbl/d时，权益比例可增加到16%。参股比例在勘探阶段和开发阶段不同：例如塞内加尔，在勘探阶段政府有权持有5%～10%的股份。一旦有商业性发现，这项权利就会增加到20%。

（8）签字费：签字费属于国际石油合同中贡金的一种。签字费是合同签订时，国际石油公司需缴纳的定金。确定方式包括：① 谈判，根据区块的石油远景资源量和地理条件的优劣不同以及各个合同的条款不同，签字定金水平有差别。② 公开招标，如美国、加拿大、卡塔尔。③ 国家的有关立法，如荷兰、尼日利亚和乍得，尼日利亚石油法规定：内陆盆地区块和水深超过200m的海上区块为50万美元；水深不超过200m的海上区块为75万美元；尼日尔三角洲区块为100万美元。多数国家以区块为单位计征签字费，在美国、加拿大和荷兰，以面积为单位计征签字定金。

（9）生产贡金：生产贡金也属于国际石油合同中贡金的一种。生产贡金多数按照日产量或者累计产量达到某一水平时缴纳。例如，卡塔尔的合同对生产贡金的规定如下：商业生产10日内，首次投产商业贡金为1000万美元；第二次商业生产贡金：天然气日销售量达到$500\times10^6ft^3$时，需支付1000万美元；第三次商业生产贡金：天然气日销售量达到$1000\times10^6ft^3$时，需支付1500万美元；第四次商业生产贡金：天然气日销售量达到$1500\times10^6ft^3$时，需支付1500万美元。

（10）国内市场义务（DMO）：要求合同者把所得的部分利润石油卖给政府，以满足国内的需要。例如，在沙特阿拉伯，政府有权从合同区域以5%的折扣购买20%的产品。政府还可以要求国际石油公司提供最高为生产总量50%的份额，以满足国内消费需求，以市场价格购买。在印度尼西亚，油田投产后5年向政府缴纳DMO，油价为结算油价的10%或15%。

二、效益类经济术语

（1）利润总额：指企业收入扣除各种耗费后的盈余，反映企业在报告期内实现的盈亏总额。利润总额 = 收入 – 成本费用 – 税金 – 营业外收支。

（2）净利润：指利润总额扣除所得税费用后的利润。净利润 = 利润总额 – 所得税费用。

（3）净现金流：指报告期内现金及现金等价物的流入减去流出后的余额。净现金流 = 经营活动现金净流量 + 投资活动现金净流量 + 筹资活动现金净流。

（4）投资资本回报率（*ROIC*）：指息前税后利润与平均投资资本的比率。*ROIC*= 息前税后利润 / 平均投资资本。

（5）经济增加值（*EVA*）：指息前税后利润扣除平均资本成本后的余额。*EVA*= 息前税后净利润 – 平均投资资本 × 资本成本率。

（6）税息折旧及摊销前利润（*EBITDA*）：指未计利息、税项、折旧及摊销前的利润。

EBITDA= 净利润 + 所得税 + 利息支出 + 折旧摊销。

（7）内部收益率（*IRR*，Internal Rate of Return）：能使项目计算期内净现金流量现值累计等于零时的折现率。当财务内部收益率大于或等于基准收益率时，项目方案在财务上可考虑接受：

$$\sum_{t=1}^{n}\left(\text{现金流入}-\text{现金流出}\right)_t\left(1+IRR\right)^{-t}=0$$

其中，t 为时间。

（8）净现值（*NPV*，Net Present Value）：按设定的折现率计算的项目计算期内净现金流量的现值之和。在设定的折现率下计算的财务净现值等于或大于零（$NPV \geqslant 0$），项目方案在财务上可考虑接受。

$$NPV=\sum_{t=1}^{n}\left(\text{现金流入}-\text{现金流出}\right)_t\left(1+i_{\mathrm{c}}\right)^{-t}$$

其中，t 为时间，i_{c} 为折现率。

（9）投资回收期（Payback Time）：以净收益回收项目投资所需要的时间，一般以年为单位。项目投资回收期可利用项目投资财务现金流量表计算，项目投资财务现金流量表中累计净现金流量由负值变为零时的时点，即为项目的投资回收期：

$$P_T=T-1+\frac{\text{第}\left(T-1\right)\text{年的累计净现金流绝对值}}{\text{第}T\text{年末的净现金流}}$$

其中，T 表示累计现金流由负值变为零或大于零的时点。

三、矿税制合同经济术语

（1）矿税：也称为特许权使用费、矿区使用费。矿税是资源所有者把矿产资源出租给他人使用而获得的一种收益，是所有权的体现。在绝大部分矿税制合同中，从总产量或总收益中优先提取。支付矿税并不意味着合同者对资源的所有权，而是承认资源国政府所有权的一种方式，个别合同中矿税为零，并不意味着对资源国政府所有权的否定。采用实物或者现金的方式支付，超过一半的矿税是固定费率，部分合同按照地理位置、水深、API 重度、日产量、年产量等确定矿税税率。

（2）许可证：指使用自然资源权力的许可，在特定日期由资源国政府提供给合同者，在合同附件中会规定补充勘探和开发油气作业的范围。

（3）年度工作计划和预算：所有为了在合同区内进行油气开发而制订的年计划，包括按许可证要求而制订的油气开发作业及资金年计划。

（4）日历年：阳历连续的 12 个月，从 1 月 1 日起至同一年的 12 月 31 日止。

（5）主管部门：一般指资源国政府授权，与签署、履行合同相联系、将来由资源国政府授权的国家投资委员会和其他权力机关。

（6）发证机关：资源国政府指定的发放土地资源使用许可证的机构，一般指能源和矿产资源部或其他执行机构。

（7）税收：税法中规定的所有的税、减除额、征收和付款。

（8）油气：石油和天然气，以及处理石油、天然气和油页岩或沥青砂所得的油气化合物。

（9）油气开发作业：所有与勘探和开发、用油管储存和运输油气有关的工作。

（10）合同者：与主管部门签署合同的土地使用方。

（11）合同期限：合同有效的时间范围。

（12）财产和信息所有权：合同者在油气作业中获得的有形资产和无形资产拥有的私有财产权及其他权利。

在大多数矿税制合同中，合同者有权以任何方式使用其财产权，包括根据资源国现行法律，用抵押或以其他形式交付第三方，用以保障油气作业的资金。同时，国家财政预算所需的土壤地质结构信息，包括地质报告、地图和其他材料中所包括的有用矿物、沉积物地质参数、储藏量、作业条件和其他土壤特性，如果这些信息由资源国政府拨款获得，属国有财产。而合同者用自己基金获得的土壤地质结构信息，包括地质报告、地图和其他材料中所包括的有用矿物、沉积物地质参数、储藏量、作业条件和其他土壤特性，属合同者私有财产。合同区内勘探和开采作业过程中，合同者获得的地质信息归合同者所有。上述信息在义务条件下，按既定标准，合同者将信息存储、系统化、总结后无偿转交给资源国政府。当合同期满时，所有地质信息变为资源国政府所有，合同者须无偿向资源国移交所有载有地质信息的文件和其他材料，包括原始信息。

（13）油气所有权：一般情况下，合同者开采的油气归合同者所有，其可按需要分配并不受任何限制。

（14）矿税制合同者的权利：合同者有以下权利：

① 合同区内全部油气作业特权。在整个合同期，合同者应按照许可条件和合同进行油气作业。

② 合同区内开采的油气（包括单井试验和测试操作中获得的材料）的使用权，包括将所开采的油气向资源国国内及国外的任意第三方销售。

③ 进入及离开合同区的无阻碍通行权，并免收任何费用。

④ 合同区内的建造权，与油气开采有关、必要生产和社会范围内的建造权，以及在合同执行区内外的物品和公共设施使用权。

⑤ 与资源国法人和自然人同等价格使用现存基础设施权。

⑥ 合同的执行区内无须支付租金、款项或税费使用地皮、地表或地下水源的权力，但资源国现行法律另有规定除外。

⑦ 油气作业中使用分包商完成和作业业务相关的单独种类工作。

⑧ 根据资源国适用的法律，随时有对油气的出口和进口权力。

⑨ 根据资源国现行法律，临时运进的材料、贮备物、设备、货物和财产，在规定时间内不改变其状态或者以维修后状态运送出境，临时运出资源国境外的材料、贮备物、设备、货物和财产在规定时间内不改变其状态情况下返回资源国，免征海关关税通过海关。

⑩ 外国投资商根据资源国现行法律，按照章程内资本投入给予优惠条件免征进口设备和设备零部件及外国人个人资产海关关税。

⑪ 合理商务条件下，根据合理的商务评价，条件不低于其他开采公司，不计其所有权形式，在运输、准备运输、保存开采石油方面，直接或间接到达运输系统的权利属于资源国。

⑫ 合同者有权用其资金构建一个集油系统，这一系统对其经济有利而且必要、可将油气从油田运输到最近的、可提供到达国际市场的运输系统。

⑬ 合同区内合同者工作人员在执行任务时发明、研究开采方法或者工作模式或者工人在工作中利用知识和技术设备组成承包人非常专业的工作，由此取得知识产权证书或者其他发明证书，如果有劳务合同规定的情况下，转移知识产权，作为一方，指定发明人或者他（她）的知识产权使用继承人。

⑭ 承包人遵守本合同和资源国相应法律，按本合同及许可证条件能转让部分或所有权力给他人。

⑮ 合同者根据资源国法律，基于油气作业角度，可以向主管部门建议变更合同条款。

（15）矿税制合同者的义务：合同者应：

① 使用合同区时，不违反许可证及合同的目的或者由此目的衍生的相关义务。

② 遵守资源国相关法律，根据许可证、合同条款以及工作计划和预算进行油气作业。

③ 使用准确、合理、先进的技术，雇用专业技术人员进行油气作业。作业过程中，如果资源国现有技术与其他高新技术在成本、质量、可行性、效率、经济和安全性方面相同时，合同者有义务优先使用资源国现有技术。

④ 按照石油经营中惯例的实际做法，合同者有义务使用可行的管理经验以保障合理、经济、有效的油气作业操作。

⑤ 许可证规定的期限内从事与勘探开发有关的操作。

⑥ 不阻止他人进入合同区并使用公共设施和通信线路进行其他活动。包括除原油以外自然资源的勘探和生产，只要该活动不需要特殊安全条件和不妨碍合同者进行石油经营。

⑦ 根据资源国现行法律，合同者有义务为资源国政府授权机构提供项目整体进展计划，包括工作计划和预算以及环境影响评估。

⑧ 合同者每年应向主管部门提供工作进程和财务预算执行报告，一年内不应少于一次。

⑨ 合同区域内针对油气开发作业必需的资金。除本合同有特别规定及现行法律中要求提供的服务，资源国政府不支付任何与合同者作业相关的费用。

⑩ 按照资源国现行法律，如果监督机关在职权范围内执行国家赋予的监督职能，合

同者应向甲方提供进入施工现场必需的文件，清除发现的违规现象。

⑪ 执行作业过程中，保护合同区域内重要的历史文物。

⑫ 确保合同区域限制范围内自然资源的合理使用。根据合同和油田开发惯例，以及针对从事类似工作员工所采取的共有规则。根据合理的环境保护、安全、健康及技术安全的要求，采取详尽的措施，以确保施工安全。

⑬ 合同者履行合同时对土地和其他自然资源造成的破坏，经恢复达到初始状态，按照资源国相关法律要求，可继续使用。

⑭ 根据资源国现行法律，登记和保存油井资料。

⑮ 根据合同规定预测作业对生态的长期影响情况，定期向主管机关和环境保护机构提交预测报告，最终的预测报告不得迟于项目结束前 5 年提交。

⑯ 如果在合同及其补充协议规定范围内履行合同，发生的情况导致生态环境变化，合同者应向社会广泛通知环境状况。

四、产品分成合同经济术语

（1）成本回收：合同者根据合同规定当年可从项目中回收的勘探投资、开发投资及操作费用。成本回收一般包括以前年度结转的未回收成本、操作费用（OPEX）、开发投资（CAPEX）、勘探投资。产品分成合同中会对成本回收顺序进行规定。

（2）成本回收上限：大多数国家的石油合同规定成本回收的上限，有些国家采用固定回收比例，有些国家采用滑动比例，滑动指标有累计产量、年产量和油价等，不同国家间该比例的差别很大。

（3）结余成本油（超额成本油）：如果当年回收的成本没有达到成本回收上限，两者之间的差额就会形成结余成本油。结余成本油可以按照一定比例在资源国政府和石油公司之间分配，如卡塔尔 D 区块，超额成本油（气）在政府和合同者之间依据 *R* 因子分配。在有些国家结余成本油全部归资源国政府，如苏丹 1/2/4 区项目。

（4）利润分成：总收入减去矿税后的净收入和成本油回收后，剩下部分由合同者和政府进行分成。利润油分配比例有些为固定比例，如印度尼西亚；有些采用滑动比例，滑动指标包括日产量、累计产量（刚果布、喀麦隆）、*R* 因子（伊拉克 PSC）、油价等。

（5）*R* 因子：部分合同采用 *R* 因子来确定具体的利润油分成比或者矿税的税率。常见的 *R* 因子计算公式为：

R 因子 = 合同者累计收入 / 合同者累计支出。

① 合同者累计收入：成本油（气）回收、超额成本油（气）分成、利润油（气）分成及其他收入所得。

② 合同者累计支出：生产成本、贡金。

五、服务合同经济术语

（1）基础油：基础油是伊拉克服务合同的条款。基础油是服务合同的投标条款，根据投标的初始产量，同时按照合同规定的递减率进行递减。

（2）报酬费：服务合同规定由外国合同者负责油田的投资，同时50%的油田增产产量用于回收报酬费。报酬费的回收从项目实现基础油初始产量增产10%或产量恢复期结束开始。报酬费是在报酬费生效日之后的季度开始计算，用当季适用的每桶报酬费乘以当季增产产量（油田产量－基础油），并根据绩效 P 因子（高峰产量目标完成要求）情况进行调整。当季适用的每桶报酬费需要依据 R 因子的大小调整，R 因子是累计收入与累计支出的比值。

（3）产量恢复期：投标参数，指自合同生效日开始至恢复计划批准日后的时间长度。

（4）高峰产量期：自增产再开发方案批准日后3年或者实现高峰产量目标后开始的时间长度，一般为5～10年。

（5）补充报酬费：合同者从基础油的10%中回收附加成本，称为附加报酬费，包括签字费、清雷费、合同区外油气管线建设费及现有污染治理改善费等费用。

（6）上级管理费：可回收，一般是石油成本和附加成本（不含签字费）的1%。

（7）服务合同的成本回收：成本回收包括回收的石油成本和报酬费。合同规定由外国合同者负责油田的投资，同时50%的油田增产产量用于石油成本和报酬费的回收。石油成本包括用于油田直接相关的资本化支出和费用化支出。附加报酬费从基础油的10%中回收，附加报酬费包括签字费、清雷等，并可获得LIBOR+1%的利息。

第三节　矿税制合同开发方案经济评价策略与方法

一、矿税制合同矿费税收特点

矿税制合同的主要特点是：外国石油公司通过谈判或竞标与资源国政府达成协议，获得租让矿区；享有在租让矿区进行石油勘探、开发和生产的专营权，并对矿区内所产石油拥有所有权；单独承担风险并投资；向资源国交付矿区地租；一旦矿区内开始生产石油，外国石油公司以实物或现金形式向资源国政府交纳矿区使用费；如果盈利，将向资源国政府交纳所得税；资源国政府通过立法来控制外国石油公司。

矿税制合同以计算税后利润和净现金流为最终目标，在计算过程中，需要矿税、其他各类税种的税基、税率等进行严格的测算。

矿税制合同划定了政府的收益与合同者的收益如何分配。两者之间的平衡对于勘探和开发活动至关重要。图8-4显示了简单许可证合同模式下收入分配的典型模式。绝大多数矿税制合同下，矿税是首先扣除的。图8-4中总销售收入的40%作为矿税直接从总销售收入中扣除，即20美元。之后，要计算应纳税所得，需要扣减操作费（OPEX）、折旧、损耗和摊销（DD&A）和无形钻井成本（IDC）。大多数国家遵循这种DD&A模式，但允许对各种成本采用不同的折旧或摊销率。扣除矿税和其他抵扣项后的剩余收入称为应纳税所得（应税收入）。在不考虑历史亏损弥补的情况下，需要交纳40%的所得税，即8美元。合同者净利润为应纳税所得20美元－所得税8美元=12美元，利润率为24%（12美元/50美元）。

若从现金流角度，典型计算模式如图 8–4 所示。

合同者净现金流：	矿税和其他税：
油价=50美元/bbl，产量1bbl	
销售收入50美元	
40%矿税	50美元×0.4=20美元矿税
投资、操作费15美元	
税前现金流=50美元–20美元–15美元=15美元	
40%所得税	20美元×0.4=8美元所得税
税后净现金流=15美元–8美元=7美元	

图 8–4　矿税制合同净现金流典型计算模式

从现金流角度，总销售收入在缴纳 20 美元矿税后，还要减去投资（CAPEX）和操作费（OPEX）15 美元，得到税前现金流 15 美元，在通过图 8–4 的模式计算得到所得税 8 美元后，再减去所得税，即得到税后净现金流 7 美元。

矿税制合同简要的计算过程如图 8–5 所示。

总收入	=	石油和天然气收入总额
净收入	=	总收入–矿税
应纳税所得	=	总收入–矿税 – 操作费 – 无形钻井成本 – 折旧、损耗和摊销(DD&A) – 投资激励 – 财务费用 – 亏损结转 – 其他支出
净利润	=	应纳税所得-所得税
税后净现金流	=	总收入 – 矿税 – 操作费 – 投资 – 其他支出 – 所得税

图 8–5　矿税制合同基本公式图

本章以某特高含水油田为例剖析矿税制合同开发方案经济评价方法。该项目的矿税制合同有关矿费税收的主要条款如下：

1. 矿区使用费

合同者要以现金的形式，对交油点原油缴纳矿费。矿费金额由 R 因子计算，R 因子对应的矿费率如表 8–1 所示。

表 8-1　R 因子与矿费率对应表

R 因子	矿费率，%
$0<R<1$	10.0
$1\leqslant R<1.5$	15.0
$1.5\leqslant R<2$	20.0
$R\geqslant 2$	25.0

R 因子的计算过程如下：

$$R=X/Y$$

其中：X 为累计收入，Y 为累计支出。

R 因子应在每月 15 日前，依据前一个月的信息计算。首月的矿费依照对应 R 因子大于 0 小于 1 的矿费率计算。

2. 所得税及其他税收

合同者应遵守资源国关于普通所得税的规定以及其他特别规定，以美元记账，并以此依据缴税。财政部承诺合同者在合同期内保持税率稳定，合同区内的原油生产或合同者公司的出口免缴其他税种。合同者可以永久性或临时性的进口任何作业所需物资，两年内的临时进口物资可免缴进口关税，如需延长期限，合同者可向政府提交两次申请，每次为期一年。

3. 其他内容

（1）财务权力：合同者有权自由存取其在境内外账户中的外汇，并可自由将本地货币兑换为外币。中央储备银行承诺合同者出口原油所取得的外汇，或合同者将其在本地市场取得的本地货币兑换为外币时，将不扣除任何税费直接存入其在境内外的账户中。合同者有权保留、控制及使用任意货币账户，也可自由决定是否分配利润。如果当地金融机构无法支付外汇，中央储备银行将负责提供足够的外汇。

（2）雇员：转让日后的第五年底，除管理人员或与作业有关的专业技术人员外，合同者应将有同等资历的当地员工取代所有外籍雇员，合同者有义务在专业技术方面培训本地籍雇员，以让他们最终有能力取代外籍员工。合同者应在合同期开始以及每年末，向资源国政府提交包括其下级合同者在内的雇员的国籍等信息的详细清单。

（3）环境保护：合同者必须遵守《石油活动环境保护法规》等法规对环境保护的规定。

（4）管理费：合同者应计算上年日均产量，并据此在每年 1 月向资源国政府交纳管理费。管理年费金额见表 8-2。

表 8-2　管理年费

日均产量，bbl	管理年费，美元
0～30000	80000
30001～50000	120000
＞50001	180000

二、油田开发特点

1. 属于特高含水油田

该油田综合含水率已超过 97%。而且近几年还在进一步缓慢上升，过去几年含水上升速度分别为 0.1%、0.2%、0.2%、0.3%、0.3%。按照累计产油量与含水率的关系，进一步预测未来含水率上升情况：预测 2023 年油田整体含水率有望达到 99%（图 8–6），即每开发 100bbl 石油，将采出 99bbl 水。

如果合同进一步延期，水油比将继续突破，对应举升、处理、回注的成本极高，油田延期后的作业成本将进一步提升。

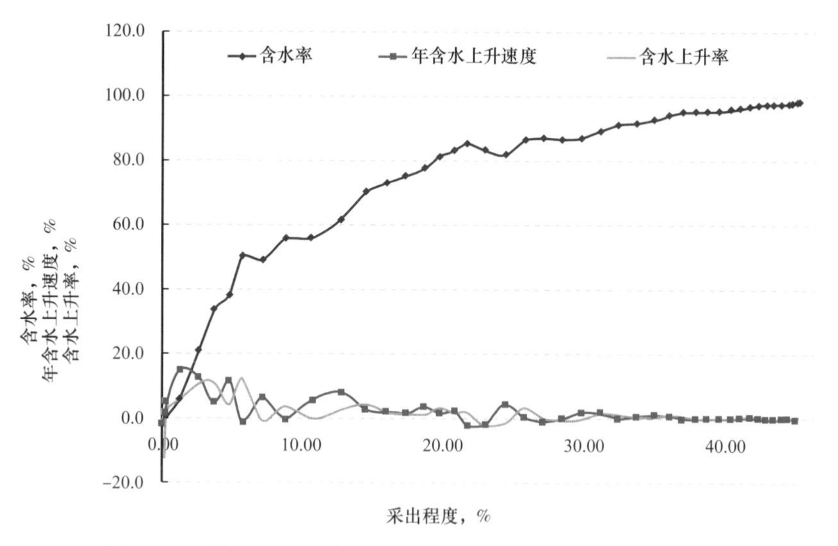

图 8–6　历年含水率、年含水上升速度、含水上升率变化曲线

该油田进入开发末期，近几年单井含水率持续上升，单井产量下降，关停井增加，老井递减率呈现加速趋势（图 8–7），2012 年的自然递减率为 0.72%，2013 年的自然递减率为 0.59%，2014 年的自然递减率为 1.08%，2015 年的自然递减率为 1.83%，2016—2017 年非正常生产，2018 年 2—4 月的自然递减率为 2.1%。

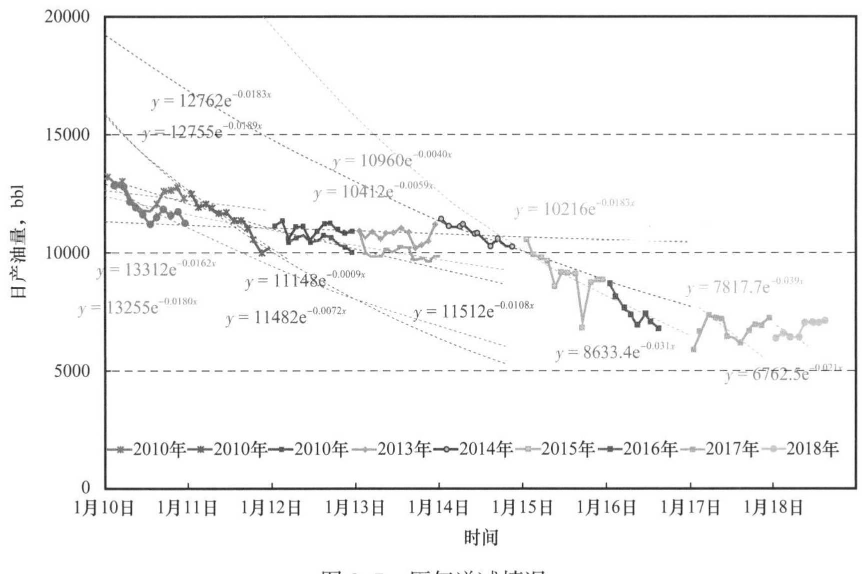

图 8-7 历年递减情况

2. 油田商品率低

由于油田进入高含水阶段，油田商品率持续下降，尤其从 2009 年开始显著下滑，按照环保法律的相关要求，从 2009 年起区块全部污水需要回注地下，原油开采伴随着高额的发电注水费用，即需要消耗很多燃料。近几年商品率在 83%～86%，而其他大部分油田的商品率在 98% 左右。

三、油田成本预测

对于这种高含水油田，需要认真分析其历史成本的构成，以便更加准确地预测未来的操作费用趋势。经过对比分析费用构成，操作费的预测依据见表 8-3。

表 8-3 特高含水油田操作费构成

序号	指标	单位	区块 1	区块 2	区块 3	区块 4	公共费用	合计
1	固定费用合计	千美元	1317.46	6620.11	1382.99	1376.39	5083.73	15780.69
1.1	工资	千美元	304.82	4167.47	821.84	605.95	1606.88	7506.96
1.2	其他人员成本	千美元	21.30	291.18	57.42	42.34	112.27	524.51
1.3	油田现场	千美元	78.45	1238.10	167.74	104.00	1237.13	2825.42
1.4	其他	千美元					152.91	152.91
1.5	办公室费用	千美元					1453.72	1453.72
1.6	第三方服务	千美元					6430.44	6430.44
2	可变成本							
2.1	单井操作费	千美元 / 口井	477.25	203.56	178.19	577.30		229.99

续表

序号	指标	单位	区块 1	区块 2	区块 3	区块 4	公共费用	合计
2.2	产液量相关费用	美元 /bbl 产液量	0.18	0.10	0.17	0.16		0.11
2.3	水处理费用	美元 /bbl 水	0.11	0.05	0.11	0.09		0.05
2.4	污水回注费用	美元 /bbl 水	0.08	0.05	0.07	0.08		0.06

1. 固定部分

包括工资、油田现场费用、其他人员费用等。过去 3 年平均值为 15.78 百万美元 /a。若该油田规模继续下降，将会继续降低人工成本和现场费用，最低下降至 8.00 百万美元 /a。若勘探区块取得成功，将会增加人员规模和营地规模，最高为 20.00 百万美元 /a。

2. 单井操作费

与在产井数相关，后期该油田将逐年关闭无效益井。区块 3 油田单井操作费最高，平均值为 577.3 千美元 / (口井 · a)，区块 4 油田单井操作费较低，为 178.19 千美元 / (口井 · a)。全油田平均单井操作费为 229.99 千美元 / (口井 · a)。

3. 产液量相关费用

由于该油田综合含水率极高，产出液处理的成本相对较高。将液从地下举升至地上，其他产液量相关措施平均费用为 0.11 美元 /bbl 液。

4. 水处理费用

产出水处理费用为 0.05 美元 /bbl 水处理量。

5. 污水回注费用

污水回注费用平均值为 0.06 美元 /bbl 污水回注量。

按照上述标准，未来的操作费构成如图 8-8 所示。

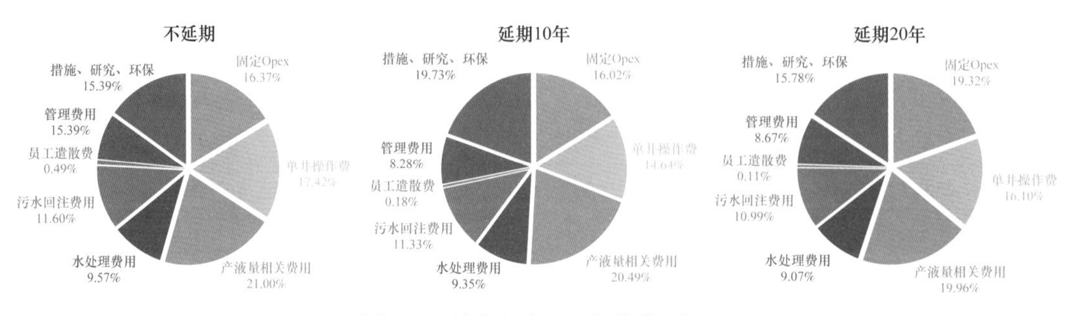

图 8-8　特高含水油田操作费预测

从上述分析当中可以看出，特高含水油田的操作费特点是，水处理费用和产液量相关费用占了总操作费的近 30%。这表明高含水对油田的操作费具有很大影响。

四、油田是否延期的评价

该油田将于两年后到期，目前面临是否延期的决策。根据该油田的开发特征，设计了不延期、延期 10 年、延期 20 年三套开发方案。

在延期与否的经济评价中，要采用增量法进行效益测算。其主要方法是：采用延期后的合同者口径净现金流，减去不延期的合同者口径净现金流，得到增量现金流。若增量现金流的内部收益率高于基准收益率，那么延期就是有效益的，可以延期。否则，不建议延期。

该油田面临的另外一大问题是较高的弃置义务。弃置的原则是，如果到期时该井没有经济效益，则进行弃置；若该井可以继续进行生产，则不弃置。三个方案下的弃置义务见表 8–4。

表 8–4 弃置义务

延期方案	弃置义务（100%），百万美元
不延期	147.19
延期 10 年	183.72
延期 20 年	381.64

延期 20 年，预计所有的井都将面临经济极限，该油田需要进行整体弃置。因此，延期 20 年的弃置义务最大，为 3.82 亿美元。

首先评价不延期，继续经营到合同期末的经济效益，结果见表 8–5。

表 8–5 评价结果

布伦特油价 美元 /bbl	情景					
	不含义务			含义务		
	合同者 内部收益率	合同者净现值（10%） 百万美元	合同者累计现金流 百万美元	合同者 内部收益率	合同者净现值（10%） 百万美元	合同者累计现金流 百万美元
50	—	–34.37	–45.11	—	–52.09	–69.97
60	—	–22.47	–29.56	—	–40.19	–54.43
70	—	–11.7	–15.51	—	–29.43	–40.38
80	—	–1.7	–2.45	—	–19.42	–27.32
90	—	9.06	11.6	—	–8.66	–13.27
100	—	19.35	25.13	—	1.63	0.26

布伦特油价为 70 美元 /bbl，不包含义务时，该区也无法维持正现金流到合同期末。包含义务后，布伦特油价低于 90 美元 /bbl 时，合同者剩余合同期净现值均为负值。

经测算，不包含义务合同者净现值为零的临界布伦特油价为 81.58 美元 /bbl，当布伦特油价在 81.58 美元 /bbl 附近时，该区可以在不考虑义务的前提下维持自身生产经营。包含义务合同者净现值为零的临界布伦特油价为 98.38 美元 /bbl。

布伦特油价为 70 美元 /bbl 时，弃置义务的影响如图 8–9 所示。

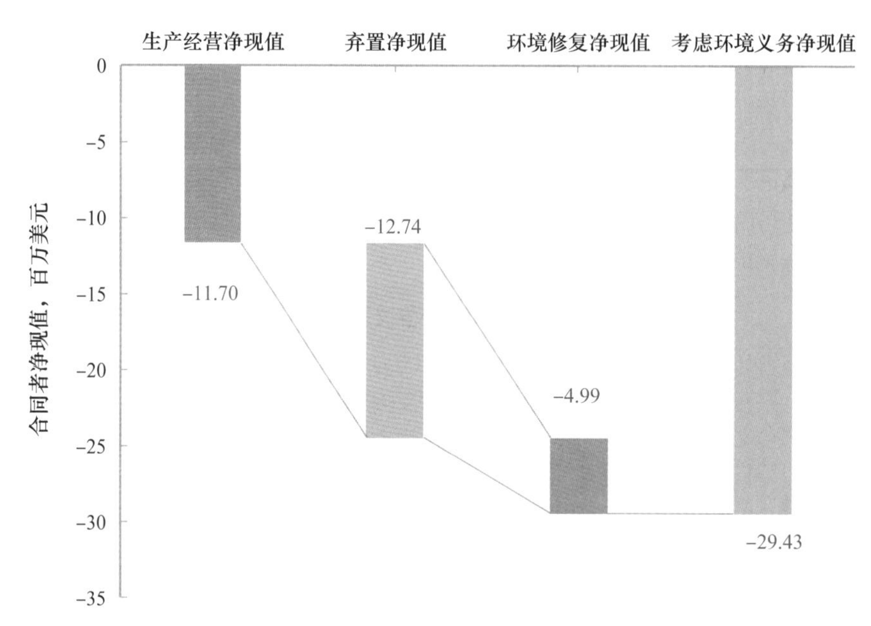

图 8–9 布伦特油价为 70 美元 /bbl 时弃置费与环境修复对合同者净现值影响

若延期 10 年，合同者效益见表 8–6。

表 8–6 延期 10 年方案不同油价合同者效益

布伦特油价 美元 /bbl	情景					
	不含义务			含义务		
	合同者 内部收益率	合同者净现值（10%） 百万美元	合同者累计现金流 百万美元	合同者 内部收益率	合同者净现值（10%） 百万美元	合同者累计现金流 百万美元
50	—	−81.4	−162.5	—	−102.14	−197.23
60	—	−59.34	−124.64	—	−80.08	−159.37
70	—	−39.39	−90.41	—	−60.14	−125.14
80	—	−21.03	−58.81	—	−41.78	−93.54
90	—	−1.97	−25.64	—	−22.71	−60.37
100	—	15.78	5.84	—	−4.97	−28.89

延期 10 年，包含义务后，各档油价下，合同者剩余合同期净现值均为负值。

若延期 20 年，只有在布伦特油价为 100 美元 /bbl 时，合同者净现值为正值（表 8–7）。

表 8–7　延期 20 年方案不同油价合同者效益

布伦特油价 美元 /bbl	情景					
	不含义务			含义务		
	合同者 内部收益率	合同者净现值（10%） 百万美元	合同者累计现金流 百万美元	合同者 内部收益率	合同者净现值（10%） 百万美元	合同者累计现金流 百万美元
50	—	–141.29	–322.93	—	–168.99	–411.1
60	—	–106.61	–244.41	—	–134.31	–332.58
70	—	–75.32	–173.5	—	–103.02	–261.67
80	—	–46.75	–108.22	—	–74.45	–196.39
90	—	–17.44	–40.38	—	–45.14	–128.55
100	—	9.75	23.59	—	–17.95	–64.58

延期 20 年效益更差，由于 20 年后几乎所有油井均要进行弃置，弃置费和环保义务从不延期的 1.47 亿美元上升至 3.82 亿美元。

分析延期与不延期的增量效益。低油价时延期增量效益为负，取油价较高的 90 美元 /bbl 的情景进行分析（表 8–8）。

表 8–8　布伦特油价 90 美元 /bbl 时合同者增量效益

方案	指标					
	不含义务			含义务		
	合同者 内部收益率	合同者净现值（10%） 百万美元	合同者累计现金流 百万美元	合同者 内部收益率	合同者净现值（10%） 百万美元	合同者累计现金流 百万美元
不延期		9.06	11.6		–8.66	–13.27
延期 10 年		–1.97	–25.64		–22.71	–60.37
延期 20 年		–17.44	–40.38		–45.14	–128.55
延期 10 年增量		–11.03	–37.25		–14.06	–47.11
延期 20 年增量		–26.51	–51.98		–36.48	–115.28

即使布伦特油价为 90 美元 /bbl，包含所有义务，不延期时合同者净现值为 –866 万美元，延期 10 年后，合同者净现值下降至 –2271 万美元，增量净现值为 –1406 万美元，延期使得合同者效益变得更差。

因此，当前的矿税税率和弃置义务下，这一特高含水油田进行延期是没有价值的。

不延期合同者现金流如图 8–10 所示。

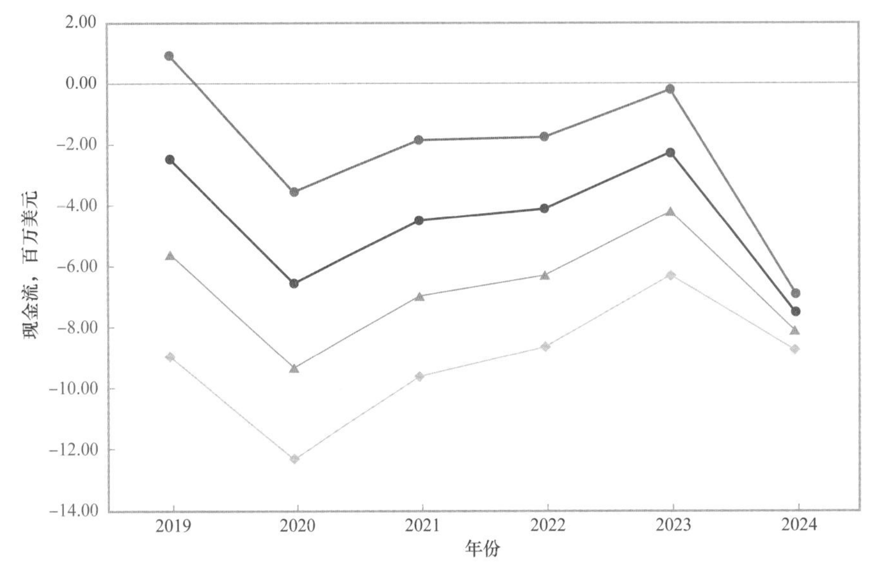

图 8–10　不延期合同者现金流

延期 10 年的现金流如图 8–11 所示。

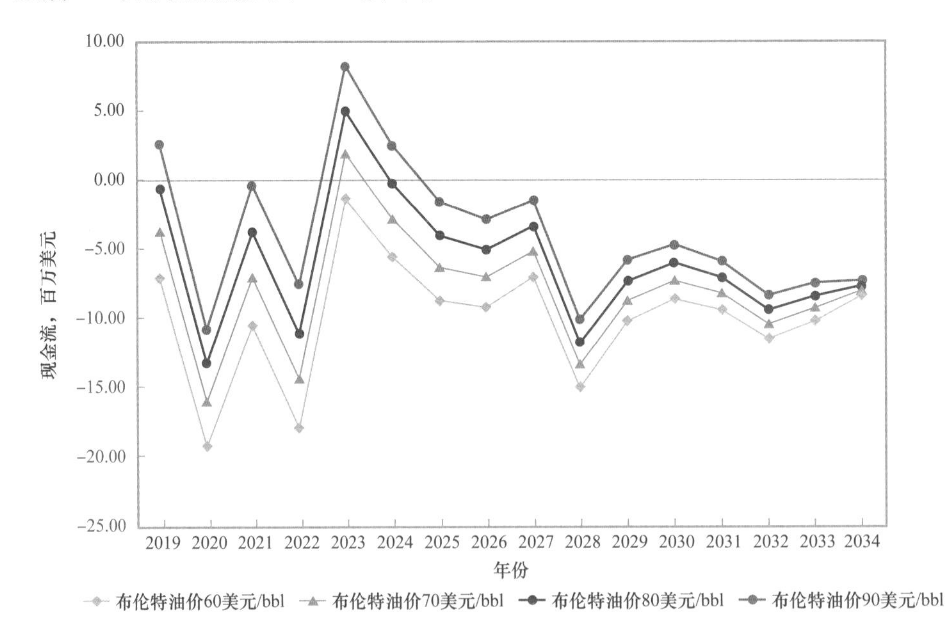

图 8–11　延期 10 年合同者现金流

延期 20 年的现金流如图 8–12 所示。

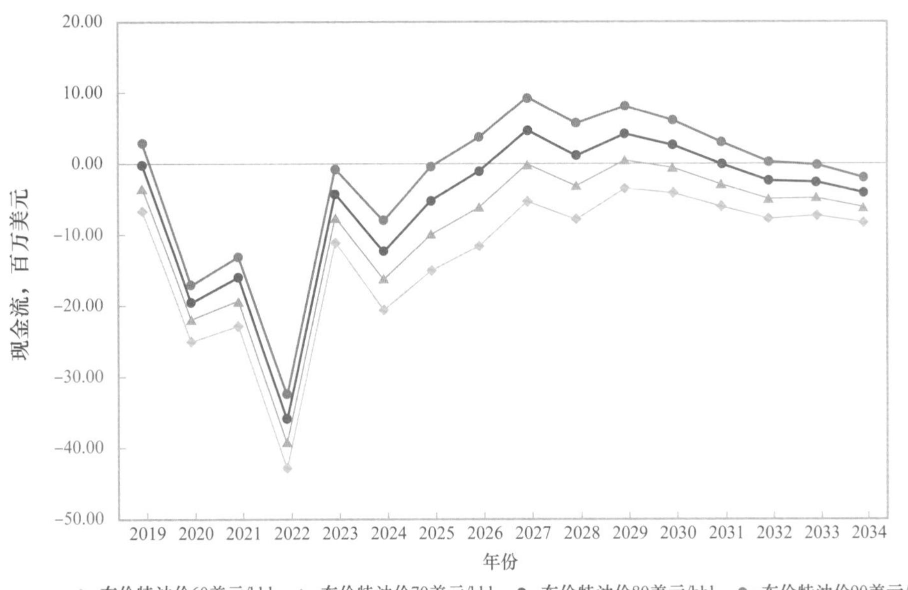

图 8–12　延期 20 年合同者现金流

五、油田临界税率分析

根据即将出台的石油法，合同的矿税税率可以与政府进行谈判。由于延期 20 年时，该油田在 2044 年将要进行整体弃置，2044 年整体弃置的弃置费用为 17821 万美元，延期 20 年的效益更差，因此，分析延期 10 年的临界税率。

按照延期 10 年，包含义务的合同者净现值不低于零的标准，分析临界的矿税税率。与不延期相比，延期 10 年后的增量效益见表 8–9。

表 8–9　不同油价下的不同税率合同者增量净现值（含义务）

矿税税率，%	增量净现值，百万美元			
	60 美元 /bbl	70 美元 /bbl	80 美元 /bbl	90 美元 /bbl
25.5	−39.90	−30.71	−22.36	−14.06
20.0	−32.59	−21.93	−12.53	−3.62
15.0	−25.95	−14.08	−3.81	5.65
10.0	−19.31	−6.35	4.50	14.92
5.15	−12.67	1.38	12.63	23.70
5.0	−12.87	1.14	12.39	23.98

红色单元格为增量净现值小于零，绿色单元格为增量净现值大于零。

若油价维持在 80 美元 /bbl，延期 10 年需要将矿税税率下调至 10%，此时延期的增量净现值为正值。

六、经济评价特点与下一步经营策略

从前述分析可以看出，对于处于开发末期的特高含水油田，经济评价的主要特点如下。

1. 要正确估计高含水率对操作费的影响

该油田操作费的 30% 与水处理有关，如果按照传统的单桶产油量来预测未来的操作费趋势，就会和实际情况有很大的偏差。

2. 经济评价中要考虑弃置费的影响

资源国对环保要求非常严格，对于处于开发末期的油田，面临的最大问题就是如何满足资源国环保法规的要求，完成弃置义务。因此，在进行此类油田的经济评价时，要充分靠实弃置义务的影响。

3. 要对是否延期做出理性估计

合同者在国际石油市场上经营，直接目的是赚取更多的利润。对于没有效益的油田，要提前建立舍弃的决心，做出处置的安排。从评价结果来看，延期只能使得合同者的收益进一步下降，因此，各方面均不支持该项目进一步延期。

综上所述，该油田下一步的策略（表 8–10）为：

表 8–10　延期与不延期优缺点分析

方案	优点	缺点
不延期	（1）到期自然退出，不需要协调其他伙伴，不需要承担提前退出成本； （2）仅需要对退出前的环境治理负责	（1）如果不能再到期前完成弃置义务，退出后成本将会增加； （2）较短的时间内，商务运作空间较小
延期	（1）未确定义务有可以谈判的空间，作业者可以节约费用； （2）商务运作空间加大，包装出售机会增加	（1）延期增加不确定性； （2）延期增加弃置工作量； （3）其他股东可能单独退出

（1）技术上看，未来勘探潜力较小，延期后发现更多储量的可能性不大。另外，目前整体含水率达到 98.2%，采出程度达 45.2%，已经进入开发末期，剩余油潜力小，进一步挖潜的潜力有限。按照目前的累计产量与含水率的关系，预测 2023 年油田在不大幅度关停高含水老井的情况下，整体含水率有望达到 99%。水油比进一步提升带来的井筒举升、处理、回注的成本极高；同时带来老井的报废义务增加，从水油比的角度来看，该油田延期后作业成本仍将持续上升。

（2）通过分析2008年以来该油田新井和侧钻井情况，在两个主力油田的侧钻井效果均较差，鉴于两个油田的特高含水和高采出程度状况，上述两个油田进一步部署新井和加密井的潜力较小。

（3）建议立即启动退出与处置工作，与大股东一起寻找买家，开展实质性沟通，最大化合同者利益。

第四节　产品分成合同开发方案经济评价策略与方法

一、产品分成合同收入分配特点

图8-13为典型产品分成合同的收入分配过程。合同者首先要缴纳矿税20%，税基是总销售收入，矿税金额=50美元 ×20%=10美元。之后，剩余销售收入的40%可以用来回收未回收成本，包括历史和当年发生的投资、操作费、弃置费等，在成本池完全使用的情景下，合同者获得成本油16美元。剩余的24美元为利润油。若利润油的分配方式是合同者50%、政府50%，那么合同者将获得12美元的利润油。因此，合同者所得为成本油16美元+利润油12美元=28美元，政府所得为矿税10美元+利润油12美元=22美元。

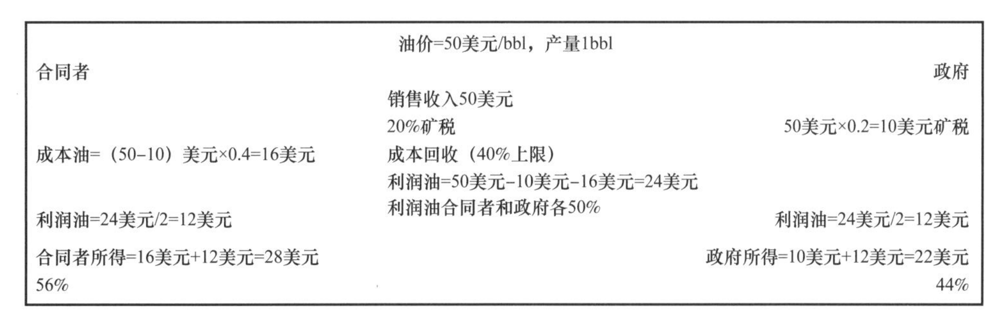

图8-13　典型产品分成合同的收入分配过程

图8-14为产品分成合同的净现金流典型流程。产品分成合同的合同者收入不是销售收入，而是成本油+利润油。成本油16美元当中，有5美元是历史未回收成本，发生在当年的操作费+投资为11美元，因此，实际的现金流出应当是矿税10美元+操作费6美元+投资5美元=11美元。当年净现金流=成本油+利润油–矿税–操作费–投资=16美元+12美元–10美元–6美元–5美元=7美元。

很多国家的成本油回收机制和利润油分成机制更加复杂，采用累进台阶或者R因子进行计算，更复杂的会采用内部收益率来调整分成比例。这些分成比例的变化，都会影响项目的盈利能力。

二、产品分成合同经济条款特点

本章以印度尼西亚产品分成合同模式下的气顶油环凝析气藏后期开发为例，解剖气田延期经济评价策略和方法，数据为示例数据。

总收入	=	销售收入50美元
矿税	=	50美元×0.2=10美元矿税
成本油	=	历史未回收成本5美元
		操作费6美元
		投资5美元
利润油	=	利润油=24美元/2=12美元
合同者净现金流	=	成本油+利润油
		－矿税
		－操作费
		－投资
	=	16美元+12美元−10美元−6美元−5美元
	=	7美元

图 8–14　产品分成合同典型净现金流计算

在石油行业当中，第一份现代意义的产品分成合同就出现在该国。该国的产品分成合同发展历程如图 8–15 所示。

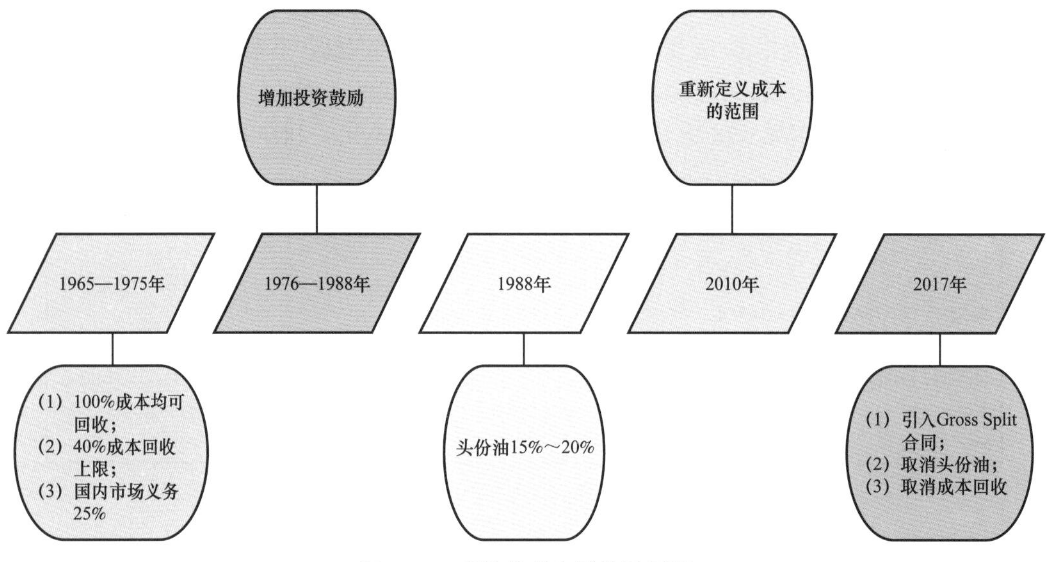

图 8–15　产品分成合同发展历程

在 20 世纪 60 年代最早颁布的产品分成合同里，部分合同是成本油可以 100% 回收，合同者分成比固定为 15%，也有部分合同是 40% 的成本回收上限，合同者分成比固定为 35%，国内义务油为 25%，国内义务油价为 0.2 美分 /bbl。1976 年，产品分成合同增加了投资鼓励条款；1988 年，该国的产品分成合同修订为头份油 15%～20%；到了 2017 年，政府颁布了新的合同，称为 Gross Split 合同。新合同与老合同的主要区别如图 8–16 所示。

新的 Gross Split 合同没有了成本回收池的设定，取消头份油，取消成本回收，国内市场义务按照印度尼西亚市场价格计算，规定政府与合同者总收入基础分成比，分成比根据油田属性、累计产量以及价格上下浮动。

合同者收入 = 初始合同者分成比例 + 调节因子；

政府收入 = 政府分成比例 + 贡金 + 所得税。

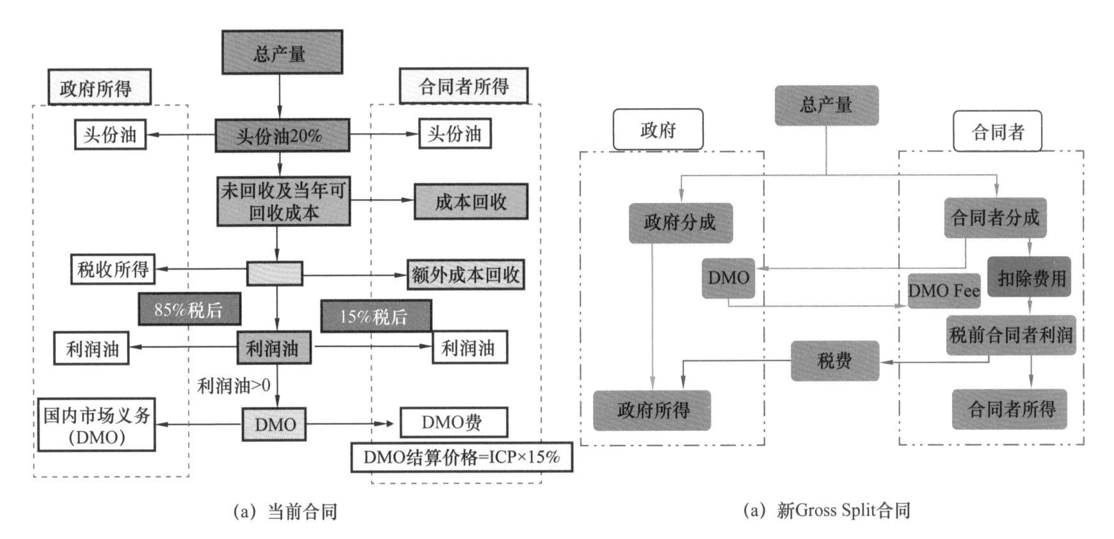

(a) 当前合同　　(a) 新Gross Split合同

图 8-16　新 Gross Split 合同与当前合同对比

分成比例的调节因子见表 8-11。

油田的初始合同者分成比例为 43%，气田为 48%，之后再按照表 8-11 的具体数值，油气价格、产量以及油田属性上下浮动。

对于同样的油田，新老合同的效益差别见表 8-12 和表 8-13。

表 8-11　合同者分成比例的调节因子

属性	参数	合同者调整比例，%
生产阶段	POD Ⅰ（有开发方案）	5.00
	POD Ⅱ（有后续开发方案）	3.00
	POFD（未来有新的开发方案）	
	No POD（无开发方案）	0.00
油田位置	Onshore（陆上）	0.00
	Offshore（海上，0<h≤20）	8.00
	Offshore（海上，20<h≤50）	10.00
	Offshore（海上，50<h≤150）	12.00
	Offshore（海上，150<h≤1000）	14.00
	Offshore（海上，h>1000）	16.00
埋藏深度，m	≤2500	0.00
	>2500	1.00

续表

属性	参数	合同者调整比例，%
基础设施情况	Well Developed（成熟开发油田）	0.00
	new frontier offshore（海上新开发油田）	2.00
	new frontier onshore（陆上新开发油田）	4.00
油田属性	Conventional（常规）	0.00
	Non Conventional（非常规）	16.00
CO_2 含量，%	＜5	0.00
	5≤x＜10	0.50
	10≤x＜20	1.00
	20≤x＜40	1.50
	40≤x＜60	2.00
	x≥60	4.00
H_2S 含量，mL/m^3	＜100	0.00
	100≤x＜1000	1.00
	1000≤x＜2000	2.00
	2000≤x＜3000	3.00
	3000≤x＜4000	4.00
	x≥4000	5.00
原油重度，°API	＜25	1.00
	≥25	0.00
国内市场比例，%	＜30	
	30≤x＜50	2.00
	50≤x＜70	3.00
	70≤x＜100	4.00

续表

属性	参数	合同者调整比例，%
生产阶段	Primary（一次采油）	0.00
	Secondary（二次采油）	6.00
	Tertiary（三次采油）	10.00
原油价格，美元 /bbl		（85– 政府公布的原油官方价格）×0.25
原油天然气累计产量，10^6bbl	<30	10.00
	$30 \leqslant x < 60$	9.00
	$60 \leqslant x < 90$	8.00
	$90 \leqslant x < 125$	6.00
	$125 \leqslant x < 175$	4.00
	$\geqslant 175$	0.00
天然气价格，美元 /10^6Btu	<7	（7– 天然气价格）×2.5
	$7 \leqslant x \leqslant 10$	0.00
	>10	（10– 天然气价格）×2.5

表 8–12　新老合同合同者净现值区别

合同类型	净现值，百万美元					
	20×10^6bbl 储量陆上油田	100×10^9ft^3 储量陆上气田	20×10^6bbl 储量浅水油田	200×10^9ft^3 储量浅水气田	400×10^6bbl 储量深水油田	2×10^{12}ft^3 储量深水气田
现有 PSC	188.9	79.5	128.9	14.8	1346.3	259.6
新 Gross Split PSC	142.5	30.9	101.6	–26.2	1049.5	–10.9
新 Gross Split PSC，成本下降 10%	154.2	42	122.5	–6.3	1410.2	176.9
新 Gross Split PSC，成本下降 20%	165.9	53.1	142.9	13.2	1766.4	363.3

表 8–13　新老合同合同者内部收益率区别

合同类型	内部收益率，%					
	20×10^6bbl 储量陆上油田	100×10^9ft^3 储量陆上气田	20×10^6bbl 储量浅水油田	200×10^9ft^3 储量浅水气田	400×10^6bbl 储量深水油田	2×10^{12}ft^3 储量深水气田
现有 PSC	60.2	31.9	27.8	11.7	17.9	11.4
新 Gross Split PSC	47.2	19.7	24.0	5.5	16.5	9.9
新 Gross Split PSC，成本下降 10%	53.8	24.2	28.3	8.8	19.4	11.5
新 Gross Split PSC，成本下降 20%	61.8	29.5	33.3	12.7	22.8	13.3

分析新旧合同的效益，主要结论有：

（1）新 Gross Split 合同压缩了合同者的利润空间。

合同者在新 Gross Split 合同下的效益普遍下降。深水气田变为负值。

（2）新 Gross Split 合同的目标是追求更低的成本。

当成本下降 10%～20% 时，部分 Gross Split 合同的效益将比原 PSC 合同还要好。这意味着新合同下合同者必须采用低成本策略。但是，目前低油价已经持续了一段时间，各石油公司已经大幅度削减了生产经营成本，再进一步降低 10%～20% 的成本，压缩空间有限。

（3）新 Gross Split 合同将降低国际石油公司对该国油气市场的投资热情。

虽然已经出台新的 Gross Split 合同，但是该国的税制并没有及时进行调整。目前很多规定与新 Gross Split 合同文本不对应，这使得投资者对 Gross Split 合同持怀疑态度，担心 Gross Split 的落实存在问题。同时，资源国政府还没有明确表示在 Gross Split 合同下是否要履行原有的本地化规定，如果这方面仍延续旧制，对投资者的限制仍然较多，也会打击投资者的投资热情。

三、新 Gross Split 合同下的延期策略

以某公司在该国的气田为例，分析新合同下的延期策略。该气田以带油环的凝析气藏群开发为主，1997 年投产（图 8–17）。

截至 2018 年底，该气田地质储量采出程度为 15.4%，可采储量采出程度为 79%。该气田主要为含气顶油藏，依靠天然能量开采，在投产初期，地层压力较高，油井生产以自喷为主，生产过程中压力持续下降，含水率上升，部分井停产，投产较早的两个区块停产井高达 70%。这两个区块的可采储量采出程度已经达到 90% 左右。

过去三年，老井年递减率达到 20% 左右。天然气产量较为稳定主要是新井弥补产量缺口。

按照目前的开发规律，设计了 3 套延期的开发方案（图 8–18 和图 8–19）。

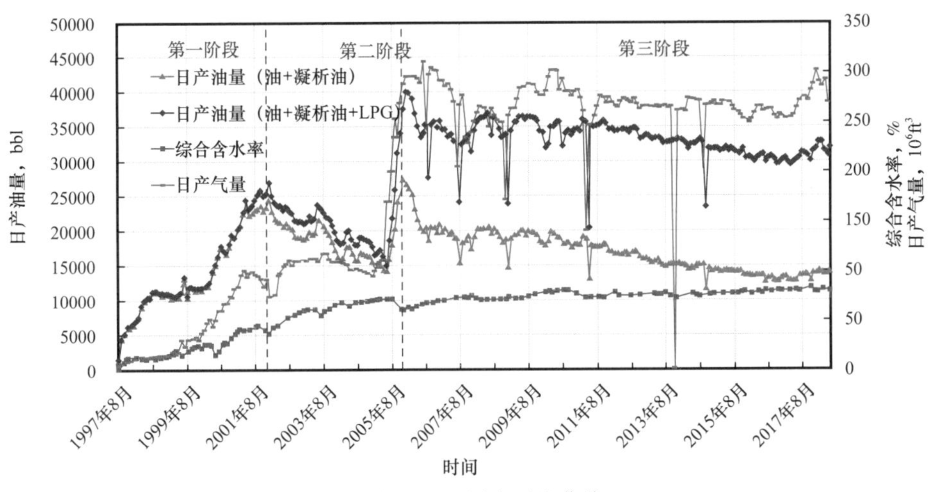

图 8-17　历史开发曲线

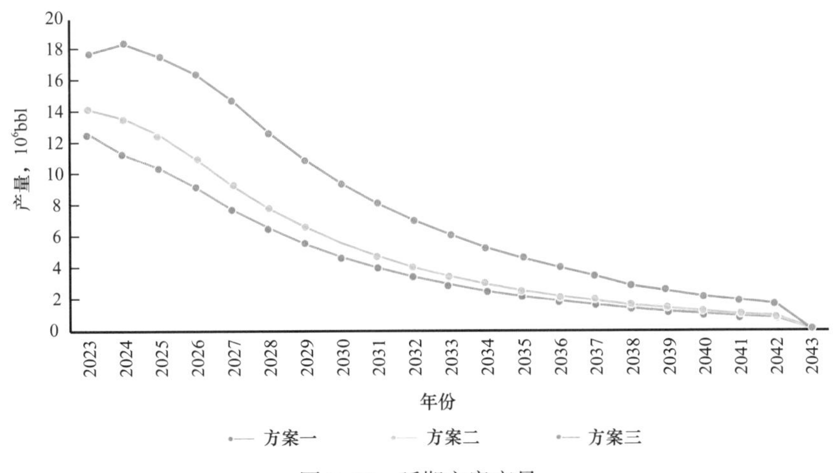

图 8-18　延期方案产量

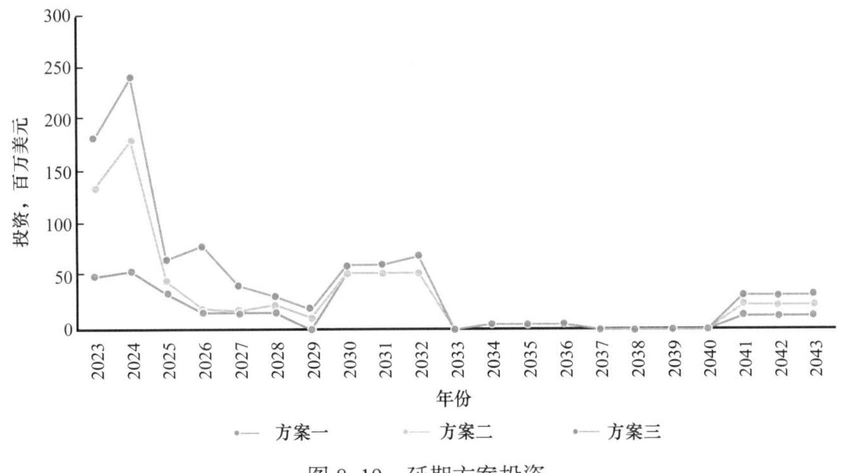

图 8-19　延期方案投资

按照新颁布的 Gross Split 合同，3 个方案的现金流如图 8–20 所示。

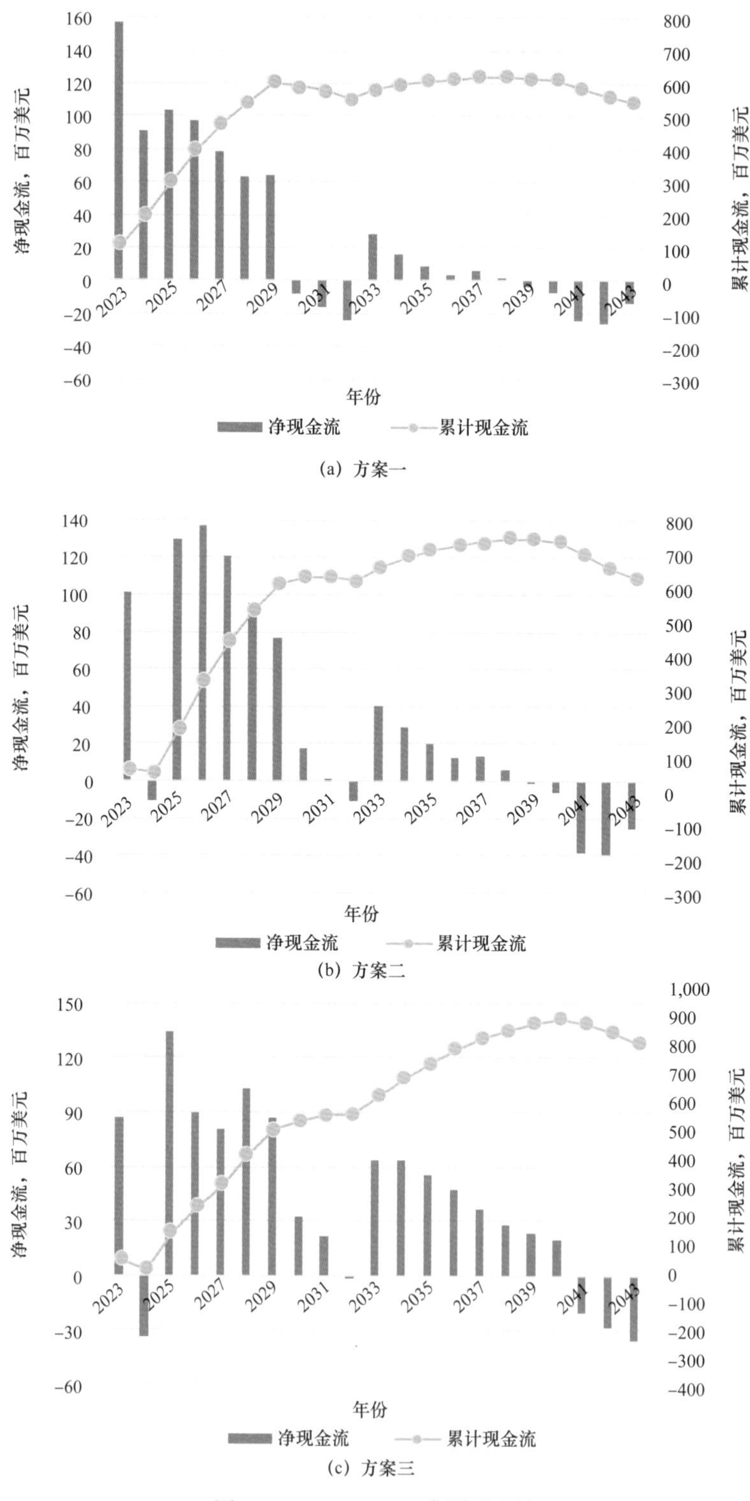

（a）方案一

（b）方案二

（c）方案三

图 8–20　Gross Split 合同现金流

新合同的收入分配情况如图 8–21 所示。

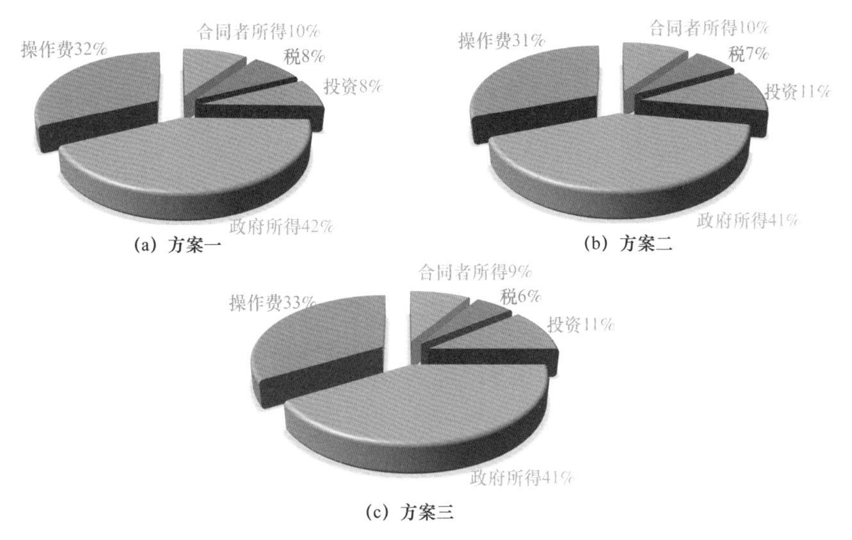

图 8–21　新 Gross Split 合同收入分配图

从上述分析看，新 Gross Split 合同下，该气田仍然可以获得正的现金流。但是随着产量不断下降，后期的效益快速下降，建议延期 5～10 年，就转让或者提前提升该项目。

四、产品分成合同经济评价策略

综上所述，对于高采出程度的产品分成合同，经济评价要点如下：

（1）要准确估计含水率上升造成的操作费变化。

以上述合同为例，在合同后期，由于含水率快速上升，产液处理量大幅度上涨，因此，单位操作费将快速上涨。延期 10 年后，平均操作费将达到 20 美元 /bbl 以上，延期 20 年后，将在 40 美元 /bbl 左右（图 8–22）。

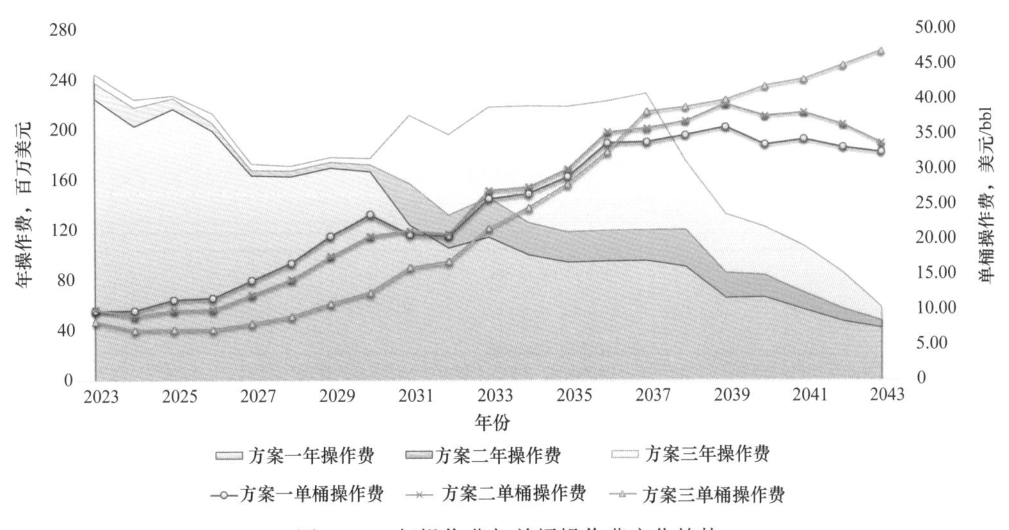

图 8–22　年操作费与单桶操作费变化趋势

（2）要准确把握产品分成合同的关键点。

不同的产品分成合同的关键影响点有所不同，大部分合同对油价最为敏感，其次是产量。以上述合同为例，对操作费最为敏感，只有压缩成本，才能确保项目收益。因此，要准确理解合同的具体细节，找出影响合同效益的关键条款，体现到日常的生产经营当中。

（3）要做好开发技术政策研究，减缓递减。

产量是影响高采出程度油田未来效益的关键，因此，从开发角度，需要进一步深化地质认识，优化井位和措施，增加效益可采储量。通过积极实施有效措施井次，增加开井率，力争减缓递减。

第五节　服务合同开发方案经济评价策略与方法

一、服务合同收入分配特点

服务合同的许多条款与产品分成合同相同，核心差别在于服务合同没有利润油分成条款，而是报酬费/服务费的计算。

服务合同主要适用于在产油田或废弃油田进行油田恢复、再开发或提高石油回收率项目。合同者将承诺提供资金和专业技术，并将接管包括设备和人员在内的作业权。如果油田是在产项目，将谈判确定一个具有特定递减率的基础产量，基础产量直接归资源国政府所有。高于基础产量的部分将按照合同规定给予合同者补偿（图 8–23）。

第一阶段 确定定金及其他税费标准 确定最低义务工作量	可行性研究 半年至一年
第二阶段 确定定金及其他税费标准 确定最低义务工作量	先导性实验 二至三年
第三阶段 确定定金及其他税费标准 按照钻井、措施工作量部署实施 按照采收率EOR部署实施	商业开发阶段

图 8–23　服务合同阶段示意图

典型产品分成合同的收入分配过程如图 8–24 所示。

合同者	油价=50美元/bbl，产量1 bbl	资源国政府
成本油=16美元 报酬费=1bbl×2美元/bbl=2美元 所得税=2美元×0.35=0.7美元 合同者所得=16美元+2美元−0.7美元=17.3美元	销售收入50美元 成本回收（40%上限） 报酬费2美元/bbl 所得税35%	报酬费=1bbl×2美元/bbl=2美元 所得税=2美元×0.35=0.7美元 政府所得=50美元−16美元−2美元+0.7美元=32.7美元
35%		65%

图 8–24　风险服务合同典型收入分配图

图 8–24 为典型的风险服务合同收入分配模式。合同者首先回收成本，回收上限是总销售收入的 40%，即 20 美元。合同者当年应回收成本合计为 16 美元。之后，按照总产量获得 2 美元 /bbl 的报酬费获得报酬费，1bbl × 2 美元 /bbl=2 美元。通常情况下，报酬费要缴纳所得税，税率为 35%，则所得税 =2 美元 × 0.35=0.7 美元。因此，合同者所得为成本油 16 美元 + 报酬费 2 美元 – 所得税 0.7 美元 =17.3 美元，资源国政府所得为总销售收入 50 美元 – 成本油 16 美元 – 报酬费 2 美元 + 所得税 0.7 美元 =32.7 美元。

风险服务合同的净现金流典型流程如图 8–25 所示。

总收入	=	销售收入50美元
成本油	=	+ 历史未回收成本5美元
		+ 操作费6美元
		+ 投资5美元
报酬费	=	报酬费=1bbl×2美元/bbl=2美元
所得税	=	所得税=2美元×0.35=0.7美元
合同者净现金流	=	+ 成本油
		+ 报酬费
		– 操作费
		– 投资
		– 所得税
	=	16美元+2美元–6美元–5美元–0.7美元
	=	6.3美元

图 8–25　服务合同典型净现金流计算

服务合同的合同者收入不是销售收入，而是成本油 + 报酬费。成本油 16 美元当中，有 5 美元是历史未回收成本，发生在当年的操作费 + 投资为 11 美元，因此，实际的现金流出应当是操作费 6 美元 + 投资 5 美元 + 所得税 0.7 美元 =11.7 美元。当年净现金流 = 成本油 + 报酬费 – 操作费 – 投资 – 所得税 =16 美元 +2 美元 –6 美元 –5 美元 –0.7 美元 =6.3 美元。

以伊拉克战后的公开招标服务合同为例，其成本主要分为石油成本和补充成本，合同者提供合同规定服务内容之外的服务项目所需费用称为补充成本（Supplementary Costs），其余全部为石油成本。不论是石油成本还是补充成本，在回收时不分投资（CAPEX）和费用（OPEX），都可以直接回收。伊拉克政府在其标准石油合同中为投资者提供了两种选择来回收成本和报酬费，一种是现金方式，另一种是投资者提油。现金方式涉及数个伊拉克政府部门之间的协调，目前伊拉克政府各类申请批复所需周期较长，同时伊拉克目前外汇短缺，这些都使得现金方式回收很难得到保障。因此，国际石油公司都采取提油的方式尽快回收成本和报酬费，降低在伊拉克投资的风险。

合同中规定成本回收以季度为单位，当季度原油商品量收入的 50% 用来回收累计未回收的石油成本和投资者的报酬费，如果未回收的石油成本和报酬费比 50% 的收入大，那么未回收的石油成本和报酬费结转到下期继续回收。如果 50% 的收入足够大，那么石油成本和报酬费全额回收（图 8–26）。60% 的收入扣除当期已经确定回收的石油成本和报酬费的部分，用来回收补充成本，对当季度不能回收的补充成本按 LIBOR+1% 计息。

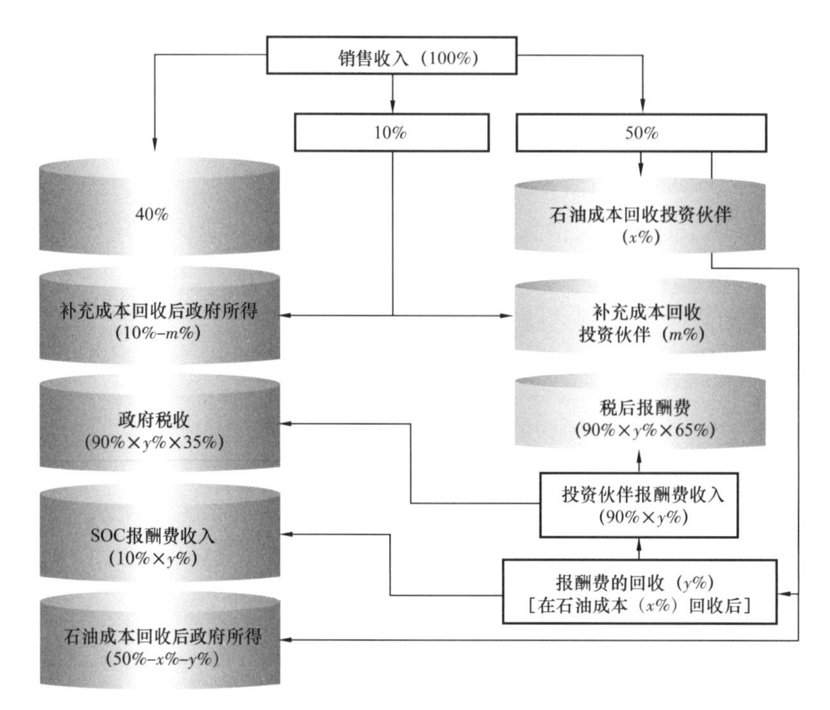

图 8-26　伊拉克服务合同收入分配流程图

二、影响服务合同关键点分析

分析服务合同的主要合同条款，影响合同效益的主要因素如下：

（1）产能建设速度。

伊拉克第二轮招标合同规定，合同者只有连续 90 天产量达到或超过“初始商业产量”（英文缩写为 FCP），合同者才能从石油销售收入中回收成本，提取报酬费。

经过经济评价模型计算，越早达到初始商业产量，就能越早回收资金，减少未回收资金的暴露风险及融资压力。项目达到初始商业产量的时间推迟 1 个季度，内部收益率就下降 1.13%；如果推迟 4 个季度，项目内部收益率将下降 3.83%。

（2）单井产量。

分析单井产量与项目收益的规律后发现，若单井产量下降 10%，项目的内部收益率将下降 1.5%～2%。这是因为产能规模直接决定了回收池的大小，同时影响了总报酬费的金额。特别是项目上产期，此阶段的单井产能对早期的现金流影响巨大。

（3）早期投资节奏。

不同阶段的投资和收益关系的经济评价表明，对于服务合同来说，上产期的投资对内部收益率有较大影响，一方面主要是上产期成本池不足，另一方面与报酬费的计价方式和产量直接相关。在上产期，项目投资增加 10%，项目内部收益率降低 1.5%。在达到高峰产能后，投资对项目效益的影响非常小。

（4）高峰期原油产量。

虽然服务合同规定了高峰产能，但是没有规定不能超过高峰产量。在不影响高峰稳产时间的前提下，提高高峰期的年产量，可以获得更多的报酬费。高峰年产量提高10%，项目内部收益率提高0.6%。达到高峰产能后，回收池足够大，投资与操作费均可以当年回收，进一步提高项目收益的途径只能是提高产量，获取更多的报酬费。

（5）油价波动。

由服务合同项目特点可知，油价影响的是项目的成本回收池（成本回收池＝产量×油价×50%），如果回收池足够大，那么油价的变化对项目收益的影响可以忽略。当油价超过一定程度后，成本回收池足够回收投资和操作费，所以对油价不敏感。

（6）提油滞后的影响。

伊拉克的原油均是在港口按船销售，目前的提油流程是：每个费用季的最后一天，向政府提出提油发票，发票会在提油季第一个月的第10天左右提交给政府。政府在提油季第一个月的月末审批发票。审批发票的结果会在提油季第二个月的10号以前发给各个国际石油公司。拿到审批结果后，国际石油公司会立刻到市场上去销售，销售原油一般需要20天。装船期在提油季的第三个月，船在海上20天以上，再过一个月左右收到现金货款。售出的时候是提油季第三个月的月末，或者下一个季度的月初，此时现金才入账。

因此，伊拉克提油通常会滞后一个季度。这几年油价低迷，伊拉克政府以种种借口推迟提油，导致提油常常滞后2个季度以上，对效益的影响见表8-14。

表8-14 提油滞后影响

提油滞后	合同者内部收益率，%
滞后1个季度	13.17
滞后2个季度	11.65
滞后3个季度	10.24

提油每滞后1个季度，合同者内部收益率降低1.4%。因此，采取各种措施，确保提油的及时性，对项目收益有着很大的影响。

三、服务合同提高效益途径

通过分析服务合同影响效益的关键点，对服务合同的提升项目效益提出以下几个途径：

（1）采取各种措施，多方面加快产能建设速度。

一方面可以采用提前完成开发方案的要点编写和项目工程招标以节约时间，另一方面可以考虑采用租用或采购模块化的工程设备以满足初始商业产量的要求。

（2）考虑合同特点与资金时间价值，多阶段开发油田。

早期投资对项目效益影响大，中后期投资对项目效益几乎无影响。因此，应当考虑分阶段建设，延缓早期投资，即使这种推迟可能会造成总投资上升。具体可采用的手段有：①钻井方面，选择富集油层，减少早期的井数，提高单井产量，在保持一定产量的情况下，减少钻井投资；将开采难度大、产量低的油层放在中后期开采。②地面方面，地面部分采用分阶段开发、租借设备及采购模块装置的方式，这不仅加快了地面的建设速度，能够尽快达到初始商业生产要求的原油处理能力，同时有效地控制了早期的投资，然后，随着项目开展，地面工程再逐步建设有规模的处理装置替代先前的简易装置。③ 商务方面，尽量采用分期付款的方式，避免早期付出大额款项，延缓早期的投资金额。

在这种情况下，考虑投资的时间价值，对于同量的变化，前期影响大于后期。在项目产能建设期，应当采取用最小的投资，以最快的速度实现最高产量，尽可能地实现提前投产。同时，当油价走低时，应当控制投资节奏，及时暂缓后续产能建设，大幅降低负现金流，确保项目收益率。

（3）提高提油效率。

提油速度直接影响每船油的回款时间，在建成高峰期后，是对项目效益影响最大的因素。因此，需要不断摸索建立高效成熟的提油机制，抓住稳产期的效益关键点。

第九章　海外油田开发特色技术

油田开发方案设计水平的提高依靠新技术的发展，海外油田开发形成的特色技术是开发方案设计的重要支柱，是实现海外油田高速、高效开发的技术保证。海外油田地域分布广泛、类型复杂多样，经过20多年的开发实践，形成了一系列开发特色技术，包括带凝析气顶碳酸盐岩油藏气顶和油环协同开发技术、大型生物碎屑灰岩油藏整体优化部署技术、边底水砂岩油藏天然能量与人工注水协同开发技术、超重油油藏水平井冷采开发技术。这些特色技术实现了海外油田开发从国内成熟技术集成应用到特色技术研发的跨越，全面提升了海外油田开发技术水平，为海外油田开发持续上产和稳产提供了技术保障，实现了中方利益最大化。

第一节　带凝析气顶碳酸盐岩油藏气顶和油环协同开发技术

带凝析气顶碳酸盐岩油藏气顶和油环油气同采极易造成气顶和油环间的压力失衡，导致油气藏整体开发效果变差。为实现气顶与油环协同高效开采，揭示气顶和油环协同开发机理，明确不同开发方式下流体界面移动规律及其主控因素，分别建立了衰竭、屏障注水以及屏障+面积注水三种开发方式下的气顶油环协同开发技术政策图版，明确各开发参数的合理匹配关系。中亚让纳若尔油气藏通过完善屏障+面积注水井网及注水分配比例，实现了油气协同开发，气顶年产气$20\times10^8m^3$，油环水驱储量控制程度提高，自然递减率降低，油环开发效果改善。

一、带凝析气顶碳酸盐岩油藏气顶和油环协同开发机理

带凝析气顶油气藏气顶和油环处于同一压力系统下，任何一方的压力变化均会造成油气藏整体压力的再平衡，从而会对油气藏整体开发效果产生影响。目前国内外针对此类油气藏实施气顶油环同采的实例还比较少，相应的开发机理认识较为薄弱。为实现让纳若尔油气田气顶与油环的协同高效开采，物理模拟和油藏工程方法相结合，分别开展衰竭、屏障注水以及屏障+面积注水等气顶油环协同开发方式下的流体界面移动规律研究，建立相应的流体界面移动规律图版，揭示不同开发方式下流体界面移动规律及其主控因素，有助于保持气顶油环同采时流体界面的相对稳定，提高油气藏的整体开发效果。

1. 气顶油环同采三维可视化物理模拟装置

以让纳若尔油气田的A南气顶油藏为研究对象，基于三维三相渗流数学模型，推导油、气、水三相相似准则，建立符合几何相似、压力相似、物性相似、生产动态相似的三

维可视化物理模拟模型。以一定的采油、采气速度对气顶油藏进行开采试验，模拟不同开发方式下气顶油藏的生产历史和流体界面移动规律。

2. 油藏工程评价模型

根据物质平衡原理，地面累计产量转换到地层条件下，应等于油藏中因地层压力下降所引起流体膨胀量和注入流体量之和，建立带气顶油气藏流体界面运移速度变化规律的表征方程：

$$\left[N_p B_o + N_p\left(R_p - R_s\right)B_g + W_{Op}B_w\right] + \left(N_g B_g + W_{Gp}B_w\right) = NB_{oi}\left[\frac{B_o - B_{oi} + (R_{si} - R_s)B_g}{B_{oi}} + m\left(\frac{B_g}{B_{gi}} - 1\right) + (1+m)\frac{C_w S_{wc} + C_f}{1 - S_{wc}}\Delta p\right] + \left(W_B + W_A\right)B_w \tag{9-1}$$

式中 N——油环的原始储量，m^3；

m——气顶指数；

N_p——标准状态下油环累计产油量，m^3；

W_{Op}——标准状态下油环累计产水量，m^3；

N_g——标准状态下气顶累计产气量，m^3；

W_{Gp}——标准状态下气顶累计产水量，m^3；

B_g——目前地层压力下的气体体积系数，m^3/m^3；

B_{gi}——原始条件下的气体体积系数，m^3/m^3；

B_o——目前地层压力下的原油体积系数，m^3/m^3；

B_{oi}——原始条件下的原油体积系数，m^3/m^3；

B_w——目前地层压力下水的体积系数，m^3/m^3；

R_{si}——原始条件下原油的溶解气油比，m^3/m^3；

R_s——目前地层压力下原油的溶解气油比，m^3/m^3；

C_w——地层水压缩系数，MPa^{-1}；

C_f——孔隙压缩系数，MPa^{-1}；

S_{wc}——束缚水饱和度；

W_B——屏障注水量，m^3；

W_A——面积注水量，m^3。

（1）衰竭开采方式下油气界面移动速度。

当采用衰竭方式开采气顶油环时，W_A=W_B=0，假设油气界面向油环方向移动，可以得到气顶侵入体积：

$$V_{Gd} = NB_{oi}m\left(\frac{B_g}{B_{gi}} - 1 + \frac{C_w S_{wc} + C_f}{1 - S_{wc}}\Delta p\right) - \left(N_g B_g + W_{Gp}B_w\right) \tag{9-2}$$

根据气顶侵入量，利用容积法可以计算出油气界面的移动速度。假设内、外油气界面移动速度相等，即油气界面平行下移（图 9–1）。

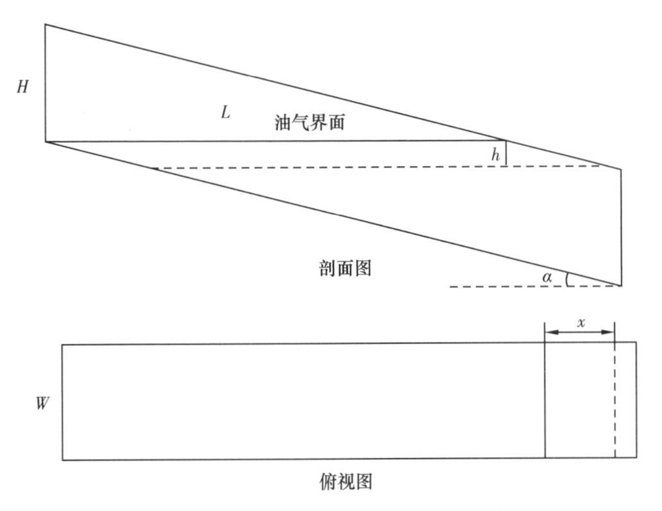

图 9–1　带气顶油藏油气界面移动示意图

气顶侵入量又可以表示为：

$$V_{\mathrm{Gd}}=LhW\phi\left(1-S_{\mathrm{wc}}-S_{\mathrm{or}}\right)=Lx\sin\alpha W\phi\left(1-S_{\mathrm{wc}}-S_{\mathrm{or}}\right) \tag{9-3}$$

式中　L——内外油气边界之间距离，m；

W——油气藏宽度，m；

α——地层倾角，（°）；

h——油气界面垂向运移距离，m。

故油气界面移动距离为：

$$x=\frac{V_{\mathrm{Gd}}}{LW\phi(1-S_{\mathrm{wc}}-S_{\mathrm{or}})\sin\alpha} \tag{9-4}$$

油气界面移动速度为：

$$v_{\mathrm{goc}}=\frac{x}{t} \tag{9-5}$$

当油气界面向气顶移动时（即发生油侵），油气界面的移动速度与上述计算方法类似。

（2）屏障注水及屏障 + 面积注水开发方式下流体界面移动速度。

在实施屏障注水开发时，当屏障形成后，注入水分别向油环和气顶流动，并将气顶油藏的气顶和油环分隔开来，屏障注入水则作为能量供给源，分别向气顶和油环补充亏空体积。屏障 + 面积注水开发相对屏障注水增加了面积注水井，而面积注水仅为油环补充能量。与屏障注水开发相同之处是，二者均存在气水和油水两个界面的移动问题。

结合物质平衡原理，油环的亏空体积由屏障注水和面积注水共同补充，而气顶的亏空体积则由屏障注水补充。因此，根据式（9–1），屏障注入水侵入油环的体积可以表示为：

$$V_{\mathrm{Ob}}=\left[N_{\mathrm{p}}B_{\mathrm{o}}+N_{\mathrm{p}}(R_{\mathrm{p}}-R_{\mathrm{s}})B_{\mathrm{g}}+W_{\mathrm{Op}}B_{\mathrm{w}}\right]-NB_{\mathrm{oi}}\left[\frac{B_{\mathrm{o}}-B_{\mathrm{oi}}+\left(R_{\mathrm{si}}-R_{\mathrm{s}}\right)B_{\mathrm{g}}}{B_{\mathrm{oi}}}+\left(\frac{C_{\mathrm{w}}S_{\mathrm{wc}}+C_{\mathrm{f}}}{1-S_{\mathrm{wc}}}\right)\Delta p\right]-W_{\mathrm{A}}B_{\mathrm{w}} \tag{9-6}$$

而屏障注入水侵入气顶的体积可以表示为：

$$V_{\mathrm{Gb}}=\left(N_{\mathrm{g}}B_{\mathrm{g}}+W_{\mathrm{Gp}}B_{\mathrm{w}}\right)-NB_{\mathrm{oi}}\left[m\left(\frac{B_{\mathrm{g}}}{B_{\mathrm{gi}}}-1\right)+m\frac{C_{\mathrm{w}}S_{\mathrm{wc}}+C_{\mathrm{f}}}{1-S_{\mathrm{wc}}}\Delta p\right] \tag{9-7}$$

同样根据容积法可以得到屏障注水处油水界面以及气水界面的移动速度：

$$v_{\mathrm{owc}}=\frac{V_{\mathrm{Ob}}}{tLW\phi(1-S_{\mathrm{wc}}-S_{\mathrm{or}})\sin\alpha} \tag{9-8}$$

$$v_{\mathrm{gwc}}=\frac{V_{\mathrm{Gb}}}{tLW\phi\left(1-S_{\mathrm{wc}}-S_{\mathrm{or}}\right)\sin\alpha} \tag{9-9}$$

3. 流体界面运移规律

（1）衰竭开采方式下油气界面运移规律。

建立衰竭开发方式下气顶、油环同采的三维物理模拟模型，观察该开发方式下的流体界面移动规律，油气同采条件下的油气界面运移速度小于单采油环时的油气界面运移速度，同时，利用油藏工程评价模型分析衰竭开发方式下影响流体界面稳定的主控因素。

图 9-2 为衰竭开采方式下采油速度、采气速度与油气界面移动速度关系图版。当气顶亏空大于油环亏空，油气界面向气区移动时，相同采气速度下，采油速度越大，气顶、油环间的压力差越小，油气界面移动速度越小；在相同采油速度下，采气速度越大，气顶压力下降越快，油气界面移动速度越大。当气顶亏空小于油环亏空，油气界面向油区移动时，相同采气速度下，采油速度越大，油环压力下降越快，油气界面向油区移动速度越大；在相同采油速度下，采气速度越大，气顶、油环间的压力差降低，油气界面向油区的移动速度越小。对于某一采油速度，均存在一个对应的合理采气速度，实现油气界面相对稳定和移动速度为 0，可有效防止油侵或气侵现象的发生。因此，衰竭开发方式下，采油速度和采气速度是影响流体界面稳定的主控因素。

（2）屏障注水开发方式下流体界面运移规律。

建立屏障注水开发方式下气顶油环同采的三维物理模拟模型，观察该开发方式下的流体界面移动规律及形态。屏障注水开发在油气界面处增加了屏障注水井，当注入水形成屏障后，地层流体被分隔为水区、油区、气区 3 个系统。屏障注水的水障形成后，带气顶油藏就形成了气水和油水两个流体界面。通过建立屏障注水开发方式下气水、油水界面的运移速度图版，明确影响流体界面稳定的主控因素。

当注采比一定时，油水界面向油区的移动速度随采气速度的增大而减小，随采油速度的增大而增大；油水界面向气区的运移速度随采气速度的增大而增大，随采油速度的增大

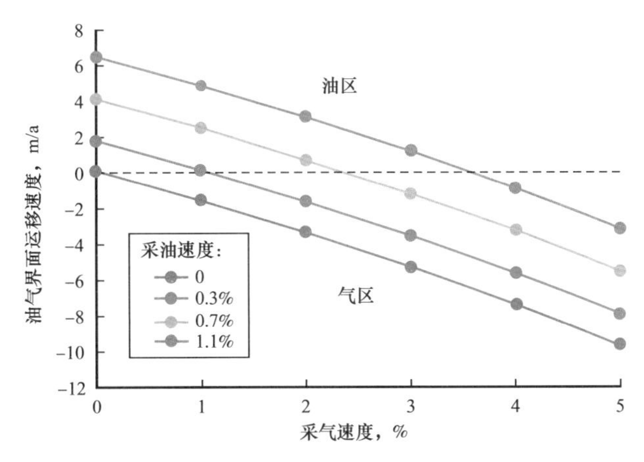

图 9–2 衰竭式开发方式下不同采气、采油速度时油气界面运移速度

（正值表示油气界面向油区移动，负值表示油气界面向气区移动）

而减小。气水界面向油区和气区运移速度与油水界面运移速度的变化规律是一致的，气水界面向油区的运移速度随采气速度的增大而减小，随采油速度的增大而增大；气水界面向气区的运移速度随采气速度的增大而增大，随采油速度的增大而减小。由此可见，采气速度、采油速度均对气水、油水界面的运移速度产生较大影响（图 9–3）。

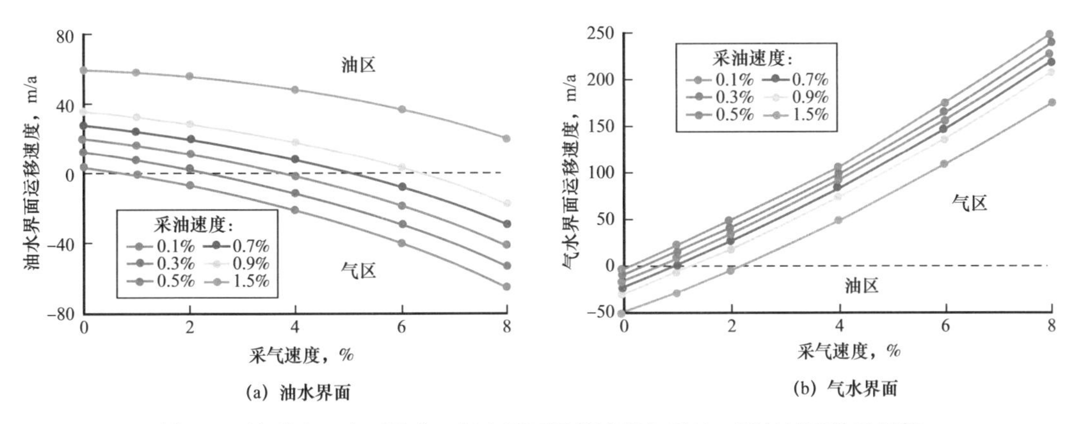

图 9–3 注采比一定时油水、气水界面运移速度与采油、采气速度关系图版

同样，采气速度一定时，油水界面运移速度随采油速度的增加而增大，随注采比的增加而加快；气水界面的运移速度随注采比的增加而增加，随采油速度的增加而降低（图 9–4）。采油速度一定时，油水界面运移速度随注采比的增加而增加，随采气速度的增加而降低；气水界面运移速度随注采比的增加而增大，随采气速度的增加而增大（图 9–5）。

综上所述，屏障注水开发方式下，采油速度、采气速度和注采比是影响流体界面稳定的主控因素。

（3）屏障 + 面积注水开发方式下流体界面运移规律。

建立屏障 + 面积注水开发方式下气顶油环开采的三维物理模拟模型。针对屏障注水与屏障 + 面积注水两种开发方式的差异，引入屏障与面积注水分配比例这个影响因素，并建立其与气水、油水界面运移速度的关系图版（图 9–6），分析屏障 + 面积注水开发方式下

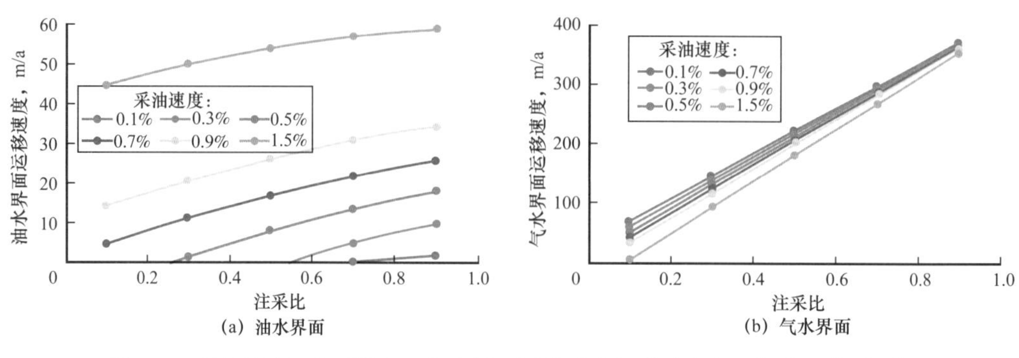

图 9-4 采气速度一定时油水、气水界面运移速度与采油速度、注采比关系图版

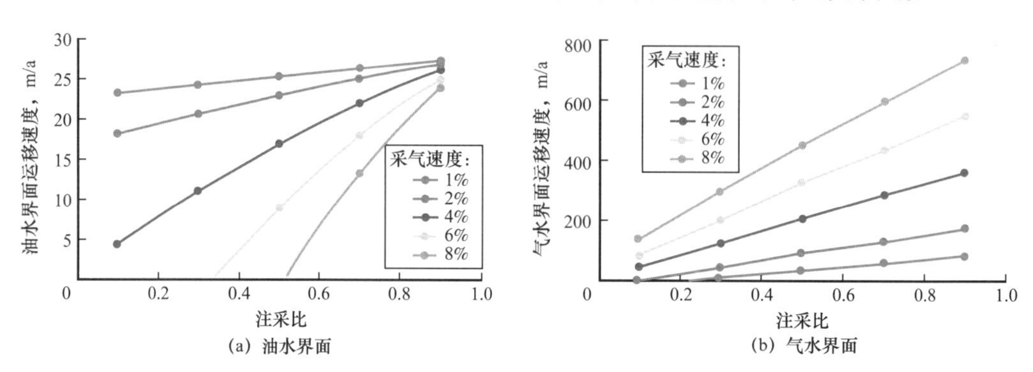

图 9-5 采油速度一定时油水、气水界面运移速度与采气速度、注采比关系图版

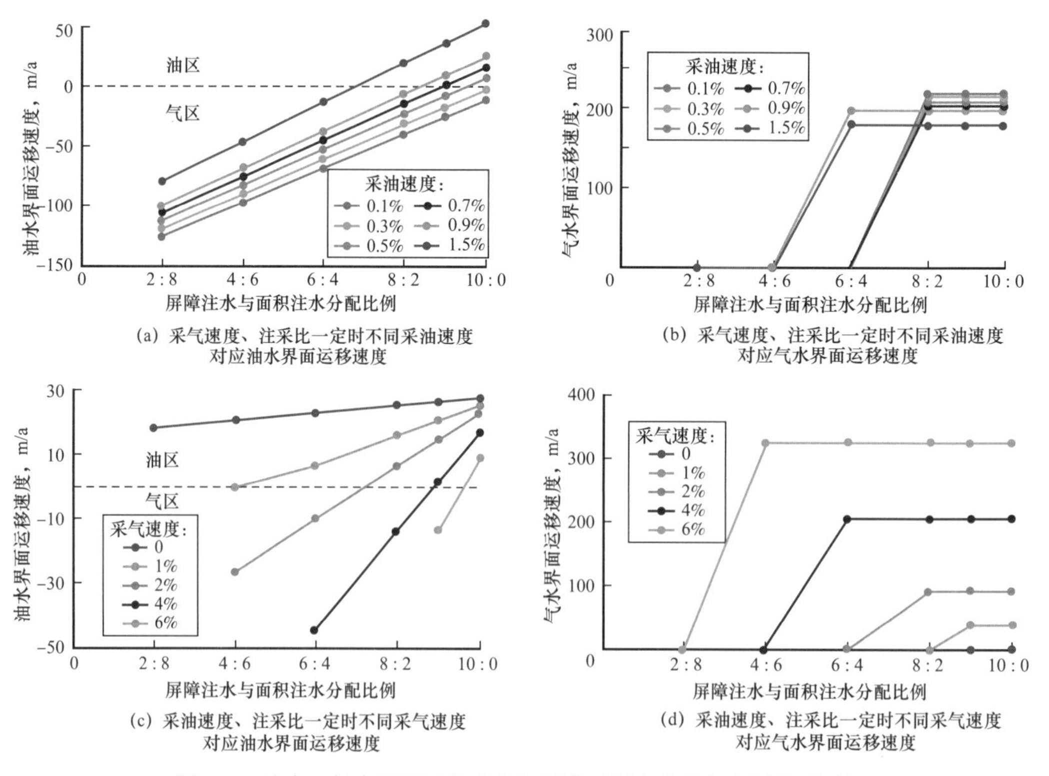

图 9-6 油水、气水界面运移速度与屏障面积注水分配比例关系图版

影响流体界面稳定的主控因素。

由图 9–6 可以看出，采用屏障 + 面积注水同时开采气顶、油环时，当采气速度、注采比一定时，油水界面运移速度与屏障面积注水分配比例呈正相关，且同一屏障注水与面积注水分配比例下，油水界面向油区运移速度与采油速度呈正相关，油水界面向气区的运移速度与采油速度呈负相关；气水界面运移速度与采油速度呈负相关，且水障形成后受屏障和面积注水比例影响小。当采油速度、注采比一定时，油水界面运移速度与屏障和面积注水分配比例呈正相关，且同一屏障注水与面积注水分配比例下，油水界面向油区运移速度与采气速度呈负相关，油水界面向气区的运移速度与采气速度呈正相关；气水界面运移速度与采气速度呈正相关，且水障形成后受屏障与面积注水分配比例影响小。

综上所述，在屏障 + 面积注水开发方式下，除了采油、采气速度和注采比外，屏障与面积注水分配比例也是影响流体界面稳定的主控因素。

二、带凝析气顶碳酸盐岩油藏气顶和油环协同开发技术政策确定

以 R 油气田不同气顶指数（分别为 3.1 和 0.4）油气藏的地质油藏参数为基础，建立了衰竭、屏障注水以及屏障 + 面积注水等不同开发方式下的数值模型，明确不同开发方式下的气顶油环协同开发技术政策。

1. 衰竭式开发方式下气顶和油环协同开发技术政策确定

衰竭式开发方式下，带气顶油藏气顶油环协同开发效果的主要影响因素为采油速度与采气速度（图 9–7）。

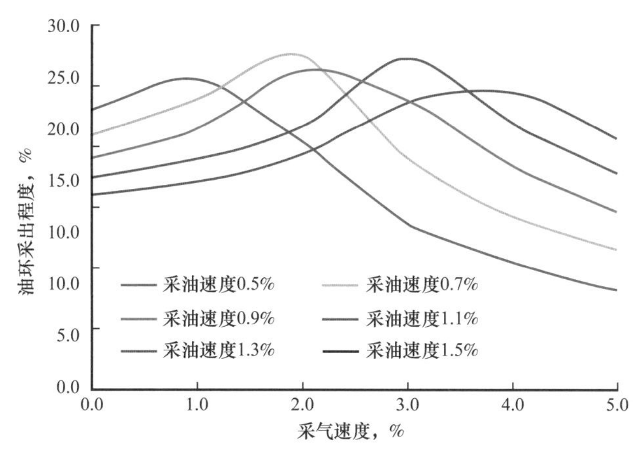

图 9–7　气顶采出程度、油环采出程度与采油速度、采气速度关系

数值模拟结果表明，在采气速度低于 2% 时，不同采油速度下气顶采出程度随采气速度的增大而增大；而当采气速度大于 2% 时，不同采油速度、采气速度下气顶采出程度基本稳定，即气顶采出程度不受采油速度、采气速度影响。图 9–7 表明，不同采油速度下，随着采气速度增加，油环原油采出程度呈现先升后降的变化趋势，即采油速度与采气速度存在合理匹配关系使得油环采出程度最大，并且合理采气速度随着采油速度的增大而增大。

2. 屏障注水开发方式下气顶和油环协同开发技术政策

为了更好地补充气顶与油环能量，同时隔断气顶与油环间的相互侵入，屏障注水开发逐渐成为带气顶油藏实施气顶油环同采的一种主要开发方式。当屏障注水井位置固定时，该开发方式下影响气顶油环协同开发效果的主要因素有采油速度、采气速度和注采比（图 9–8）。

由图 9–8 可看出，气顶指数 3.1 的 A 南油气藏在采油速度为 0.7%～0.9% 时，合理采气速度为 3%～4%，合理屏障注水注采比为 0.6；此时油气藏的整体开发效果最好。

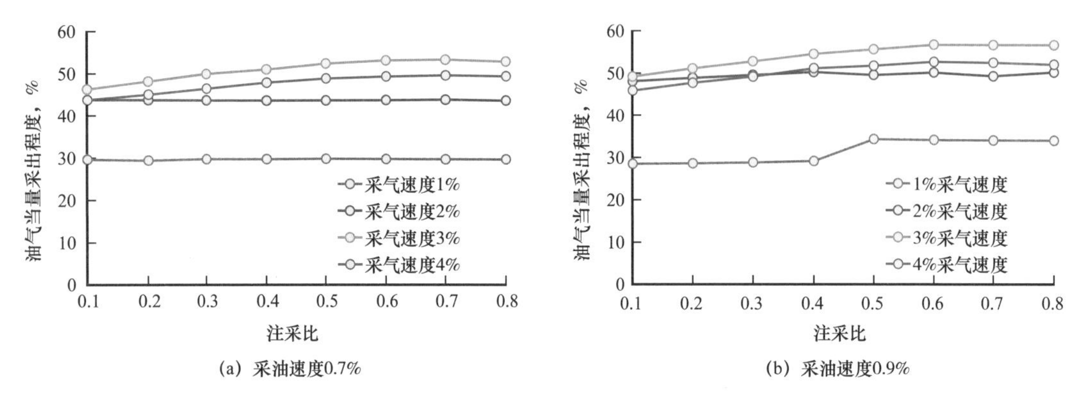

图 9–8　A 南油气藏不同采气速度、采油速度及注采比条件下油气开发效果对比

3. 屏障 + 面积注水开发方式下气顶和油环协同开发技术政策确定

在屏障注水开发的基础上增加面积注水井，可以进一步补充油环的地层能量，提高油环的开发效果。屏障 + 面积注水开发方式下，屏障注水与面积注水的分配比例也是影响气顶油环协同开发的关键因素。

从图 9–9 可以看出，屏障 + 面积注水开发方式下，当 A 南油气藏的采油速度为 0.7% 时，其合理采气速度为 3%～4%，合理注采比为 0.5～0.6，而合理的屏障注水与面积注水比例为 90：10。

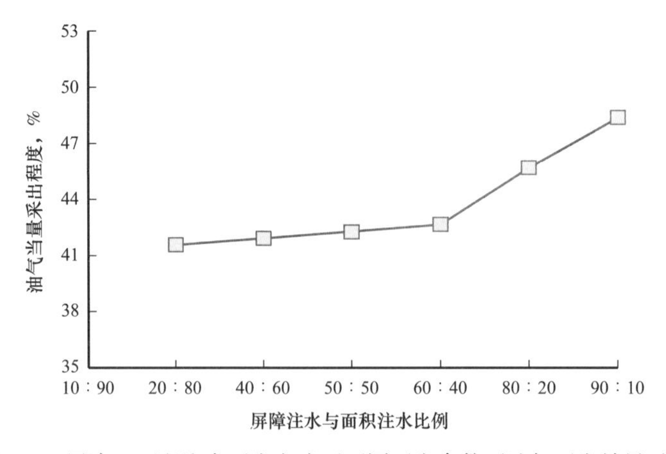

图 9–9　屏障 + 面积注水开发方式下不同开发参数下油气开发效果对比

第二节　大型碳酸盐岩油藏整体优化部署技术

伊拉克油气合作采用技术服务合同模式，合同者需要垫付油田开发建设的全部资金，并通过桶油服务费的形式获取报酬。这种模式决定了合同者需要在短期内以最小的投资建成较高的初始产量规模，并分阶段建成高峰产量规模，以实现项目自身滚动发展，规避高风险地区大规模投资风险，最大化提升收益率。

伊拉克大型生物碎屑灰岩油藏的开发要求在1%～2%采油速度下保持10年以上的稳产期。技术服务合同模式下单井产量高于100t/d才有经济效益，因此，整体开发优化部署是实现伊拉克项目快速规模建产、高效开发和提高项目经济效益的关键，国内尚无开发经验可供借鉴。通过伊拉克艾哈代布、哈法亚项目的油田开发实践，解决了上述技术难题，中石油在伊拉克建成了艾哈代布和哈法亚两个标志性项目，并创新形成了大型生物碎屑灰岩油藏整体优化部署技术，包括薄层生物碎屑灰岩油藏水平井注采井网模式、巨厚生物碎屑灰岩油藏大斜度水平井采油＋直井注水的井网模式、纵向多套井网立体组合模式和基于技术服务合同模式的多目标组合优化技术。

一、薄层碳酸盐岩油藏水平井注采井网模式

伊拉克艾哈代布油田主力油藏为中孔低渗透薄层生物碎屑灰岩油藏，在论证了水平井注水开发适应性的基础上，提出了该油田Kh2主力油藏水平井注采开发模式，即小井距（100m）、小排距（300m）、长水平段（800m）、平行正对、趾跟反向、顶采底注、流场控制的整体水平井排状注采开发技术，为艾哈代布油田高效开发提供理论基础和依据。

1. 注采井网选择

水平井注水技术不仅可提高注水量，增大波及效率和采出程度，还可提高油藏的压力保持水平，在特定地质条件下，可极大地改善油田开发效果。水平井注水开发效果影响因素主要有油藏非均质性、油层厚度、渗透率和油水黏度比等。艾哈代布油田Kh2层为单一薄层的生物碎屑灰岩油藏，油藏埋深约2600m，油层平均厚度为17.2m，储层垂直渗透率与水平渗透率比约为0.8；同时油井测试结果表明水平井产能至少为直井产能的2倍，满足水平井开发条件。

根据油藏特征，共设计了三套排状井网方式：完全正对排状井网、交错正对排状井网和完全交错排状井网（图9-10）。从预测的开发效果对比图（图9-11）可以看出，由于采用的井距小，完全正对和交错正对的采出程度基本接近，但在同样含水率条件下，完全正对井网采收率较高，因此，推荐采用完全正对井网方式，井距100m。

2. 水平井井段方向

在研究水平井之间的排距前，需要论证水平井水平段的部署方向。设计了三种方向的水平井模型（图9-12）进行见水时间、波及体积、合同期末采出程度等指标的预测，认为在水平段与主渗流方向成平行关系到45°角的区间内，开发效果最好；超过45°角之后，开

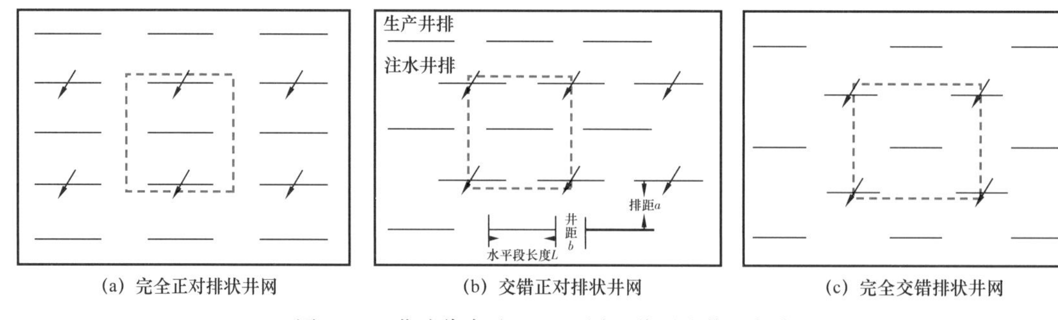

(a) 完全正对排状井网　(b) 交错正对排状井网　(c) 完全交错排状井网

图 9-10　艾哈代布油田 Kh2 层三种可选井网方式

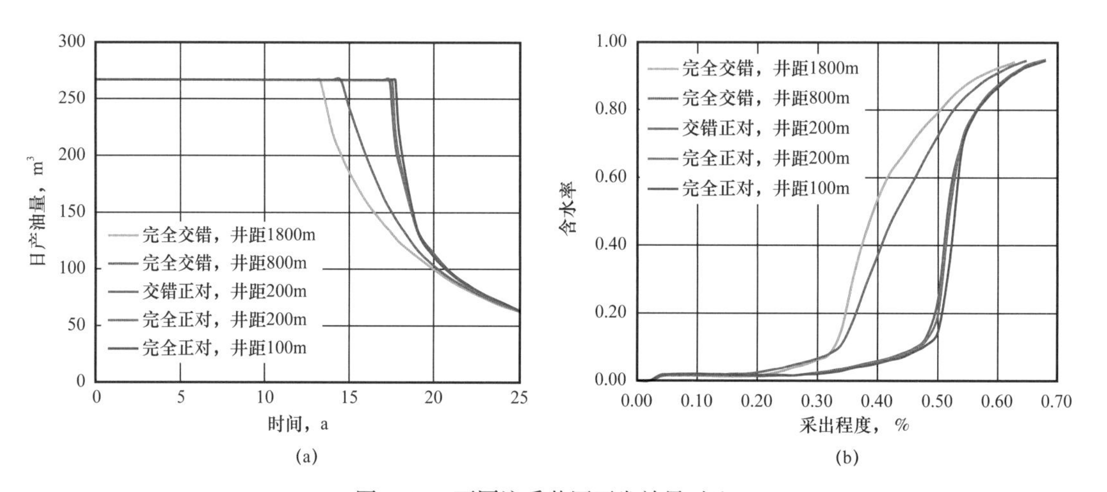

(a)　(b)

图 9-11　不同注采井网开发效果对比

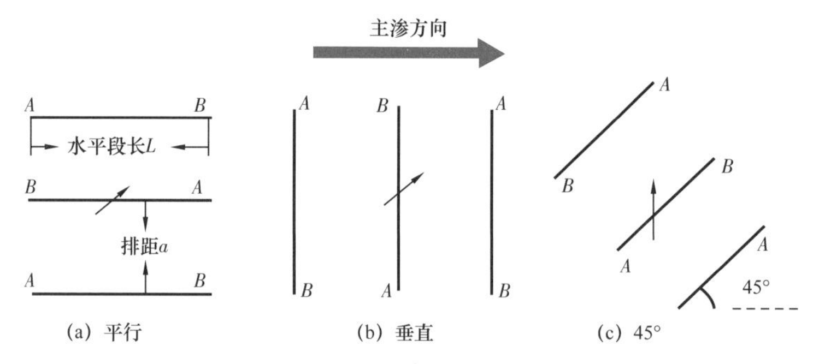

(a) 平行　(b) 垂直　(c) 45°

图 9-12　水平井水平段与储层主渗流方向关系

A—水平段趾端点；*B*—水平段跟端点

发效果将逐渐变差。因此，水平井水平段与地层最大主渗流方向呈 45° 为合理方向。

同时 AD-8 井和 AD-10H 井测试结果表明，最大主应力方向为 30°～40°。根据岩石力学理论，最大主渗流方向通常与最大主应力方向平行，因此在实际部署中，水平井段与最大主应力合理方向为 45° 左右。

3. 水平井井网排距

基于上述研究，水平井井网采用平行正对 100m 井距，水平井与最大主应力方向呈 45°

夹角，在全油藏地质模型基础上对Kh2层水平井排距开展优化研究。共设计200m、300m、400m、500m排距4套方案进行开发效果预测。对比4套方案20年内的采出程度、含水率以及净现值、累计净现金流等经济效益等指标，认为300m方案的各项指标整体开发优于其他方案，同时满足合同规定的稳产年限要求，因此，推荐Kh2层水平井网排距为300m。

4. 水平井注水技术政策

由于资源国伊拉克政府要求在油田开发中地层原油不能脱气，即溶解气驱在开发过程中不存在，在天然能量开发的前提下驱动方式仅为弹性驱，艾哈代布油田弹性驱采收率为1.6%～3.6%，难以满足合同对高峰期日产油和稳产期的要求，因此，及时注水补充能量成为艾哈代布油田开发的必然选择。

（1）合理地层压力保持水平。

对于主力油藏Kh2水平井网开发层系，对应地层压力保持水平设计了5套方案：90%、85%、80%、75%、70%。数值模拟结果表明，Kh2层合理地层压力保持水平为85%～90%，合同期采出程度与稳产期相对较高（图9-13）。

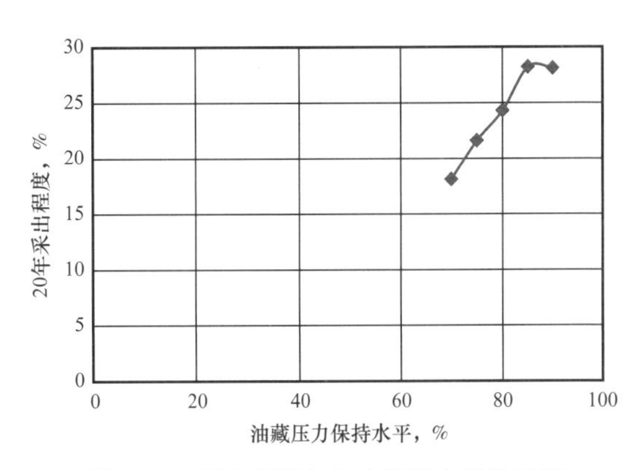

图9-13　采出程度与压力保持水平关系图

（2）注采比。

合理注采比可以有效地保持油层压力，减缓油田含水率上升速度，提高油井产能，及时补充地层能量。为了确定合理注采比大小，共设计了注采比分别为0.85、1.0和1.15三套不同注采比方案。预测结果表明，注采比为1.0的方案开发效果最好；注采比为0.85的方案，地层压力保持水平较低，油田稳产时间缩短，开发效果变差；注采比为1.15的方案，由于注水强度过大，油井见水过早，油田含水率较高，导致油井较早地由于含水率过高而关井，影响油田最终开发效果。因此，合理注采比为1.0，有助于将地层压力保持在合理水平。

（3）油井合理生产压差及井底流压。

合理生产压差的确定主要考虑能够合理利用地层能量，同时避免水窜并且保证较长时间的稳产要求。利用油藏工程及油井试油结果确定合理生产压差，试油过程中油井生产压差在4～15MPa，平均为9.65MPa，各层系井底流压设置在各层泡点压力附近，合理地层压力保持水平维持在85%～90%原始地层压力，因此，合理生产压差为5～8MPa。

二、巨厚碳酸盐岩油藏水平井采油+直井注水井网模式

哈法亚油田M油藏是一个背斜构造和具有层状特征的边底水油藏，油藏埋深2820～3080m，是哈法亚油田主力储层，纵向上油藏主要划分为MA、MB1、MB2及MC共4段，储层平均厚度在150～200m之间，储层类型以孔隙型为主，裂缝不发育，纵向上物性变化大，层间差异明显，渗透率差异比较大，层内存在夹层。主力小层MB1、MB2储

层发育相对较厚，平均厚度分别为 81m、45m，大部分储层连续稳定分布。MA2 和 MB1 层间发育稳定隔层，厚 4～27m，MB1 层内发育夹层；MB1 和 MB2 层间不发育稳定隔层，MC1 和 MC2 之间发育稳定隔层，厚 20～30m。

生物碎屑灰岩储层各小层储层物性差异较大，受沉积环境控制和成岩作用改造影响。纵向上储层物性变化大，层间差异明显，渗透率差异比较大。主力油层 MB1 层物性较差，属于中孔低渗透储层，MB2、MC1 层物性较好，属于中高孔中低渗透储层。

M 油藏巨厚孔隙型碳酸盐岩油藏在开发部署方面存在 2 个挑战：一是储层厚度大，纵向上非均质性强，对于巨厚、纵向非均质的油藏采用何种井型开发需要深入研究；二是大规模注水井网没有现成的模式可以参考，需要提出适合本油藏特点的注采井网。针对以上问题，优选巨厚碳酸盐岩油藏的井型、注采井网，提高油藏水驱波及系数及采收率，保障油田快速规模建产，为中东地区类似油藏开发提供重要技术借鉴。

1. 巨厚生物碎屑灰岩油藏大斜度水平井适应性评价

在薄层油藏中钻水平井是有效的，在厚层油藏中适合钻直井，水平井或大斜度井是否同样可行，需要通过单井产能对比、隔夹层对单井产能的影响等来判定。

基于直井产能计算公式：

$$J_{\mathrm{V}}=\frac{0.543KH/\mu}{\ln\left(r_{\mathrm{e}}/r_{\mathrm{w}}\right)+S} \tag{9-10}$$

对于水平井和大斜度井，Besson 认为可以在产能公式中加入一个形状表皮因子 S_{f}，以此考虑水平井和大斜度井与直井形状不同对产能造成的影响：

$$J_{\mathrm{H,S}}=\frac{0.543KH/\mu}{\ln\left(r_{\mathrm{e}}/r_{\mathrm{w}}\right)+S+S_{\mathrm{f}}} \tag{9-11}$$

综合考虑油藏各向异性，Besson 给出水平井形状表皮因子 S_{fH} 的计算公式为：

$$S_{\mathrm{fH}}=\ln\frac{4r_{\mathrm{w}}}{L}+\frac{\alpha H}{L}\ln\frac{H}{0.543r_{\mathrm{w}}}\frac{2\alpha}{1+\alpha}\frac{1}{1-\left(2\theta/H\right)} \tag{9-12}$$

斜井形状表皮因子 S_{fS} 的计算公式为：

$$S_{\mathrm{fS}}=\ln\left(\frac{4r_{\mathrm{w}}}{L}\frac{1}{\alpha\gamma}\right)+\frac{H}{\gamma L}\ln\left(\frac{\sqrt{LH}}{4r_{\mathrm{w}}}\frac{2\alpha\sqrt{\gamma}}{1+1/\gamma}\right) \tag{9-13}$$

式中 H——油层厚度，m；

J_{V}，J_{S}，J_{H}——直井、斜井、水平井采油指数，$\mathrm{m^3/(d\cdot MPa)}$；

L——水平井长度，m；

r_{e}——泄油半径，m；

r_{w}——井筒半径，m；

S，S_{f}，S_{fH}，S_{fS}——表皮因子、形状表皮因子、水平井形状表皮因子、斜井形状表皮因子；

α——各向异性系数，$\alpha=\sqrt{K_V/K_H}$；

K_V，K_H——垂直渗透率、水平渗透率，mD；

θ——井斜角，(°)；

γ——井的形状因子，$\gamma=\sqrt{\cos^2\theta+\frac{1}{\alpha^2}\sin^2\theta}$；

μ——黏度，mPa·s。

图 9-14 给出了不同厚度油藏条件下的井型选择图版，在该图版中每条线以上的区域，大斜度井的产能大于水平井的产能。对于 50m 以上厚度的巨厚油藏，大斜度井比水平井有更广范围的适应性。在 $K_V/K_H<0.3$ 时，无论多大长度的井眼，对于 50m 以上的巨厚油藏，大斜度井的产能均比水平井的产能更高。在一般情况下，大部分油藏的 $K_V/K_H<0.3$。因此，从产能角度来说，对于巨厚生物碎屑灰岩油藏，大斜度井比水平井有更好的适应性。

对于有隔层存在的巨厚生物碎屑灰岩油藏，通过隔夹层敏感性分析认为，大斜度井比水平井有更好的适应性。为了充分发挥 M 巨厚油藏上部 MB1 低渗透段、下部 MB2 高渗透段的各自优势，采用大斜度水平井的模式，既利用上部斜井段的优势，又可发挥下部水平段的优势。

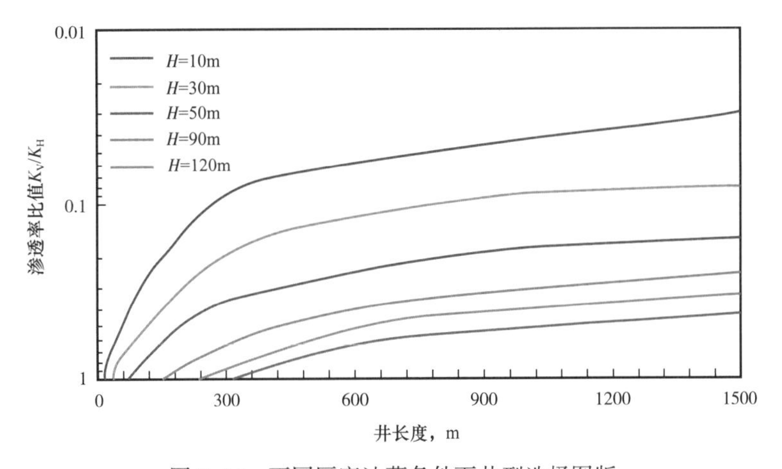

图 9-14　不同厚度油藏条件下井型选择图版

2. 巨厚油藏大斜度水平井井段长度

（1）大斜度水平井长度优化。

大斜度水平井的长度决定了井的泄油面积和控制的可采储量，受井网部署、钻井工艺、油层保护措施、储层特点和经济效益等因素的制约，大斜度水平井的长度并不是越长越好。

M 油藏 MB1 相对低渗透段储量占油藏总储量的 58.4%，MB2 相对高渗透段约占总储量的 22.9%。MB1 层渗透率范围为 1.3～82.2mD，储层厚度为 80m，黏度为 1.7mPa·s，MB2 层渗透率范围为 39.6～136mD，储层厚度为 40m，黏度为 3.3mPa·s。在 MB1 层采用斜井方式，在 MB2 层采用水平段方式（图 9–15），当大斜度水平井长度大于一定的长度之后，累计产油量增加趋势变缓，因此，大斜度水平井的存在合理的长度区间（图 9–16）。

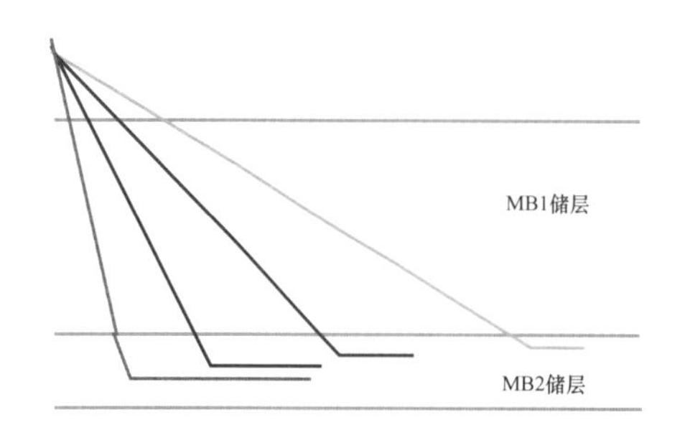

图 9–15　不同长度的大斜度水平井示意图

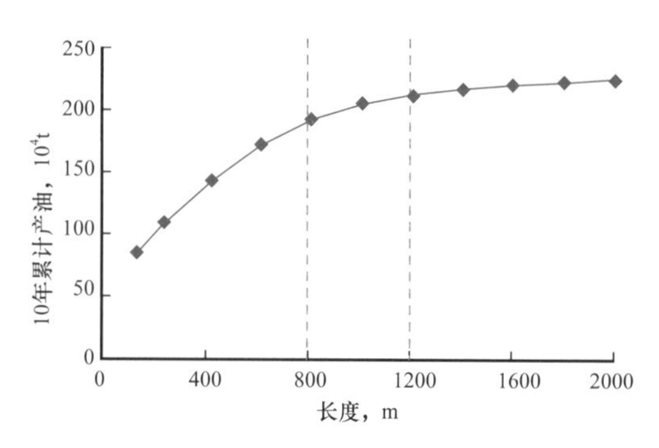

图 9–16　大斜度水平井长度与累计产油量图

（2）大斜度井水平井井型结构优化。

鉴于 MB1 和 MB2 层在储层和流体性质方面的不同，需要优化油层内的大斜度生产井段在 MB1 及 MB2 内的长度分配比例。较厚的 MB1 低渗透层采用大斜度段，较薄的 MB2 高渗透层采用水平段开发，采用井组模型设计了井总长度为 800m 的 4 个方案，方案预测结果见表 9–1。

表 9–1　大斜度井水平井井型结构优化设计方案及指标对比

方案	MB1 大斜度段，m	MB2 水平段，m	20 年合同期采出程度，%	20 年合同期末含水率，%
方案 1	100	700	33.4	77.4
方案 2	300	500	34.7	73.2
方案 3	500	300	36.4	68.3
方案 4	700	100	36.9	66.5

根据 MB1 和 MB2 层不同长度的方案，对于 MB1 及 MB2 段合采的大斜度水平井，完井段在 MB1 层内长度越长，20 年内的采出程度越高，同时含水率越低。当井长度为 800m，设计的斜井段在 MB1 层的长度超过 500m 时，对采出程度的改善效果显著变小，因此，Mishrif 油藏大斜度水平井 MB1 层大斜度段与 MB2 层水平段井的合理比值为 2∶1 时开发效果最好。

（3）大斜度水平井采油 + 直井注水的注采井网模式。

对于巨厚生物碎屑灰岩油藏，直井和大斜度水平井都是适宜的开发井型。设计了 3 个不同注采井网开发部署对比方案：方案 1 为采用直井井网模式、方案 2 大斜度水平井井网模式、方案 3 为大斜度水平井 + 直井的混合井网模式（图 9–17、图 9–18 和图 9–19）。

通过预测后开发指标对比发现，方案 1 的高峰产量稳产时间仅 8 年，不能满足合同对油田产量稳产 13 年的要求，为达到稳产要求，必须进一步加密井网。方案 2 与方案 3 的主要开发指标动态预测结果无显著差别，但方案 3 采用直井作为注水井型，与大斜度水平井注水相比，选择直井作为注水井，可以实现注水井的措施作业更加灵活，包括注入层位的调整、注采关系调整等措施，更容易实现精细分层注水。因此，优选方案 3 作为 M 油藏开发的注采井网部署方案。

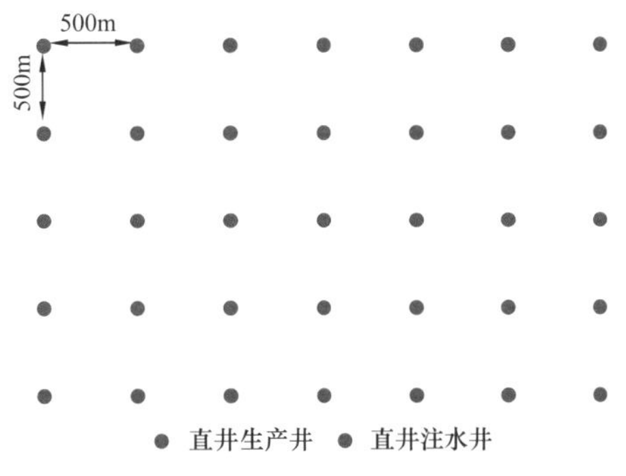

图 9–17　反九点直井注采井网模式

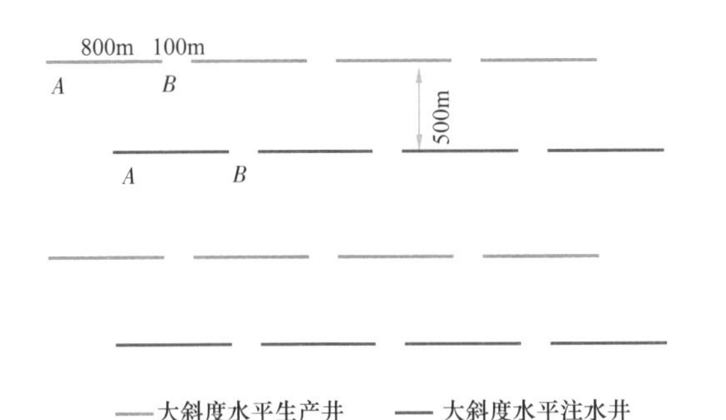

图 9–18　大斜度水平井交错注采井网模式

A—水平段趾端点；*B*—水平段跟端点

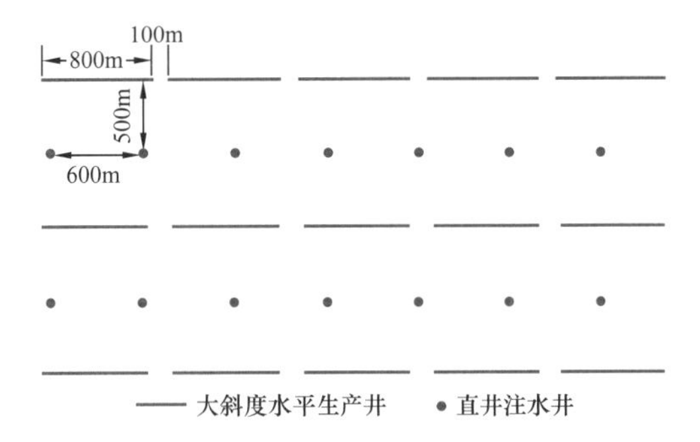

图 9–19　大斜度水平井采油 + 直井注采井网模式

在哈法亚油田，大斜度水平井获得高产，并且快速建成了年产 1000×10^4t 产能规模。截至 2015 年底，M 油藏共钻大斜度水平井 37 口，平均单井产量达到 792t/d，比设计值 729t/d 高出 63t/d；直井投产 58 口，平均单井产量达 472t/d，比设计值 364t/d 高出 108t/d。大斜度水平井平均单井产量是直井的 1.7 倍，而大斜度水平井平均单井钻井费用只有直井的 1.4 倍，钻井周期只有直井的 1.3 倍。

三、纵向多套井网的立体组合优化技术

海外油田开发生产受安全局势及投资风险的影响，丛式井模式为最佳选择，因此，多层系的井网优化成为必然。立体井网组合优化需要骨干井网（主力层系注采井网）和枝干井网（非主力层系井网）在空间上合理配置，减少钻井平台数，减少现场工程作业队伍，实现同一平台不同油藏间的井交错配置，以便后期老井互换层系开发，从而达到减少投资、提高效益的目标。

艾哈代布油田共分布有 7 套（Kh2、Mi4、Ru1、Ru2a、Ru2b、Ru3、Ma1）油层，共分为 4 套开发层系：Kh2、Mi4–Ru1、Ru2–Ru3 和 Ma1。Kh2 层为主要开发层系，Mishrif 和 Rumaila 为次要开发层系。油田纵向上有多套层系，平面上有多套井网，需要考虑井网在空间分布及钻井防碰等问题。

（1）两套直井开发层系间的井网模式。

Mi4–Ru1、Ru2–Ru3 为层状油藏，内部隔夹层发育，采用直井开发，为了优化 Mi4–

Ru1 和 Ru2–Ru3 两套开发层系的井距，对比分析了 4 套井距方案：550m、600m、650m、700m。经济评价结果表明，650m 和 700m 方案内部收益率及累计净现值均低于其他两个方案，虽然 550m 方案经济指标略高于 600m 方案，但其增加新井的增量经济效益变差，同时采用 600m 井距开发有利于与上部 Kh2 层 300m 排距井网相互错开，有利于解决纵向多套井网平面布局问题。因此，推荐直井采用 600m 井距开发。因此，下部两套直井井网采用相同的井网井距，均为 600m 井距，井排之间互相间隔。待后期开采到一定时间后，互相交换，即 Mi4–Ru1 开发层系井改为开采 Ru2–Ru3 油藏，Ru2–Ru3 开发层系井改为开采 Mi4–Ru1 油藏（图 9–20）。

（2）水平井井网与直井井网匹配模式。

Kh2 的水平井的排距为 300m，直井井网的井距为 600m，水平井与直井网在同一排，但井口略微错开 200 米左右。两排直井网对应三排水平井排，在平面上以 Kh2 层井网为主干井网，下部直井井网为枝干井网，实现在空间上相容匹配（图 9–21）。

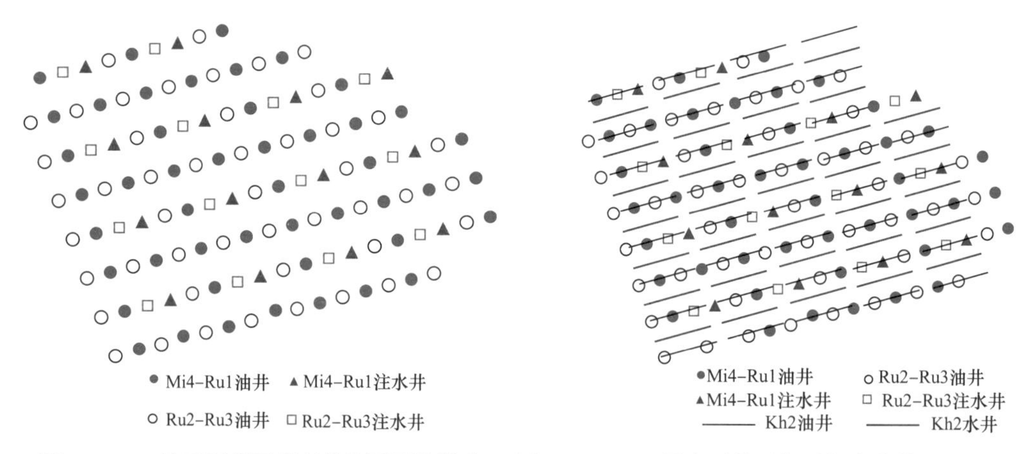

图 9–20　K 油田下部两套直井井网匹配模式　　图 9–21　Kh2 层水平井网与下部直井井网平面匹配关系

第三节　边底水砂岩油藏天然能量与人工注水协同开发技术

油藏开发的本质是压力的问题，归根结底是能量的问题。地层原油的驱动能量包括天然能量与人工补充能量，一般情况下，具有一定天然能量的油藏开发早中期往往选择利用天然能量开发，当地层压力下降到一定水平后，实施人工注水补充地层能量开发。苏丹 Palogue 油田是层状边底水高凝油油藏，充分利用天然能量不但可以节约开发成本，而且可以有效避免地层原油析蜡冷伤害问题，通过明确天然能量与人工注水协同开发技术政策，保障油藏天然能量的充分、高效利用，指导天然水驱后的水驱结构调整，实现油藏高效开发调整部署。

一、天然能量与人工补充能量协同开发机理

1. 天然能量及人工注水协同开发定义

协同，是指协调两个或者两个以上的不同资源或者个体，相互配合共同一致完成某一

目标的过程或能力。协同也指元素对元素的相干能力，表现元素在整体发展运行过程中协调与合作的性质。结构元素各自之间的协调、协作形成拉动效应，推动事物共同前进，对事物双方或多方而言，协同的结果使个个获益，整体加强，共同发展。导致事物间属性互相增强、向积极方向发展的相干性即为协同性。

油田开发中的能量协同开发，就是指协调油藏天然能量、人工注水补充能量及开发生产动态等多个因素，使其相互协同配合、充分发挥作用，实现最优开发指标，获得最大的经济效益。协同开发的机理为：以物理模拟和数值模拟为手段，以地质因素和开发因素为约束条件，明确油藏水体能量、压力保持水平、采出程度与人工补充能量等的协同关系。研究过程中综合考虑水体能量、地质储量、采油速度和注入能量等因素的影响，建立单因素及多因素的协同开发技术政策综合图版，明确天然水驱和人工注水协同开发的技术界限，以达到油田天然能量利用最大化和原油采收率最大化的目的。

2. 天然能量及人工注水协同开发机理

通过物理模拟或数值模拟方法揭示边水驱和人工注水方式下的协同开发机理，明确影响天然水驱和人工注水协同开发的主控因素。

为了揭示天然能量及人工注水协同开发机理，建立描述水驱油过程的完整数学模型，包括油水相控制方程、状态方程、饱和度方程和毛细管力方程，以及初始条件和边界条件，在此基础上推导相似准则，以苏丹 3/7 区 Palogue 油田为研究对象，建立满足几何相似、物性相似、压力相似以及开发动态相似的三维物理模型装置，然后根据相似准则设计和进行实验，实现室内实验数据与现场数据的转换，所得到的规律才能用于指导生产实际。

不同转注时机边水驱与人工水驱采出程度之间的关系表明，随着转注时机的推迟，地层弹性能和边水能量释放越充分，边水驱采出程度增加，边水驱阶段对产油量的贡献率也越来越大，从而导致地层剩余油量减少，可动用油量少，所以相对应的人工注水驱阶段采出程度和产量贡献越来越小。

图 9-22 为不同边水水体倍数转人工注水采出程度与地层压力保持水平关系图，随着转注时机的推迟，天然能量得到充分利用，采出程度增加。不同水体倍数对应采出程度随地层压力保持水平降低呈现的规律一致，但增加的幅度逐渐变缓。在相同地层压力保持水平下，采出程度随水体倍数增加呈现逐步增加趋势。

为了确定天然能量与人工注水协同开发效果的主控因素，研究储层层间物性、天然能量和开发方式的差异对开发效果的影响，选取具有代表性的渗透率非均质系数、地层原油黏度非均质系数、天然能量非均质系数、注采比、注水方式及开采方式等 6 个参数进行研究。采用洛伦茨曲线法和正交试验设计方法，开展 4 因素 5 水平及 2 因素 2 水平的混合正交试验。利用极差分析法计算得到各个参数对应的归一化极差（图 9-23）。通过归一化极差，明确天然能量与人工注水协同开发效果主控因素排序，即地层原油黏度非均质系数＞天然能量非均质系数＞开采方式＞注采比＞渗透率非均质系数＞注水方式。

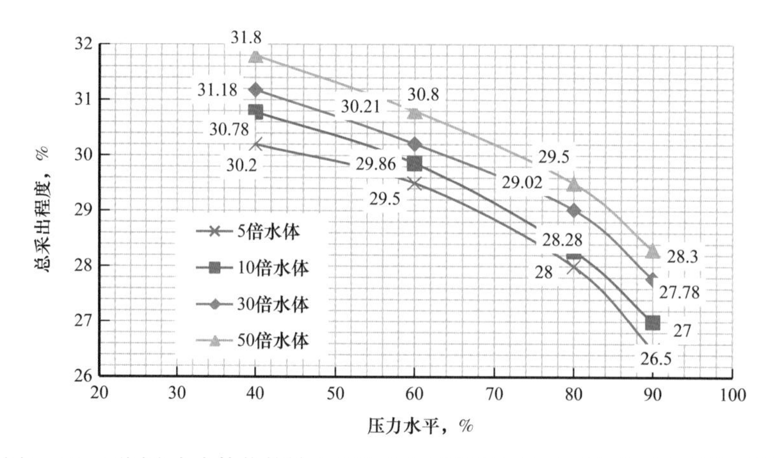

图 9-22　不同边水水体倍数转人工注水采出程度与地层压力保持水平关系图

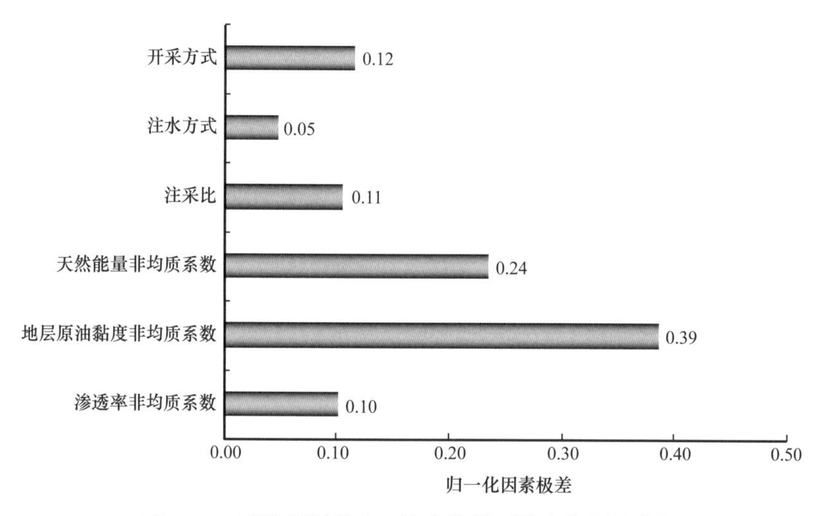

图 9-23　天然能量及人工注水协同开发主控因素分析

二、天然能量与人工注水协同开发技术政策优化

采用数值模拟方法、油藏工程理论推导等多种方法相结合进行协同开发的机理研究，优化油藏天然水驱阶段、注水能量补充阶段关键开发指标，如采油速度、合理压力保持水平、注水时机、注采比等，定量表征天然能量与人工注水补充能量协同开发关键指标。

1. 天然水驱阶段合理采油速度

采油速度是决定天然水驱阶段能量利用效率的重要因素，不但直接影响阶段内油水运动规律、采出程度，且对阶段末地层能量分布、剩余油分布特征有较大影响，是油藏开发中后期实现天然能量与人工补充能量协同开发的基础。

对于边底水油藏，采油速度受到油藏水体能量及储层物性条件等因素的制约，采油速度过高会引起含水率上升快以及暴性水淹等现象，因此，采油速度需要控制在合理的范围内，既可以充分发挥天然能量的作用，又能较好地抑制边底水侵，有利于油藏长期稳产高产。目前确定合理油藏采油速度的方法主要有油藏数值模拟法、类比法、线性回归法和多元逐步回归分析法等。

为保证油田在生命周期内高效开发，避免油田因天然能量过度衰竭造成最终采收率损失，具有一定边底水能量的油藏天然水驱阶段持续时间有限，当地层压力下降至一定水平时需要进行人工补充能量开发。对比不同采油速度下天然水驱开发 10 年阶段采出程度（图 9–24），不同水体倍数油藏存在不同的合理采油速度区间，当水体倍数从 5 倍增加到 100 倍，合理采油速度从 1.5% 增加到 4% 左右。5 倍、10 倍、20 倍、50 倍、100 倍水体油藏天然水驱采油速度合理范围分别为 1.0%～1.5%、1.5%～2.0%、2.0%～3.0%、3.0%～4.0%、3.5%～4.5%（表 9–2）。该合理采油速度仅适用于储层及流体物性较好、能量传导能力较强的边底水油藏。

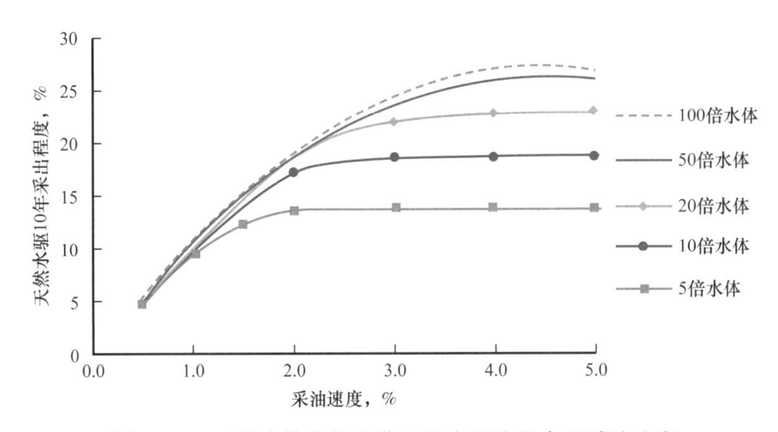

图 9–24　不同水体倍数油藏天然水驱阶段合理采油速度

表 9–2　不同水体倍数油藏天然水驱阶段合理采油速度

水体倍数	5 倍	10 倍	20 倍	50 倍	100 倍
天然水驱阶段合理采油速度，%	1.0～1.5	1.5～2.0	2.0～3.0	3.0～4.0	3.5～4.5

2. 合理注水时机

合理的注水时机是实现天然能量与人工补充能量协同开发的关键。以典型多层状边底水油藏海外 P 油田为原型，采用数值模拟方法优化不同水体倍数条件下油藏注水时机。该区块纵向跨度 200m 左右，储层为中高孔渗。设定油田开发期限为 20 年，高峰期采油速度为 2.5%，地层压力保持水平为 70% 左右。对比不同水体倍数油藏依靠天然能量开发与注水开发产量剖面（图 9–25）可知，水体倍数是影响油藏注水时机的重要因素，无水体、3 倍、6 倍、8 倍、10 倍、20 倍、50 倍、100 倍水体条件下，依据压力保持水平，确定合理注水时机分别为 0.5 年、1.0 年、4.0 年、4.5 年、5.5 年、6.0 年、7.0 年、8.0 年（表 9–3）。

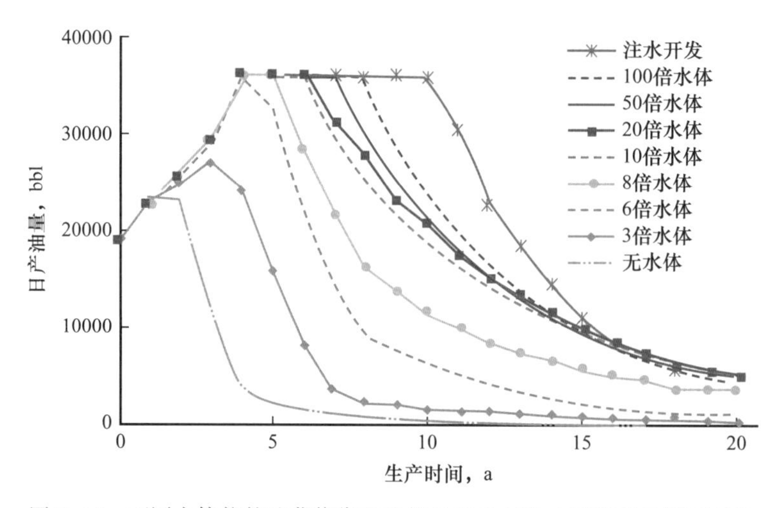

图 9-25　不同水体倍数油藏依靠天然能量开发与注水开发产量剖面对比

表 9-3　不同水体倍数油藏数值模拟注水时机优化结果

水体倍数	无水体	3 倍	6 倍	8 倍	10 倍	20 倍	50 倍	100 倍
注水时机，a	0.5	1.0	4.0	4.5	5.5	6.0	7.0	8.0
压力保持水平，%	79.5	78.1	69.8	68.3	68.9	70.0	70.5	73.1
天然水驱阶段采出程度，%	0.6	1.4	7.2	8.5	11.0	12.2	13.4	17.0

合理注水时机（压力保持水平）随着渗透率增加呈现降低的趋势，当渗透率为500mD 时，合理转注时机是压力保持水平为 80%；当渗透率增大至 3500mD 时，合理转注时机是压力保持水平降低为 50%。P 油田渗透率范围为 1500～3500mD，合理注水时机为 50%～60%（图 9-26）。

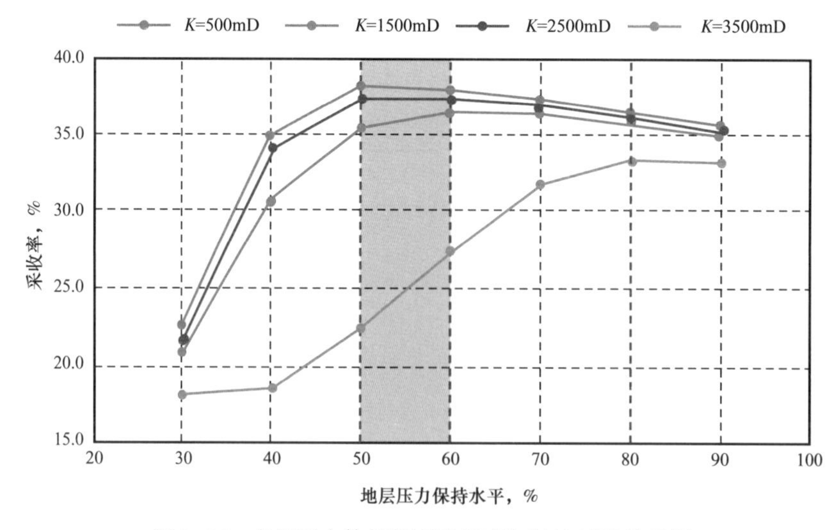

图 9-26　在相同水体倍数下渗透率与转注时机关系图

综合国内外典型边底水油藏开发实践及数值模拟结果（表 9-4），总结不同水体倍数油藏合理注水时机（表 9-5）：

表 9-4　国内外典型边底水油藏注水时机

油藏名称	Fal-1	Pal-1	Assel	彩南油田三工河组彩 2 区块	彩南油田三工河组彩 9 区块	彩南油田三工河组彩 10 区块	红南油田 2 块白垩系油藏
水体倍数	5～8 倍	10 倍	15～20 倍	25 倍	38 倍	58 倍	80 倍
注水时机	5 年	6 年	8～10 年	6 年	4 年	＞10 年	约 16 年

表 9-5　不同水体倍数油藏注水时机及阶段采出程度

水体倍数	＜5 倍	5 倍	10 倍	20 倍	50 倍
注水时机	0～1 年	3～4 年	5～6 年	8～10 年	10～12 年
天然水驱阶段采出程度，%	4	6	11	12	14

（1）边底水能量较小的油藏（水体倍数小于 5 倍）投产后地层压力下降较快，天然水驱阶段采出程度低（＜4%），需要在 1 年内尽快实现注水。

（2）水体倍数 5～20 倍的边底水油藏可充分利用天然能量进行开发，天然水驱阶段采出程度为 6%～12%；一般投产 3～8 年后注水，注水时地层压力整体保持水平为 65%～75%，但油藏内存在低压区，压力保持水平低至 30%～50%，因此，应根据实际情况差异化进行水驱结构调整，分块、分层、分区优化注水顺序，逐步形成规模注水。

（3）实际油藏开发过程中，由于受断层遮挡、储层连续性、储层及流体非均质性等因素的影响，超过一定水体倍数的油藏其天然水驱阶段开发效果受水体倍数的影响已较小，而更加受制于油藏的能量传导能力。当水体倍数大于 50 倍时，开发一定年限后油藏存在明显低压层、低压区，需注水补充能量。

3. 天然能量与人工注水协同开发关系

注水阶段应根据油藏具体情况优化能量协同关系，确定合理的注采比，并在不同开发阶段调整注水量。在天然水驱后注水开发中，能量协同关系体现为油藏一定开发期限内不同能量累计贡献产量占总累计产量的比例。

应用边底水油藏数值模拟手段得到不同采油速度下天然能量与人工注水补充能量理想协同关系图版（图 9-27）。采用 $y=y_0+Ae^{-x/t}$ 函数对曲线进行拟合（表 9-6），可得到不同采油速度下天然能量与人工注水贡献产量比例与油藏水体倍数关系式，相关系数均在 0.99 以上。根据回归出来的关系式可以求取任一水体倍数下的天然能量与人工注水贡献产量比例。

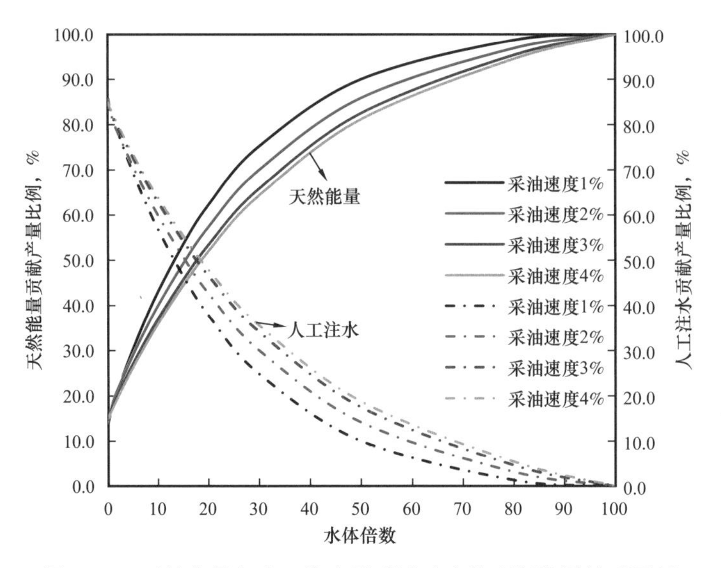

图 9-27　天然能量与人工注水及采油速度的理想协同关系图版

表 9-6　不同采油速度下天然能量与人工注水贡献产量比例与油藏水体倍数关系式

采油速度，%	天然能量贡献产量（y）与水体倍数（x）关系式	人工注水贡献产量（y）与水体倍数（x）关系式
1	y=102.68−87.72$e^{-x/25.87}$	y=−2.68+87.72$e^{-x/25.87}$
2	y=103.87−87.32$e^{-x/31.664}$	y=−3.87+87.32$e^{-x/31.664}$
3	y=105.65−89.83$e^{-x/36.87}$	y=−5.65+89.83$e^{-x/36.87}$
4	y=105.89−90.58$e^{-x/38.50}$	y=−5.89+90.58$e^{-x/38.50}$

水体倍数越大，天然能量在油田开发生命期中的产量贡献比例越高。P 油田主力断块水体倍数为 5～20 倍，天然能量贡献比例为 25%～50%，其余可采储量需依赖注水补充能量采出。

对于某一水体倍数的油藏，低采油速度时的天然能量贡献产量比高采油速度贡献比例大，说明天然能量在采油速度低时更能充分发挥驱动作用。采油速度越高，天然能量贡献比例越小。如水体倍数为 10 倍的油藏，采油速度为 1% 时天然能量开发贡献产量比例为 43.1%，注水开发贡献产量比例为 56.9%；当采油速度提高至 4% 时，天然能量贡献比例为 36.0%，注水贡献比例为 64.0%，注水贡献提高了 7.1%。

对于实际油藏而言，能量协同关系除受水体大小影响外，还受断层遮挡、储层连续性、储层及流体非均质性等因素的制约。采用苏丹 Pal-1 块模型分析水体倍数与注水贡献产量比例的关系（图 9-28）。以无水体条件下优化后的注水开发产量剖面设定为参考标准，模型分别连接不同大小的水体（无水体、3 倍、6 倍、8 倍、10 倍、20 倍、50 倍、无限大水体），不同水体模型注水补充能量分别所占产量比例明显分为两段式。

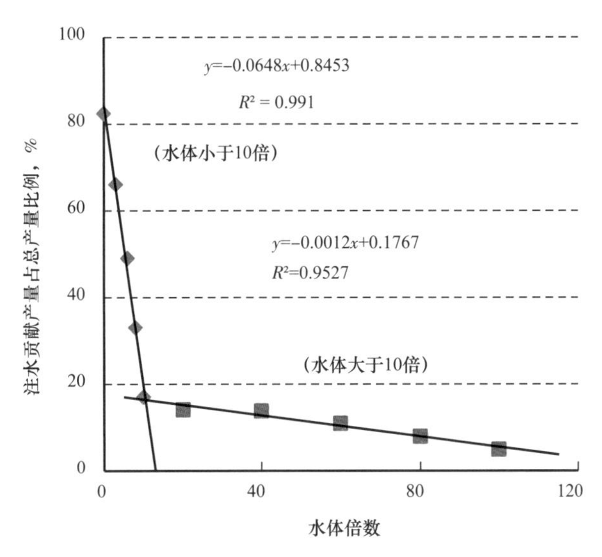

图 9-28　注水贡献产量比例预测图

当水体倍数小于 10 倍时，注水贡献产量比例与水体倍数符合关系：

$$y=-0.0648x+0.8453 \tag{9-14}$$

当水体倍数大于 10 倍时，注水贡献产量比例与水体倍数符合关系：

$$y=-0.0012x+0.1767 \tag{9-15}$$

其中，x 为水体倍数，y 为注水贡献产量比例。

显然，对于纵向上不同水体大小的油藏，天然水驱与注水贡献产量比例存在较大差异，水体越小（10 倍左右为分界线），贡献产量比例对水体大小的敏感程度越高。实际油藏开发过程中，应根据具体问题建立适合的模型研究天然能量与注水的协同关系。

根据式（9-14）、式（9-15）得到不同水体倍数油藏天然能量、人工注水补充能量协同关系（图 9-29）。无水体或水体倍数小于 5 倍的油藏，需要实施早期注水开发；水体倍数在 5～10 倍内的油藏建议达到稳产期后立即开始注水；水体大于 10 倍的油藏注意跟踪评价油藏压力水平，选择合适的时机注水。

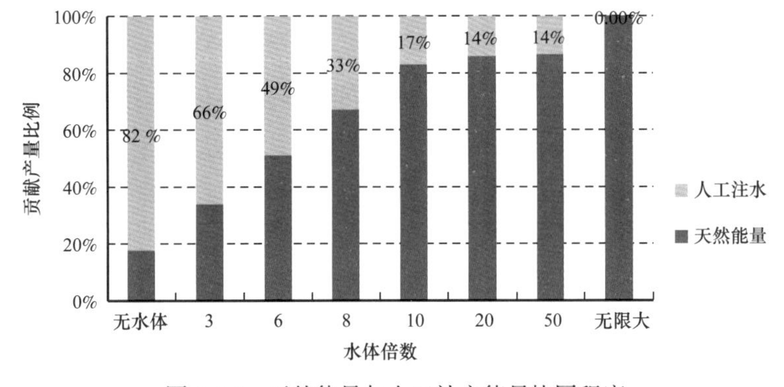

图 9-29　天然能量与人工补充能量协同程度

第四节　超重油油藏冷采开发理论与技术

超重油指 15.6℃及大气压下密度大于 1.0g/cm^3（原油重度小于 10°API），但在原始油藏条件下黏度小于 10000mPa·s、具有就地流动性的原油。目前发现的超重油最大聚集带是南美洲委内瑞拉的奥里诺科（Orinoco）重油带，该重油带超重油储量和开发潜力巨大。与国内稠油相比，重油带超重油具有“四高一低”可流动的特性：原油密度高（0.934～1.050g/cm^3）、沥青质含量高（质量分数一般大于 20%）、硫含量高（平均为 35000mg/L）、重金属含量高（大于 500mg/L，其中矾占 80%，镍占 20%）、原油黏度相对低（地下原油黏度一般小于 10000mPa·s）；冷采过程中一定条件下可就地形成泡沫油流，冷采条件可流动且冷采产能较高。重油带超重油地层条件下的黏度范围为 1000～10000mPa·s，相对低黏度指的是和国内稠油相比，在相同的原油密度条件下，重油带超重油的黏度要比国内稠油黏度低 5～10 倍，这主要是由于前者沥青质含量较高而胶质含量相对较低造成的。

中石油在重油带的项目地质储量近 100×10^{8}t，是非常重要的战略资源。超重油油藏与国内稠油具有截然不同的油藏地质特征，国内成熟的稠油热采开发技术并不适用于海外作业背景下的超重油的经济有效开发。自“十一五”以来，中石油依托国家油气科技重大专项攻关和在重油带的开发生产实践，丰富和发展了我国在超重油开发方面的理论认识，并集成创新形成了超重油油藏冷采经济高效开发技术，理论与技术的进展成功指导了重油项目的经济高效开发，并已建成千万吨级海外最大规模的非常规原油生产与供应合作区。

一、超重油“泡沫油”开发机理

利用“泡沫油”溶解气驱开发重油油藏在委内瑞拉和加拿大已得到了成功的应用。与国内稠油相比，重油带超重油原油组分构成具有独特性，沥青质含量高，是其能够就地形成相对稳定的“泡沫油”流的重要内因。“泡沫油”中含有大量的分散气泡，是冷采开发奥里诺科重油带超重油油藏的重要生产机理。

在含有一定溶解气的油藏中，当油藏压力低于泡点压力时，溶解气开始从原油中分离，原油中形成许多微小气泡，这些微小气泡逐渐聚并扩大，最终脱离油相形成单独气相。与常规原油中气泡会立即聚并成为连续气相释放出来不同，在重油中由于黏滞力大于重力和毛细管力，这些小气泡呈分散状态滞留在原油中，形成重油的油包气环境，分散的小气泡不容易聚合在一起形成单独的气相，而是随原油一起流动，形成所谓的“泡沫油”。

“泡沫油”中含有大量的分散微气泡，且能够较长时间滞留在油相中，显著增加流体的压缩性，提高弹性驱动能量。具有“泡沫油”驱油作用的超重油油藏，其相对的冷采产量较高，油藏压力下降较慢，采收率较高，其一次采收率最高可以达到 12%以上。若没有“泡沫油”作用，该类重油油藏的一次采收率一般小于 5%。

1. 泡沫油微观形成机制

高黏度及高密度是重油区别于普通轻质原油的主要特征。重油的密度大、黏度高，主要是由于其组分中的沥青质及胶质含量高所致，而且随着胶质与沥青质含量增高，重油的相对密度及黏度也增加。胶质和沥青质为高分子量化合物，并含有硫、氮、氧等杂原子。尤其沥青质是原油中结构最复杂、分子量最大、密度最大的组分。国内外典型重油的族组分特征见表 9-7。可以看出，委内瑞拉重油和加拿大油砂的沥青质含量远高于国内超稠油。这是因为中国陆上稠油油藏多数为中新生代陆相沉积，少量为古生代的海相沉积。陆相重质油由于受成熟度较低的影响，沥青质含量较低，而胶质含量高，因而相对密度较低，但黏度较高。国内多数重油中沥青质含量一般小于 5%。

表 9-7 国内外典型重油族组分特征对比

油品	饱和烃 %（质量分数）	芳香烃 %（质量分数）	胶质 %（质量分数）	沥青质 %（质量分数）
新疆风城油砂	34.2	20.8	41.3	3.7
新疆重 32 井区超稠油	42.7	20.5	35.1	1.7
辽河杜 84 超稠油	33.9	26.4	34.1	5.6
委内瑞拉重油带 MPE3 超重油	6.0	39.6	33.5	20.8
加拿大 Cold Lake 油砂	20.7	39.2	24.8	15.3
加拿大 Athabasca 油砂	17.3	39.7	25.8	17.3

利用二维可视化泡沫油微观模拟装置，研究了泡沫油在驱替过程中泡沫的产生、聚并与破灭的微观机制。

（1）泡沫的产生。

分析二维微观模拟实验结果表明，泡沫的产生首先是在岩石孔隙表面形成气核（微气泡），气泡核形成后，在成核位置处逐渐成长为微气泡。随着压力的持续降低，气泡体积不断膨胀，体积增大并且相互接触，当相邻气泡彼此间液膜变薄达到临界厚度时，如果气泡没有摆脱毛细管力束缚，则两相邻气泡将会合并成为一个大气泡。在流动压差的作用下，由于油流的剪切，气泡脱离岩石表面，随着原油一起流动。

（2）泡沫的聚并。

泡沫的聚并最终会导致连续气相的形成。一旦一个气泡形成了，周围液体中的气泡就会向这个气泡扩散。随着气泡生长的加快，气泡形成气体通道，达到了临界气体饱和状态。当超过了临界气饱和度，气体开始流动。

观察到泡沫聚并的两种机制：① 平滑的孔隙内壁使得气泡破碎频率降低，聚并频率增大；② 缓慢流速导致气泡滞留，与后继的气泡产生聚并。

（3）泡沫的破碎。

实验研究发现，在原油中形成的泡沫并不只是在聚并和增大，同时也在不断地破碎。

泡沫破碎是“泡沫油”能够较长时间持续存在、形成油气分散体系的一个重要机理，是“泡沫油”维持稳定流动的重要原因。泡沫破碎受黏滞力和毛细管力支配。为了使泡沫破碎，黏滞力必须克服毛细管力。当黏滞力大于毛细管力时，泡沫就会破碎。泡沫的不断形成和边聚并边破碎的过程决定了气泡的大小及其分布状态。

微观实验中观察到泡沫破碎的4种机制：① 细小孔喉毛细管力产生的捕集截断作用；② 大气泡通过粗糙不平的孔隙内表面来不及绕流；③ 高流速压力脉冲；④ 流线反转：压差作用产生的流线反转使得部分气泡流动方向与主流线方向产生一定夹角，从而使得两个方向的气泡高速碰撞破碎。

2.“泡沫油”非常规PVT特征

“泡沫油”存在两个泡点压力，即泡点压力和拟泡点压力。常规溶解气驱过程中，气体在压力达到泡点压力以后将迅速聚集、合并，形成连续气相。而在“泡沫油”快速衰竭实验中，气体的分散流动在达到某一临界压力点时维持了相对较长的一段时间，该临界压力即为拟泡点压力，可以定义为“泡沫油”流动过程中，微气泡开始大量聚并，产生连续气相的压力点。拟泡点压力是区分“泡沫油”与普通溶解气驱的一个重要概念。

实验结果表明，压降速度对“泡沫油”PVT特征具有重要影响（图9–30、图9–31）。在实验过程中，快速衰竭指的是每个测量点平衡时间2h，不进行搅拌；中速衰竭指的是每个测量点平衡时间2天，不进行搅拌；常规测试指的是每个测量点平衡时间1h，同时进行充分搅拌。

对于常规测试，“泡沫油”的体积系数和密度等PVT参数随着压力的降低，存在一个明显的拐点，PVT曲线特征与常规原油的特征一致，该拐点即为原油的饱和压力点。而对于非常规测试，“泡沫油”的体积系数和密度等PVT参数随着压力的降低，存在着两个拐点，即分别为“泡沫油”的泡点压力和拟泡点压力点。两个拐点之间，其体积系数明显大于常规测试结果，密度明显小于常规测试结果，该特征动态反映出“泡沫油”在泡点压力与拟泡点压力之间，由于泡沫的形成，脱气速度缓慢，使得原油膨胀，弹性能量显著提高。

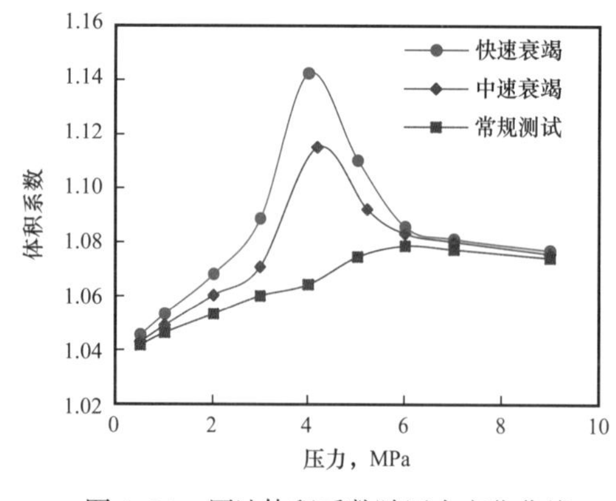

图9–30　原油体积系数随压力变化曲线

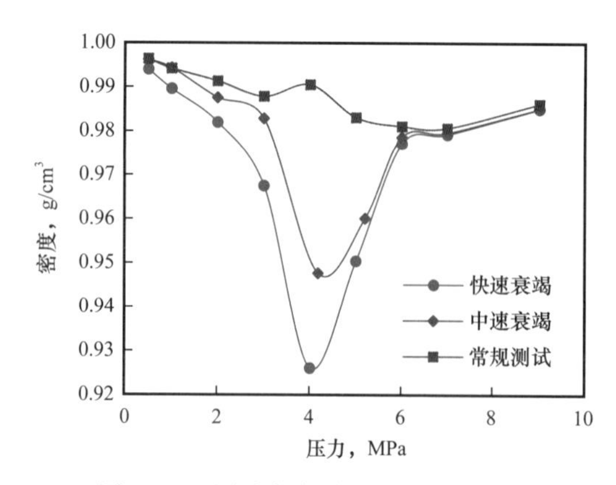

图9–31　原油密度随压力变化曲线

3.“泡沫油”流变特征

流变性指物质在外力作用下流动与形变的性质。原油的流变性取决于原油的组成，即原油中溶解气、液体和固体物质的含量，以及固体物质的分散程度。“泡沫油”在超重油衰竭开采过程中具有独特的流动特征，由于油相中分散气泡的生成和运移，“泡沫油”的黏度变化非常复杂，在较低压力下“泡沫油”具有非牛顿流体特性，“泡沫油”黏度比活油黏度高。采用 MPE3 区块油样开展了“泡沫油”流变性测试，研究其流变特性及影响因素，认识其黏度变化规律。

（1）压力与温度对“泡沫油”流变特征的影响。

50℃时不同压力、剪切速率下“泡沫油”的有效黏度如图 9–32 所示。在一定的温度和压力下，“泡沫油”黏度随剪切速率的增大而逐渐降低，表现出明显的剪切变稀特性。这是因为“泡沫油”的黏度来源于相对移动的分散介质（活油）液层的内摩擦和分散相（气泡）的碰撞和挤压，并且分散气泡的碰撞和挤压起着重要作用。随着剪切速率增大，气泡会因变形过大而破裂形成小气泡，分布更均匀，相互接触的机会减少，碰撞与挤压作用减小，“泡沫油”黏度降低。

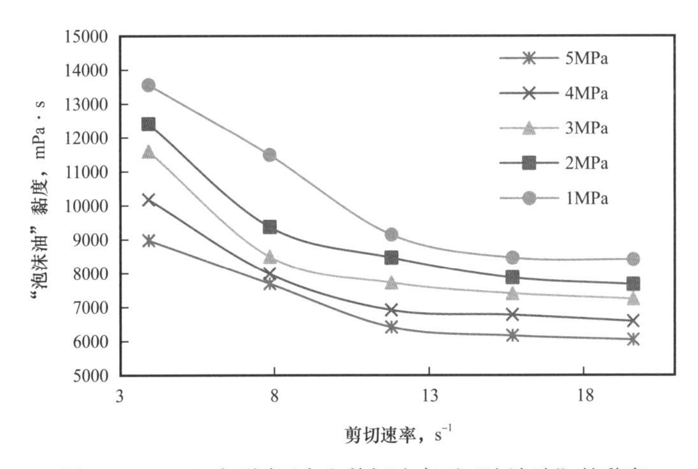

图 9–32　50℃时不同压力和剪切速率下“泡沫油”的黏度

压力低于泡点压力时，“泡沫油”黏度随着压力的降低而逐渐增加。同时，随着压力下降，流动特性指数变小，剪切变稀特征更明显。这是因为随着压力的逐渐降低，一方面，气体在原油中的溶解度逐渐降低，分散介质（活油）的黏度随之升高；另一方面，作为分散相的气泡的体积分数增大，分散相和分散介质的摩擦和碰撞加剧，从而导致“泡沫油”黏度升高。同时，压力越低，剪切速率对于气泡的破裂和分散作用更明显，因此剪切变稀效应更强烈。4MPa 压力下，不同温度下“泡沫油”视黏度与剪切速率的关系表明，随着温度升高，“泡沫油”剪切变稀特征减弱。

（2）脱气原油、活油与“泡沫油”流变特征对比。

压力低于泡点压力时，“泡沫油”黏度低于脱气原油黏度；但由于分散气泡的存在，一定剪切速率下，其黏度高于活油黏度，且压力越低，两者差别越大（图 9–33）。一定温度和压力条件下，“泡沫油”的流动指数要明显低于脱气原油和活油的流动指数，意味着“泡沫油”的非牛顿流动特性相对更强（图 9–34）。

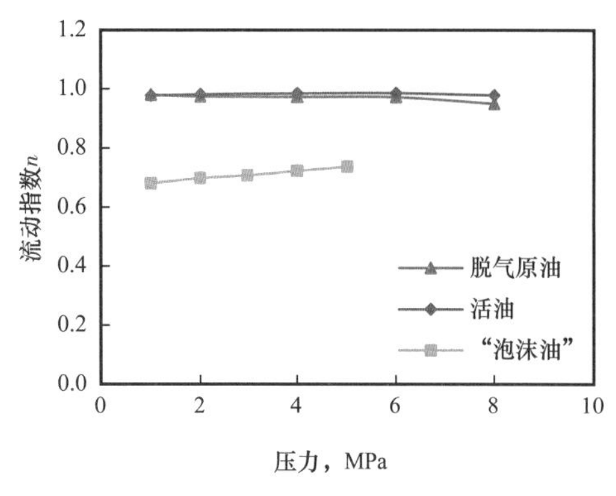

图 9-33　不同压力下流动指数对比（50℃）

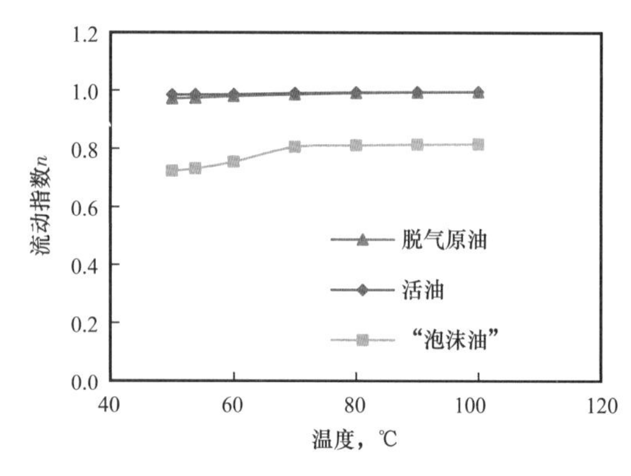

图 9-34　不同温度下流动指数对比（4MPa）

“泡沫油”具有剪切变稀的非牛顿流体特征，黏度随着剪切速率（渗流速度）增加而降低，开采时应保持适当的采油速度，并且生产过程中应尽可能连续开井生产，以避免因停产后复产造成油井启动压力增大的现象。同时，“泡沫油”黏度随着压力的降低逐渐增加，应维持一定的地层能量。

4. 泡沫油驱替特征

“泡沫油”溶解气驱开发过程中，随着压力的降低，溶解气逐渐从原油中析出，并以极小气泡的形式分散在油中。随着压力进一步降低，气泡会逐渐扩大，当含气饱和度达到临界含气饱和度时，气泡聚集成连续相后气体才形成游离气从油相中分离出去。

采用 MPE3 区块油样利用填砂管驱替实验研究了“泡沫油”驱替特征。实验结果如图 9-35 所示，可以看出，“泡沫油”一次衰竭驱替过程存在两个压力拐点，即泡点压力和拟泡点压力；三个驱替阶段，即单相油流阶段、“泡沫油”流阶段和油气两相流阶段。“泡沫油”的存在延长了衰竭式开采的时间，提高了冷采采收率。

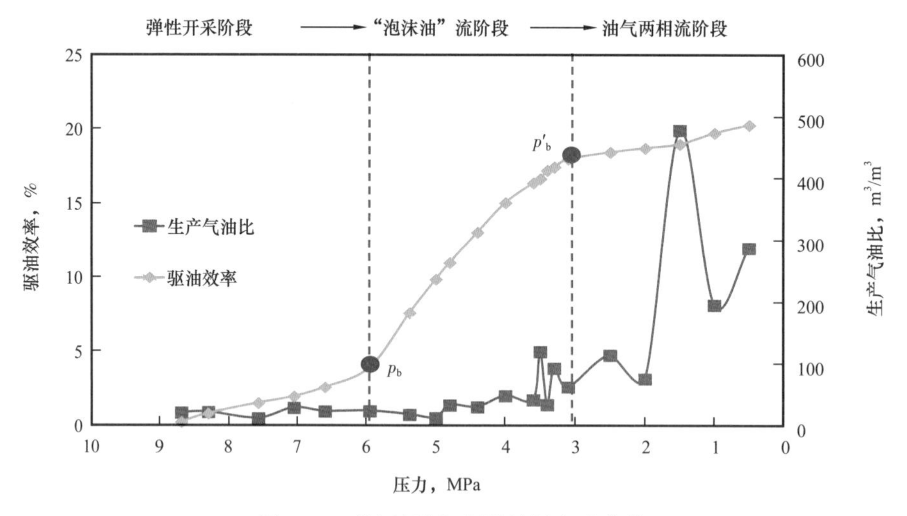

图 9-35　“泡沫油”驱替特征实验曲线

（1）第一阶段：油藏压力高于泡点压力时的单相油流阶段。该阶段依靠地层弹性能量开采，生产气油比近似于原始溶解气油比，阶段采出程度在2%左右。

（2）第二阶段：油藏压力介于泡点压力和拟泡点压力之间的“泡沫油”流阶段。由于“泡沫油”的存在，生产气油比仍然维持在一个较低的水平，该阶段靠气泡膨胀和分散气泡的运移来推动油的流动，阶段采出程度在11%左右。

（3）第三阶段：油藏压力低于拟泡点压力的油气两相流阶段。分散气泡聚并破裂后形成自由气相，生产气油比大幅上升，同时由于原油脱气油相黏度也急剧上升，油相渗流能力急剧下降，地层压力快速下降，导致此阶段采出程度低，大概在2%左右。

二、超重油“泡沫油”冷采特征与影响因素

1. 水平井“泡沫油”冷采特征

目前超重油冷采技术主要包含携砂冷采和“泡沫油”冷采技术。携砂冷采技术主要应用于加拿大的重油与油砂区块上。携砂冷采技术成本低、产能高、风险小，采收率一般低于15%。“泡沫油”冷采主要应用在委内瑞拉奥里诺科重油带，与常规溶解气驱相比，水平井“泡沫油”冷采具有初期产量较高、压力下降缓慢、递减率较低、气油比上升较缓慢的开采特征，采收率通常在5%～12%。

超重油油藏水平井“泡沫油”冷采普遍初产较高，压力下降较缓慢。随着冷采开发时间延长，地层压力下降，各开发油藏生产气油比均有所上升，油层埋深越浅，气油比上升越快。递减率随着油层埋深增加逐渐降低，随着冷采开发时间延长，呈分段递减趋势。

以P区块为例，区块采用丛式辐射状水平井冷采开发，平均水平井段长度为1372m。该区块中B、C、D、E主力层投产水平井平均初产为193t/d。

P区块投产后生产气油比开始缓慢上升。主力开发层位B层至E层，埋深逐渐增加，生产气油比上升速度逐渐减缓。2013年10月，B层、C层、D层、E层的生产气油比分别为$103m^3/m^3$、$62m^3/m^3$、$51m^3/m^3$、$36m^3/m^3$。

P区块B层有10年以上生产历史，呈明显分段递减趋势，前期月递减率为1.4%，后期月递减率为1.2%，后期递减率低于前期。

2. 水平井“泡沫油”冷采产能影响因素

影响超重油水平井冷采产能的因素包括地质因素和开发因素，地质因素包括油层厚度、油藏埋深等，开发因素包括水平井段长度、井型等。

随着油藏埋藏深度增加，地层压力增大，温度增加，溶解气油比增加，原油黏度降低，冷采效果变好。随着油层厚度的增加，单井稳产时间增加，累计产量增加。同时储层非均质性对水平井泡沫油冷采产能影响很大，包括夹层厚度、密度、分布频率及延伸范围等。

水平井相较斜井和直井单井产量大幅度提高。统计B油田不同井型开发初期产量。不同类型生产井的初产为：① 水平井的初期产量为160～400t/d；② 斜井的初期产量

为 48～80t/d；③ 直井的初期产量为 40～80t/d。不同类型生产井的递减率为：① 水平井的年递减率为 13.5%～14.8%；② 斜井年递减率为 16%～20%；③ 垂直井年递减率为 25%～30%。

整体上水平井冷采初产随水平段长度增加而增加，随水平井分支数的增加而增加。单分支水平井的平均单井产量在 160t/d 左右，而多分支水平井的平均单井产量约为 274t/d。各种多分支水平井可以提高产能，提高单井最终采收率，降低原油单位生产成本。鱼骨式多分支水平井可以保持均质油藏长期高产、稳产，提高非均质油藏的最终采收率和开采速度，因为那些细小分支可以通过油藏的隔层，增大与油层的接触面积，提高泄油速度。在生产后期开采速度递减时，通过结合多个目的层的分支，可以长期保持油井的开采在经济极限速度之上，多分支水平井和鱼骨式多分支井的预期采收率高于单侧向井。

三、超重油油藏水平井冷采开发部署技术

重油油藏开发方式包括热采与非热采两种，热采又分为蒸汽吞吐、蒸汽驱、蒸汽辅助重力泄油（SAGD）、火烧油层等；非热采分为冷采、水驱、聚合物驱等。针对某一具体的重油油藏，开发方式的选择取决于其油藏地质条件和流体性质，其中原油的黏度及其就地流动性是开发方式选择的重要因素。重油带超重油储层厚度大，平面发育连续，高孔高渗透，原油具有就地流动性，适合水平井冷采开发。对于水平井冷采而言，油藏工程优化设计主要包括布井方式、排距、井长等方面，以提高单井油层接触面积和产量，并兼顾油藏整体的开发效果和采油速度等。

1. 超重油油藏水平井冷采开发方式适应性评价

重油带超重油油藏与国内重油油藏在构造、储层、重油成因以及流体特征等方面存在明显差异（表 9-8）。国内重油探明储量主要分布在辽河、新疆和吐哈等油田。国内重油油藏以陆相沉积为主，相对规模小、分布分散，油藏类型多样，储层非均质性严重，原油沥青质含量较低，胶质含量高，因而黏度相对较高，就地流动性差或者不可流动，以热力开采为主，包括蒸汽吞吐、蒸汽驱、SAGD 及火烧油层等，国内不同黏度类型的重油开发方式见表 9-9。奥里诺科超重油油藏储层为疏松砂岩，储层物性好，渗透率高；原油就地具备一定流动能力和冷采产能，同时原油中含有溶解气，当一次衰竭开采时，能够利用"泡沫油"机理及油层的弹性能量，获得较好的开发效果和较高的冷采采收率。重油油藏开发关键的问题是如何增大油层渗流能力，相对直井而言，水平井开采增大了泄油面积，增强了导流能力，同时减少了生产压差，降低了出砂。超重油油藏油层厚度较大，平面发育连续性好，水平井或多分支水平井开发实践证明，与直井相比，可以获得较高的采油速度和较好的经济效益。统计表明，重油带水平井冷采初期产量为 150～300t/d，产量是直井的 4～10 倍，而单位钻井成本是垂直井的 1.0～1.2 倍，并且水平井适合平台钻井，能够进一步降低建井成本和有利于地面环保。

表 9–8　委内瑞拉超重油和国内重油油藏流体性质对比

项目		奥里诺科重油带超重油	国内重油
构造		构造简单，北倾单斜构造	构造及圈闭复杂，包括背斜、断背斜、断块、潜山、地层圈闭等
沉积		海陆过渡相	陆相沉积为主
油藏埋深		主力油层 400～1100m	一般为 300～2500m，最深的大于 5000m
孔隙度		平均 34%	20%～35%
渗透率		1～20D	0.1～5D
原油性质	原油 API 重度	一般 6～10°API	一般大于 10°API
	原油含硫量	高含硫（3%～5%）	含硫较低（一般小于 0.5%）
	原油重金属含量	钒和镍含量高（钒一般为几百毫克每升，最高达 1000mg/L；镍大于 99mg/L）	钒和镍含量低（钒小于 2mg/L；镍小于 40mg/L）
	原油沥青质含量	含量高（9%～24%）	含量低（＜5%）
	原油胶质含量	含量低（20%～37%）	含量高（20%～52%）
	原始溶解气油比	一般大于 $10m^3/m^3$	一般小于 $5m^3/m^3$
	地下原油黏度	低黏度（一般小于 10000mPa·s）	黏度较高（一般在 2000～50000mPa·s），最高达 500000mPa·s
油藏条件下流动性		在冷采开发过程中可形成“泡沫油”而流动	在油藏条件下流动困难或不具备流动性

表 9–9　国内重油分类标准和开发方式筛选

重油			主要指标	辅助指标	开发方式		采收率 %
名称	类型		黏度 mPa·s	20℃时密度 g/cm^3	井型	方式	
普通	Ⅰ	Ⅰ-1	50[①]～150[①]	＞0.9200	直井 / 水平井	普通水驱	＜30
		Ⅰ-2	150[①]～10000	＞0.9200	直井 / 水平井	蒸汽驱	40～50
					直井 / 水平井	蒸汽吞吐 + 热水 + 氮气或表面活性剂	35
					直井 / 水平井	蒸汽吞吐	25

续表

重油		主要指标	辅助指标	开发方式		采收率 %
名称	类型	黏度 mPa·s	20℃时密度 g/cm^3	井型	方式	
特重油	Ⅱ	10000～50000	＞0.9500	直井 / 水平井	蒸汽吞吐	10～15
				直井 / 水平井	蒸汽驱	35
超重油（天然沥青）	Ⅲ	＞50000	＞0.9800	直井	蒸汽吞吐	＜15
				直井 + 水平井	蒸汽驱	30
				水平井	SAGD	55～60

① 油藏条件下的原油，其他为油藏条件下的脱气原油。

2. 水平井冷采油藏工程优化设计与开发部署

超重油油藏水平井冷采优化设计和开发部署的目的是提高单井产量，并保证油藏整体合理的采油速度和经济效益的开发。以 MPE3 区块为例，在系统分析影响单井产能的油藏地质因素，优化水平井平台布井方式、水平井排距、水平段长度的基础上，开展区块整体开发部署。

（1）影响水平井冷采产能油藏地质因素。

建立 MPE3 区块典型单井模型，分析影响水平井冷采产能的油藏地质因素，包括油层厚度、油藏埋深、渗透率、夹层展布等，在此基础上，开展水平井冷采油藏工程设计。典型单井模型平均孔隙度为 33.8%，平均渗透率为 9400mD，平均油藏厚度为 27.4m；模型 X、Y 和 Z 方向上的网格数分别为 31、13 和 28，X 和 Y 方面的网格步长分别为 50m，模型尺寸为 1550×650m。水平井段长度为 1000m，模拟生产控制采用定最大日产油 240t、最低井底流压 2MPa、经济极限产量 8t/d。

① 油藏埋深。

在油层厚度 18.3m 的条件下，模拟油藏埋深为 457～914m 条件下的水平井的生产效果。模拟结果表明，在初产一定的条件下（模拟用最大产量 240t/d），随着深度增加，地层压力增加，稳产时间增长，累计产油量增加（表 9–10）。

表 9–10　油藏埋深对水平井生产动态的影响

埋藏埋深，m	累计采油量，10^6t	稳产时间，d
457	0.16	0
549	0.21	22
640	0.29	90

续表

埋藏埋深，m	累计采油量，10^6t	稳产时间，d
732	0.36	212
823	0.43	365
914	0.50	547

② 油层厚度。

在埋深914m条件下，模拟油藏厚度在9～37m条件下水平井的生产动态，模拟结果见表9-11。随着油层厚度的增大，重力泄油作用增强，同时水平井的控制储量逐渐增大，因此，水平井产能逐渐升高，递减率减缓，开采时间延长，单井累计产油量增多。

表9-11 油层厚度对水平井生产动态的影响

油层厚度，m	生产时间，a	累计采油量，10^6t	平均日产油，t	稳产时间，d	年递减率，%
9	16	0.24	42	212	28.2
14	20	0.37	51	396	25.4
18	23	0.50	59	547	23.4
23	26	0.62	66	768	19.8
27	29	0.75	71	1127	16.8
32	30	0.86	79	1461	13.5
37	30	0.98	89	1727	11.3

③ 油藏渗透率。

在油层厚度18m、埋深914m的条件下，模拟油藏水平渗透率为4000～12000mD条件下的水平井冷采动态。模拟结果表明，随着渗透率的增加，地层压力下降变缓，单井累计产量增加，稳产时间延长，产量递减降低。渗透率从4000mD增加到12000mD，单井累计产量从0.39×10^6t增加到0.5×10^6t。随着垂向渗透率的增加，水平井产油量也增加，井底流压下降速度减缓，当垂向渗透率与水平渗透率的比值大于0.3时，对水平井产量的影响减小。

④ 夹层的影响。

层内夹层的存在影响储层垂向渗流能力，进而影响水平井的产能。当夹层渗透率小于100mD时，对水平井的生产效果影响较大；当夹层渗透率大于100mD时，已有一定的渗透能力，对水平井生产效果的影响逐渐减弱。夹层延伸长度影响流体向水平井的垂向渗流能力，一条不小于水平井长度的泥岩夹层，对油层的垂向渗流能力起到很好的阻隔作用。随着夹层长度增加，水平井累计采油量逐渐减少，单分支水平井应避开夹层延伸长度较大的区域。

（2）水平井冷采油藏工程优化设计。

① 水平井段长度优化。

在水平井井距 600m、油层厚度 18.3m、单井初产 241t/d 的条件下，模拟水平井段长度对冷采效果的影响。模拟结果表明，水平井段越长，稳产时间越长，单井累计产油量越高。此外，随着水平井长度的增加，采出程度逐渐升高，当水平井段超过 1600m 时，采出程度反而降低。同时考虑钻井工程、油层出砂及油藏非均质性等，水平段合理长度取 800～1200m。

② 水平井排距优化。

选定水平井段长度 1000m，模拟对比了不同排距水平井的冷采效果。模拟结果表明，排距越大，供油面积越大，单井控制储量越大，其产量递减越缓慢，生产时间越长，累计采油量越高。例如，当排距由 200m 增加到 800m 时，产油量年递减率由 32.4% 减小到 10.9%，生产时间由 9 年增加到 30 年，累计产油量由 14×10^4t 增加到 62×10^4t。合理排距的选择受多方面因素的影响，一方面是地质因素，如砂体的大小、延伸方向、形态以及油层非均质性等；另一方面还要考虑对油田开发政策。从经济效益考虑，排距大，钻井数少，投资少；但如果考虑采油速度和建产规模，就需要适当地缩小排距。

③ 水平井在油层中的垂向位置。

在油层厚度 24m 条件下，模拟了水平井段距离油层底部不同距离下的开采效果。模拟结果表明，由于重力泄油的影响，水平井段越靠近油层底部，采出程度越高，应尽量沿油层底部布井。

④ 平台布井方式优化。

水平井与断层方位优化。MPE3 区块断层以近东西向为主，在带有断层的井组模型上，模拟研究了两种布井方式的生产效果，一是水平井长度方向与断层走向平行，二是水平井长度方向与断层走向垂直。由于受到了断层的影响，水平井段长度设为 700m。模拟结果表明，平行断层布井的平台及各砂体采油量均大于垂直断层布井的采油量。所以，推荐沿着平行断层的方向布井。

平行布井与辐射状布井优化。根据前面的模拟对比，从生产效果考虑，水平井平行断层的布井方式好于垂直断层，但是由于平行布井需要钻三维井，这样会给钻井和采油带来诸多困难。因此，模拟研究了辐射状布井的生产效果，并与平行布井进行了对比。模拟结果表明，平行布井的生产效果好于辐射布井。分析原因，平行布井的单井泄油面积大于辐射状布井的泄油面积，尤其是平台附近地带，辐射状布井方式存在井间干扰。

纵向层间水平井侧向相对位置优化。层间隔层分布不连续的情况下，纵向上存在层间干扰，为降低层间干扰，提高平台整体冷采效果，以 200m 排距为例，模拟对比了三种不同的纵向层间水平井侧向相对位置，上下正对、侧向错位 50m 和侧向错位 100m。模拟结果表明，纵向层间水平井侧向错位半个排距，可最大限度降低层间干扰，提高平台整体冷采效果。

⑤ 丛式水平井平行布井平台整体规划。

丛式水平井技术具有投资少、见效快、便于集中管理等优点，是提高油田采收率和采油速率的经济有效手段。采用丛式水平井技术，面临的问题之一便是钻井平台的部署优化问题。在一定的油层面积、排距要求下，水平井井数基本确定，单一平台控制油层面积的大小，即每一个平台部署水平井的多少，与需建设的平台数成反比。同时，丛式水平井在相同水平段长度下单井投资与钻井难度随偏移距增大而增大。平台整体规划部署优化，即达到钻井成本与地面工程建设成本合计最低。具体而言，随着单平台钻井数量减少，即平台数增加，区块内的总平台土建费用和地面建设费用都呈现增长趋势；而由于在水平段长度相同的前提下，大偏移距水平井的单井投资费用更高，所以，随着单平台钻井数量的减小，大偏移距井数量变少，总的钻井投资呈现下降趋势。综上所述，作为钻井投资和地面工程投资之和的钻井工程总投资存在一个最低点，该点所对应的平台数就是最优平台数，所采用的单平台大小就是最优平台大小（图 9–36）。结合 MPE3 区块的钻井与地面工程成本，在 600m 排距和 1000m 水平井段长度下，采用三套开发层系，每个平台 12 口井，即每层部署 4 口井，区块整体钻井与地面平台建设投资最优，该平台丛式水平井部署模式如图 9–37 所示。

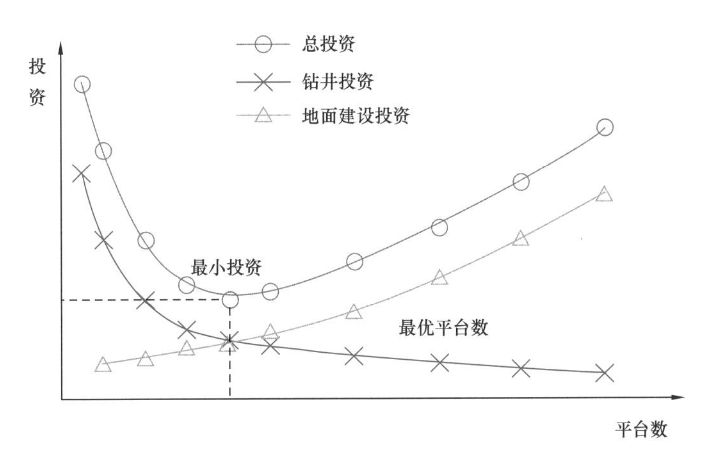

图 9–36 平台建设费用和钻井费用与平台数量的关系

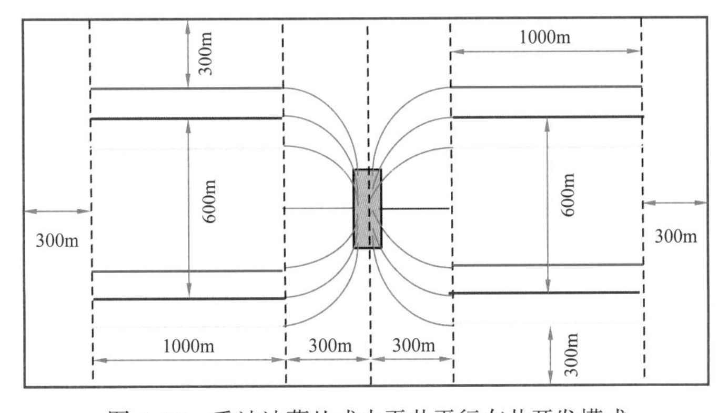

图 9–37 重油油藏丛式水平井平行布井开发模式

参考文献

[1] 穆龙新，等.油气田开发地质理论与实践［M］.北京：石油工业出版社，2011.
[2] 穆龙新.重油和油砂开发技术新进展［M］.北京：石油工业出版社，2012.
[3] 薛良清.海外油气勘探实践与典型案例［M］.北京：石油工业出版社，2014.
[4] 童晓光.海外油气勘探开发研究论文集［M］.北京：石油工业出版社，2015.
[5] 穆龙新，等.高凝油油藏开发理论与技术［M］.北京：石油工业出版社，2015.
[6] 穆龙新.海外油气勘探开发特色技术及应用［M］.北京：石油工业出版社，2018.
[7] 穆龙新.海外油气勘探开发［M］.北京：石油工业出版社，2019.
[8] 张光亚，等.全球油气地质与资源潜力评价［M］.北京：石油工业出版社，2019.
[9] 潘校华，等.中西非被动裂谷盆地石油地质理论与勘探实践［M］.北京：石油工业出版社，2019.
[10] 郑俊章，等.中亚含盐盆地石油地质理论与勘探实践［M］.北京：石油工业出版社，2019.
[11] 张志伟，等.南美奥连特前陆盆地勘探技术与实践［M］.北京：石油工业出版社，2019.
[12] 吴向红.海外砂岩油田高速开发理论与实践［M］.北京：石油工业出版社，2019.
[13] 范子菲.海外碳酸盐岩油气田开发理论与技术［M］.北京：石油工业出版社，2019.
[14] 陈和平.超重油油藏冷采开发理论与技术［M］.北京：石油工业出版社，2019.
[15] 金毓荪，等.陆相油藏分层开发理论与实践［M］.北京：石油工业出版社，2016.
[16] 穆龙新，等.海外石油勘探开发技术及实践［M］.北京：石油工业出版社，2010.
[17] 薛良清，等.中国石油中西非高效勘探实践［J］.中国石油勘探，2014，19（1）：65-74.
[18] 童晓光，等.成藏组合快速分析技术在海外低勘探程度盆地的应用［J］.石油学报，2009，30（3）：317-323.
[19] 童晓光.论成藏组合在勘探评价中的意义［J］.西南石油大学学报（自然科学版），2009，31（6）：1-8.
[20] 吕功训，等.阿姆河右岸盐下碳酸盐岩大型气田勘探与开发［M］.北京：科学出版社，2013.
[21] 金之钧，王骏，张生根，等.滨里海盆地盐下油气成藏主控因素及勘探方向［J］.石油实验地质，2004，9（1-2）：54-58.
[22] 韩大匡.关于高含水油田二次开发理念、对策和技术路线的探讨［J］.石油勘探与开发，2010，37（5）：583-591.
[23]《推动共建丝绸之路经济带和21世纪海上丝绸之路的愿景与行动》发布［EB/OL］.（2015-03-30）.http：//www.ndrc.gov.cn/gzdt/201503/t20150330_669162.html.
[24] 童晓光，窦立荣，田作基，等.21世纪初中国海外油气勘探开发战略研究［M］.北京：石油工业出版社，2003.
[25] 杨雪雁.国际经营中油田开发方案编制的原则和思路［J］.石油勘探与开发，1999，26（5）：65-68.
[26] 杨雪雁.国际石油合作矿税财务制度与投资策略分析［J］.国际石油经济，1999，7（2）：37-41.
[27] 尹秀玲，齐梅，等.矿税制合同模式收益分析及项目开发策略［J］.中国矿业，2012，21（8）：42-44.

［28］姜培海，肖志波，等．海外油气勘探开发风险管理与控制及投资评价方法［J］．勘探管理，2010(3)：58–66.

［29］Daniel Johnston. International Exploration Economics，Risk and Contract Analysis［R］. Penn Well Corporation，2003.

［30］牛嘉玉，等．勘探开发集成配套技术及应用实践［M］．北京：石油工业出版社，2006.

［31］刘合年，等．国外油气储量评估分级理论与应用指南［M］．北京：石油工业出版社，2004.

［32］童晓光，等．世界油气上游国际合作的形势和机会［J］．中国工程科学，2011（4）：15–17.

［33］童晓光，等．国际石油勘探开发项目的评价［J］．国际石油经济，1995（3）：37–40.

［34］余守德，等．中国油藏开发模式丛书：复杂断块砂岩油藏开发模式［M］．北京：石油工业出版社，1998.

［35］穆龙新，等．海外油气田开发特点、模式与对策［J］．石油勘探与开发，2018，45（4）：690–697.

［36］陈烨菲，蔡冬梅，范子菲，等．哈萨克斯坦盐下油藏双重介质三维地质建模［J］．石油勘探与开发，2008，35（4）：492–497.

［37］赵伦，李建新，等．复杂碳酸盐岩储集层裂缝发育特征及形成机制——以哈萨克斯坦让纳若尔油田为例［J］．石油勘探与开发，2010，37（3）：304–309.

［38］罗蛰潭，王允诚．油气储集层的孔隙结构［M］．北京：科学出版社，1986.

［39］朱光亚，王晓冬，刘先贵，等．低渗孔隙型碳酸盐岩油藏水驱油非线性渗流机理［C］．第十二届全国渗流力学学术会议，东营：石油大学出版社，2013.

［40］袁士义．裂缝性油藏开发技术［M］．北京：石油工业出版社，2004.

［41］范子菲．屏障注水机理研究［J］．石油勘探与开发，2001（3）：54–56.

［42］李璗，陈军斌，叶继根，等．油气渗流力学基础［M］．西安：陕西科学技术出版社，2001.

［43］廉培庆，程林松，等．裂缝性碳酸盐岩油藏相对渗透率曲线［J］．石油学报，2011，32（6）：1026–1030.

［44］宋珩．带气顶裂缝性碳酸盐岩油藏开发特征及技术政策［J］．北京：石油勘探与开发，2009，36（6）：756–761.

［45］赵伦．凝析气顶油藏开发过程中原油性质变化［J］．北京：石油勘探与开发，2011，38（1）：74–78.

［46］荣元帅，赵金洲，等．碳酸盐岩缝洞型油藏剩余油分布模式及挖潜对策［J］．石油学报，2014，35(6)：1138–1146.

［47］刘尚奇，孙希梅，李松林．委内瑞拉MPE–3区块超重油冷采过程中泡沫油开采机理［J］．特种油气藏，2011，18（4）：102–104.

［48］杨立民，秦积舜，陈兴隆．Orinoco泡沫油的油气相对渗透率测试方法［J］．中国石油大学学报（自然科学版），2008，32（4）：68–72.

［49］穆龙新．委内瑞拉奥里诺科重油带开发现状与特点［J］．石油勘探与开发，2010，37（3）：338–343.

［50］陈亚强，穆龙新，张建英．泡沫型重油油藏水平井流入动态［J］．石油勘探与开发，2013，40（3）：

363–366.

[51] Daniel Johnston. International Petroelum Fiscal Systems and Production Sharing Contracts [M] . PennWell, USA，1994.

[52] 韩学功，佟纪元 . 国际石油合作 [M] . 北京：石油工业出版社，1995.

[53] Daniel Johnston. 国际油气财税制度与产品分成合同 [M] . 北京：地震出版社，1999.

[54] 徐青，杨雪艳，王燕灵 . 油田开发建设项目国际合作经济评价及决策方法 [M] . 北京：石油工业出版社，1999.

[55] 葛艾继，郭鹏，许红 . 国际油气合作理论与实务 [M] . 北京：石油工业出版社，2004.

[56] 王年平 . 国际石油合同模式比较研究 [M] . 北京：法律出版社，2009.

[57] [美] Daniel Johnston. 国际勘探经济风险和合同分析 [M] . 路保平，尚会昌，译 . 北京：中国石化出版社，2010.